罗洛·梅文集
郭本禹 杨韶刚 主编

存在心理学

一种整合的临床观

THE PSYCHOLOGY OF EXISTENCE

An Integrative, Clinical
Perspective

[美] 科克·施奈德
KIRK J. SCHNEIDER
　　　　　　　　著
[美] 罗洛·梅
ROLLO MAY

杨韶刚 程世英
刘春琼　　　　　译

中国人民大学出版社
·北京·

关于作者

　　科克·施奈德（Kirk J. Schneider）博士是一位持有执照的心理学家，美国旧金山存在治疗中心的主任，他在那里进行咨询并开设私人心理门诊。他还是加利福尼亚职业心理学学院的兼职教师和加利福尼亚整合研究所的临床督导，这两个机构都设在旧金山湾区。施奈德在旧金山的塞布鲁克（Saybrook）学院获得心理学博士学位，他在那里同詹姆斯·布根塔尔（James Bugental）、斯坦利·克里普纳（Stanley Krippner）以及罗洛·梅（Rollo May）一起工作。他的著作有《自相矛盾的自我》（1990）、《恐惧和神圣》（1993），并在诸如《人本主义心理学杂志》《心理治疗》《心理治疗患者》等期刊上发表了诸多文章。

　　罗洛·梅（Rollo May）是一位在国际上广受赞誉的心理学家、精神分析学家和作家，被认为是美国存在心理学的奠基人。他是超过十本书的作者，这些书包括《存在》（1958）、《爱与意志》（1969）、《自由与命运》（1981）以及《祈望神话》（1991）等。罗洛·梅是在维也纳与阿尔弗雷德·阿德勒（Alfred Adler）共同做研究时开始心理治疗生涯的。他是人本主义心理学会的开创者之一，以前也是纽约市的威廉·阿兰森·怀特精神病学、精神分析和心理学研究院的一名训练分析师。罗洛·梅博士从美国心理学基金会获得了声望很高的终身成就金质奖章，并且在塞布鲁克学院开办了一个以其名字命名的研究中心来继续他的研究。

总　序

罗洛·梅（Rollo May，1909—1994）被称为"美国存在心理学之父"，也是人本主义心理学的杰出代表。20世纪中叶，他把欧洲的存在主义哲学和心理学思想介绍到美国，开创了美国的存在分析学和存在心理治疗。他著述颇丰，其思想内涵带给现代人深刻的精神启示。

一、罗洛·梅的学术生平

罗洛·梅于1909年4月21日出生在俄亥俄州的艾达镇。此后不久，他随全家迁至密歇根州的麦里恩市。罗洛·梅幼时的家庭生活很不幸，父母都没有受过良好的教育，而且关系不和，经常争吵，两人后来分居，最终离婚。他的母亲经常离家出走，不照顾孩子，根据罗洛·梅的回忆，母亲是"到处咬人的疯狗"。他的父亲同样忽视子女的成长，甚至将女儿患心理疾病的原因归于受教育太多。由于父亲是基督教青年会的秘书，因而全家经常搬来搬去，罗洛·梅称自己总是"圈子中的新成员"。作为家中的长子，罗洛·梅很早就承担起家庭的重担。他幼年时最美好的记忆是离家不远的圣克莱尔河，他称这条河是自己"纯洁的、深切的、超凡的和美丽的朋友"。在这里，他夏天游泳，冬天滑冰，或是坐在岸边，看顺流而下运矿石的大船。不幸的早年生活激发了罗洛·梅日后对心理学和心理咨询的兴趣。

罗洛·梅很早就对文学和艺术产生了兴趣。他在密歇根州立学院读书时，最感兴趣的是英美文学。由于他主编的一份激进的文学刊物惹恼了校方，所以他转学到俄亥俄州的奥柏林学院。在此，他投身于艺术课程，学习绘画，深受古希腊艺术和文学的影响。1930年获得该校文学学士学位后，他随一个艺术团体到欧洲游历，学习各国的绘画等艺术。他在由美国人在希腊开办的阿纳托利亚学院教了三年英文，这期间他对古希腊文明有了更深刻的体认。罗洛·梅终生保持着对文学和艺术的兴趣，这在他的著作中也充分体现出来。

1932年夏，罗洛·梅参加了阿德勒（Alfred Adler）在维也纳山区一个避暑胜地举办的暑期研讨班，有幸结识了这位著名的精神分析学家。阿德勒是弗洛伊德（Sigmund Freud）的弟子，但与弗洛伊德强调性本能的作用不同，阿德勒强调人的社会性。罗洛·梅在研讨班中与阿德勒进行了热烈的交流和探讨。他非常赞赏阿德勒的观点，并从阿德勒那里接受了许多关于人的本性和行为等方面的心理学思想。可以说，阿德勒为罗洛·梅开启了心理学的大门。

1933年，罗洛·梅回到美国。1934—1936年，他在密歇根州立学院担任学生心理咨询员，并编辑一本学生杂志。但他不安心于这份工作，希望得到进一步的深造。罗洛·梅原本希望到哥伦比亚大学学习心理学，但他发现那里所讲授的全是行为主义的观点，与自己的兴趣不合。于是，他进入纽约联合神学院学习神学，并于1938年获得神学学士学位。罗洛·梅在这里做了一个迂回。他先学习神学，之后又转回心理学。这个迂回对罗洛·梅至关重要。他在这里学习到有关人的存在的知识，接触到焦虑、爱、恨、悲剧等主题，这些主题在他日后的著作中都得到了阐释。

在联合神学院，罗洛·梅还结识了被他称为"朋友、导师、精神之父和老师"的保罗·蒂利希（Paul Tillich），他对罗洛·梅学术生涯的发展产生了至关重要的影响。蒂利希是流亡美国的德裔存在主义哲学家，罗洛·梅常去听蒂利希的课，并与他结为终生好友。从蒂利希那里，罗洛·梅第一次系统地学习了存在主义哲学，了解到存在主义鼻祖克尔凯郭尔（Soren Kierkegaard）和存在主义大师海德格尔（Martin Heidegger）的思想。罗洛·梅思想中的许多关键概念，如生命力、意向性、勇气、无意义的焦虑等，都可以看到蒂利希的影子。为纪念这位良师诤友，罗洛·梅出版了三部关于蒂利希的著作。此外，罗洛·梅还受到德国心理学家戈德斯坦（Kurt Goldstein）的影响，接受了他关于自我实现、焦虑和恐惧的观点。

从纽约联合神学院毕业后，罗洛·梅被任命为公理会牧师，在新泽西州的蒙特克莱尔做了两年牧师。他对这个职业并不感兴趣，最终还是回到了心理学领域。在这期间，罗洛·梅出版了自己的第一部著作《咨询的艺术：如何给予和获得心理健康》（*The Art of Counseling: How to Give and Gain Mental Health*，1939）。20 世纪 40年代初，罗洛·梅到纽约城市学院担任心理咨询员。同时，他进入纽约著名的怀特精神病学、心理学和精神分析研究院（下称怀特研究院）学习精神分析。他在怀特研究院受到精神分析社会文化学派的影响。当时，该学派的成员沙利文（Harry Stack Sullivan）为该研究院基金会主席，另一位成员弗洛姆（Erich Fromm）也在该研究院任教。社会文化学派与阿德勒一样，也不赞同弗洛伊德的性本能观点，而是重视社会文化对人格的影响。该学派拓展了罗洛·梅的学术视野，并进一步确立了他对存在的探究。

通过在怀特研究院的学习，罗洛·梅于 1946 年成为一名开业心理治疗师。在此之前，他已进入哥伦比亚大学攻读博士学位。但 1942 年，他感染了肺结核，差点死去。这是他人生的一大难关。肺结核在当时被视作不治之症，罗洛·梅在疗养院住院三年，经常感受到死亡的威胁，除了漫长的等待之外别无他法。但难关同时也是一种契机，他在面临死亡时，得以切身体验自身的存在，并以自己的理论加以观照。罗洛·梅选择了焦虑这个主题为突破点。结合深刻的焦虑体验，他仔细阅读了弗洛伊德的《焦虑的问题》（*The Problem of Anxiety*）、克尔凯郭尔的《焦虑的概念》（*The Concept of Anxiety*），以及叔本华（Arthur Schopenhauer）、尼采（Friedrich Wilhelm Nietzsche）等人的著作。他认为，在当时的疾病状况下，克尔凯郭尔的话更能打动他的心，因为它触及焦虑的最深层结构，即人类存在的本体论问题。康复之后，罗洛·梅在蒂利希的指导下，以其亲身体验和内心感悟写出博士学位论文《焦虑的意义》（*The Meaning of Anxiety*）。1949 年，他以优异成绩获得哥伦比亚大学授予的第一个临床心理学博士学位。博士学位论文的完成，标志着罗洛·梅思想的形成。此时，他已届不惑之年。

自 20 世纪 50 年代起，罗洛·梅的学术成就突飞猛进。他陆续出版多种著作，将存在心理学拓展到爱、意志、权力、创造、梦、命运、神话等诸多主题。同时，他也参与到心理学的历史进程中。这一方面表现在他对发展美国存在心理学的贡献上。1958 年，他与安杰尔（Ernest Angel）和艾伦伯格（Henri Ellenberger）合作主编了

《存在：精神病学和心理学的新方向》（*Existence: A New Dimension in Psychiatry and Psychology*），向美国的读者介绍欧洲的存在心理学和存在心理治疗思想，此书标志着美国存在心理学本土化的完成。1958—1959 年，罗洛·梅组织了两次关于存在心理学的专题讨论会。第一次专题讨论会后形成了美国心理治疗家学院。第二次是 1959 年在美国心理学会辛辛那提年会上举行的存在心理学特别专题讨论会，这是存在心理学第一次出现在美国心理学会官方议事日程上。这次会议的论文集由罗洛·梅主编，并以《存在心理学》（*Existential Psychology*，1960）为名出版，该书推动了美国存在心理学的进一步发展。1959 年，他开始主编油印的《存在探究》杂志，该杂志后改为《存在心理学与精神病学评论》，成为存在心理学和精神病学会的官方杂志。正是由于这些工作，罗洛·梅被誉为"美国存在心理学之父"。另一方面，罗洛·梅积极参与人本主义心理学的活动，推动了人本主义心理学的发展。1963 年，他参加了在费城召开的美国人本主义心理学会成立大会，此次会议标志着人本主义心理学的诞生。1964 年，他参加了在康涅狄格州塞布鲁克召开的人本主义心理学大会，此次会议标志着人本主义心理学为美国心理学界所承认。他曾对行为主义者斯金纳（Burrhus Frederic Skinner）的环境决定论和机械决定论提出严厉的批评，也不赞成弗洛伊德精神分析的本能决定论和泛性论观点，将精神分析改造为存在分析。他还通过与其他人本主义心理学家争论，推动了人本主义心理学的健康发展。其中最有名的是他与罗杰斯（Carl Rogers）的著名论辩，他反对罗杰斯的性善论，提倡善恶兼而有之的观点。

20 世纪 50 年代中期，罗洛·梅积极参与纽约州立法，反对美国医学会试图把心理治疗作为医学的一个专业，只有医学会的会员才能具有从业资格的做法。在60年代后期和70年代早期，罗洛·梅投身反对越南战争、反核战争、反种族歧视运动以及妇女自由运动，批评美国文化中欺骗性的自由与权力观点。到了70年代后期和80年代，罗洛·梅承认自己成为一名更加温和的存在主义者，反对极端的主观性和否定任何客观性。他坚持人性中具有恶的一面，但对人的潜能运动和会心团体持朴素的乐观主义态度。

1948年，罗洛·梅成为怀特研究院的一名成员；1952年，升为研究员；1958年，担任该研究院的院长；1959年，成为该研究院的督导和培训分析师，并一直工作到1974年退休。罗洛·梅曾长期担任纽约市的社会研究新学院主讲教师（1955—1976），他还先后做过哈佛大学（1964）、普林斯顿大学（1967）、耶鲁大学（1972）、布鲁克林学院（1974—1975）的访问教授，以及纽约大学的资深学者（1971）和加利福尼亚大学圣克鲁斯分校董事教授（1973）。此外，他还担任过纽约心理学会和美国精神分析学会主席等多种学术职务。

1975年，罗洛·梅移居加利福尼亚，继续他的私人临床实践，并为人本主义心理学大本营塞布鲁克研究院和加利福尼亚职业心理学学院工作。

罗洛·梅与弗洛伦斯·德弗里斯（Florence DeFrees）于1938年结婚。他们在一起度过了30年的岁月后离婚。两人育有一子两女，儿子罗伯特·罗洛（Robert Rollo）曾任阿默斯特学院的心理咨询主任，女儿卡罗林·简（Carolyn Jane）和阿莱格拉·安妮（Allegra Anne）是双胞胎，前者是社会工作者、治疗师和画家，后者是纪录片创作者。罗洛·梅的第二任妻子是英格里德·肖勒（Ingrid Scholl），他们于 1971 年结婚, 7 年后分手。1988 年, 他与第三任妻子乔治亚·米勒·约翰逊 (Georgia Miller Johnson) 走到一起。乔治亚是一位荣格学派的分析心理学治疗师, 她是罗洛·梅的知心伴侣, 陪伴他走过了最后的岁月。1994 年 10 月 22 日, 罗洛·梅因多种疾病在加利福尼亚的家中逝世。

罗洛·梅曾先后获得十多个名誉博士学位和多种奖励, 他尤为得意的是两次获得克里斯托弗奖章, 以及美国心理学会颁发的临床心理学科学和职业杰出贡献奖与美国心理学基金会颁发的心理学终身成就奖章。

1987 年, 塞布鲁克研究院建立了罗洛·梅中心。该中心由一个图书馆和一个研究项目组成, 鼓励研究者秉承罗洛·梅的精神进行研究和出版作品。1996 年, 美国心理学会人本主义心理学分会设立了罗洛·梅奖。这表明罗洛·梅在今天依然产生着影响。

二、罗洛·梅的基本著作

罗洛·梅一生著述丰富, 出版了 20 余部著作, 发表了许多论文。他在 80 岁高龄时, 仍然坚持每天写作 4 个小时。我们按他思想发展的历程来介绍其主要作品。

罗洛·梅的两部早期著作是《咨询的艺术: 如何给予和获得心理健康》(1939) 和《创造性生命的源泉: 人性与神的研究》(*The Springs of Creative Living: A Study of Human Nature and God*, 1940)。《咨询的艺术: 如何给予和获得心理健康》一书是罗洛·梅于 1937 年和 1938 年在教会举行的"咨询与人格适应"研讨会上的讲稿。该书是美国出版的第一部心理咨询著作, 具有重要的学术意义。该书再版多次，到 1989 年已印刷 15 万册。在这部著作中，罗洛·梅提倡在理解人格的基础上进行咨询实践。他认为，人格是生活过程的实现，它围绕生活的终极意义或终极结构展开。咨询师通过共情和理解，调整患者人格内部的紧张，使其人格发生转变。该书虽然明显有精神分析和神学的痕迹，但已经在一定程度上表现出罗洛·梅的后期思想。《创造性生命的源泉：人性与神的研究》一书与前一部著作并无大的差异，只是更明确地表述了健康人格和宗教信念。在与里夫斯（Clement Reeves）的通信中，罗洛·梅表示拒绝该书再版。这一时期出版的著作还有《咨询服务》（*The Ministry of Counseling*，1943）一书。

罗洛·梅思想形成的标志是《焦虑的意义》（1950）一书的问世。该书是在他的博士学位论文基础上修改而成的。在这部著作中，罗洛·梅对焦虑进行了系统研究。他在考察哲学、生物学、心理学和文化学的焦虑观基础上，通过借鉴克尔凯郭尔的观点，结合临床案例，提出了自己的观点。他将焦虑置于人的存在的本体论层面，视作人的存在受到威胁时的反应，并对其进行了详细的描述。通过焦虑研究，罗洛·梅逐渐形成了以人的存在为核心的思想。在这种意义上，该书为罗洛·梅此后的著作奠定了框架基础。

1953 年，罗洛·梅出版了《人的自我寻求》（*Man's Search for Himself*），这是他早期最畅销的一本书。他用自己的思想对现代社会进行了整体分析。他以人格为中心，探究了在孤独、焦虑、异化和冷漠的时代自我的丧失和重建，分析了现代社会危机的心理学根源，指出自我的重新发现和自我实现是其根本出路。该书涉及自由、爱、创造性、勇气和价值等一系列重要主题，这些主题是罗洛·梅此后逐一探讨的问题。可以说，该书是罗洛·梅思想全面展开的标志。

在思想形成的同时，罗洛·梅还积极推进美国存在心理学的发展。这首先反映在他与安杰尔和艾伦伯格合作主编的《存在：精神病学和心理学的新方向》（1958）中。该书是一部译文集，收录了欧洲存在心理学家宾斯万格（Ludwig Binswanger）、明可夫斯基（Eugene Minkowski）、冯·格布萨特尔（V. E. von Gebsattel）、斯特劳斯（Erwin W. Straus）、库恩（Roland Kuhn）等人的论文。罗洛·梅撰写了两篇长篇导言：《心理学中的存在主义运动的起源与意义》和《存在心理治疗的贡献》。这两篇导言清晰明快地介绍了存在心理学的思想，其价值不亚于后面欧洲存在心理学家的论文。该书被誉为美国存在心理学的"圣经"。罗洛·梅对美国存在心理学发展的推进还反映在他主编的《存在心理学》中。书中收入了罗洛·梅的两篇论文：《存在心理学的产生》和《心理治疗的存在基础》。

1967年，罗洛·梅出版了《存在心理治疗》（*Existential Psychotherapy*），该书由罗洛·梅为加拿大广播公司系列节目《观念》所做的六篇广播讲话结集而成。该书简明扼要地阐述了罗洛·梅的许多核心观点，其中许多主题在罗洛·梅以后的著作中以扩展的形式出现。次年，他与利奥波德·卡利格（Leopold Caligor）合作出版了《梦与象征：人的潜意识语言》（*Dreams and Symbols: Man's Unconscious Language*）。他们在书中通过分析一位女病人的梦，阐发了关于梦和象征的观点。在他们看来，梦反映了人更深层的关注，它能够使人超越现实的局限，达到经验的统一。同时，梦能够使人体验到象征，象征则是将各种分裂整合起来的自我意识的语言。罗洛·梅关于象征的观点还见于他主编的《宗教与文学中的象征》（*Symbolism in Religion and Literature*,

1960）一书，该书收入了他的《象征的意义》一文，该文还收录在《存在心理治疗》中。

1969年，罗洛·梅出版了《爱与意志》（*Love and Will*）。该书是罗洛·梅最富原创性和建设性的著作，一经面世，便成为美国最受欢迎的畅销书之一，曾荣获爱默生奖。写作该书时，罗洛·梅与第一任妻子的婚姻正走向尽头。因此，该书既是他对自己生活的反思，也是他对现代社会的深刻洞察。该书阐述了他对爱与意志的心理学意义的看法，分析了爱与意志、愿望、选择和决策的关系，以及它们在心理治疗中的应用。罗洛·梅将这些主题置于现代社会情境下，揭示了人们日趋恶化的生存困境，并呼吁通过正视自身、勇于担当来成长和发展。

从20世纪70年代起，罗洛·梅开始将自己的思想拓展到诸多领域。1972年，他出版了《权力与无知：寻求暴力的根源》（*Power and Innocence: A Search for the Sources of Violence*）。正如其副标题所示，该书目的在于探讨美国社会和个人的暴力问题，阐述了在焦虑时代人的困境与权力的关系。罗洛·梅从社会中的无力感出发，认为当无力感导致冷漠，而人的意义感受到压抑时，就会爆发不可控制的攻击。因此，暴力是人确定自我进而发展自我的一种途径，当然这并非整合性的途径。围绕自我的发展，罗洛·梅又陆续出版了《创造的勇气》（*The Courage to Create*，1975）和《自由与命运》（*Freedom and Destiny*，1981）。在《创造的勇气》中，罗洛·梅探讨了创造性的本质、局限以及创造性与潜意识和死亡等的关系。他认为，只有通过需要勇气的创造性活动，人才能表现和确定自己的存在。在《自由与命运》中，罗洛·梅将自由与命运视作矛盾的两端。人是自由的，但要受到命运的限制；反过来，只有在自由中，命运才有意义。在二者间的挣扎和奋斗中，凸显人自身以及人的存在。在《祈望神话》（*The Cry for Myth*，1991）中，罗洛·梅将主题拓展到神话上。这是他生前最后一部重要的著作。罗洛·梅认为，神话能够展现出人类经验的原型，能够使人意识到自身的存在。在现代社会中，人们遗忘了神话，与此同时也意识不到自身的存在，由此导致人的迷失。

罗洛·梅还先后出版过两部文集，分别是《心理学与人类困境》（*Psychology and the Human Dilemma*，1967）和《存在之发现》（*The Discovery of Being*，1983）。《心理学与人类困境》收录了罗洛·梅20世纪五六十年代发表的论文。如书名所示，该书探讨了在焦虑时代生命的困境，阐明了自我认同客观现实世界的危险，指出自我的觉醒需要发现内在的核心性。从这种意义上，该书是对《人的自我寻求》中主题的进一步深化。罗洛·梅将现代人的困境追溯到人生存的种种矛盾上，如理性与非理性、主观性与客观性等。他对当时的心理学尤其是行为主义对该问题的忽视提出严厉批评。《存在之发现》以他在《存在：精神病学和心理学的新方向》中的导言为主题，较全面地展现了他的存在心理学和存在治疗思想。该书是存在心理学和存在心理治疗最简明、最权威的导论性著作。

罗洛·梅深受存在哲学家保罗·蒂利希的影响，先后出版了三本回忆保罗·蒂利希的书，它们分别是《保卢斯①：友谊的回忆》（*Paulus: Reminiscences of a Friendship*，1973）、《作为精神导师的保卢斯·蒂利希》（*Paulus Tillich as Spiritual Teacher*，1988）和《保卢斯：导师的特征》（*Paulus: The Dimensions of a Teacher*，1988）。

---

① 保卢斯是保罗的爱称。

罗洛·梅积极参与人本主义心理学运动，他与罗杰斯和格林（Thomas C. Greening）合著了《美国政治与人本主义心理学》（*American Politics and Humanistic Psychology*，1984），还与罗杰斯、马斯洛（Abraham Maslow）合著了《政治与纯真：人本主义的争论》（*Politics and Innocence: A Humanistic Debate*，1986）。

1985年，罗洛·梅出版了自传《我对美的追求》（*My Quest for Beauty*，1985）。作为一位学者，他在回顾自己的一生时，以自己的理论对美进行了审视。贯穿全书的是他早年就印刻在内心的古希腊艺术精神。在他对生活的叙述中，不断涉及爱、创造性、价值、象征等主题。

罗洛·梅的最后一部著作是与他晚年的朋友和追随者施奈德（Kirk J. Schneider）合著的《存在心理学：一种整合的临床观》（*The Psychology of Existence: An Integrative, Clinical Perspective*，1995）。该书是为新一代心理治疗实践者所写的教科书，可视作《存在：精神病学和心理学的新方向》的延伸。在该书中，罗洛·梅提出了整合、折中的存在心理学观点，并把他的人生体验用于心理治疗，对自己的思想做了最后的总结。

此外，罗洛·梅还经常发表电视和广播讲话，留下了许多录像带和录音带，如《意志、愿望和意向性》（*Will, Wish and Intentionality*，1965）、《意识的维度》（*Dimensions of Consciousness*，1966）、《创造性和原始生命力》（*Creativity and the Daimonic*，1968）、《暴力和原始生命力》（*Violence and the Daimonic*，1970）、《发展你的内部潜源》（*Developing Your Inner Resources*，1980）等。

三、罗洛·梅的主要理论

罗洛·梅的思想围绕人的存在展开。我们从以下四方面阐述他的主要理论观点。

（一）存在分析观

在人类思想史上，存在问题一直是令人困扰的谜团。古希腊哲学家亚里士多德说过："存在之为存在，这个永远令人迷惑的问题，自古以来就被追问，今日还在追问，将来还会永远追问下去。"有时，我们也会产生如古人一样惊讶的困惑：自己居然活在这个世界上。但对这个困惑的深入思考，主要是存在主义哲学进行的。丹麦哲学家克尔凯郭尔是存在主义的先驱，他在反对哲学家黑格尔（G. W. F. Hegel）的纯粹思辨的形而上学的基础上，提出关注现实的人的存在，如人的焦虑、烦闷和绝望等。德国哲学家海德格尔第一个真正地将存在作为问题提了出来。他从区分存在与存在者入手，认为存在只能通过存在者来存在。在诸种存在者中，只有人的存在最为独特。这是因为，只有人的存在才能将存在的意义彰显出来。与海德格尔同时代的萨特（Jean-Paul Sartre）、梅洛－庞蒂（Maurice Merleau-Ponty）、雅斯贝尔斯（Karl Jaspers）和蒂利希等人都对存在主义进行了阐发，并对罗洛·梅产生了重要影响。当然，罗洛·梅着重于人的存在的心理层面，不同于哲学家们的思辨探讨，具有自身独特的风格。

1. 存在的核心

罗洛·梅关于人的存在的观点最为核心的是存在感。所谓存在感，就是指人对自身存在的经验。他认为，人不同于动物之处，就在于人具有自我存在的意识，能够意识到自身的存在，这就是存在感。存在感和我们日常较为熟悉的自我意识是较为接近的，但他指出，自我意识并非纯知性的意识，如知道我当前的工作计划。自我意识是对自身的体验，如感受到自己沉浸到自然万物之中。

罗洛·梅认为，人在意识到自身的存在时，能够超越各种分离，实现自我整合。只有人的自我存在意识才能够使人的各种经验得以连贯和统整，将身与心、人与自然、人与社会等连为一体。在这种意义上，存在感是通向人的内心世界的核心线索。看待一个人，尤其是其心理健康状况如何，应当视其对自身的感受而定。存在感越强、越深刻，个人自由选择的范围就越广，人的意志和决定就越具有创造性和责任感，人对自己命运的控制能力就越强。反之，一个人丧失了存在感，意识不到自我的存在价值，就会听命于他人，不能自由地选择和决定自己的未来，就会导致心理疾病。

2. 存在的本质

当人通过存在感体验到自己的存在时，他首先会发现，自己是活在这个世界之中的。存在的本质就是存在于世（being-in-the-world）。人存在于世界之中，与世界密不可分，共同构成一个整体，在生成变化中展现自己的丰富面貌。中国俗语"人生在世"就说明了这一点。人的存在于世意味着：（1）人与世界是不可分的整体。世界并非外在于人的存在，并非如行为主义所说的，是客观成分（如引起人的反应的刺激）的总和。事实上，人在世界之中，与事物存在独特的意义关联。比如，人看到一块石头，石头并非客观的刺激，它对人有着独特的意义，人的内心也许会浮起久远的往事，继而欢笑或悲伤。（2）人的存在始终是现实的、个别的和变化的。人一生下来，就存在于世界之中，与具体的人或物打交道。换句话说，人是被抛到这个世界上的，人要现实地接受世界中的一切，也就是接受自己的命运。而且，人的存在始终在生成变化之中。人要在过去的基础上，朝向未来发展。人在变化中展现出不同于他人的自己独特的经验。（3）人的存在又是自己选择的。人在世界中并非被动地承受一切，而是通过自己的自由选择，并勇于承担由此带来的责任，发展自己，实现自己的可能性。

3. 存在的方式

人存在于世表现为三种存在方式。（1）存在于周围世界（Umwelt）之中。周围世界是指人的自然世界或物质世界，它是宇宙间自然万物的总和。人和动物都拥有这个世界，目的在于维持生物性的生存并获得满足。对人来说，除了自然环境外，还有人的先天遗传因素、生物性的需要、驱力和本能等。（2）存在于人际世界（Mitwelt）之中。人际世界是指人的人际关系世界，它是人所特有的世界。人在周围世界中存在的目的在于适应，而在人际世界中存在的目的在于真正地与他人交往。在交往中，双方增进了解并相互影响。在这种方式中，人不仅仅适应社会，而且更主动地参与到社会的发展中。（3）存在于自我世界（Eigenwelt）之中。自我世界是指人自己的世界，是人类所特有的自我意识世界。它是人真正看待世界并把握世界意义的基础。它告诉人，客体对自己来说具有怎样的意义。要把握客体的意义，就需要自我意识。因此，自我世界需要人的自我意识作为前提。

现代人之所以失落精神活力，就在于放弃了自我世界，缺乏明确而坚强的自我意识，由此导致人际世界的表面化和虚伪化。人可以同时处于这三种方式的关系中，例如，人在进晚餐时（周围世界）与他人在一起（人际世界），并且感到身心愉悦（自我世界）。

4. 存在的特征

罗洛·梅认为，人的存在具有如下六种基本特征：（1）自我核心，指人以其独特的自我为核心。罗洛·梅坚持认为，每个人都是一个与众不同的独立存在，每个人都是独一无二的，没有人可以占有其他人的自我，心理健康的首要条件就在于接受自我的这种独特性。在他看来，神经症并非对环境的适应不良。事实上，它是一种逃避，是人为了保持自己的独特性，企图逃避实际的或幻想的外在环境的威胁，其目的依然在于保持自我核心性。（2）自我肯定，指人保持自我核心的勇气。罗洛·梅认为，人的自我核心不会自然发展和成长，人必须不断地鼓励自己、督促自己，使自我的核心性趋于成熟。他把这种督促和鼓励称为自我肯定，这是一种勇气的肯定。自我肯定是一种生存的勇气，没有它，人就无法确立自己的自我，更不能实现自己的自我。（3）参与，指在保持自我核心的基础上参与到世界中。罗洛·梅认为，个体必须保持独立，才能维护自我的核心性。但是，人又必须生活于世界之中，通过与他人分享和沟通，共享这一世界。人的独立性和参与性必须适得其所，平衡发展。一方面，过分的参与必然导致远离自我核心。现代人之所以感到空虚、无聊，在很大程度上就是由于顺从、依赖和参与过多，脱离了自我核心。另一方面，过分的独立会将自己束缚在狭小的自我世界内，缺乏正常的交往，必然损害人的正常发展。（4）觉知，指人与世界接触时所具有的直接感受。觉知是自我核心的主观方面，人通过觉知可以发现外在的威胁或危险。动物身上的觉知即警觉。罗洛·梅认为，觉知一旦形成习惯，往往变成自动化的行为，会在不知不觉中进行，因此它是比自我意识更直接的经验。觉知是自我意识的基础，人必须经过觉知才能形成自我意识。（5）自我意识，指人特有的觉知现象，是人能够跳出来反省自己的能力。它是人类最显著的本质特征，也是人不同于其他动物的标志。它使得人能够超越具体的世界，生活在"可能"的世界之中。此外，它还使得人拥有抽象观念，能用言语和象征符号与他人沟通。正是有了自我意识，人才能在面对自己、他人或世界时，从多种可能性中进行选择。（6）焦虑，指人的存在面临威胁时所产生的痛苦的情绪体验。罗洛·梅认为，每个人都不可避免地会产生焦虑体验。这是因为，人有自由选择的能力，并需要为选择的结果承担责任。潜能的衰弱或压抑会导致焦虑。在现实世界中，人常常感觉无法完美地实现自己的潜能，这种不愉快的经验会给人类带来无限的烦恼和焦虑。此外，人对自我存在的有限性即死亡的认识也会引起极度的焦虑。

（二）存在人格观

在罗洛·梅看来，人格所指的是人的整体存在，是有血有肉、有思想、有意志的人。他强调要将人的内在经验视作心理学研究的首要对象，而不应仅仅专注于外显的行为和抽象的理论解释。他曾指出，要想正确地认识人的真相，揭示人的存在的本质特征，必须重新回到生活的直接经验世界，将人的内在经验如实描述出来。

1. 人格结构

罗洛·梅在《咨询的艺术：如何给予和获得心理健康》一书中阐释了人格的本质结构。他认为，人的存在的四种因素，即自由、个体性、社会整合和宗教紧张感构成人格结构的基本成分。（1）自由。自由是人格的基本条件，是人整个存在的基础。罗洛·梅认为，人的行为并非如弗洛伊德所认为的那样，是盲目的；也非如行为主义所认为的那样，是环境决定的。人的行为是在自由选择的过程中进行的。他深信，自由选择的可能性不仅是心理治疗的先决条件，同时也是使病人重获责任感，重新决定自己生活的唯一基础。当然，自由并不是无限的，它受到时空、遗传、种族、社会地位等方面的限制。人恰恰是在利用现实限制的基础上进行自由选择，实现自己的独特性。（2）个体性。个体性是自我区别于他人的独特性，它是自我的前提。罗洛·梅强调，每一个自由的个体都是独立自主、与众不同的，而且在形成他独特的生活模式之前，人必须首先接受他的自我。人格障碍的主要原因之一就是自我无法个体化，丧失了自我的独特性。（3）社会整合。社会整合是指个人在保持自我独立性的同时，参与社会活动，进行人际交往，以个人的影响力作用于社会。社会整合是完整存在的条件。罗洛·梅在这里使用"整合"而非"适应"，目的在于表明人与社会的相互作用。他反对将社会适应良好作为心理健康的最佳标准。他认为，正常的人能够接受社会，进行自由选择，发掘社会的积极因素，充实和实现自我。（4）宗教紧张感。宗教紧张感是存在于人格发展中的一种紧张或不平衡状态，是人格发展的动力。罗洛·梅认为，人从宗教中能够获得人生的最高价值和生命的意义。宗教能够提升人的自由意志，发展人的道德意识，鼓励人负起自己的责任，勇敢地迈向自我实现。宗教紧张感的明显证明是人不断体验到的罪疚感。当人不可能实现自己的理想时，人就会体验到罪疚感。这种体验能够使人不断产生心理紧张，由此推动人格发展。

2. 人格发展

罗洛·梅以自我意识为线索，通过人摆脱依赖、逐渐分化的程度，勾勒出人格发展的四个阶段。

第一阶段为纯真阶段，主要指两三岁之前的婴儿时期。此时人的自我尚未形成，处于前自我时期。人的自我意识也处于萌芽状态，甚至可以称处于前自我意识时期。婴儿在本能的驱动下，做自己必须做的事情以满足自己的需要。婴儿虽然被割断了脐带，从生理上脱离了母体，甚至具有一定程度的意志力，如可以通过哭喊来表明其需要，但在很大程度上受缚于外界尤其是自己的母亲，并未在心理上"割断脐带"。婴儿在这一阶段形成了依赖性，并为此后的发展奠定基础。

第二阶段为反抗阶段，主要指两三岁至青少年时期。此时的人主要通过与世界相对抗来发展自我和自我意识。他竭力去获得自由，以确立一些属于自己的内在力量。这种对抗甚至夹杂着挑战和敌意，但他并未完全理解与自由相伴随的责任。此时的人处于冲突之中。一方面，他想按自己的方式行事；另一方面，他又无法完全摆脱对世界特别是父母的依赖，希望父母能给他们一定的支持。因此，如何恰当地处理好独立与依赖之间的矛盾，是这一阶段人格发展的重要问题。

第三阶段为平常阶段，这一阶段与上一阶段在时间上有所交叉，主要指青少年时期之后的时期。此时的人能够在一定程度上认识到自己的错误，原谅自己的偏见，在选择中承担责任。他能够产生内疚感和焦虑以承担责任。现实社会中的大多数人都处于这一阶段，但这并非真正成熟的阶段。由于伴随着责任的重担，此时的人往往采取逃避的方式，依从传统的价值观。所以，社会生活中的很多心理问题都是这一阶段的反映。

第四阶段为创造阶段，主要指成人时期。此时的人能够接受命运，以勇气面对人生的挑战。他能够超越自我，达到自我实现。他的自我意识是创造性的，能够超越日常的局限，达到人类存在最完善的状态。这是人格发展的最高阶段。真正达到这一阶段的人是很少的。只有那些宗教与世俗中的圣人以及伟大的创造性人物才能达到这一阶段。不过，常人有时在特殊时刻也能够体验到这一状态，如听音乐或是体验到爱或友谊时，但这是可遇而不可求的。

（三）存在主题观

罗洛·梅研究了人的存在的诸多方面，涉及大量的主题。我们以原始生命力、爱、焦虑、勇气和神话五个主题，来展现罗洛·梅丰富的理论观点。

1. 原始生命力

原始生命力（the daimonic）是一种爱的驱动力量，是一个完整的动机系统，在不同的个体身上表现出不同的驱动力量。例如，在愤怒中，人怒气冲天，完全失去了理智，完全为一种力量所掌控，这就是原始生命力。在罗洛·梅看来，原始生命力是人类经验中的基本原型功能，是一种能够推动生命肯定自身、确证自身、维护自身、发展自身的内在动力。例如，爱能够推动个体与他人真正地交往，并在这种交往中实现自身的价值。

原始生命力具有如下特征：（1）统摄性。原始生命力是掌控整个人的一种自然力量或功能。例如，人们在生活中表现出强烈的性与爱的力量，人们在生气时的怒发冲冠、在激动时的慷慨激昂，人们对权力的强烈渴望等，都是原始生命力的表现。实际上，这就是指人在激情状态下不受意识控制的心理活动。（2）驱动性。原始生命力是使每一个存在肯定自身、维护自身、使自身永生和增强自身的一种内在驱力。在罗洛·梅看来，原始生命力可以使个体借助爱的形式来提升自身生命的价值，是用来创造和产生文明的一种内驱力。（3）整合性。原始生命力的最初表现形态是以生物学为基础的"非人性的力量"，因此，要使原始生命力在人类身上发挥积极的作用，就必须用意识来加以整合，把原始生命力与健康的人类之爱融合为一体。只有运用意识的力量坦然地接受它、消化它，与它建立联系，并把它与人类的自我融为一体，才能加强自我的力量，克服分裂和自我的矛盾状态，抛弃自我的伪装和冷漠的疏离感，使人更加人性化。（4）两重性。原始生命力既具有创造性又具有破坏性。如果个体能够很好地使用原始生命力，其魔力般的力量便可在创造性中表现出来，帮助个体实现自我；若原始生命力占据了整个自我，就会使个体充满破坏性。因此，人并非善的，也并非恶的，而是善恶兼而有之。（5）被引导性。由于原始生命力具有两重性，就需要人们有意识地对它加以指引和开导。在心理治疗中，治疗师的作用就是帮助来访者学会对自己的原始生命力进行正确的引导。

罗洛·梅的原始生命力概念隐含着弗洛伊德的本能的痕迹。原始生命力如同本能一样，具有强大的力量，能够将人控制起来。不过，罗洛·梅做出了重大的改进。原始生命力不再像本能那样是趋乐避苦的，它具有积极和消极两重性，而且，通过人的主动作用，能够融入人自身中。由此也可以看出罗洛·梅对精神分析学说的扬弃。

2. 爱

爱是一种独特的原始生命力，它推动人与所爱的人或物相联系，结为一体。爱具有善和恶的两面，它既能创造和谐的关系，也能造成人们之间的仇恨和冲突。

罗洛·梅关于爱的观点经历了一个发展过程。早期，他对爱进行了描述性研究，指出爱具有如下特征：爱以人的自由为前提；爱是实现人的存在价值的一种由衷的喜悦；爱是一种设身处地的移情；爱需要勇气；最完满的爱的相互依赖要以"成为一个自行其是的人"的最完满的创造性能力为基础；爱与存在于世的三种方式都有联系，爱可以表现为自然世界中的生命活力、人际世界中的社会倾向、自我世界中的自我力量；爱把时间看作定性的，是可以直接体验到的，是具有未来倾向的。

后来，罗洛·梅在《爱与意志》中，将爱置于人的存在层面，把它视作人存在于世的一种结构。爱指向统一，包括人与自己潜能的统一、与世界中重要他人的统一。在这种统一中，人敞开自己，展现自己真正的面貌，同时，人能够更深刻地感受到自己的存在，更肯定自己的价值。这里体现出前述存在的特征：人在参与过程中，保持自我的核心性。罗洛·梅还进一步区分出四种类型的爱：（1）性爱，指生理性的爱，它通过性活动或其他释放方式得到满足；（2）厄洛斯（Eros），指爱欲，是与对象相结合的心理的爱，在结合中能够产生繁殖和创造；（3）菲利亚（Philia），指兄弟般的爱或友情之爱；（4）博爱，指尊重他人、关心他人的幸福而不希望从中得到任何回报的爱。在罗洛·梅看来，完满的爱是这四种爱的结合。但不幸的是，现代社会倾向于将爱等同于性爱，现代人将性成功地分离出来并加以技术化，从而出现性的放纵。在性的泛滥的背后，爱却被压抑了，由此人忽视了与他人的联系，忽视了自身的存在，出现冷漠和非人化。

3. 焦虑

在罗洛·梅看来，个体作为人的存在的最根本价值受到威胁，自身安全受到威胁，由此引起的担忧便是焦虑。焦虑和恐惧与价值有着密切的关系。恐惧是对自身一部分受到威胁时的反应。当然，恐惧存在特定的对象，而焦虑没有。如前所述，焦虑是存在的特征之一。在这种意义上，罗洛·梅将焦虑视作自我成熟的积极标志。但是，在现代社会中，由于文化的作用，焦虑逐渐加剧。罗洛·梅特别指出，西方社会过分崇拜个人主义，过于强调竞争和成就，导致了从众、孤独和疏离等心理现象，使人的焦虑增加。当人试图通过竞争与奋斗克服焦虑时，焦虑反而又加剧了。20世纪文化的动荡，使得个人依赖的价值观和道德标准受到削弱，也造成焦虑的加剧。

罗洛·梅区分出两种焦虑：正常焦虑和神经症焦虑。正常焦虑是人成长的一部分。当人意识到生老病死不可避免时，就会产生焦虑。此时重要的是直面焦虑和焦虑背后的威胁，从而更好地过当下的生活。神经症焦虑是对客观威胁做出的不适当的反应。人使用防御机制应对焦虑，并在内心冲突中出现退行。罗洛·梅曾指出，病态的强迫性症状实际是保护脆弱的自我免受焦虑。为了建设性地应对焦虑，罗洛·梅建议使用以下几种方法：用自尊感受到自己能够胜任；将整个自我投身于训练和发展技能上；在极端的情境中，相信领导者能够胜任；通过个人的宗教信仰来发展自身，直面存在的困境。

4.勇气

在存在的特征中，自我肯定是指人保持自我核心的勇气。因此，勇气也与人的存在有着密切的关联。罗洛·梅指出，勇气并非面对外在威胁时的勇气，它是一种内在的素质，是将自我与可能性联系起来的方式和渠道。换句话说，勇气能够使得人面向可能的未来。它是一种难得的美德。罗洛·梅认为，勇气的对立面并非怯懦，而是缺乏勇气。现代社会中的一个严峻的问题是，人并非禁锢自己的潜能，而是人由于害怕被孤立，从而置自己的潜能于不顾，去顺从他人。

罗洛·梅区分出四种勇气：（1）身体勇气，指与身体有关的勇气。它在美国西部开发时代的英雄人物身上体现得最为明显，他们能够忍受恶劣的环境，顽强地生存下来。但在现代社会中，身体勇气已退化成为残忍和暴力。（2）道德勇气，指感受他人苦难处境的勇气。具有较强道德勇气的人能够非常敏感地体验到他人的内心世界。（3）社会勇气，指与他人建立联系的勇气，它与冷漠相对立。罗洛·梅认为，现代人害怕人际亲密，缺乏社会勇气，结果反而更加空虚和孤独。（4）创造勇气，这是最重要的勇气，它能够用于创造新的形式和新的象征，并在此基础上推进新社会的建立。

5.神话

神话是罗洛·梅晚年思考的一个重要主题。他认为，20世纪的一个重大问题是价值观的丧失。价值观的丧失使得个人的存在感面临严峻的威胁。当人发现自己所信赖的价值观念忽然灰飞烟灭时，他的自身价值感将受到极大的挑战，他的自我肯定和自我核心等都会出现严重的问题。在这种情境下，现代人面临如何重建价值观的问题。在这方面，神话提供了一条可行的途径。罗洛·梅认为，神话是传达生活意义的主要媒介。它类似分析心理学家荣格（Carl Gustav Jung）所说的原型。但它既可以是集体的，也可以是个人的；既可以是潜意识的，也可以是意识的。如《圣经》就是现代西方人面对的最大的神话。

神话通过故事和意象，能够给人提供看待世界的方式，使人表述关于自身与世界的经验，使人体验自身的存在。《圣经》通过其所展现的意义世界，能够为人的生活指引道路。正是在这种意义上，罗洛·梅认为，神话是给予我们的存在以意义的叙事模式，能够在无意义的世界中让人获得意义。他指出，神话的功能是，能够提供认同感、团体感，支持我们的道德价值观，并提供看待创造奥秘的方法。因此，重建价值观的一项重要的工作，就是通过好的神话来引领现代人前进。罗洛·梅尤其提倡鼓励人们运用加强人际关系的神话，以这类神话替代美国流传已久的分离性的个体神话，能够推动人们走到一起，重建社会。

（四）存在治疗观

1. 治疗的目标

罗洛·梅认为，心理治疗的首要目的并不在于症状的消除，而是使患者重新发现并体认自己的存在。心理治疗师不需要帮助病人认清现实，采取与现实相适应的行动，而是需要加强病人的自我意识，与病人一起，发掘病人的世界，认清其自我存在的结构与意义，由此揭示病人为什么选择目前的生活方式。因此，心理治疗师肩负双重任务：一方面要了解病人的症状；另一方面要进一步认清病人的世界，认识到他存在的境况。后一方面比前一方面更难，也更容易为一般的心理治疗师所忽视。

具体来说，存在心理治疗一般强调两点。首先，患者通过提高觉知水平，增进对自身存在境况的把握，从而做出改变。心理治疗师要提供途径，使病人检查、直面、澄清并重新进入他们对生活的理解，探究他们生活中遇到的问题。其次，心理咨询师使病人提高自由选择的能力并承担责任，使病人能够充分觉知到自己的潜能，并在此基础上变得更敢于采取行动。

2. 治疗的原则和方法

罗洛·梅将心理治疗的基本原则归纳为四点：（1）理解性原则，指治疗师要理解病人的世界，只有在此基础上，才能够使用技术。（2）体验性原则，指治疗师要促进患者对自己存在的体验，这是治疗的关键。（3）在场性原则，治疗师应排除先入之见，进入与病人间的关系场中。（4）行动原则，指促进患者在选择的基础上投身于现实行动。

存在心理治疗从总体上看是一系列态度和思想原则，而非一种治疗的方法或体系，过多使用技术会妨碍对患者的理解。因此，罗洛·梅提出，应该是技术遵循理解，而非理解遵循技术。他尤其反对在治疗技术选择上的折中立场。他认为，存在心理治疗技术应具有灵活性和通用性，随着病人及治疗阶段的变化发生变化。在特定时刻，具体技术的使用应依赖于对病人存在的揭示和阐明。

3. 治疗的阶段

罗洛·梅将心理治疗划分为三个阶段：（1）愿望阶段，发生在觉知层面。心理治疗师帮助患者，使他们拥有产生愿望的能力，以获得情感上的活力和真诚。（2）意志阶段，发生在自我意识层面。心理治疗师促进患者在觉知基础上产生自我意识的意向，例如，在觉知层面体验到湛蓝的天空，现在则意识到自己是生活于这样的世界的人。（3）决心与责任感阶段。心理治疗师促使患者从前两个层面中创造出行动模式和生存模式，从而承担责任，走向自我实现、整合和成熟。

四、罗洛·梅的历史意义

（一）开创了美国存在心理学

在罗洛·梅之前，虽然已有少数美国学者研究存在心理学，但主要是对欧洲存在心理学的引介。罗洛·梅则形成了自己独特而系统的存在心理学理论体系。前已述及，他对欧洲心理学做了较全面的介绍，通过1958年的《存在：精神病学和心理学的新方向》一书，使得美国存在心理学完成了本土化。他还从存在分析观、存在人格观、存在主题观、存在治疗观四个层面系统展开，由此形成了美国第一个系统的存在心理学理论体系。在此基础上，罗洛·梅还进一步提出"一门研究人的科学"，这是关于人及其存在整体理解与研究的科学。这门科学不是停留在了解人的表面，而是旨在理解人存在的结构方式，发展强烈的存在感，促使其重新发现自我存在的价值。罗洛·梅与欧洲存在心理学家一样，以存在主义和现象学为哲学基础，以人的存在为核心，以临床治疗为方法，重视焦虑和死亡等问题。但他又对欧洲心理学进行了扬弃，生发出自己独特的理论观点。他不像欧洲存在心理学家那样过于重视思辨分析，他更重视对人的现实存在尤其是现代社会境遇下人的生存状况的分析。尤为独特的是，他更重视人的建设性的一面。例如，他强调人的潜能观点。正是在这种意义上，他给存在心理学贴上了美国的"标签",使得美国出现了真正本土化的存在心理学。他还影响了许多学者,推动了美国存在心理学的发展和深化。布根塔尔(James Bugental)、雅洛姆(Irvin Yalom)和施奈德等人正是在他的基础上,将美国存在心理学推向了新的高度。

(二)推进了人本主义心理学

罗洛·梅在心理学史上的另一突出贡献是推进了人本主义心理学的发展。从前述他的生平中可以看出,他亲自参与并推进了人本主义心理学的历史进程。从思想观点上看,他以探究人的经验和存在感为目标,重视人的自由选择、自我肯定和自我实现的能力,将人的尊严和价值放在心理学研究的首位。他对传统精神分析进行了扬弃,将其引向人本主义心理学的方向,并对行为主义的机械论进行了批判。因此,罗洛·梅开创了人本主义心理学的自我选择论取向,这不同于马斯洛和罗杰斯强调人本主义心理学的自我实现论取向,从而丰富了人本主义心理学的理论体系。正是在这种意义上,罗洛·梅成为与马斯洛和罗杰斯并驾齐驱的人本主义心理学的三位重要代表人物之一。

罗洛·梅还通过理论上的争论,推进了人本主义心理学的健康发展。前面提到,他从原始生命力的两重性,引出人性既有善的一面又有恶的一面。他不同意罗杰斯人性本善的观点。他重视人的建设性,同时也注意到人的不足尤其是破坏性的一面。与之相比,罗杰斯过于强调人的建设性,将消极因素归因于社会的作用,暗含着将人与社会对立起来的倾向。罗洛·梅则一开始就将人置于世界之中,不存在这种对立倾向。所以,罗洛·梅的思想更为现实,更趋近于人本身。除了与罗杰斯的论战外,罗洛·梅在晚年还对人本主义心理学中分化出来的超个人心理学提出告诫，并由此引发了争论。他认为，超个人心理学强调人的积极和健康方面的倾向，存在脱离人的现实的危险。应该说，他的观点对于超个人心理学是具有重要警戒意义的。

（三）首创了存在心理治疗

罗洛·梅在从事心理治疗的实践中，形成了自己独特的思想，这就是存在心理治疗。它以帮助病人认识和体验自己的存在为目标，以加强病人的自我意识、帮助病人自我发展和自我实现为己任，重视心理治疗师和病人的互动以及治疗方法的灵活性。它尤其强调提升人面对现实的勇气和责任感，将心理治疗与人生的意义等重大问题联系起来。罗洛·梅是美国存在心理治疗的首创者，在他之后，布根塔尔和施奈德等人做了进一步发展，使得存在心理治疗成为人本主义心理治疗的重要组成部分。当前，存在心理治疗与来访者中心疗法、格式塔疗法一起，成为人本主义心理治疗领域最为重要的三种方法。

（四）揭示了现代人的生存困境

罗洛·梅不只是一位书斋式的心理学家，他还密切关注现代社会中人的种种问题。他深刻地批判了美国主流文化严重忽视人的生命潜能的倾向。他在进行临床实践的同时，并不仅仅关注面前的病人。他能够从病人的存在境况出发，结合现代社会背景来揭示现代人的生存困境。他从人的存在出发，揭示现代人在技术飞速发展的同时，远离自身的存在，从而导致非人化的生存境况。罗洛·梅指出，现代人在存在的一系列主题上都表现出明显的问题。个体难以接受、引导并整合自己的原始生命力，从而停滞不前，无法激发自己的潜能，从事创造性的活动。他还指出，现代人把性从爱中成功地分离出来，在性解放的旗帜下放纵自身，却遗忘了爱的真正含义是与他人和世界建立联系，从而导致爱的沦丧。现代人逃避自我，不愿承担自己作为一个人的责任，在面临自己的生存处境时感到软弱无能，失去了意志力。个体不敢直面自己的生存境况，不能合理利用自己的焦虑，而是躲避焦虑以保护脆弱的自我，结果使得自己更加焦虑。个体顺从世人，不再拥有直面自己存在的勇气。个体感受不到生活的意义和价值，处于虚空之中。在这种意义上，罗洛·梅不仅是一位面向个体的心理治疗师，还是一位对现代人的生存困境进行诊断的治疗师、一位现代人症状的把脉者。当然，罗洛·梅在揭示现代人的生存困境的同时，也建设性地指出了问题的解决之道，提供了救赎现代人的精神资料。不过，他留给世人的并非简易的行动指南，而是丰富的精神养分，需要世人认真地消化和吸收，由此才能返回到自身的存在中，勇敢地担当，积极地行动，重塑自己的未来。

罗洛·梅在著作中考察的是 20 世纪中期的人的存在困境。现在，当时光已经过去半个多世纪后，人的生存境遇依然没有得到根本的改观，甚至更加恶化。社会的竞争越来越激烈，人们的生活节奏越来越快，个体所承受的压力也越来越大，内心的焦虑、空虚、孤独等愈发严重。人在接受社会各种新事物的同时，自身的经验却越来越多地被封存起来。与半个世纪前相比，人似乎更加远离自身的存在。从这个意义上说，罗洛·梅更是一位预言家，他所展现的现代人的生存图景依然需要当代人认真地对待和思考。

正因为如此，罗洛·梅在生前和逝后并未被人们忽视或遗忘。越来越多的人发现了他思想的价值，并投入真正的行动中。罗洛·梅的大多数著作都被多次重印或再版，并被翻译成多国文字出版。进入 21 世纪以来，这种趋势依然在延续。也正是基于此，我们推出这套"罗洛·梅文集"，希望能有更多的中国读者听到罗洛·梅的声音，分享他的精神资源。

郭本禹

南京师范大学

2008 年 9 月 1 日

序　言

　　是哪些有权势的团体塑造了我们生活的结构？阿波罗公司的结构设计者们站在了人类境况之辩证逻辑的正确方面。他们总是做好理性计划和切合实际的蓝图准备，以指导那些看似有条理的体验朝着明智的决定方向前进。他们的客户开始相信，自己一定能够选择所喜爱的希望之路，并且行走在这样的道路上可以使他们的自由意志得到锻炼。但是，狄俄尼索斯兄弟公司的存在使竞争加剧了，使之成名的是，他们坚持在计划中把理性、变化和偶然发生的混乱成分结合在一起，以说明人们是怎样、在哪里以及为什么会过着这样的生活。

　　虽然阿波罗公司的人愿意把他们的客户当作执行一项神圣的伟大计划的存在，但狄俄尼索斯公司的人则把人类客户视为违约的价值存在。阿波罗公司的人随时准备转向他们喜爱的分包公司，转向科学和宗教，以帮助构建传统的结构。狄俄尼索斯公司的支持者们反驳说："有时它们起作用，有时它们却做出虚假的救助保证和基本真理的错误保证。"

　　大约四十年前，一位人类构想的年轻建筑师给那些生活在正义的阁楼上和郁闷的地下室里的两种处于极端状态的人提供了一种可供选择的设计。罗洛·梅从人类存在的根本结构中寻找钥匙，打开人类面对生活中经常出现的危机所需要的资源。这些钥匙是以现象学为模型制作出来的。通过分享正在产生体验的人的观点（打个比方，进入客户的生活空间去体验，而不是认同房东的权威分析），才能使理解得以产生。现象学创造了一种主观的、描述性的背景，使存在与成长的盛衰变迁开始变得有意义。其理解之塔与传统的社会科学家的客观性和可定量研究之塔并肩而立，认为这种客观性和可量化的研究对建立一门预测和控制的科学是非常根本的。

心理科学强调来自物理学和生物学的模型的重要性，而存在主义的现象学特征则更倾向于人性、哲学和艺术。前者纵向地探索人类本性，后者则探讨其横向的联系，以阐明人性的广博。

存在－人本主义心理学既不想把人类的复杂性还原为一些较精练的变量，也不想将其吹嘘成命运的主人。这种观点认识到，我们在强大的但难以捉摸的情境力量面前是很脆弱的。这些力量能够使我们"最美好和最充满希望的"意志屈服——有时甚至会摧毁我们的意志。有趣的是，这种观点得到了社会心理学家们的认可，他们坚持认为，社会心理学让我们收获的主要信息是，情境对我们的思想、感情、价值观和行为的影响要比我们承认的或敢于承认的强大得多。

这种观点并没有使我们成为环境力量的典当品或者存在主义风潮中任由摆布的秋叶。人类一直持续不断地在现实与幻想、旧的路径与新的目标、给定与可能、限制与自由、标准与创造之间进行协调。

罗洛·梅把这种新的心理学取向的焦点由严格的决定论转向理解人类的经验是怎样受到日常存在的危险和奖励的挑战与冲击的。这种观点通过利用文学起源、人本主义价值观和神话的力量使心理学丰富起来。

几年前，我有幸与罗洛·梅见面并共同进餐，我们分享了在旧金山湾区新的存在带给我们的快乐，这与我们以前在东海岸的那种混乱的生活相去甚远。他对怎样才能用实验的方法来研究选择和不协调的问题，研究情境与配置的权力冲突感到好奇，就像我在研究中所做的那样。而我对怎样才能把表面看来难以捉摸的存在概念转化为可以实际操作的策略和技巧很好奇，就像他在研究中所做的那样。从我们的对话和新形成的友谊中，我开始认识到，这种存在的观点是怎样远非一种知识哲学或文学的戏剧态度可比拟的，它可能是心理治疗实践的一种强大的基础。临床医生能够利用存在原则以多种方式给来访者赋权，使之更有效地应付和应对生活的要求，更深刻地理解作用在他们身上的情境力量，并得到下面的体悟：个体对生命的解释是怎样创造了新的可能性和存在现实的。

我和克里斯·罗杰斯（麦格劳－希尔公司的前心理学编辑）一起，鼓励罗洛·梅把许多能表现存在－临床心理学特点的具有实践智慧的资料编写成一本书。我们希望的是，他不仅是为其早期畅销书的众多"粉丝们"写作本书，而且能给专业心理学者和学生们带来价值。

在罗洛·梅因健康问题而使这本书的最初写作进展放缓的关键时刻，幸运的是，科克·施奈德加入了这项事业中。科克·施奈德怀着急切的心情，肩负起复杂的重担，他把各种不同的原材料综合在一起，同时也把一些普遍的存在观点和原则整合到临床实践的指导方针之中。从这个偶然的联盟中诞生的这本独特的书，呈现了罗洛·梅对理解关于人的心理学的存在观的核心概念，通过科克·施奈德这个能工巧匠之手及其理论阐释得到了增强、深化和扩展。

我确信，读者们会欣喜地发现本书的第一部分存在主义的文学、哲学和心理学的源概念之间的交互作用和解释。除了摘录梅和施奈德的一些重要著作之外，本书前几章给读者提供的是当今时代的一些最伟大的思想家的存在思想的主要成分——克尔凯郭尔、尼采、胡塞尔、海德格尔、萨特、加缪、威廉·詹姆斯和马斯洛，先提这几个吧。

从这些广泛的根源出发，本书转向描述存在－整合心理学的发展及其未来的方向。第三部分清楚地说明了在治疗情境中如何应用存在－整合心理学的核心概念的方式和手段。这些临床的指导方针由于十几位存在－整合治疗的临床医生收集的一系列极其多样的研究案例而增色不少。这些案例是如此丰富，使我们洞察到人类本性的一些细微的方面，以至那些非临床的读者以及专业人士和学生也都乐于看到。

最后，读者们将发现，这种观点的一个目标要比仅仅使来访者有效地应对其存在的问题具有更深层的含义。存在－整合的临床心理学渴望指导来访者达到个人的解放，这是一种内在的自由感，它能吸收和转换经验的挑战。来访者和我们所有的人并不是在创伤性体验的冲击下退却，或者利用这些体验来使个人获益，而是能够通过发展当下的心理灵活性（这种灵活性植根于过去，有在未来获得发展的选择）来最充实地生活，使其功能得到最好的发挥。这个完整的人就是在人类本性之殿堂里的建筑师和开发商、客户和房东、阿波罗和狄俄尼索斯。

菲利普·津巴多（Philip G. Zimbardo）

1994 年 2 月 28 日于意大利罗马

中文版序言

自本书出版以来，心理治疗实践和研究领域有了重大的发展，而且我深感振奋地报告说，《存在心理学》一直处在这些发展的前沿。例如，心理治疗研究的领军人物布鲁斯·万普尔德（Bruce Wampold）写道："或许可以这样说……所有治疗师都有必要了解存在治疗的原则，因为它补充了一种观点，这种观点，正如施奈德（Schneider，2008）所主张的，可能会成为所有有效治疗的基础。"（Wampold，2008，p.6）这位以前的行为主义者和主流研究者所做的这个非常令人震惊的声明，便成为存在－整合心理学（EI）理论与实践的一个新开端的标准。因为随着《存在心理学》对它的介绍，现在存在－整合模型已经扩展为要么对各种治疗形式进行补充，要么把各种治疗形式都包含在内，例如医学取向、认知－行为主义、精神分析和人际关系取向以及宗教精神形式的沉思都包含于其中。存在－整合模型所面对的是人口特征越来越多样化的来访者，从传统的抑郁和焦虑者，到有严重障碍的人，再到老年人（Schneider，2006，2008，2009；Schneider & Krug，2009）。正如新的研究如此绝妙地阐述的，存在－整合模型是在一种拱形的存在和经验背景关系中理解和协调各种治疗形式的一种方式，不仅包括而且专门研究了那些看起来最能为积极的治疗变化负责的根本因素。在这些因素中，有治疗师的素质，治疗师和患者在情绪、认知、感情上在场（present）的能力，医患之间相互信任和关系融洽的质量，以及患者在他自己的治疗中的积极而负责任的角色（Schneider & Krug, 2009；Wampold, 2008）。

正是由于这些原因，处在存在－整合与存在－人本主义实践共同体中的我们，对存在治疗复兴的前景深感鼓舞。随着越来越多的研究者和从业医生认识到上述所谓"背景关系"因素的价值，越来越多的培训计划就可能转向以存在为定向的方法，来提升他们的培训计划。

一般地说，在世界上，我们也发现，人们对存在－整合与存在－人本主义治疗取向越来越感兴趣。例如，位于旧金山湾区的存在－人本主义学院（EHI）和国际人本主义研究学院（IIHS）正在帮助把存在－人本主义和存在－整合的实践推广给正在发展的地区和全世界的听众。从这些学院（或教师）培训中获益的国家有俄罗斯、立陶宛、波兰、日本和中国（第一届美中存在治疗大会于 2010 年 4 月举行）。年轻的存在－人本主义和存在－整合理论家，例如，落基大学的路易斯·霍夫曼（Louis Hoffman）和密歇根专业心理学学校的肖恩·鲁宾（Shawn Rubin），一直在向学生们积极地介绍存在－人本主义和存在－整合的实践哲学，而诸如奥拉·克鲁格（Orah Krug）、伊丽莎白·布根塔尔（Elizabeth Bugental）和默特尔·希瑞（Myrtle Heery）这些女性，也一直在存在－人本主义和存在－整合理论与实践中促进新的女性主义的敏感性。

简言之，存在－人本主义和存在－整合的实践哲学在今天的应用并没有终结，围绕这些观点所产生的能量波动是有感染力的（参见 Hoffman, Yang, Kakluaskas & Chan, 2009；Hoffman, Stewart, Warren & Meek, 2009 对存在心理学的多样性和日益增长的影响所做的综合评价）。

最后，在具有存在倾向的从业医生当中有一种新的精神敏感性，这可能会使中国读者格外感兴趣。这种兴趣可以在指向生活本身的"敬畏"、谦卑、惊奇、震颤和惊讶这类非教条的、具有深刻超越性的概念中得到理解（Schneider，2004，2008，2009）。这种敏感性现在也被结合到我们的存在－整合治疗中了，与东方道家和禅宗佛教的原理非常接近，但强调的是存在的那些令人迷惑的及和谐的状态（Schneider & Tong，2009）。

简言之，《存在心理学》的中文版现在就要呈现在全世界讲中文的人们面前了，这使我很高兴和深感荣幸。我知道罗洛·梅会和我分享这种希望：这本书可以作为民族之间的一座桥梁，来深化和实实在在地强化我们用来治愈和修补我们世界的全部治疗体系。

科克·施奈德博士
2009 年 4 月 19 日

前　言

当罗洛·梅和我开始编写这本书时，我们心中有四个目标：把存在心理学介绍给新的一代；把富有人性的生活、激情和丰富性带回到心理学的课程中；使存在心理学易于理解——尤其是对于正在接受培训的临床医生；根据我们多种不同的专业阐明存在心理学的整合意义。

我们花费了很多时间来为这项事业制定规划、进行构想和讨论细节，也花费了很多时间来反思我们各自的贡献。但是，突然之间——在 1992 年的冬季——罗洛·梅竟然病倒了，不得不退出他所承担的那部分写作任务。于是他慷慨地请求我监管我们的这项任务，并使之得以完成。[1]

我相信，对所有关心此事的人来说，结果都是很有益的。通过一种产生共鸣的"齐声合唱"和一幅有关这个主题的丰富多彩的画面，罗洛·梅的观点在这些页面上得到了肯定，并扩展到新的一代。

我们试图在这本书里达到一种巧妙的平衡——这是在组织人类经验和认识到其内在紊乱之间的一种平衡，既澄清了问题，又不情愿地承认其中还有一些最终模糊不清的东西。然而，我们相信，我们确定的这项任务在几个方面都是很紧迫的：满足感到困惑的学生和研究者们对存在心理学的渴望；迎接正在兴起的心理学中的整合运动的挑战；最佳地应对从根本上剥夺了我们选择权的社会健康关怀现实。

存在心理学的符合时宜性在当今时代还不能过分夸大，因为在今天还有那么多人感到困惑，在我们这个世纪，传统世界观（首先是宗教，其次是科学）的冲击使我们的心灵深感恐慌，已经超出了人类的适应能力。第二次世界大战后，在许多地区和方面，人们再也无法期待有来自任何传统世界观的拯救、纯洁和真理，这使我们中的许多人都感到虚弱。我们的疾病可划分为两个基本阵营：一种疾病的特点是从那些令人困惑的现实中退却（例如抑郁症和强迫性综合征）；另一种疾病的特点是，对这些现实进行开发利用（例如精神变态的反社会者和自恋）。

另外，存在心理学在解决这些令人不安的综合征方面可能处于一种独特的地位——因为它是在促使其发生的危机期间逐步形成的。不管怎么说，这就是我们真诚的希望和我们在这本书中提出的论点。

尽管这本书针对的是研究生，但许多读者也能从中获益。有兴趣提高其技能的专业人士、研修哲学和人文学科的学者以及有心理学头脑的外行读者，都能在这里发现一些相关的信息或未来思想的精神食粮。

在此，对我们的观点做个注释：虽然本书综合了心理学中的许多存在观点，但它并不是一种综合的或详尽无遗的系统陈述。它是一种存在－整合的观点，是以我们自己编辑本书的观念为基础的。

对于那些有兴趣追求通过其他途径来研究存在心理学的读者，我们强烈地建议你们参阅本书的参考文献。

此外，我们非常鼓励这种通过相互交流来得益的探究，如果我们能够促使其发生，我们将非常高兴。

最后，为了保护本书所讨论的那些来访者的隐私，我们对能够辨认他们身份的信息进行了多种可供替代的选择。那些认为能够辨认出他们就是某个来访者的读者是错误的。虽然诚实和准确性是科学研究的基石，但是在本书中，保护隐私要比披露不必要的细节更重要。不过，在许多案例中，读者们将会认出本书所讨论的那些表现出他们人格动力学特征的人们。那是因为，尽管在案例的细节方面提供了一些可供替代的选择，但这些动力学特征却是具有共性的，而这种共性恰恰就是我们研究的基础。

*　　　　　*　　　　　*

本书是很多提供过帮助的人合作创作的结晶，这些人有的还健在，有的已经过世，要在这个有限的篇幅里列出他们所有人的名字是不可能的。然而，他们的精神将会明显地体现在这些页面的字里行间，我相信，每一位读者都将辨认出这些精神的某一部分或大部分。

在本书准备期间，很多人对其进行了详细评论，为此我要感谢加利福尼亚大学圣克鲁兹分校的弗兰克·拜伦（Frank Barron）、圣迭戈州立大学的荣誉退休教授莫里斯·S.弗里德曼（Maurice S. Friedman）、塞布鲁克学院的托马斯·格林宁（Thomas Greening）、斯坦福大学的朱利叶斯·E.胡思克（Julius E. Heuscher）、圣母玛丽亚大学的乔治·S.霍华德（George S. Howard）、西佐治亚大学的道纳德里安·L.赖斯（Donadrian L. Rice）、福德汉姆大学的弗雷德里克·J.沃兹（Frederick J. Wertz）、斯坦福大学的荣誉退休教授欧文·雅洛姆（Irvin Yalom），还有保罗·鲍曼（Paul Bowman）、肯·布拉德福德（Ken Bradford）、J. A.布里克（J. A. Bricker）、詹姆斯·布根塔尔（James Bugental）、罗伯特·弗拉克斯（Robert Flax）、约翰·高尔文

（John Galvin）、丹尼斯·波特诺伊（Dennis Portnoy）以及艾琳·塞林（Ilence Serlin）所做的非正式的评论。我还要感谢在加利福尼亚职业心理学学院选修我的"存在理论和技术"课的学生，感谢他们热心和起关键作用的反馈。

对为本书付出辛勤劳动的麦格劳－希尔公司的编辑们，我有道不尽的感激，他们是克里斯·罗杰斯（Chris Rogers）、简·外克耐斯（Jane Vaicunas）、戴维·邓纳姆（David Dunham）、菲尔·津巴多（Phil Zimbardo），特别是劳拉·林奇（Laura Lynch），他们深深理解什么是利害攸关。

最后，我要特别感谢我的妻子朱瑞特（Júratee）所做的快乐和不辞劳苦的编辑工作，感谢那些为本书的最初写作做出贡献的聪明且敏感的精神之魂，最重要的是要感谢罗洛·梅和乔治亚·梅，若没有他们的大力支持和参与，本书是不可能完成的。

科克·施奈德

注释

[1] 当本书中的某个观点基本上是我自己的观点时，我就使用代词"我"。当一个观点基本上是罗洛·梅和我所共有时，我就使用代词"我们"。

献给心理学的寻求者——过去、现在和将来

目　录

第三部分　存在－整合心理学在治疗中的应用

导　言

存在－整合心理学：一种开端

在其具有里程碑意义的著作《存在》一书中，罗洛·梅概述了20世纪最大胆的一项心理学议程。他写道：

> 存在心理学的目的并不是要建立一个新学派以反对其他学派，或者提出新的治疗技术以反对其他技术。相反，它寻求分析人类存在的结构——这是一项事业，如果成功，就会对处在危机中的所有人类情境背后的现实产生某种理解。（May, 1958, p.7）

相信无论人们怎么看待梅的这种雄心勃勃的观点，这种信念都是既事关重大又有预见性的。例如，当代存在心理学既不是一个学派，也不是一种系统的教条，但它却对各种各样的心理学实践产生了稳固而持久的影响。确实，存在心理学处于一种具有讽刺意味的地位，它是在专业领域中具有最广泛影响，但又最少被官方接受的一种心理学构想（参见 Norcross, 1987; Yalom, 1980）。这种情况在心理治疗领域尤为真实，正如资深研究者约翰·诺克罗斯（John Norcross, 1987）所说，在心理治疗领域，"存在倾向经常成为没有得到明显承认和觉知的临床实践的基础"（p.42）。

存在心理学在专业人员中得到了摇摆不定的接受，这也表现在许多学生具有同样混杂的反应上。虽然主修心理学的实际数量是由一些独立的存在主题引起的（有时是受其深刻推动的），但这种方法从整体上令人费解，其实践意义令人困惑。如下的一些评论并非不常见："存在心理学中的一些读物是令人着迷的，但你怎样应用它们呢？"或者："我觉得这份材料好像触及了我灵魂深处的某种东西以及我的患者生活中的某种东西；但却不知是怎么回事或为什么。"

我们怎样才能对学者们当中这些大相径庭的态度做出解释呢？究竟怎样才能理解心理现象最强有力的根源之一，同时也是最难以有条理地讨论或应用的根源呢？对这些问题的部分回答肯定就在于这项研究本身的复杂性。旨在"对处在危机中的所有人类……背后的现实产生某种理解"的任何心理学都一定是一种令人困惑的心理学。但是，部分问题却取决于我们存在主义者自己。虽然我们已经做出了勇敢的理论和治疗上的贡献（例如，参见 Bugental，1976，1987；May，Angel & Ellenberger，1958；Yalom，1980），但我们却不得不为实践和临床的用途而把它们有凝聚力地整合在一起。我们在反应性的（reactive）而不是前摄性的（proactive）论述方式上，正如诺克罗斯（1987）指出的，尤其是在心理治疗领域，花费了大量的能量。

在过去……存在治疗常常被界定为反对其他治疗的方式，即反应性的或消极的方式……在未来，存在治疗必须向前迈进一步，提出一种有针对性的定义即某种前摄的或积极的方式。在这样做时，其同一性就一定会坚定地植根于一致而有用的理论结构之中。（p.63）

但是，更为重要的是，诺克罗斯宣称，"对存在治疗师的考察尤其要参照治疗过程和结果"（p.63）。

虽然存在共同体中有些人可能会反对诺克罗斯的辩解，但我们相信，我们完全可以使之受到细心的关注。例如，我们还能使这个运动出类拔萃的、未得到充分利用的地位保持多长时间？与我们不同的理论传统将我们的观点结合并冲淡我们的观点，对此我们还能容忍多久？最后，只是为了反对僵化而认为非正规性、模糊不清和不统一是合理的，对此我们还能坚持多久？

这就是当今合乎时宜的一些问题。因为在今天，我们正站在一个新的心理学意识的门槛上。这是一种心理学的丰富和复杂本质及其多层次"真理"的意识。例如，心理学中量化的实验传统正越来越多地承认质性的非实验设计和方法的有效性（Williams，1992）。但是，正是在心理治疗整合这个领域，心理学得到扩展的观点才尤为明显。这个运动的推动力在于受越来越多的证据支持的那种论点（Beutler & Clarkin，1990；Norcross，1986），虽然所有主要的治疗倾向都是有效的，但它们的有效性可以通过把哪些方法、在什么条件下达到最佳结果结合进来得到提高。

精神分析最近的发展也采取了一种扩展了的态度。我特别指的是从生物派生的人类发展模型向以人际关系为基础的立场的转变。这种转变包含一种关于治疗关系的更个人的和更移情的观点，以及一种关于自我的更丰富的概念。

以上倾向的内涵确实是革命性的，因为这些倾向标志着经过修正的存在概念的信号。问题在于：什么样的范式将领导我们对这种修正进行组织？它们将利用什么样的数据库？虽然许多心理学都能够而且应该承担这项任务，但我认为，存在心理学处在尤为适当的位置上。这种论点的依据有两个方面：存在心理学阐发的综合性观点及其直接派生于艺术和文学根源——以其深刻性而著称的背景关系。[1]

因此，本书的前提是，存在心理学进行理论整合的时代即将来临。不仅这种发展有利于存在主义者（通过使其观点更易于理解），而且存在心理学还将作为一个整体补充越来越分化的专业（Norcross，1986）。

所以，归根结底，存在心理学（就我们的目的而言）既是对其他心理学观点的补充，也是一种整合。它不仅关注生物学、环境、认知和社会关系的心理学影响，而且关注像梅洛－庞蒂（Merleau-Ponty，1962）所说的"全部的网络关系"——包括那些有宇宙特征的关系——它们告知了那些方法并成为其基础。

我们不妨以戴安娜的案例来例证这种整合的观点。多年来，戴安娜感到内心很空虚、空洞——而且多年来她一直掩饰这些感受。例如，她使自己沉溺在吸毒、暴饮暴食和到处撒谎之中。但是，当夜幕降临时，或者当晚会散场时，戴安娜心中的空洞又复归了——而且越来越强烈。

当戴安娜在一个薄雾笼罩的夜晚走进我的办公室时，她的病情是很严重的。她40岁，抑郁且孤独。

她言辞尖刻地告诉我，她曾尝试过多次治疗，但总是没能解决问题。当然，她很快就进一步阐明，这些治疗确实有点帮助。它们的作用是对她进行了"保养"，或者"使她能度过这个夜晚"。例如，它们帮助她改变了习惯，或者用生物化学的方式改变了她的心境。它们给她提供了思想练习和实际的理性忠告。它们在适当的时候给她以奖励，在必要的时候给她以鼓励。

它们帮助她了解了导致其绝望的原因，以及误触这些原因所造成的扭曲。

但是，戴安娜对我说，她心中的空洞依然存在，而且无论她对那种体验采用了多少种不同的她能想到的思考或行为方式，她都无法从根本上改变它。

当戴安娜在我对面坐下时，我对自己说，存在治疗可能有助于打破这种模式。它可以通过与其他治疗的联合来发挥作用，进一步深化她好不容易取得的收获。例如，除了帮助戴安娜更符合逻辑地思考她的空洞之外，我也会和她一起探讨那种空洞——以发现它究竟是什么，使她沉浸在其中，并且体验其（直接的、动觉的和感情的）维度。

我认为，她越是能够探索这些维度，它们对她的威胁就越小，她就越能在其中进行自由的探寻。这样她就能够避免陷入分隔开来的不同治疗导致的恶性循环，以寻求在其生活中更丰富的长远意义——而且她还能够放弃她的那些补偿的伪装。

戴安娜的问题及其过分简单化的"治愈"——这确实也是主流心理学的问题——只不过是全社会流行病的一个缩影。它是一种用局部的方法治疗"分离的生活"的流行病，即一种能迅速稳定下来和容易解决的流行病，这种方法能给人带来安慰，却不能真正地解决人的问题。

这种流行病的标志是波及面很广：对环境的破坏可归因于工业处理上的那些企图靠快速致富的工业处理方法。印象管理、滴入论经济学[①]和只是对毒品"说不",都是在总统选举中的一些新的口号。大量的财政税收都花费在膨胀而浪费的军事上了(而用于健康关怀、无家可归者和工作培训的经费却减少了)。

制造分裂和暴力成为越来越可以被接受的问题解决策略。

假定上述情况属实,那么我们的地位——存在-整合在心理学中的地位——究竟是什么呢?[2]在本书中它将怎样得到应用呢?首先,存在-整合心理学是对那种过分简化的和单向度的思维方式的一种重新评价,根据我们的经验,这种思维方式渗透在对人类的传统描述中。我们在这种传统的方法中感知到两种基本的危险:既不适当地减缩(还原)了人类的状况,又不适当地夸大了人类的状况。在还原论方面,我们发现,人们越来越倾向于把人看作机器——一种能够很容易适应自动化的和常规化的生活方式的数学工具。在夸张方面,我们关注的是我们这个领域中的一些倾向,它们把人描述为一个神(一个能够对内部和外部环境进行预测和控制的神),我们还关注那些回避人类脆弱性之挑战的倾向。

最后,我们关注的是那些最近的倾向,例如后现代主义倾向,它似乎要强烈地颠覆人类(共享的)那些基本方面,并一头跳进了相对主义之中。

但是,除了这些至关重要的分析之外,存在-整合心理学还提出了一种看法。虽然我们已经在心理治疗中暗示过这种看法,但我们现在要做一个更全面的说明。

存在-整合心理学展现的是艺术、哲学和临床学科的影响,这

---

① Trickle-down,主张将政府财政津贴交由大企业,然后陆续流入小企业和消费者手中,从而促进经济增长的一种经济学理论。——译者注

些学科运用的是那些可以粗略地称为现象学的方法，以达到对人类存在的理解。正如我们将要看到的，虽然存在－整合心理学并没有把其他方法排除在其研究范围之外，但它把现象学视为完美的典型。现象学是埃德蒙德·胡塞尔（Edmund Husserl，1931）系统阐述的，由莫里斯·梅洛－庞蒂（Maurice Merleau-Ponty，1962）予以改造，现象学方法试图以尽可能丰富的语言或表达方式来把握某一人类体验的全部。现象学方法把使自己"沉浸"在其中和对某种体验产生同情的艺术方法与系统地组织和分享某一专业共同体之经验的科学方法结合起来。为了证实现象学的经验研究方法的独特性，我们提供以下的比较。首先，我们呈现一个患广场恐惧症的病人所做的现象学描述，他从他的房子里观察他的邻居。

　　　这些房子……给人留下的印象是，它们都靠得很近，仿佛所有的窗户都关闭着。尽管他能够看到实际情况并非如此。给他留下的印象是，这是一些关闭的城堡。而且，往上看去，他发现这些房子都朝大街一侧倾斜，两排屋顶之间能够看到的天空要比他行走的街道更狭窄。在广场上，他被一种远远超过广场宽度的广阔震撼。他当然知道，他不可能穿越它。他觉得，如果尝试这样做，他最终会在空无、宽阔、稀少和放弃中死去，这使得他的腿根本就无法移动。他会垮掉……最让他害怕的，是这广阔的天地。（ven den Berg，1972，p.9）

　　现在我们不妨考虑《精神障碍诊断与统计手册—修订版》（1987）提供的关于广场恐惧症（没有恐慌的紊乱）的传统描述中的一段

摘录。

> 广场恐惧症：害怕处在某些可能难以逃避的（或感到处境窘
> 迫的）地方或情境中，或者处在突然出现可能无能为力或极其尴
> 尬的症状时无法得到帮助的地方或情境中……由于这种害怕的结
> 果，这个人要么限制自己不去出行，要么当离开家时需要有人陪
> 伴，要么忍受这些广场恐惧症的情境……常见的广场恐惧症的情
> 境包括独自在外，处在一群人之中或者排队。（p.142）

因此，这些摘录揭示的是对同一种现象的不同的实证研究的考
虑。虽然后者强调的是广场恐惧症的外部特征——那些能够观察、测
量和具体化的特征，但前者强调的则是这种体验的内部特征——那些
能够被感受到、凭直觉发现和象征化的特征。

存在－整合心理学正是产生于这种个人的现象学的传统。正是把
理论建立在亲密的、质性的数据基础之上，存在－整合心理学才得以
发展并发挥其影响。

虽然存在－整合心理学在某种程度上对诸如上述数据的解释有所
不同，但在三个核心主题上形成了某种一致性。

第一个核心发现是，人类存在（或意识）被暂时搁置在两个巨
大和基本的两极之间，这就是自由与有限性。自由这一极的特点是有
意志、创造性和富有表达力，而有限性这一极则典型地表现为受自
然和社会的限制、脆弱和死亡。[3]虽然这个论点最初看起来是很寻常
的，但我们将会发现它可能有多么复杂和精巧，它可能会多么深刻地
影响我们对心理社会功能的理解。例如，对一种经过修订的功能行为

和功能失调行为的心理动力学理论来说，自由和有限性这种两极性形成了其原型：一方面是选择、自我指导和渴望这些建设性和非建设性方面，另一方面是纪律、秩序和适应。我们将发现，传统的心理学观点是怎样倾向于沿着自由－有限性这个连续统一体一分为二，以及存在－整合传统是怎样（通过艺术和哲学）预见并尝试分析这种两分法的。

第二个核心的存在－整合发现是，害怕自由或有限性（通常由于过去的创伤）会促使个体对这两个极端中的任何一个做出极端的或功能失调的相反的反应。例如，一个把有限的环境与受虐待联系起来的男孩很可能会用一种任性的、攻击的倾向对那些感受做出相反的反应。相反，一个把自由与难以应付的权力和责任联系起来的女人很可能会变得沉默寡言和退缩。许多来自经典神话或文学的故事都能够对这个概念做出例证。例如，在歌德（Goethe）的《浮士德》中，浮士德因为无限的权力而与魔鬼讨价还价，就是对其禁欲生活的绝望和厌倦的反应。相反，（来自托尔斯泰的经典小说的）伊万·伊里奇则由于与自由相联系的不可预测性、衣冠不整和孤立而变得僵化，以至于他为了逃避而成为一个行为得体的囚犯。

第三个核心发现是，面对和整合（跨越许多不同功能领域的）自由和局限性是很令人愉快的和促进健康的。一个已经学会接受其矛盾性的人，并因此能够或多或少地根据环境的要求而不是因为威胁或恐慌致力于自由和有限性的人，能够对这一发现做出例证。这种人能够看到其矛盾情境以及悲剧之美，因而倾向于在生活的困境面前表现灵活而不是僵化。最后，他认识到这两种极端的力量，而不愿意花力气使它们变得无效或最小化。

这种人的一个例子就是，无论是男人还是女人，都能使自己既勇敢又温柔，既有创造性又遵守纪律，既有探索精神又献身于一些重大的生活领域。例如，浮士德在泄气之后，能够欣赏他在正常存在中的选择，如他对那个村姑甘泪卿（Gretchen）的爱。伊里奇在认识到生命的宝贵之后，他拥有了扩展和转换其社会角色的勇气。

总之，存在－整合心理学的目的是明确阐述对人类体验来说核心和至关重要的东西。这些共有的基本结构建立在现象学的主观研究和主体间性的研究基础上。

重复一遍，从这些研究中产生出来的人类精神的这三个核心的方面是：

（1）人类存在是暂时搁置在自由与有限性之间的。自由的特点是有意志，有创造性，有表达力；有限性的特点是受自然和社会的限制、脆弱和终有一死。

（2）对自由或有限性的恐惧（通常是由于过去的创伤而导致的）会促使功能失调或向任一极端（例如，压抑或冲动）做出相反的反应。

（3）面对或整合这两个极端会促使人们产生一种更有活力的、鼓舞人心的生活设计。这种生活设计可以越来越多的敏感性、灵活性和选择作为例证。

在本书随后的篇幅中，我们要探寻这些操作原则在三个方面的内涵：（1）它们的历史起源；（2）最近和未来的趋向；（3）在临床上的应用。关于历史起源这一部分将阐明在存在运动内部的一些重大的文学、哲学和心理学联系。首先，这一部分强调的要点不仅是摘录这些联系的一些领军的代表人物的观点，而且关注罗洛·梅所做的深刻评论，在某些情况下，他个人与这些杰出人物有很好的私交。其次，我们要讨论存在－整合心理学的一些最近和未来的发展趋势。这种讨论的核心是存在－整合心理学在面对所谓认知和生物革命时的作用以及最近对那些发展（后现代主义和超个人心理学）的相反的反应。卡伦的案例使这种讨论充满了生气，还可以用来证明其临床的相关性。最后，该部分用两个临床研究生的一篇富有洞察力的论文《来自培训过程内部的存在心理学》作为结论。

本书最后一部分，"存在－整合心理学在治疗中的应用"，以一个初步的存在－整合治疗大纲作为开始。其利用了一些有关但不太完整的存在－整合的观点（例如，Bugental，1987；May，1958，1981；Schneider，1990），这个大纲阐述了六种水平的治疗干预：生理的（医学的）、环境的（行为的）、认知的、心理性欲的、人际关系的和经验的。另外，可以把每一种水平理解为一种"解放策略"，关注的是那些不断扩展的心理生理损伤领域。[4] 这种系统阐述的主要目的有两个方面：（1）提供一个思路清晰的存在－整合解放的大纲；（2）这些解放策略在这个（前面提到的）背景关系中可能在什么时候、怎样以及和谁最适合。在该部分结束时还将提供一些实际的技能训练的练习。

然后我们将呈现各种不同的案例研究——这是一些从事存在治疗的医师们提供的——目的是使我们的系统阐述更加生动。这些研究集中关注的是那些在种族和诊断上大相径庭的临床人群以及一些大胆的新的技术应用。

在邻近结尾的时候，不妨花点时间分享一下我对本书的最与众不同和最原始的特征——它对整合的强调——表达的兴奋之情。据我所知，以前从未有一本存在心理学方面的书尝试涉猎这么多的学科、情境和患者群体；这种研究也很少把关注的焦点集中在对具有研究生水平的从业医师们的多方面关注上。例如，关于历史起源这一部分把一些深刻的关于存在文学的叙事与哲学和心理学中的一些并行的发展交织在一起；关于最近和未来趋势这一部分则把研究生的观点和有经验的专业人士的观点结合在一起，而且提供了一种跨学科的案例研究；最后，关于治疗应用这一部分不仅把不同的程序倾向整合在一起，而且包含丰富的（在文化和诊断上混合在一起的）范围广泛的临床案例的贡献，这些案例是由许多同样大不相同的从业医师们报告的。

如果有一个群体，使我能够把促进这种存在的普世教会主义的动力归因于它的话，这个群体就是研究生本身。我对他们的感染力深表感激。

注释

[1] 这是对我们这个领域的一种悲哀的讽刺，像罗洛·梅这样的人不得不参加非心理学的研究生课程（像神学或文学那样的课程），以便研究完整的人。虽然有些不满的学生，就像梅博士所做的那样，最终又回到心理学的行列中来，但又有多少人没有这样做呢？有多少有理智天赋的人因主流心理学而感到泄气呢？

[2] 存在－整合心理学代表对传统存在观（例如，主流心理学的观点）的一种扩展和对其他两种具有存在倾向的心理学（人本－存在主义和存在－精神分析）的混合。虽然[由诸如卡尔·罗杰斯（Carl Rogers）和弗里茨·佩尔斯（Fritz Perls）这样的理论家所代表的]人本－存在主义和[由诸如路德维希·宾斯万格（Ludwig Binswanger）和梅达德·鲍斯（Medard Boss）这样的思想家所代表的]存在－精神分析有许多共同的特征，但它们也有一些彼此不同的观点。人本－存在主义强调乐观主义、潜能和（相对）较快的转变，存在－精神分析则强调下意识（subconsciousness）、不确定性和（相对）渐进的转变。再者，人本－存在主

义强调个人成长，而存在－精神分析则强调社会的、精神的和哲学的成长。

另外，存在－整合心理学试图为所有这些方面留出余地，既不高估也不低估它们的价值（参见Yalom，1980；May，1958对这种讨论所做的精心阐述）。

最后，从定义来看，虽然存在心理学确实是整合的（参见Merleau-Ponty，1962），但这种联系很不明显。在这里我们尝试对这种重大的忽略做出补救。

[3]这个主题将在本书第三部分"存在－整合心理学在治疗中的应用"中根据它与临床有关的特征——扩展、压缩和集中——来进行系统阐述。

[4]虽然诸如策略、干预、心理生理学等术语经常被认为是还原论的，因而不适合于存在理论家，但有几条理由可以说明我们为什么要在这本书中使用它们：（1）使各种不同的、主流领域的读者们能够接受；（2）对那些枯燥和笨拙的行话加以限制；（3）使读者很轻松地转向更复杂的词汇的杜撰，如果他们愿意的话，他们就能很容易地追求这种词汇杜撰。

因此，从这种观点出发，可以把上述术语视为过渡性的，意思是还有更复杂的结尾。

第五章将对这个主题做更多的说明。

参考文献

American Psychiatric Association (1987). *Diagnostic and statistical manual—revised.* Washington, DC: American Psychiatric Association.

Beutler, L., & Clarkin, J. (1990). *Systematic treatment selection: Toward targeted therapeutic interventions.* New York: Brunner/Mazel.

Bugental, J. (1976). *The search for existential identity: Patient-therapist dialogues in humanistic psychotherapy.* San Francisco: Jossey-Bass.

Bugental, J. (1987). *The art of the psychotherapist.* New York: Norton.

Husserl, Edmund (1931). *Ideas: General introduction to pure phenomenology* (W. Gibson, Trans.). New York: Macmillan.

May, R. (1958). The origins and significance of the existential movement in psychology. In R. May, E. Angel, & H. Ellenberger (Eds.), *Existence: A new dimension in psychiatry and psychology* (pp. 3–36). New York: Basic Books.

May, R. (1981). *Freedom and destiny.* New York: Norton.

May, R., Angel, E., & Ellenberger, H. (Eds.) (1958). *Existence: A new dimension in psychiatry and psychology.* New York: Basic Books.

Merleau-Ponty, M. (1962). *Phenomenology of perception.* London: Routledge.

Norcross, J. (Ed.) (1986). *Handbook of eclectic psychotherapy.* New York: Brunner/Mazel.

Norcross, J. (1987). A rational and empirical analysis of existential psychotherapy. *Journal of Humanistic Psychology, 27*(1), 41–68.

Schneider, K. (1990). *The paradoxical self: Toward an understanding of our contradictory nature*. New York: Plenum.

van den Berg, J. (1972). *A different existence: Principles of phenomenological psychology*. Pittsburgh; Duquesne University Press.

Williams, R. (1992). The human context of agency. *American Psychologist, 47*(6), 752–760.

Yalom, I. (1980). *Existential psychotherapy*. New York: Basic Books.

第一部分

———————

存在－整合心理学的
历史起源

要想理解任何学科的核心，我们必须考虑其根源，从而熟悉在我们之前致力于心理学实践的那些人的精神、视野和智力目标。

心理学中的存在观有一个漫长而不同的历史体系。在这一部分，我们将尤其利用来自古典文学、哲学和西方心理学的材料，考察构成这一历史体系的显著发展。但是，在开始我们的讨论之前，有两个告诫应牢记在心。

首先，我们在这里的目的是给你们（我们的读者们）提供对各种不同存在影响的感受。我们并非自认为我们的概述是详尽无遗的或者是确定的，其他许多研究都和存在的基本观点有关。对于这些研究的样例，我们建议读者们参阅第一部分结尾处的参考文献和参考书目。

其次，我们以某种概略的、高度浓缩的方式来呈现我们对这些历史贡献的概述。这样做有两个理由：其一，帮助你们更快地掌握这项研究的存在意义；其二，避免说一些笨拙的离题的话，这些话如果引起人们的好奇心，就会使我们偏离手头的这项任务——阐明存在理论，而且更重要的是，阐明其实践。

存在心理学的这种历史观有三个主题元素，其中每一个都在本书的导言中有所触及。

（1）人类体验的特点是自由（意志力、创造性和表达力）和有限性（自然的和社会的限制、脆弱性和终有一死）。

（2）对自由或有限性的恐惧会促使个体对这种恐惧做出极端的或功能失调的相反的反应。这些相反的反应经常在要么狂热的夸张（如果这种恐惧的核心是围绕一个人的有限性的话）要么陈腐的胆怯（如果这种恐惧的核心是围绕一个人的自由的话）中表现出来。

（3）这两种极端的对抗或整合会促进心理生理学的复原。

第一章

文学起源

在一个表面看来无法理解的世界上寻求意义（和精神支柱）可以在最早的文学形式中发现（Otto，1923/1958）。例如，亚述和巴比伦的文本《吉尔伽美什①》就间接地提到在一个荒谬的、变幻莫测的宇宙中对长生不老进行的毫无希望的追求。一本名为《创造的诗》的有关巴比伦的著作戏剧性地描述了在（以原始女神提亚玛特为例说明的）那些混乱力量和（以自命不凡的神马杜克为代表的）那些秩序力量之间的一场激烈的斗争。

以萦绕心头的诗行书写的《旧约》中关于约伯的故事，讲述了在一个令人沮丧的宇宙中寻求安慰的类似故事。约伯对这种悲哀命运的回答是重新开始与上帝的对话。但是，从某种存在的观点来看，使这部戏剧成为真实的存在并不是约伯的谦卑，而是他变得谦卑的方式，即通过解放、斗争和选择。另外，约伯的同伴们的表现是，要么对上帝的命令感到自豪，要么盲目地接受上帝的命令。

每一个时代都在舞台上把争取自由的斗争用其独特的戏剧形式表现出来。在随后几页的篇幅中，我们将把关注的焦点集中在对这场斗争的六种经典的反思上：索福克勒斯的《俄狄浦斯》、但丁的《神

---

① 吉尔伽美什（Gilgamesh），传说中的苏美尔国王。——译者注

曲》、歌德的《浮士德》、菲茨杰拉德（Fitzgerald）的《了不起的盖茨比》、加缪（Camus）的《西西弗斯》和希区柯克（Hitchcock）1958年的电影《眩晕》。

与一个人自己有关的真理的悲剧 [1]

（罗洛·梅）

当一个人发现他并不是他所愿望或希望成为的那种人时，当一个人发现了他的局限性、命运或终有一死时，会有什么情况发生呢？根据罗洛·梅的观点，这正是索福克勒斯的《俄狄浦斯》想要解决的那种挑战。与弗洛伊德把关注的焦点集中在俄狄浦斯的性罪疚上不同，梅探讨的是他认为我们更多的人都共有的一种罪疚——可能犯错误和有缺点的那种罪疚。

这个神话的临床相关性：如果我们想要把《俄狄浦斯》转换成一种临床的范式，有三个主题就会变得显而易见——俄狄浦斯对其违规行为的愧疚，他对其罪疚做出反应时的极端表现（例如，狂怒、自我贬低），以及他成功地与其违规行为进行对抗或整合。在戏剧《俄狄浦斯王》的第一部分里，俄狄浦斯就像是一个喝得烂醉的酒鬼。对他来说，他的生活正在崩溃（那种"灾难"），但是对于为什么崩溃或如何崩溃，他却没有找到线索。接着，提瑞希阿斯①（相当于俄狄浦斯的治疗师）引导俄狄浦斯面对其（攻击性的）冲动，与它们协调一致，使它们重新成为他生活中某种有益的东西，某种可以赎罪的东西。这确实就是俄狄浦

---

① 提瑞希阿斯（Tiresias）是古希腊城邦的一位盲人先知，他预见到后来俄狄浦斯杀父娶母。——译者注

斯能够做的事情,《俄狄浦斯在科洛诺斯》对此做了说明,这被认为是他治疗的最后阶段。俄狄浦斯在科洛诺斯有三个主要发现:他的罪疚感被过分夸大;他有能力对这种罪疚感做出反应,而不只是反抗这种罪疚感;这种罪疚及其对它的反应为他开辟了新的可能性——例如,理解激情或爱的意义。

当我们读到关于俄狄浦斯的真实戏剧时,就像从索福克勒斯笔下跳入弗洛伊德或我们眼中似的,我们惊讶地发现,这个神话与性渴望或弑父毫无关系。这些早在这出戏开始之前很久的过去就已经全都完成了。俄狄浦斯是一个好国王(人们回忆说,他是"我们当中有着最伟大头脑的人"),他在底比斯进行了明智而强有力的统治,而且多年来一直和约卡斯塔王后过着幸福的婚姻生活。这出戏中唯一的问题是,他是否将认识到和承认他所做的一切。这个悲剧的问题是寻求与自己有关的真相,它是一个人与真理的激情关系的悲剧。俄狄浦斯悲剧般的缺陷就是他对自己的现实表现出的愤怒。[2]

当真正的戏剧拉开帷幕时,底比斯正遭受着另一场灾难。神谕已经警示,只有发现杀害前国王拉伊俄斯的凶手时,灾难才将解除。俄狄浦斯把那个年老的盲人先知提瑞希阿斯叫来,并随即扣人心弦地,一步一步地揭示了俄狄浦斯的自我认识,一种对真理和那些指导真理的人的充满了愤怒的揭示,以及我们人类与对我们自己现实的认识相斗争的所有其他方面。有趣的是,弗洛伊德在观看了舞台上演出的这部戏剧之后竟然喊叫起来:"啊呀,这就是精神分析啊!"

提瑞希阿斯的失明是对下述事实的象征:如果一个人不受外部细节影响的烦扰,他就能够更有洞察力地把握人类存在的内部现实——

获得顿悟。

提瑞希阿斯起初拒绝回答俄狄浦斯关于谁是罪犯的询问，他说道：

> 做一个聪明人真是可怕呀……
> 聪明也有没有用处的时候！关于这些事情
> 我全都知道，但还是不说为好。……[3]

为了回应俄狄浦斯新的命令和威胁，他继续说道：

> ……让我回家吧；
> ……这样你很容易对付过去。
> ……你
> 一点儿都不知道；要我把什么都说出来，
> 我不会说的，以免暴露我的痛苦。

然后，随着对俄狄浦斯自己的逐步揭示，这出戏开始展现，真理产生的来源不是俄狄浦斯，而是提瑞希阿斯。这样，提瑞希阿斯就成了精神分析师。像"抵抗"和"投射"这类全部的反应都是俄狄浦斯在进行斗争时展示出来的，他越是狂暴地与真理做斗争，他就越接近了解真相。他谴责提瑞希阿斯想要背叛这座城市。难道这就是他不愿意说的原因吗？这位老预言家回答说：

> 我不愿意使我自己感到悔恨，
> 也免得使你感到悔恨。你为什么要询问这些事情呢？

然后在一阵愤怒的"投射"中，俄狄浦斯谴责是提瑞希阿斯本人杀死了拉伊俄斯。而当受到教唆的预言家最终把真情告诉这位国王，他，俄狄浦斯本人，才是杀死其父亲的凶手时，俄狄浦斯转向提瑞希阿斯和他的妻子的兄弟克瑞翁，谴责说，这些话是他们想要攫取王位的阴谋的一部分。

俄狄浦斯的妻子约卡斯塔试图说服他不要因预言家的指责而背负压力，要用一种真正的人的指责性发言把它发泄出来：

> 只要听一听知道就行了，凡人不可能
> 精通预言术。

约卡斯塔，他已经娶为妻的母亲，现在已经意识到等待俄狄浦斯的可怕的事实。她绝望地试图劝阻他：

> ……但是，人为什么要惧怕呢，
> 命运控制着谁，未来的事情
> 谁又能确定呢？最好轻松惬意地生活，
> 如人之常情。对母亲的那场婚礼，
> 你无需惧怕；因为许多男人啊
> 曾在梦中娶过母亲；但那些做过这种梦的人
> 却不以为意，依然安乐地生活。

当俄狄浦斯仍宣布他要面对真相的决心时，不管真相要把他带向何方，不管真相会是什么，她哭喊着：

不要再追问了！我自己的苦闷，已经受够了……

啊，不幸的人，愿你不知道你的身世！

俄狄浦斯没有被劝阻住，而是坚持要知道他究竟是谁，来自何方。他一定要知道并且接受他自己的现实、他自己的神话以及他的命运。

什么也不能阻止我——知道事情的全部真相，

要发生就发生吧，我一定要追问……

那位把婴儿俄狄浦斯从山坡的死亡中拯救出来的老牧羊人终于被找到了，他是能够给这个命中注定的故事提供最后线索的那个人。

"哎呀，我要讲那怕人的事了！"这位牧羊人喊道。而俄狄浦斯回答说："我要听那怕人的事了。我必须听下去。"

当俄狄浦斯终于了解了这个悲剧的最后真相，是他杀死了自己的父亲，娶了自己的母亲时，他把看东西的器官（眼珠）挖了出来。他所受的惩罚最初是他自己给自己施加的流放，但是后来，在第二部《俄狄浦斯在科洛诺斯》中，则是由克瑞翁和国家施加的。现在这个悲剧画上了一个圆满的句号。最初他刚出生几天时就在他父亲的命令下被流放，而现在，当他成为一个老人时，又将再次被流放。

从我们现代的精神分析观点来看，这种流放是一种很吸引人的象征行为，因为我们在前几章就坚持认为，20世纪末对一个美国人的最大威胁和其焦虑的最主要原因不是阉割，而是流放，这是被自己所在的群体流放的可怕命运。那时候之所以有许多人阉割自己或者使自己被别人阉割，是因为他害怕被流放。他声明放弃他的权力，在被流放的重大威胁和危险下表示顺从。

责任不是罪疚

我们现在转向这个戏剧，即《俄狄浦斯在科洛诺斯》，它揭示了俄狄浦斯神话的治疗和整合方面。瞎眼老人俄狄浦斯由他的女儿伊斯墨涅牵着手向科洛诺斯走去，那是离雅典几英里远的一片树林。在那里，这位老人停了下来，对他的问题进行了反复思索，发现了在他所忍受的这些可怕的经验中的某些意义。

这出戏的"动作"很少。几乎完全就是一个人在沉思他所遭受的悲剧苦难以及他从中学到的东西。据我所知，这出戏在美国精神分析的文献中从未被提到过，这本身就是一个令人惊异的事实。它之所以受到忽视，其中一个原因是，对神话的整合功能进行讨论在精神分析的讨论中通常倾向于被忽略。但是，更具体地说，对神话进行写实主义的解释必然要涉及性和弑父，这个后果要求我们，当这个因素发挥作用，惩罚得到实施，这种情境被接受时，我们就应该停下来，就像在《俄狄浦斯王》的结论中那样。

但是，把神话视为人生斗争的一种表现，关于自己的真理的表现，那么我们就确实必须像索福克勒斯那样，看一看一个人是怎样与俄狄浦斯的这些行为的意义协调一致的。这部后来的戏剧就是俄狄浦斯在忒修斯（Theseus）和雅典人身上与他自己和他的追随者协调一致，这就是与其生命的终极意义协调一致。正如他的女儿伊斯墨涅所说:"因为那些从前把你毁掉的神,现在要把你扶起来。"

既然这是索福克勒斯在成为一个 89 岁的老人时撰写的,就可以设想这出戏也包含着他的老年的智慧。

我们在俄狄浦斯在科洛诺斯的沉思中发现的第一个主题是罪疚(guilt)——伦理责任与自我意识的关系这个困难的问题。如果这种行为并不是有预谋的,而是在不知情的情况下做的,这个人也有罪吗?在老俄狄浦斯进行探究的过程中,他与此达成了协调一致。这个答案就是责任,而不是罪疚。

克瑞翁来自底比斯,他听到拥有俄狄浦斯身体的城市将永远处在和平之中的预言,于是他说服老俄狄浦斯回来。但是,这位老人却气愤地保护自己,以免遭受克瑞翁攻击他时所做的无礼的谴责:

> 如果那时我来到这个世界——我确实来了——
> 多么不幸啊,在一次打架时就遇到了我的父亲,
> 击倒了他,却不知道是我杀了他,
> 也不知道我杀的是谁——你有什么理由谴责
> 这无心的过失呢?……
> 至于我的母亲——该死的,你这个不知羞耻的家伙,
> 虽然你是她的亲弟弟——
> …………
> 但我们都不知道真相;她生了我,又给我生下儿女——……
> 我是不知不觉与她结婚的,
> 我也决不再想谈论这件事。[4]

关于他的父亲，他再一次说道，他

> 只有一个减轻罪行的理由。这就是：
> 我并不知道是他，他想要杀死我。
> 在法律面前——在神面前——我才是无辜的呀！

显然，俄狄浦斯接受并承担了他的责任。但他坚持认为，这种献身和意识与无意识因素（正如我们可以这样称谓的）的微妙的交互作用使那种墨守成规的和伪善的罪疚归因变得不那么准确了，甚至是错误的。自从弗洛伊德以来，这就是不言而喻的，就像索福克勒斯写完这个剧本的四个世纪之后耶稣说过的那样，罪疚的问题并不在这种行为内部，而在心灵内部。这部戏剧认为，克瑞翁和波吕尼克斯的那些卑鄙、贪婪和傲慢的罪行"与俄狄浦斯的那些激情犯罪一样严重，这使他们很快就会被无情的公正降下惩罚，俄狄浦斯的行为是与他自己的经验使他能够理解的道德秩序完全一致的"[5]。

俄狄浦斯用愤怒、激烈的话语拒绝了克瑞翁的狡猾提议。现在克瑞翁是底比斯的独裁者，他试图通过把安提戈涅抓作人质而使这位被流放的国王回去。幸运的是，雅典的统治者忒修斯及时出现，派他的军队追上克瑞翁，再次把安提戈涅带回到科洛诺斯的小树林。

这个神话针对的确实是现代存在心理治疗师强调的一个结论：由于意识与无意识因素在罪疚中的这种交互作用以及不可能进行那种墨守成规的谴责，我们只好被迫接受这种普遍的人类情境。这样我们便认识到，我们每一个人都参与到人对人的残酷无情之中。那位英雄，忒修斯国王并没有表现出内部冲突，因此，他对俄狄浦斯说的话是很切中要害的，也是至关重要的：

> ……因为我自己
> 也是被流放过的……
> 我知道我只不过是一个凡人；到最后
> 我希望获得的并不比你更多。

这部整合的戏剧的另一个主题是俄狄浦斯传授恩典的力量——他已经经受了这些可怕的体验并与它们协调一致了。正如那些雅典人到科洛诺斯的小树林来看俄狄浦斯和他的女儿时，他对这些雅典人所说的：

> 因为我来到这里就受到了
> 来自上天的恩典；我要把我受到恩典时许下的
> 好处带给这个民族……

忒修斯接受了这份恩典："你的在场，正如你所说，就是一个伟大的祝福。"这种传授恩典的能力与成熟和其他情绪的精神性质是有关联的，这些性质源自（俄狄浦斯）有勇气面对他的经历。他大声地说：

> 我认为，一个灵魂，如果有献身精神
> 往往可以为许多人赎罪……

但是，也有一种明确的象征成分能使其恩典的这个观点准确无误：神谕已经揭示，他死后的身体将保证拥有他的这个国家和君主取得胜利。只要他的身体存在就足够了。[6]

这个神话的弦外之音最终强调的是爱。在这出戏剧的最后，老俄狄浦斯带着他的女儿们一起回到一块大石头那里死去了。接着，一个报信人回来，向大家报告了俄狄浦斯去世的那种奇迹般的方式。他最后对女儿们说的话是：

> ……但是只需一个字
> 即可使我们抵消生活的所有负担和痛苦，
> 这个字就是爱。

俄狄浦斯的意思并不是说，爱就是没有攻击性或没有愤怒的强烈影响。老俄狄浦斯将只爱那些他选择了要爱的人。那个背叛了他的儿子请求宽恕，并且说"怜悯甚至限制了神的力量"，但俄狄浦斯却一点也不给他。相反，这种爱就是他对他的女儿安提戈涅和伊斯墨涅怀有的爱，这种爱就是她们在他流放、瞎眼的流浪期间对他表现出的爱，这种爱就是他选择要得到的爱。

在《俄狄浦斯王》中，他多年前在十字路口杀死他的父亲，以及在他应验了提瑞希阿斯的预言——用剑猛刺其父亲时表现出来的那种强烈而狂暴的脾气，在这后一出戏剧中仍时有所见，并没有因遭受痛苦和变得成熟而有所减缓。索福克勒斯认为把俄狄浦斯的攻击性和愤怒去除甚至软化是不合适的——就是说，"攻击性"和"愤怒的情感"并不是他让老俄狄浦斯克服的缺陷，这个事实——所有这一切都说明了我们的论点，即杀死他的父亲中包含的那种攻击性并不是这些神话的核心问题。俄狄浦斯的成熟并不是要放弃激情而与社会协调一致，不是"根据文明的现实要求"学会生活。这是俄狄浦斯与他自己的协调一致，与他所爱的人的协调一致，与其生活的超越意义协调一致。

最后，那位报信人回来报告，描述了俄狄浦斯奇迹般的死亡和埋葬：

> 若不是众神派来的护送者
> 把他接走的，便是地下的世界
> 怀着爱打开了漆黑的大地之门。
> 因为他是无痛而终的，
> 没有病痛，没有痛苦；他的离开
> 确实死得比别人神奇。

正如索福克勒斯用戏剧形式表现出来的那样，一个伟大人物的这种令人感伤而美妙的死法是极其动人的。《俄狄浦斯王》是关于"无意识"的神话，是面对人心中那些黑暗、毁灭性力量这个现实的斗争，而《俄狄浦斯在科洛诺斯》则是关于意识的神话，是关于寻找意义和和解的神话。两者的结合构成了人类面对他们自己现实的神话。

神话的治愈力量

从关于俄狄浦斯的这些戏剧中，我们可以看出神话所具有的治愈效果。首先，神话把那些被压抑的、无意识的、原始的欲望、渴求、恐惧和其他精神内容带到意识中来。这就是神话的退行（regressive）功能。但是，神话也揭示了一些新的目标、新的道德洞见和可能性。神话是以前没有表现出来的更大意义的一种突破。就此而言，神话是在一个更高的整合层次上解决问题的方式。这就是神话的进步（progressive）功能。

经典的精神分析有一种近乎普遍的倾向，就是把后者还原为前者，把深化视为退行现象，然后把它们"投射"到外部世界的道德意义和其他形式的意义中去。这样做的结果就是，神话的整合功能丧失殆尽。这表现在精神分析学界对《俄狄浦斯王》的极其强调，而《俄狄浦斯在科洛诺斯》则被遗忘了。

但是，神话是发现的手段。它们逐步揭示了我们与自然以及与我们自身存在的关系结构。神话是具有教育意义的——"e-ducatio"。通过引出内部现实，它们就能使人体验到外部世界的更大现实。

现在我们强调的是通常被忽略的那个方面，即那些神话也帮助我们发现了一个新的现实。它们是通往一个人的具体经验之外的普遍行为模式的一些道路。只有在这种信念的基础上，个体才能真正接受和克服早期的婴儿剥夺，而不必在整个一生中始终心怀怨恨。在这个意义上，神话帮助我们接受了我们的过去，然后我们发现它在我们面前打开了我们的未来。

在这种"把悔恨抛出来"之中有一些无限细微的差别。每一个人，当然也包括每一个病人，都需要以他自己独特的方式踏上这段旅程。在这一旅程中，始终有一个相伴随的过程，即把一个人的神经症罪疚转变成为正常的存在罪疚。这两种形式的焦虑都可以作为对意识和敏感性的扩展而使之得到建设性的使用。神话不仅有一个原始的、退行的方面，而且也有一个整合的、正常的和进步的方面，这一旅程就是通过对神话的理解和面对来进行的。

治疗师和通往地狱的旅程

（罗洛·梅）

在这个简明的寓言中，梅向我们展示了但丁的《神曲》和医患相遇（encounter）之间的相似之处。梅尤其介绍了但丁和维吉尔（Virgil），这出戏中的两个主要人物，通过但丁的"地狱"追溯了他们的友谊，探索了他们在"人类生活共同体"中的重新出现。虽然这种重新出现模仿的是"天堂"（paradise），但梅认为，它是一种和"自相矛盾"（paradox）更相似的东西，一种"在有限性之内的自由，在人生的某种道路上可利用的机会"[7]。

神话与临床的相关：但丁就像是一个中年的患者——受到一些两难困境的困扰。一方面，他害怕其本性中的那种自由倾向——他潜在的欲望、贪婪和权力贩卖；另一方面，他又害怕那种有限性倾向——因无知、绝望和死亡而使他陷入困境。依靠维吉尔的帮助，他才能够重新体验到这些焦虑不安，看出它们究竟是什么，并且从中获得新生。这种新生意味着什么呢？它意味着减少恐惧，对复杂性越来越赏识，对在复杂性之内的选择越来越赏识。

没有一个人，像我这样，想象出那些居住在人类胸中的半驯化的魔鬼的最邪恶之处，寻求与它们搏斗，并且在斗争中毫发无损。

——西格蒙德·弗洛伊德

治疗师是一个奇怪的职业，它部分地具有宗教性。自文艺复兴的帕拉赛尔苏斯（Paracelsus）时代以来，医生——以及后来的精神病医生和心理治疗师——就已经披上了牧师的外衣。我们不可否认，作为治疗师，我们应对的是人们的道德和精神问题，我们承担了父亲-忏悔者的角色，作为我们的全部内容的一部分，正如在弗洛伊德观点的背后和忏悔者没有看到的观点中所展现出来的那样。

治疗也部分地具有科学性。弗洛伊德的贡献是使治疗在某种程度上成为客观的，从而使之成为可教的。治疗部分地——而且是一个不可分割的部分——是一种友谊。当然，和人们所熟悉的社会关系的同志情谊相比，这种友谊可能更具争议性。治疗师通过"唤起他们的抵抗"来给予病人最好的帮助。甚至那些普通民众，没有接受过治疗的人，也从已经发表的案例研究和诸如《一个未婚女人》与《普通人》这类通俗电影中知道了这种有益的斗争。

这三个部分构成了一种浓烈的酒。四个世纪之前，莎士比亚就让麦克白把他的医生藏在帷幔后面倾听麦克白夫人说的话，此时她在癔症的罪疚感中呻吟着。接着，麦克白恳求医生：

难道你不能治疗心灵的错乱，

拔除她记忆中根深的忧伤，

消除她心中书写的烦恼

用甜美的忘魂解药

涤清压在她胸中

充斥着的危险毒物？ [8]

麦克白的意思是，人类需要某种新的职业组合。医生回答说——在我们这个时代，这似乎是一种陈词滥调——"这些病人必须自我治疗方可。"麦克白正确地予以反击："把药扔去喂狗吧，我才不要你的鬼药。"因为药——无论我们发明多少种形式的安定（Valium）或利眠宁（Librium）——根本无法对抗"根深的忧伤"或"消除她心中书写的烦恼"。

当然，在取代或驳斥旧的神话时，科学和技术提出了一些新的神话，但是，最初是那么令人振奋的技术史，却越来越让那些信奉者排斥。现在，在后工业时代，人类感到自己失去了信仰，正如马修·阿诺德（Matthew Arnold）在一个多世纪前为正在消亡的文化书写的经典的墓志铭所说：

啊，让我们彼此真诚相爱……

……这个世界似乎

像一片梦幻之地呈现在我们面前

如此多姿多彩、美丽和新奇，

却找不到欢乐、爱情和光亮，

没有确据，没有和平，没有人帮我解除痛苦；

我们就像是在萤火闪烁的平原上

充斥着挣扎和退却的混乱恐惧，

无知的军兵夜战依然。[9]

这种巨大的损失使人完全失去了可依靠的结构，我们每个人都觉得自己像是在一条划艇上的乘客，随着暴风雨的来临，在海洋上飘荡，没有指南针或方向感。那么，心理学（向我们讲述我们自己的这门学科）和心理治疗（能够对我们应怎样生活提供某些启示的学科）竟然在我们这个世纪繁荣成长起来，这难道还不令人惊奇吗？

但丁的《神曲》

我们提议看一看另一个这样的神话：但丁的伟大诗篇《神曲》。我们将询问它能给心理治疗过程带来什么样的启示。这个戏剧神话是关于维吉尔和但丁在通往地狱的旅程中治疗师与病人关系的神话。

许多治疗师对但丁的伟大戏剧一无所知。即使像弗洛伊德这样的人本主义者，当1907年有人请求他列出他最喜欢的书名时，他列举了荷马、索福克勒斯、莎士比亚、弥尔顿、歌德和许多其他人的著作，却忽略了但丁。这是一个严重的缺陷，在对后弗洛伊德学派的心理治疗师的教育中，大多数学生都缺乏人性方面的知识，而我们的文学是对整个历史中人类的自我解释进行呈现的最丰富资源。对治疗师来说，这种危险比对自然主义者更大，这是因为想象力尤其是他们的工具和研究的对象，在理解其活动方式方面的任何省略都将极大地限制专业的进步。

《地狱篇》是从耶稣受难日（Good Friday）开始的，当时但丁35岁：

> 就在我人生旅程的中途，我在一片昏暗的
>
> 树林中醒悟过来，在那里我曾迷失了道路。[10]

《神曲》的这个开场白给历史上的许多人留下了难忘的印象。詹姆斯·乔伊斯（James Joyce）曾经说过："我热爱但丁几乎就像我热爱《圣经》一样，他是我的精神食粮，其余的则是一些稳定的力量。"[11]

但丁之所以如此受人爱戴，是因为他承认在每一个发展过程中他所遇到的人的问题，绝不假装有人为的美德。他意识到自己已经陷入了某种僵局，一种类似于阿诺德在《多佛海岸》（*Dover Beach*）中的心理处境。正如但丁在这首诗的序诗中写的：

> 我迷失了
>
> 正确的道路，醒来却发现自己
>
> 孤身一人在一片昏暗的森林中。[12]

那片昏暗的森林（selvo oscura）不仅是指那个罪恶的黑暗世界，而且指那个无知的黑暗世界。但丁并不理解他自己或者其生活的目的，因此需要有某一块高地，有某种视角的提升，以此来感知到他经

验的完整结构。他看见了高居其上的欢乐的大山，但却不能凭借自己的力量到达那里。从这个意义上说，他就像我们的病人一样。在山坡上，他的路被三只野兽挡住了：暴力的狮子、恶意的豹子和那头不能自制的母狼。

> 在（那头狮子）走过的路上，
> 一头母狼向我扑来，带着饥饿的恐惧
> 愈显得她有着无边的欲望。
> 她的贪婪、瘦削和欲望，
> 曾使许多灵魂在无边的烦恼中生活！[13]

性障碍是神经症折磨的不可改变的原因，弗洛伊德的这种洞见受到了但丁的忏悔的支持，正是这种强烈的性欲驱使他离开了快乐的前景。但是我们无须对这个寓言进行狭隘的解读。对但丁来说，那些是罪恶的先天倾向的东西，我们则称之为使神经症患者的私人地狱理性化的机制，这些机制包括压抑、傲慢、扭曲、伪装等。这些即便不像狮子、豹子和母狼那么有趣，却也同样有效地阻挡了我们的道路。

一个人的地狱可能是由面对下述事实构成的，例如，他的母亲从未爱过他；或者也可能是由一些幻想构成的，要毁灭一个人最爱的那些东西，例如，美狄亚毁灭了她的孩子；或者经历在战争年代释放出来的那种骇人听闻的残忍，例如，在战争年代，仇恨和杀人成为爱国行为。我们每一个人的私人地狱就在那里哭泣着等待我们去面对，而我们却发现自己无法取得进步，对抵抗这些障碍无能为力。

因此，但丁在耶稣受难日那天所处的境地使我们想起了无数的证据，并且不能把我们自己排除在外。他的处境使我们回想起在埃尔西诺的哈姆雷特，或者在多佛海岸的阿诺德，或者往回追溯但丁自己的根源、圣·奥古斯丁的根源（他曾把他在罗马放荡的生活以及由此导致的绝望比作通往地狱的旅程）以及圣保罗的根源〔他在《罗马书》中不幸的忏悔（7：18-19），在精神分析文献中的流传不亚于在但丁诗作中受到的传颂："因为立志为善由得我，只是行出来由不得我。故此，我所愿意的善，我反不作；我所不愿意的恶，我倒去作。"〕

维吉尔和移情

在这首诗最能达到预期效果的瞬间，但丁看到一个身影靠近他，就大声呼喊："可怜可怜我吧，无论你是什么 / 不管你是人还是鬼。"这个身影就是维吉尔，是带领但丁穿越地狱的人，维吉尔在说明自己的身份之后得出结论：

> 因此，为了你自己好，我想你最好
> 跟随我，
> 我将成为你的领路人
> 并带你前行穿越永恒的地方
> 在那里你将会看到远古的灵魂
> 在无休止的痛苦中备受折磨，并能听到他们的悲叹。

对此，但丁回答道：

诗人，通过那个你不认识的神

指引着我，超越现在的不幸

和更严重的恐惧，带我去彼得之门

指引我穿越地狱的悲伤门厅吧。[14]

所以维吉尔作为向导和顾问，陪着但丁讲解地狱中各种程度的罪恶（或者就像弗洛伊德学派的人所说的潜意识的深度水平）。维吉尔用他自己的实践［特别是在叙事诗《埃涅阿斯纪》（Aeneid）中］说明了他对他们即将穿越的危险的道德全景十分熟悉。最重要的是，对于一个迷惑的朝圣者来说，维吉尔是一个朋友和一个在场陪伴的人。

这个"在场"在治疗师对病人的关系中就是最具启发式的方法，它最为重要，但我们了解得却最少。维吉尔将不仅解释地狱的这些不同层次，而且将把它们解释成为一种"存在"（being），是但丁生活中正起作用的和在场的存在。但丁在这里可以既作为病人又作为治疗师。一些治疗师，如约翰·罗森（John Rosen），在他对精神分裂症患者的积极治疗中向我们表明，需要病人的某个朋友在场，以使病人进入深度的失调状态。这个朋友轻轻地走到罗森的身后，可能什么都不说，但是他的在场却改变了这个磁场。这样罗森就能够让病人自己投入治疗中，而不会让他自己迷失在精神分裂症之中。有时"在场"被称为移情（empathy）或者只是被称为关系，我相信，这种在场对所有治疗师来说都是极为重要的，并且除了治疗师所说的话和他所受训的学校之外，这种"在场"对病人来说也具有强大疗效。

在但丁的戏剧中，第一个障碍直接发生在与维吉尔订立"合约"之后，这与当今的心理治疗中发生的事情惊人地相似。但丁深信他是不用这种特殊治疗的，他对维吉尔喊道：

> 诗人，你必定是向导
> 在你相信我通过那个艰险的旅程之前
> 看着我并审视我——我值得信任吗？[15]

在做这种治疗时，我们多么经常地听到这样的问题呀！至少用我们内心的耳朵可以听到，如果病人并没有直接用言语描述它的话。为什么他要从其他人中挑选出一个人作为他的专门向导？但丁就像我们的病人，用保罗·蒂利希的话来说，不可能"接受容忍"。但丁对维吉尔回忆了关于圣保罗和埃涅阿斯的意象，他们是维吉尔的史诗中的英雄，并且断言他能够明白他们为什么会被选择：

> 但是我——有什么好害怕的呢？经过谁的允许？
> 我不是埃涅阿斯。我不是保罗。
> 谁能相信我有这样的资格？
>
> 因此，如果我听任自己前行，
> 却担心此行是否发狂。

在向维吉尔的恳求中，他后来加入了可能被我们称为正移情（positive transference）的陈述："你是明智的/并且能够领会我贫瘠的语言和暗示。"

维吉尔是否使用一种很多没有经验的治疗师所用的方式做出了反

应，也就是，为了让别人安心而说"你当然有价值了"？实际上，他并没有这样做，他抨击但丁道：

> 我理解你的世界和你眼中看到的一切
> 你的灵魂在怯懦中沉沦
> 怯懦击败了很多人，改变了他们的轨迹
> 他们被想象中的危险改变了决心
> 就像被自己影子吓得改变方向的马。[16]

这可以解释为一种挑战，我们把这种挑战用在沉溺于任何一种神经症（或者药物成瘾）的病人的治疗中，而安心（reassurance）很少被使用到。心理学家决不能剥夺病人的至关重要的首创精神（initiative），尤其是在治疗的开始阶段。

但丁的那句话，"你是明智的 / 并且能够领会我贫瘠的语言和暗示"，用一个熟悉的措辞来说，这句话是对治疗师的阿谀奉承。如此恭维可能不会被口头拒绝（确实，我们可能私下认为我们能理解他们的思想）。但是更合适的是做手势或咧开嘴笑——任何一个咧开嘴笑的人也不可能全是明智的。

在维吉尔对但丁的回应中有一句重要的话："我是一个灵魂 / 是在地狱的边缘游走的灵魂中的一个。"[17] 我们都处在地狱的边缘，在那个特殊时间，我们都在人类的环境中挣扎，无论我们是王子还是贫民，是病人还是治疗师。但是治疗师不能通过把自己的问题告诉病人来让病人理解人性。福瑞达·弗洛姆－赖克曼（Frieda Fromm-Reichmann）明智地谈道："病人已经为他自己的问题背负了足够的负担，因此没有必要再听治疗师的问题。"此外，和病人沟通的最好方式是通过手势和态度，这要好于道德说教。对于每一个生活在地狱边缘的人，罪（如果我可以使用但丁的话）不是问题，没能觉察到它们以及没能面对它们才是问题。

无论如何，维吉尔确实给出了一些解释来说明为什么他在这里：天堂中的比阿特丽斯派他来帮助但丁，但是维吉尔从头到尾都是坚定的，从不感情用事，他总结道：

> 现在是什么让你苦恼？为什么你会落后？
> 为什么苦恼犹豫和苍白惊恐？

这个指责对但丁影响很大，他回答说：

> 就像小花在黑夜里萎靡和垂下枝头
> 发现了太阳转向它并舒展开放
> 花瓣绽放在太阳的温暖和光亮里
>
> 正是如此，我萎靡的精神再次高涨
> 就这样我热忱的心澎湃遍及周身的血脉
> 我得以重生
> 我的向导！我的上帝！我的主人！现在指引：
> 为这里的我们两个而愿意服务。[18]

因此，他们展示了但丁所称的"艰苦而危险的地狱之旅"。

我们不必太关注这里的"指示"语。我们必须不断寻找其内部含义，这个内部含义就是，但丁不能独自发现穿越人类痛苦的路径。他不仅需要维吉尔提供的神话的稳定性，而且要能吸取这个神话的要领。这个向导和朝圣者不能抱有不同的目的或者分享根本不同的文化中的神话。同样地，作为一个比喻性的上帝和主人，治疗师必须自相矛盾地始终成为一个谦逊的朋友和值得信任的角色。

然而，在叙事中，维吉尔确实在某个至关重要的关头使他的朋友恢复了信心。在获得了某一个经验之后，当但丁被真正的和深刻的焦虑占据时，他向维吉尔喊道：

> 噢！我心爱的主人，我在危机中的向导……
> 现在站在我身旁……在我心中的惊恐中。

维吉尔这样回答：

> 带着你的心
> 我不会离开你
> 把你独自留在地狱中游荡。[19]

这是一种安慰，它把旅行的任务依旧留给病人，所以并没有把病人的责任接到自己手上。在我自己的工作中，我已经到达了这样一个相似的阶段：当病人担心走得更远以致他不能再一次走出来，或者担心我会丢下他不管时，我可能会说："只要对你有帮助，我很乐意和你一起工作。"这强调了积极的帮助，而非被动（总是一种诱惑）或停滞。在地狱，给人留下最深印象的是维吉尔的态度，正如但丁所描述的：维吉尔的"温和而鼓励的微笑"。

穿越地狱的旅程

在旅途开始时，他们停留在地狱的前厅，在那里，他们听到来自机会主义者痛苦的哭喊声。这些是在生活中既不好也不坏但只为自己活着的灵魂。他们是在反叛天使过程中没有得到偏袒的被驱逐者。在现代心理学中，人们认为这些机会主义者将会很好地调整，他们知道如何避免麻烦。但是但丁认为他们犯了墙头草两边倒的罪，因此，他们既没有进入地狱，也没能出地狱。约翰·西阿第（John Ciardi）如此描述他们："他们永远是无类别的，他们挥舞着摇摆不定的旗帜，永远在肮脏的空气中奔跑；当他们奔跑时，他们被黄蜂群和大黄蜂群追赶，被它们叮咬，流出大量的血。"但丁的地狱制定出象征惩罚的法律：既然这些机会主义者没有表明立场，那么他们就没有立足之地。西阿第谈道："由于他们的罪恶是黑暗的，所以他们在黑暗中行动；由于他们自己有罪的良心谴责他们，所以他们被成群的黄蜂和大黄蜂追赶。"[20]

极其有趣的是，在古典文学中，无论是但丁还是索福克勒斯或是莎士比亚，都没有对人类完美的情操观和肤浅的思想表示同情。这些作家和神话的创造者看到了人对人的非人性的残暴现实，并且他们把人类的现状视为基本上是悲惨的。任何一个既不好也不坏的人物——就像易卜生戏剧第一部分中的皮尔·金特（Peer Gynt）那样——根本就没有过一种本真的生活。伟大的剧作家们小心翼翼地惩罚他们所描述的罪恶，但他们深深懂得那种驱使人类离开道德生活的激情，他们和易卜生一样认为："成为一个真正的罪人是需要勇气的。"[21] 保罗和弗朗西斯卡这对情人受制于强烈的情欲，但丁在诗歌一开始就已经给予了警告，并提供了最复杂且具有缺陷的人性案例：有同情心是因为有缺陷。但丁，这位文学界的知名人物，一定是通过穿越地狱认识到如何去评估他看到的各种罪孽深重的事例的。再说一遍，这种类推是恰当的，部分地依靠治疗师对有心理失调的那种人的高超的精通能力，治疗中的病人学会了如何应付他们的问题（而不是"治愈"它们），这就是圣·奥古斯丁所说的"不相似之地"（the land of unlikeness）。

我不想描述但丁深入地狱的旅行中所体验的有着不同罪恶程度的罪人，如暴食者、囤积者和挥霍者以及愤怒和闷闷不乐者。对于地狱里的犯罪者来说，这些罪恶的内容随着时代而发生变化，现代罪恶的含义不同于中世纪。重要的不是一个人与之斗争的特定的罪恶，而是旅行本身。在任何追寻浪漫的过程中，对于负面状态的承认可以导致自我的净化以及对死亡和疾病本身的摆脱，这有利于新的生活。同样地，从一种观点来看，精神分析的功能是一种通过穿越自己病态的过去获得健康的运动。弗洛伊德的评论——"歇斯底里症病人主要受回忆的煎熬"可被引申用于所有在内心强迫性地想要进行自传体叙事的作家。重要的区别是那些像现代作家的现代病人，他们更喜欢个人的回忆，而不太喜欢但丁诗中的历史人物和事件。

"阴间"——或者地狱——包括受难和永无止境的折磨，导致忍受它的灵魂得不到改变并被外界影响。但是在"炼狱"中的煎熬是暂时的，"炼狱"是一种涤罪的方式，并且被灵魂自己的意志热切地拥抱。两者一定在到达神圣的"天堂"前旋转不停。我认为这三个阶段——所有人类经验的三个共存的方面是同时发生的。的确，在但丁的精神诗歌的史诗传统中有现代文学，比如乔伊斯的《尤利西斯》、庞德（Pound）的《诗章》或艾略特（Eliot）的《四个四重奏》，这些现代文学并没有使道德前景发生根本的分离。

我希望现在转向心理治疗的局限性问题。《神曲》是否对我们作为治疗师工作的局限性有所启示呢？我认为是有的。

维吉尔之于但丁的关系，我之前已把它类比为治疗师与病人的关系，维吉尔象征着人类的理性（reason）。但丁对此做了反复而清晰的解释。但是"理性"这个词在但丁那里根本就不是我们当代的理智主义（intellectualism），或者技术理性，或者理性主义（rationalism）。它代表了生活的广泛领域，在生活中一个人思考或者踌躇于体验的意义问题，特别是思考和踌躇于苦难的意义问题。在我们这个时代，理性被当作逻辑，因为它主要受大脑左半球引导。这并不适合于对维吉尔的描述：他是一个伟大的富于想象的诗人，而不是一个逻辑学家。如果我们把它纳入但丁的那种广义的理性中，理性就能够在我们私人的地狱中引导我们。

但是，即使在那种扩展的意义上，理性也不能引领我们进入神圣的天堂。在但丁的旅程中，他需要其他人的指引。这些指引是启示（revelation）和直觉（intuition）。我不会提出人类经验的两大功能的概要，但是我确实希望陈述出我自己从监督没有经验的治疗师们中获得的经验，如果治疗师不想使自己向除了人类理性之外的任何其他沟通方式开放的话，他们就必须使自己与大量的现实相分离。（我记得弗洛伊德曾经说过，他的病人经常看穿一些"无恶意的谎言"，他可能会告诉他们，他已经决定永远不说谎。他把这种说法看作其在心理传心术中的道德信仰。）在我看来有趣的是，但丁把直觉看作指导的最高形式。如果能够允许我把它添加到但丁的地狱中，那么屈服于教条的理性主义罪的治疗师们就可能会考虑这种心理力量的合法性。

当他们已经穿越了地狱并且几乎穿越了炼狱之后，治疗的局限性就通过维吉尔离开但丁得到了阐明。当诗人们看到世俗的天堂时，就像西阿第指出的，维吉尔"最后说道，因为诗人们现在已经受到理性的限制，并且但丁已经可以遵循每一种冲动，因为所有罪过观念已经被清除掉"[22]。所以他们彼此告别，在道别时带着悲伤的复杂情绪，包括同志友谊、孤独以及对未来的热情。但丁曾经迫切需要维吉尔（在随后的三章中）：

> 我带着那相同的确定的信仰向左转
> 这等于当一个孩子跑向了他母亲的怀抱
> 当他受到惊吓和受伤时……
>
> （但是）他已经把他的指引带走。他已经走啦。
> 维吉尔已经走了，维吉尔，温和的父亲
> 对他我付出了我的灵魂使之获得救赎！[23]

代替维吉尔，比阿特丽斯作为救赎和幸福的存在而出现。与此相似的是，与其说我们的治疗是生活本身，还不如说是生活的序幕。就像维吉尔一样，我们试图帮助他人，直到他们能够达到"收获自由的果实"的程度，而不是没有对治疗师在场的可理解的需要，并且他会及时地前进到一个"他的意志是自由的，并非不正常的和健康的"地方。

爱的自由

需要指出的是，但丁和我们的病人进入的这种自我导向的生活，是一种作为共同体的生活，或者更具体地说，是一种爱的自由。这似乎是为什么在《炼狱》结尾处和在《天堂》里的向导是女人，并且为什么比阿特丽斯首先派维吉尔去拯救但丁。正是在比阿特丽斯的召唤里，但丁才给我们这些接受精神分析的现代人以最多的提醒。

比阿特丽斯是一个完全个人的神话式人物，一个但丁认识的佛罗伦萨女孩，她的死给了但丁的第一部伟大的诗作《新生》（*La Vita Nuova*）以灵感。她在《炼狱》中的再次出现，向我们表明，借助与他童年时期就喜欢的这个人物的神秘的重新团聚（他们第一次见面是在但丁九岁的时候），但丁已成功地战胜了病态的失落感——或许就是那个曾导致他走向黑暗森林的创伤吧。她在但丁的心目中是一个真实的存在。我们不知道她在但丁的心中象征了什么——我们认为是但丁自己灵感的核心、他精神上的渴望、他被通过一些微妙的方法指导的存在感。这个想象的交会可以比喻为威廉·詹森（Wilhelm Jensen）关于庞贝古城的小说《格拉迪瓦》（*Gradiva*）中世俗的复活场景，那是一本弗洛伊德曾著书并长期研究的著作。在这两本书中，在根本不同的场景中都出现了一个以年轻的形象再现的女主角，其目的是在其仰慕者渴望的灵魂中恢复爱情和快乐。我们回忆起把女性放在这种至关重要位置上的其他古典名著：歌德的《浮士德》，其中有灵感力量的海伦和"母亲们"被赋予了很多重要的作用，或者易卜生的《皮尔·金特》（*Peer Gynt*），在这本书中，易卜生让皮尔·金特为了他的拯救而回到索尔薇格处。在荣格（Jung）[①]关于阿尼玛（anima——指男性心灵深处的女性意象）这个概念的文章中，他挑选出了 H. 赖德·哈葛德（H. Rider Haggard）的三本小说——《她》《神女再世奇缘》《智慧的女儿》——作为对取代力比多对象的一些深刻的描写。他声称，这个神话对于人到中年的患者来说尤为重要。

我觉得这里的女人是关于社会的象征。我们都经历过最初在子宫中的生活，然后开始了从子宫里出来，来到阳光下的旅程。我们并不是天生孤独的，而是和我们的母亲有着伙伴关系。无论女孩还是男孩，我们都被母亲实际地或比喻式地哺育。正是在与一个所爱的人在性功能上的重新结合中，我们才参与到种族的持续发展中。这样，在我们穿越地狱和炼狱的旅程之后，生活本身便成为治疗师。我们的病人离开我们进入生活本身的人类社会，这就是为什么阿尔弗雷德·阿德勒（Alfred Adler）提出社会兴趣——在社会中承担生活的义务——这个概念来检测心理健康。

心理治疗局限性的这种观点再次含蓄地告诉我们，我们的任务不是去"治愈"人们。每当我想到有多少时间浪费在那些理智的男人和女人们的争论中，他们的争论集中在心理治疗是否可以治愈人和试图

[①] 荣格（Carl Gustav Jung），瑞士心理学家，分析心理学的创始人，是从古典精神分析向新精神分析过渡时期的重要人物，曾任国际精神分析学会主席，后因与弗洛伊德的观点分歧而与之决裂。——译者注

让心理治疗适应西方 19 世纪的医学方式上，我就感到很畏缩。我们的任务是在人们穿越他们自己的地狱和炼狱的时候做他们的指导者、朋友和解释者。具体地说，我们的任务是帮助病人达到能够让他们自己决定是否希望继续保持这种受害者的状态——因为作为一个受害者有一些真实的好处，这些好处就是获得他对其家庭、朋友的控制权，还有其他一些次要的好处——或者他们是否选择脱离这种受害者状态并且怀着达到某种天堂感的希望而冒险穿越炼狱。到了最后，可以理解的是，我们的病人经常会被拥有能为自己自由地做决定这种可能性而吓得要命，不管他们是否通过完成这个他们已经勇敢地开始的探索来尝试利用他们的机会。

从历史上看，只有通过穿越地狱，一个人才有机会到达天堂，这是千真万确的。穿越地狱的旅程是不可省略的旅程的一部分——确实，一个人在地狱中所学到的是达到其后任何良好生活理想的先决条件。荷马让奥德修斯参观地狱，并在那里——而且只在那里——他才能够获得使他安全地返回伊萨卡岛的知识。维吉尔让埃涅阿斯走进阴间，并在那里和他的父亲对话，在那次对话中，他获得了在建设罗马这个伟大的城市时什么能做和什么不能做的指导。他们中的每一个都是在进入地狱后才获得生死攸关的智慧的，这是多么一致啊！没有获得这种知识就不可能获得成功，这里指在发现如何前进的指导和获得天堂里的东西上获得成功——达到体验的纯净和心灵的纯净。但丁亲自安排了这个旅程，他自己穿越地狱，然后才能在他旅途的终点发现天堂。但丁写作伟大诗篇的目的是使我们这些人也能够最终到达天堂。

人类只有穿越地狱才能到达天堂。没有经历痛苦——比方说，就像一个作家努力找到一个恰当的词来表达他的意思一样——或者没有对自己的基本目标进行深刻探究，这个人是无法到达天堂的。甚至纯粹的尘世中的天堂也需要相同的条件。举例来说，面对抑郁和毫无希望，庞加莱数周和数月来都在奋争，随后他再次奋争，并且最终穿越地狱，在数学上获得了一个新的发现，到达了他提出要解答这个难题后的"天堂"。

在本书的开始，我叙述道，但丁是在耶稣受难日那天开始其旅程的。它的意义在于，这一天强烈的绝望对于成功地体验复活节、耶稣复活来说是一个必要的前奏，这种痛苦、恐怖和悲伤就是一个人自我完成和自我实现的必要的前奏。在欧洲，群众在耶稣受难日走进教堂聆听耶稣已被在十字架上钉死的陈述，因为他们知道升上天堂之前必须要先在尘世中死亡。根据我们的实践，在美国，我们的行为似乎是希望我们能够忽略苦行的绝望，只知道兴奋和提升就好了。我们似乎相信，我们能够不经历死亡就得到重生。这就是关于美国梦的精神版本！

像其他很多伟大的文学古典名著一样，《神曲》证明这些简单化的幻想是假的。但丁那悲惨和示范性的旅行，仍然是心理治疗专业所具有的最伟大的个案研究之一，并且是对一个关于现代心理治疗方法和目标的光辉灿烂的神话所做的最好的陈述。

歌德的《浮士德》与启蒙运动
（罗洛·梅）

在约翰·冯·歌德的《浮士德》中，对自由、有限性和整合之间的交互作用的描述是另一种经典的手法。罗洛·梅厘清了这种交互作用及其在当代戏剧中的关联性。

神话的临床关联性：就像那么多渴望完成得比预期更好的和自恋的来访者一样，浮士德的内心也是极其压抑的。他感觉他的世界是令人厌倦的，他的才干是低微的。他渴望脱离这种困境，展翅翱翔——但要以最快、最不费力的方式。那个魔鬼——可以比拟为浮士德的治疗师——给浮士德提供了关于这种渴望的一面镜子，结果使他深陷其中。有些结果是令人满意的——因为它们是针对多数取得优异成就的人——但是他们中的许多人却损失惨重。最后，浮士德能够重新评价他的自大，赏识他的有限性的价值，并因此成为一个更充实而深思熟虑的人。

浮士德：当你是苍蝇称谓的主、

　　　堕落者、说谎者

　　　好的，那个时候你是谁？

靡菲斯特：……武力中有些部分可以作恶，

　　　有的却可以做善事。

　　　　　　　　　　　　　　　　——歌德，《浮士德》

在我们这个时代，当我们听到"浮士德"的名字，我们立即就会想到说话者指的是歌德的那部伟大的剧作。这部杰作占据了生活在德国启蒙运动时期的歌德的毕生时间，并在他 80 多岁时才宣告完成。这是他的命运的成果，就如席勒在这两个文学巨人之间激昂的通信中一直坚持对歌德所说的那样。它告诉我们，神话之所以伟大，是因为它是在这种美妙的诗作里完成的，每个人似乎都要从这种美学的成功中来引用句子。

这部戏剧之所以伟大，还因为它涉及一些深刻和常新的问题，那就是我们应该如何生活。《浮士德》是一首哲学诗，它以生活的诱惑、灾难和欢乐为中心。歌德提出了一些意义深远的问题：什么是生活？什么是诅咒和拯救？作为伟大的人文主义者，他探索解决这一问题的每个要点：作为人类的一员意味着什么呢？

歌德的《浮士德》是对我们这个现代社会神话的一种尖锐而强有力的表达，在这个时代，人们渴望相信发展中的上帝——我们伟大的机器、我们大量的科技、我们的跨国公司，现在甚至包括我们的核武器——我们渴望相信，所有这一切都会给我们带来有益的影响，并且将给人类带来大量的利益。歌德曾被这个困境吸引，就像在启蒙运动和工业革命中他的那些同道一样。他在书桌上摆放了一个新型蒸汽机的模型，它的铁轨从利物浦延伸到巴斯，以此作为这个伟大希望的不变的象征。

这个神话抓住了当今人们的心理，因为它表明邪恶——在木偶剧中，这种邪恶表达了马洛 [24] 在文学地狱中激烈的咒骂，现在却在歌德的诗里变成了善行。当浮士德想要知道靡菲斯特是谁时，这个令人惊异的绝技很早就在歌德的戏剧里得到了揭示。魔鬼回答道，他是寻求去做邪恶的事情，但总是变成做善事的幽灵。是的，撒旦是冲突、激烈活动甚至残忍的使徒，但是，在这里按照歌德的安排，他最终还是以善良的杀戮告终。

欧洲的知识界把歌德当作他们的领袖一样尊崇。确实，马修·阿诺德在歌德去世时写道：

当被告知歌德的死讯，我们说：

那时，欧洲最贤明的领袖陨落了；

歌德已走完了他的人生旅程。

铁器时代的抚慰者。[25]

他给人类充实思想，

他把每个伤口和弱点都看得清楚；

他的手指敲击这些地方，

并说："你这里疼痛，那里也是！"

他看到欧洲的垂死时刻

断断续续的梦和狂热的能力的垂死时刻。[26]

《浮士德》这部戏剧正是在复活节之前开始演出的，歌德把这个时间描述为人们

……狂喜于上帝的崛起

因为他们复兴了他们自己，

从商业和手工业的桎梏中解放了自己，

从乏味的像狭窄架子一般的住处，

从窒息的屋顶和尖顶的阁楼中，

从城市窒息拥挤的街道上，

从教堂牧师的夜晚外面，

他们都已被凸显照亮。[27]

歌德关于工业制度能给我们带来什么这个伟大的想法为这一时期

他的许多同伴作家所共享。他的生命跨越德国的启蒙运动时期——一个令我们现代人羡慕的时代。莫扎特依然活着，贝多芬依然年轻，德国那时还有很多重要的哲学家，如康德、谢林和叔本华。在歌德 27岁时，美国的《独立宣言》正在起草。认识到我们来自不同的地方却有着共同的政治纲领，这真是激动人心："人人生而平等，造物主赋予他们若干不可剥夺的权利，其中包括生命权、自由权和追求幸福的权利。"要阅读关于浮士德的戏剧，就要参与到这样的一个时期中去，此时大量的人致力于以最终变成善行这种方式来解释邪恶。

浮士德因此思索了一个古老的话题，那就是在一个仁慈的上帝所掌管的世界里，邪恶的意义何在。创造性的努力包括那些不可避免会带来破坏的斗争吗？这是一个关于约伯的古老的话题：是否有一个上帝的仆人，即使在人类遭受最大的苦难时，他仍会对上帝忠心耿耿？荣格在他的著作《对约伯的回答》（Answer to Job）中提到的每一个现代人，几乎每个敏感的人，都沉思过这个关于人类存在的基本问题。

上帝和恶魔

这出戏以天国的一个会议作为开场，在那里，上帝正在质问恶魔靡菲斯特，他使用了这种友好的开场白："我从来没有讨厌过你这种人。"[28] 靡菲斯特如何看待地球上的事物？这个恶魔回答道，他"同情人类的不幸"，人们已经变得"比野兽还野蛮"，因为他们是有"理性"的。上帝承认人类太容易变得松懈，他们需要警戒，"人类虽然努力但仍犯错"。上帝认为人类应该是"永远积极、永远生动的创造物"。

这些开场诗句对这个主题做了介绍，这一主题（行动、奋斗、努力）对歌德的整个戏剧都是至关重要的。积极的行为永远比人类存在的其他形式优越。歌德想象浮士德在沉思《圣经》中的那句话"太初有道"[29]，对此浮士德摇着脑袋说，"道"太过唯智主义了，或许应该是感性（sensibility），所以他提出"起初是感觉"。但是这也被否定了，最后，他提出"起初是行为"。就是它！浮士德最终承认了这种行动和长期努力的表达方式才是终极的。

随着这个神话——或者戏剧——的展现，我们很快就在治疗师的诊疗室里发现了我们自己。这再一次向我们证明，当自诩为病人的来访者在诉苦时，他正在谈论的神话是他自己生活中的令人崩溃的事情。这里的浮士德正在叹息他没有争取到地位，没有达到卓越，没有获得好运，他讲述了这种失败使他产生怎样的感受：

每天早晨我都在无奈中苏醒
恶心得直到眼泪涌出
日复一日

我害怕睡下，狂乱的幻象折磨着我
我的梦和清醒的反应都充满了邪恶
存在像是憎恶的负担
渴望得到死亡，生活是一个可恶的笑话。[30]

他对这些病态的令他想自杀的诅咒做了总结：

一个是对信仰的诅咒！一个是对希望的诅咒！

而首先是对忍耐的诅咒。[31]

麾菲斯特随后出现了，并且用生活的不同方式诱惑他：

照顾好你的绝望之后，

像一只秃鹰一样，去喂养你的头脑[32]

协定已经形成。浮士德承认他将永不满足，永不停步，永远斗争：

我能否从安逸的床上获得放松，

也许那一刻就标志着我的死亡！

当你阿谀奉承我之初

愿那一天就成为我的末日！……

那时忘记我脚上的脚镣，

那时我会高兴地在那里毁灭！ [33]

浮士德用他的一滴血在这个协定上签名，说道：

那么也许快乐和悲伤，

失败和成功，

只要它们愿意彼此跟随

人的积极性仅在于他没有松懈。[34]

歌德在这里反映出现代人行为的本质：很少沉静下来，总是在奋力争取，总是带着一个接一个的任务前进，并将其称为进步。这个神话向我们展示了浮士德出卖自己灵魂的生活方式。

浮士德的第一次历险是与甘泪卿坠入爱河，她是一个天真的"含苞待放的孩子"，他们在做爱时，浮士德使甘泪卿怀孕了。浮士德这个凡人与像天仙般的小姑娘之间发生的这件事，完全是由靡菲斯特用翅膀导演的。歌德揭示了他自己的矛盾心情，他的同情和他的心都和不幸的甘泪卿在一起，甘泪卿在怀孕的时候，因为悲伤和受到村民们的谴责而变得神经错乱了。接着，浮士德变得越来越残忍，与甘泪卿的哥哥瓦伦丁（Valentine，一个刚从战场回来保护他妹妹的士兵）搏斗。在搏斗中，靡菲斯特控制住哥哥的长剑，于是浮士德残忍地杀死了瓦伦丁。瓦伦丁在临死的时候，还对可怜的甘泪卿进行诅咒。

虽然迄今为止浮士德已经表达了他对甘泪卿的爱，但人们仍然能从他和她的这种关系中提出理由来指责浮士德。这是歌德与女性严重问题的第一次揭示，这将在这部戏剧中随处可见；这确实是一个关于父权制力量的神话。歌德把浮士德描述为，他体验到这个他使之怀孕的仙女因遭受痛苦而发出的谴责。但是，浮士德对这个仙女的痛苦感到悲伤，也因为靡菲斯特那句冰冷的话"她不是第一个"而勃然大怒。浮士德喊叫着：

> 这个人所遭受的痛苦使我的生命之魂
> 被撕裂；你不负责任地漠然置之
> 面对千万人的厄运却龇牙狞笑。[35]

但是，浮士德显然对甘泪卿有某种爱，无论这种爱多么不充分，当甘泪卿必须在监狱里生下她的孩子时，浮士德被深深地震惊了。但是她只是哭喊着，浮士德没有用他过去的那种激情来亲吻她。

拿到了监狱的钥匙之后，浮士德请求她出来。甘泪卿能够"随心所欲"地离开监狱，但她却不想离开：她要为自己的怀孕负责，要接受对她的惩罚。

最后一幕在接近高潮时变得更加强烈。甘泪卿在监狱里喊叫着："你现在离开。哦，海因里希[36]，要是我也能离开该多好啊！"

浮士德：你能出来，只要你想！瞧，门已经打开。

甘泪卿：千万不要这样；因为我已经没有希望。逃走又有什么用呢？他们的谎言仍然在等着你。……

浮士德：啊，亲爱的——你胡说！只要走出一步，你就能随意离去！[37]

但是，甘泪卿在心理错乱的时候，却把这一天既看作她结婚的日子，也看作对她行刑的日子。"这一天是我毁灭的日子。"她喊叫着。靡菲斯特只能对这种"女人般的抱怨！……徒劳地喋喋不休和懒散闲荡"[38]予以嘲讽。当甘泪卿一眼瞥见靡菲斯特的时候，她知道他是个魔鬼，是来抓她到地狱去的，但浮士德喊出了一句话，把他再次和我们当代的心理治疗联系起来："你将成为一个整体！"[39]

这个结局是怎样的呢？歌德对这个人物及其造成的麻烦怀有深深的同情，但是，为了他自己作为作家的整体性，他又必须宣告甘泪卿有罪。他让靡菲斯特说出来："她是有罪的。"[40]

但是，歌德增加了一个惊叹句："救赎吧！"书中的注释告诉我们，这个词没有出现在第一版中，而是在后来的一个版本中插入的。换句话说，歌德最后一定服从了他自己心灵的命令，而且他一定让某种声音喊叫出来"救赎吧"，无论它是否有意义。这样甘泪卿在被宣判有罪的同时也得到了救赎。

这本书第一部以一句话结束："［发自内心的声音逐渐消逝］海因里希！"

这个具有无限力量的神话使歌德陷入人类最大的困境之中。我们可以想象他在《浮士德》中回忆起的另一段话，而且我们不知道这段话是否适用于他自己和这部戏剧：

> 精神歌唱，
> 喔！喔！
> 你用强有力的拳头
> 把它毁灭，
> 这美丽的世界。[41]

难道这就是为什么奥尔特加（Ortega）写道，歌德从未真正发现他自己，从未经历他自己本土的形式、他生活中真正的命运吗？

神话的巨大痛苦

第二部是在第一部出版后的四十年间共同完成的。我们惊叹于歌德在这些年里反复思量这个神话时在他脑中产生的那些想法。他是怎样给这个神话下结论的呢?

在第二部中,他主要应对的是性欲和权力的问题。有些诗文是粗俗滑稽剧(slapstick),就像靡菲斯特把有魔力的金子打造成巨大的男性生殖器那样,以此来威胁和惊吓女士们。但是,在更深刻的层面上,权力和性欲是浮士德神话的一些基本方面。性已经变成权力的一种表达方式。这可以在我们自己的时代中部分地看到,我们的色情文学、我们的性商业主义、我们的广告都建立在性感的金发女郎和身材优美的黑发女郎身上。在我们的社会,对权力和对性欲的态度之间有一种古怪的关系。

在工业革命时期,工人手工制作的产品和他与使用其产品的那些人的关系之间开始出现一种严重的分离。确实,工人除了自己微不足道的行为之外,通常一点也看不到他帮助生产的产品。劳动的疏离使人与自己以及他人更加疏离。他们的人性丧失了。随着工业和资产阶级的发展,性开始与人分离了,性反应可以被买卖,就像人的手工产品那样。

浮士德想要他的情人——特洛伊的海伦看见和拥有美的象征,并且在爱中得到终极实现。[42] 他认为让靡菲斯特在脑海里想象海伦是很容易的:

> 浮士德:我知道,你念几句咒语就可以做到,
>   一眨眼的工夫你就能把她带到。[43]

但是,靡菲斯特的看法却大相径庭。浮士德必须过母亲们这一

关，这是一群奇怪的人，自从歌德写了这部戏之后，这群人就提出过无数的问题。母亲们似乎是唯一有力量威胁和恐吓靡菲斯特的一些人。

> 靡菲斯特：我不愿把更高的谜底揭穿——
>
> 　　　　　女神们庄严地居住在岑寂的宫殿，
>
> 　　　　　周围既没有空间，更没有时间；
>
> 　　　　　要提到她们的情形实在为难。
>
> 　　　　　她们就是——母亲们。
>
> 浮士德：（惊愕地）母亲们！
>
> 靡菲斯特：你觉得毛骨悚然？
>
> 浮士德：母亲们！听起来十分稀罕。
>
> 靡菲斯特：确实如此。女神们非你们凡人所能知；
>
> 　　　　　也不愿被我们这种人提起名字。
>
> 　　　　　要到她们的住处必须深透九幽，
>
> 　　　　　这得怪你自己对她们有所需求。
>
> 浮士德：朝向哪儿走？
>
> 靡菲斯特：没有路！从来无人行走，
>
> 　　　　　也不可行走；无路可求，
>
> 　　　　　也无法请求。你有什么情绪感受？[44]

　　我们先暂停一下，因为以上的诗行简直就像是心理治疗的一次面询，特别是那句旁白："你有什么情绪感受？"每个人都是从母亲体内生出来的，母亲给了我们肇始的形式，用她的子宫承载着种族的繁衍——没有一个话题能比"母亲"更重要。每一个病人，在学会爱的时候，都必须面对他母亲的心理印记（imprinting）。靡菲斯特坚持让浮士德为他自己的焦虑和自己的忧伤负责——"发生了这样的事，都怪你自己。"[45]

歌德写作这个神话是为了减轻他的罪疚吗？这段话和减轻他的罪疚有什么关系呢？在这种描述中，母亲们当然是不友善的。据我所知，歌德从 25 岁起一直到死从来都不去看他的母亲，即使他经常到法兰克福去（他的母亲就住在那里）。我们还知道，歌德曾被女人迷住，而女人们也被他迷住了。当他们进入一种像暴风骤雨般的关系时，他就会利用这个女人，并随时准备离开她。对于为什么只有当女性气质出现时他才能写出重要的诗篇，他困惑了一生。他在生活中结婚很晚，最后和一个似乎适合他的人结了婚；他把她称为"床上的小兔子"。她比他小 16 岁，是一个活泼的小姑娘，并不算太漂亮，也不是特别聪明，但充满了自发性。

现在我们转向海伦。

在这三种观点［马洛（Marlowe）、歌德和曼恩（Mann）］中，海伦都有一种神话般的气质。当有人询问海伦和阿基里斯的关系时，歌德让海伦自己说道：

> 我与他是神话与神话相连
> 春梦一场，众口也是
> 这样流传。
> 我现在消逝，使我自己成为神话。[46]

这告诉我们，海伦是一个神话，可以一直追溯到历史，特洛伊战争中的希腊人是为了一个伟大的神话而战，那个具有终极形式的神话。海伦代表的是女性的形式，不是在性欲的意义上（虽然她常常被人们赋予那种角色），而是在古希腊人的品德（Hellenic arete）①这个意义上，她的名字在古希腊文化中代表所有理想的性质。因此，"形式的形式"（form of forms）这个短语确实非常合适。它指的是提升到一种道德水平的女性的美，一个人道德发展所要达到的目标——品德，这个让古希腊人如此骄傲的目标。正如靡菲斯特已经告诉我们的，通往海伦的道路只有通过母亲们才能达到，就是说，只有通过那些能面对自己的母亲问题的人才能达到。

当提到母亲们的时候，靡菲斯特问道："你觉得毛骨悚然吗？"浮士德感受到的这种毛骨悚然指的是触及某种深刻的冲突。

接着，靡菲斯特给了浮士德一把咨询的钥匙。"跟着它走吧——它会带你找到母亲们。"至此，浮士德就像治疗中任何敏感的患者一样，感到害怕。

> 浮士德：到母亲们那里啊！好像给我当头一棒。
>
> 　　　　这究竟是个什么词？我不愿意听到人讲。
>
> 靡菲斯特：你竟然那么心胸狭隘，听不惯新的名词？
>
> 浮士德：在麻痹中寻求舒畅非我所愿；
>
> 　　　　毛骨悚然是人性中最好的一面；
>
> 　　　　无论世人使这种意义多么罕见——

---

① 在古希腊史诗中，arete 指英雄所据以追求荣耀的能力，包括血统、出身的良好，作战、领导能力的卓越，以及各种必备的美德。——译者注

在战栗中却可以感受到美妙无限。

靡菲斯特：那么好吧，请你下降吧！或者我也可以称之为，
上升吧！反正横竖都一样。[47]

确实，无论一个人是通过下降还是上升来到达母亲那里，反正横竖都一样，它们非常重要。现在浮士德有了钥匙，他可以"和她们保持距离"，而且他突然对这种挑战感到欣喜若狂："是的，抓住它，我觉得我的力量倍增。我大步迈向目标，心灵不会遇到麻烦。"[48]靡菲斯特告诉他：

一座烧红的宝鼎将最终表明
你已到达深而又深、深不可测的圣殿；
借助于它的光亮你将看见那些母亲们……
有人坐着、站着，也有人走动着，
恰如其分。这是在造型和转换。
永恒心灵的永恒再造。[49]

然后他指示浮士德："顿脚下降，上来时也把脚顿。"[50]浮士德跺了一下脚就降下去不见了。

第二幕是在一间屋子里，里面挤满了表现出妒忌和辩才的人。靡菲斯特突然喊叫起来："哦！母亲们啊！母亲们！难道你们不想让浮士德去吗？"[51]难道他感知到浮士德和母亲们有某种不正常的联系吗？而且当浮士德持续不断地通过母亲们来寻找海伦的时候，靡菲斯特喊叫起来："母亲们啊！母亲们！是你们的就拿走吧！"因此，除

了得到海伦之外，还出现了某种重要的事情，某种使"母亲们"具有终极重要性的东西……在其子宫中生命得到创造的人，一个把新生命的胚胎植入的人，也有这些诸如在知识和魔法之间交替的直觉的力量。

在这里，我们回过头来再谈一谈这个基本真理。歌德，他是一个伟大的诗人，具有一定程度的先见之明，有一种从其社会的无意识深处讲话的能力。这位诗人以及任何文化中的其他艺术家都向我们讲述过一些神话，这些神话完全超越了他们有意识知道的任何事。在这个意义上说，他们是未来的预言家。作为女性的圣贤，她们（母亲们）必须得到营救，以帮助形成和重新形成新的文化。就种族繁衍而言，无论母亲们是否意识到以及是否为此负起责任，就像她们怀孕时在子宫中形成胚胎一样，她们也都拥有转换的钥匙。

但是，工业时代是一种家长制的力量。这种力量是通过战胜其竞争对手获得的，是通过突然进攻、攻击、机器的活动发挥作用的。工业时代的阴暗面就是血汗工厂[1]、吞噬生命的流水线、童工和女工、利物浦和底特律烟雾弥漫的天空、有竞争力有对抗性体系的全部武库。女性理想的特点是接受性而不是攻击性，是温柔和创造，而不是毁灭。

难道歌德是在以其对进步的崇拜、以其对工业的顿悟而赎罪吗？他显然相信这种家长制的绝对真理，至于它究竟是好是坏，在他的灵魂深处曾进行过长期的斗争。浮士德后来建造了那座大堤"拯救了上百万人"，他处在创造性的一侧，是把这些信念表现出来的一个方面。

力量、攻击和突然进攻的方式——所有这些都或多或少地被称为

---

[1]　血汗工厂（sweatshop）指工人劳动条件非常恶劣、劳动强度大而工资很低的工厂。——译者注

一种肯定式陈词滥调的东西，一种男性的、家长制的东西。歌德对现代的这个主要神话有一种矛盾心态，这个现代既包括我们这个20世纪的时代，也包括他那个时代。这种自相矛盾源自他这种诗人的灵魂，这个灵魂把母亲看作爱、柔情、关怀的源泉，而不是粗鲁、残忍、杀戮的根源。人们希望转换得以发生而不会导致生命的巨大损失，也不会有残忍出现，难道"魔法"（magic）就是这种希望吗？在这出戏就要结束的时候，关于甘泪卿获救这段情节似乎是要纠正浮士德最初的残忍。浮士德通过让一群天使把他不朽的遗物带到天国去获得了最终的拯救——所有这一切对这个问题提供了一个正面的回答。歌德的意思可能是把它作为对"进步"的一种肯定的喝彩，这就是这首伟大诗作的总体影响。在这里，我们把这出戏看作一种证明，只运用家长制的力量注定要失败……[52]

我们已经说过，浮士德宽恕的神圣部分就表现在这出戏的最后两行：

女人是不朽的
把我们引向天堂。

歌德写作这出伟大戏剧的目的之一是探索人文主义的生命神话，寻找一种方式来帮助人类凭借其最伟大的召唤来获得发现和生活。据说他临死时说的最后一个词就是"进步"。对他来说，进步并不只是意味着机械的进步或获得财富。它的意思是，人类学会意识到他们最独特的能力，从而获得"生命并且让它更加丰富多彩"。因此他在关于浮士德的这个神话的开始就对复活节（基督复活的时候）做了描述。

在歌德的作品中有一种永恒的成分，一种真正地使用神话之感。他向上伸展直达神灵，他似乎总是能和超越的存在关联起来。这在他最后的一句话"女人是不朽的 / 把我们引向天堂"中变得显而易见。我们已经说过，宽恕之爱的原则就表现在甘泪卿这个人身上。这体现在"不朽的女性"身上，它是一种力量，是机器中的上帝（deus ex machine）的一种表达方式。这又一次把我们带回到靡菲斯特在第一次见到浮士德时所做的声明：他的恶行被变成了善行。这个恶魔受到了欺骗，被他自己的力量背叛。这个关于"被背叛的撒旦"或"受到欺骗的魔鬼"的主题许多世纪以来一直在西方神学和哲学中存在，可以一直追溯到奥利金①。这尤其发生在歌德的《浮士德》的结尾。因此，当靡菲斯特说他"做恶事，善行也源自恶"时，他至少部分地是对的。

盖茨比和西西弗斯的神话

（罗洛·梅）

现在转向 20 世纪的文学，我们来考虑一下 F. 斯科特·菲茨杰拉德（F. Scott Fitzgerald）的杰作《了不起的盖茨比》（*The Great Gatsby*）。正如罗洛·梅富有洞察力的断言，《了不起的盖茨比》是一个关于当代诈骗的故事，也是一个关于在诈骗倾向之前和之后发生的绝望的故事。

梅在关于西西弗斯的神话中发现了治疗这种衰弱循环的补

---

① 奥利金（Origen，185—254），古罗马时期的西方基督教学者和神学家，著名的西方基督教会之父。——译者注

救方法。他写道，通过帮助我们利用"暂停"（pause），西西弗斯在放纵和绝望之间穿行前进，提醒我们注意一种丰富的替代选择。

这些故事的临床相关性：盖茨比表现出一种需要治疗的问题，西西弗斯的神话提出了一种治疗的解决方法。盖茨比提出的问题就是一些来访者感受到的空虚感——甚至当他们被说服自己是充实的时候也是如此。使他们实际上感到充实的是虚假的快感、没有实质内容的梦、轻微躁狂症的反应以及一系列的强迫症。正如盖茨比所说，这些过分的行为不可阻挡地会导致崩溃——而且这种循环会一再重复发生。

通过给来访者发信号，让他们在空虚时暂停一下，对它进行探索，西西弗斯神话便教导来访者怎样打破其功能失调的循环。西西弗斯宣称，他们可能很穷，或者贫困，或很泄气，但他们不必崩溃或做出过火的行为。他们能够在其有限性之内发现可能性，例如，想要知道、想要有意识地超越他们的绝望。

悲剧的成功

吉姆·盖茨（Jim Gatz）是北达科他州一个无能的和不成功的农场主的儿子，他以某种形式对美国关于普罗透斯[①]的神话做了反思。他相信他能重新创造他自己，否认他的身世和他的祖先并建立一种新的同一性。在他的想象中，他根本就从未真正接受他的父母。

早在孩提时代，盖茨比（Gatsby）就在一本连环漫画册的背面写

---

① 普罗透斯（Proteus），希腊神话中变幻无常的海神。——译者注

过一些自我改进的规则，以使自己获得伟大的成功，这是他自己的霍雷肖·阿尔杰（Horatio Alger）的故事。菲茨杰拉德写道："真实的情况是，长岛西艾格的杰伊·盖茨比（Jay Gatsby），起源于他的……关于他自己的柏拉图式的恋爱概念。……所以他只是创作了一个17岁的男孩很有可能会发明的那种杰伊·盖茨比，而且直到最后他一直忠诚于这个概念。"[53] 正如传记作者安德鲁·勒·沃特（Andrew Le Vot）所写的，在这本书中，菲茨杰拉德"比他所有的自传体作品都更好地反映了他和他那一代人所面对的那些问题的核心。……在《了不起的盖茨比》中，由于心头老是萦绕着一种罪恶和失败感，菲茨杰拉德便设想了人性的全部弱点和堕落"[54]。

与霍雷肖·阿尔杰神话中的卢克·拉金（Luke Larkin）一样，盖茨比先是和一个富有的游艇主——丹·科迪先生交了朋友，当时他游过去警告科迪有一块看不见的大石头，抛锚的游艇撞上就会沉没。[55]科迪雇用了他并给了他一件驾驶游艇的人穿的蓝制服，这是盖茨比的第一件制服——他追求戴西时穿的那种军队制服，后来在他的大厦里，他非常喜欢一种白色服装。（戴西后来曾说过："你看上去总是那么酷。"）

因为被派往路易斯维尔参加军事训练，盖茨比和女继承人戴西坠入爱河。他们在春天盛开的丁香树下实现了他们的爱。他们彼此承诺互相等待直到战争结束。但是他并没有对她那种墨守成规的本性、她的性格缺失、她对"跳舞"的沉迷、在一切背后的好运抱多大希望。当他在欧洲听说她已经和一个来自芝加哥的有钱的男人汤姆·布坎南结婚时，盖茨比发誓要重新得到她。为了将全部自我投身于这个梦想，他更改了姓名，改变了穿衣方式，在牛津大学参加了五个月的学习，在那里学会了一种新的口音，并且回到美国成为一个富人，在长岛海峡购买了有"蓝色草坪"的新大厦。所有这一切都集中于一个目的——赢回戴西，现在她正和汤姆在长岛海峡避暑。

他完全有信心用这种典型的美国人的方式使梦想成真。尼克，那位为了避暑而租下了隔壁那栋普通房子的报幕员，对生活却有他自己的看法——循规蹈矩的、道德的、清教徒式的。他来自中西部，追随的是耶鲁大学的观点——这恰好和盖茨比的观点相反。但是，对盖茨比，尼克不得不承认："在他身上有某种令人非常愉快的东西，某种对人生前途的高度敏感性"，盖茨比有一种"超乎寻常的追求希望的天赋，一种浪漫的准备状态，对此我在任何其他人身上从未发现过，我也不太可能再次发现它"[56]。

盖茨比无条件地相信关于"绿色灯光"这个强有力的美国神话，它是在这本小说中经常出现的一种象征。这个绿色灯光就在戴西的尾部，仿佛是在引诱盖茨比似的。尼克第一次瞥见他的这位邻居是在一个傍晚，当时盖茨比站在草坪上，眼睛越过海峡看着这绿色灯光，用一种渴望的姿态举起他的胳膊。"我发誓我看见他在颤抖。"尼克说。

这个永恒的绿色灯光是一种具有启示意义的美国神话，因为它意味着新的潜能、新的疆域、即将来临的新生活。没有任何命运，或者如果有的话，我们就会自己进行建构。一切都在前面，我们做我们选择的生活的一切事情。这个绿色灯光召唤着我们向前和向上，承诺在越来越高的摩天大楼里有更大和更好的东西，漫无止境地上升进入无限之中。这个绿色灯光会变成我们最大的幻想，掩盖住我们的困难，使我们在迈出罪恶的脚步时却没有罪疚感，以其恣意挥霍的承诺隐藏起我们恶魔般的能量和我们的问题，在中途便毁灭我们的价值观。这个绿色灯光就是创造了霍雷肖·阿尔杰的迦南[①]神话。

在霍雷肖·阿尔杰的意义上，盖茨比当然是一种成功；在字面意义上，他已经变得很富有，尽管他很可能并没有意识到，但他却完全投身于我们从19世纪继承下来的那个神话之中。当他那位有部分文学修养的父亲（来自北达科他州）读到他的儿子在芝加哥报纸上刊登的死亡声明，看到棺材中的儿子时，他对证明盖茨比获得伟大成功的那栋房子的所有证据感到欢欣鼓舞，以此来克制住他的悲痛："在他面前有远大的未来。……如果他活着的话，他会成为一个伟人。一个像詹姆斯·J.希尔那样的人。他会帮助建立起这个国家。"[57]

盖茨比显然拥有大量的金钱——尽管这些钱是由不当途径获得的，但这是在爵士乐时代[②]许多人获取金钱的方式。在美国并没有明确的获取财富的正确或错误方式之分。操纵股票市场？在你的得克萨斯小木屋的下面发现石油？在华盛顿州砍伐大片区域的道格拉斯冷杉？作为"水门事件"的骗子被释放出狱之后通过讲座获得大量的金钱？美国梦中最重要的事情一直都是获得财富，然后那些非常富有的人会对你颁布法令。你获得成功这个事实就证明，上帝在向你微笑，你是获得了拯救的人。人们不难发现，在加尔文教的传统中，这是怎样逐渐变成把变得富有当作第十一条戒律[③]的。

如果金钱能够买到一切，那么盖茨比就会成为最幸运的人。但

---

① 迦南（Promised Land），《圣经》中的应许之地，指上帝答应给亚伯拉罕及其后裔的土地。——译者注
② 爵士乐时代（Jazz Age），指美国的20世纪20年代，以繁荣、享乐、爵士乐兴起并流行为特色。——译者注
③ 在基督教的摩西十诫中共有十条戒律，这里的第十一条戒律是一种讽刺的说法。——译者注

是，成功和金钱全都铸成了这个宏大的梦想，使盖茨比沉湎于其中，并把它作为其生活的现实。金钱能够购买盛大的晚会、光彩夺目的高楼大厦、多如流水的美酒、当数以百计的人们像晚上的飞蛾一样聚集在灯光下时从管弦乐队里飘出的爵士乐。但是，只是因为这些巴比伦的装备迟早会引诱戴西，它们才具有重要意义。他的神话实现了，盖茨比在这件事情上获得了成功——戴西走了出来，他们慢慢地复述起盖茨比心中如此亲切的词句。

盖茨比悲剧般的缺陷在于，他把他的梦想——美国梦——当成了现实。他完全相信这个梦想，从来没有怀疑过他保证能够实现其转变并获得最终的成功。尼克曾谈起"他的幻想的巨大生命力"。如果克尔凯郭尔说的没错，"心灵的纯洁能用意志促成一件事情"，那么盖茨比确实是心灵纯洁的。他是这本书中唯一的具有全部正直之心的人。当他向尼克讲述他的目标是让戴西忏悔，承认她曾爱过他而且现在只爱他，并且就在路易斯维尔他们最初计划的那个大房子里和他结婚时，尼克告诫说："你不能把生活重新来过。"盖茨比回答说："不能把生活重新来过？当然能。"[58]

尼克克服了他对盖茨比生活方式的憎恶——他是通过与走私犯的联系和担任一些歹徒的掩护人来获得金钱的。勒·沃特写道，盖茨比用来达到其目的的腐败手段并没有改变他的基本的正直、他的精神的完整性。他的手段反映了那个时代的腐败，这是贫穷的骑士为了寻求财富所能使用的唯一手段。尼克发现，真正的腐败就在看不起盖茨比的那些人的心中，尤其是在汤姆的心中。盖茨比的正直在于他敢于梦想并且忠诚于他的梦想，他甚至从来没有讲过，开车撞死默特尔·威尔逊的是戴西，不是他。尼克说，犯错误的不是盖茨比，"正是那些当他从梦中醒来时到处弥漫着的充满铜臭味的金钱，才暂时地阻止了我对人的这些毫无结果的悲伤和不连贯的欢欣鼓舞所抱有的兴趣"。在同一种意义上说，引领我们走上歧途的并不是美国神话本身，而是他的梦，"醒来时到处弥漫着的充满铜臭味的金钱"。当霍雷肖·阿尔杰的神话不再适用时却紧紧抓住它不放，这是在用过去的神话来使这个世界上的贫穷和饥饿合理化，妄想狂的增多正是求助于早已逝去的过去所致。

但是，盖茨比的梦想太急切了。当盖茨比坚持让戴西对汤姆说她从未爱过他时，戴西在广场旅馆里最后摊牌时啜泣着说："你要求的太多了。"菲茨杰拉德继续说道："当下午的时光悄然逝去时，只有死去的梦想仍在奋斗，试图触及那不可触及的东西，并非快乐地、并非绝望地进行着斗争。"[59] 我们注意到，菲茨杰拉德并非绝望地写作。真正的绝望是一种能够引起对某种情境提供创造性解决方法的建设性的情绪。这正是爵士乐时代所不可能感受到的东西。当盖茨比躺在棺材里而戴西一句话也没有说时，尼克若有所思地说，或许盖茨比"再也不关心这件事了。如果这是真实的话，他一定曾感受到，他失去了那个旧的温暖的世界，为了某一个梦想活了太长时间而付出了高昂的代价"[60]。

西西弗斯的神话 [61]

从那一时刻……便诞生了［一个］新的却永远古老的神话，适合于这个表面看来毫无希望的情境的唯一的神话。这就是西西弗斯的神话，与美国梦直接对立的一个神话。这个神话否认进步，根本无路可走，似乎是一种重复，每一天和每一次行动都在永远单调的辛劳和汗水中始终保持一致。

但是，那样就要省略其关键的意义。西西弗斯能够做一件事：他能够觉察到在这个戏剧中他自己和宙斯之间、他自己和他的厄运之间的每一个时刻。因为这是最具有人性的方面——这使他的反应完全不同于他滚动巨石上山的那个黑夜的反应。

宙斯因西西弗斯欺骗诸神而惩罚他，荷马对西西弗斯做了这样的描述：

> 迈着非常疲乏的脚步，发出一声声呻吟，
>
> 他把一块巨大的圆石头推上高山：
>
> 那块巨大的圆石头，最后却又，
>
> 轰隆隆地滚下山去。[62]

确实，荷马因此告诉我们，"可怜的西西弗斯"能够听见"使他的耳朵陶醉的那些迷人的声音"，这些声音来自冥王哈德斯王国中俄耳甫斯的长笛。[63] 西西弗斯的神话有时被解释为，太阳每天爬上天穹的顶点，然后又弯弯曲曲地降落下来。对人类生活来说，没有什么比太阳的这些循环的旅行更重要的了。

盖茨比的那种抑郁的沉思产生了所有人类和生物都必须忍受的这种单调乏味——这是爵士乐时代连同其饮酒、歌舞、晚会和没完没了的焦虑不安所疯狂地试图予以否认的一种［单调乏味］。因为我们在我们的所作所为中都面对着单调乏味，我们在生活的每一时刻一直在

不停地呼吸，这就是绝妙的单调乏味。但是，在这种重复呼吸中，佛教徒和［瑜伽修行者］形成了他们的宗教静修和达到心醉神迷高度的一种方式。

西西弗斯是一个甚至想要消除死亡的创造性的人。他从未放弃，总是致力于创造一种更好的生活。他是一个英雄的榜样，尽管他也有绝望，但一直奋力前进。如果没有这种面对绝望的勇气，我们在文化的发展中就绝不可能有贝多芬、伦布兰特、米开朗基罗、但丁、歌德或任何其他伟大人物。

西西弗斯的意识是成为人（being human）的里程碑。西西弗斯是那种会思考的芦苇（thinking reed），他有这样一种心灵：能够建构目的、知道狂喜和痛苦、区分单调和绝望以及把这种单调乏味——滚动那块巨石——安置在他的反叛图式（scheme）中，他受到惩罚要做的那件事中。我们并不知道西西弗斯在做这件事时的梦想、他的沉思默想，但我们确实知道，每次行动是对遵从诸神的一种反叛，或者每次行动可能都是一次悔过的行动。这就是我们建构的想象、目的和人类信仰。西西弗斯在英雄那一排就座，他们宣称为了更伟大的诸神而反对那些不适当的诸神——这是一个由普罗米修斯[64]、亚当，甚至我们自己的神话和诸神组成的例证和鼓舞人心的行列。超越那块巨石、超越日常经验的勇气就来自这种看待我们的任务（就像西西弗斯看待他的任务一样）的永恒的能力。

再者，西西弗斯在其旅程中一定曾注意到，有一朵粉红色的云宣告黎明的到来，或者当他推石上山时，他感受到风吹在他胸脯上的某种快乐，或者记起了某句使他若有所思的诗行。确实，他一定曾想到某个神话，使某个本来可能毫无意义的世界变得有意义。所有这一切对西西弗斯来说都是可能的——甚至，如果他是盖茨比的话，能够觉察到过去是不可能重新来过的，但他每走过一步就能把过去留在后面。人类想象的这些能力就是我们作为人类而产生悖论般谴责和我们产生精神顿悟的标志。

必须把西西弗斯的神话与绿色灯光相并列，给作为个体的我们以及给美国带来某种平衡、某种力量的对等。它是对上帝选民的［那种纯粹］傲慢的预防，它明确指出，霍雷肖·阿尔杰只能把我们引向歧途。西西弗斯使迦南的神话保持平衡：它要求我们在开发这片期望中的美丽的美国国土时暂停一下，对我们的目的加以思索，使我们的目的更加明确。

这是盖茨比显然缺乏的一种神话。西西弗斯的神话至少能帮助我们理解，为什么梦想会破灭；至多能为我们指出一条通往心醉神迷的道路，这种心醉神迷能平衡我们的绝望，能鼓舞我们到达新的时代，我们能在这个新的时代对抗我们的绝望并建设性地利用它。

因此我们知道，人类存在的意义比盖茨比的梦想和美国梦的意义深远得多。无论我们出生在多么遥远的劳累和终极死亡的过去，我们都会怀有某些心醉神迷的想法，我们都对某种辛酸感到好奇并且体验到某种辛酸以及在我们的好奇中的某种悲哀。而且这些悲哀一度不再有罪疚，欢乐不再有焦虑。当时间变成永恒，就像在神话中那样，我们便突然觉察到人类意识的意义。

西西弗斯的神话就这样使我们原本毫无意义的努力变得有意义了。它给我们日常劳动的黑暗带来了光明，给我们的单调乏味带来了某种趣味。无论我们是划着的小船逆流而上，还是像工厂里的机器人一样，或是日复一日地奋斗，用那些似乎总是让我们弄不懂的话语来表达某些桀骜不驯的想法，这都是真实的。

西西弗斯的神话是对美国梦的终极挑战。我们被要求——如果你愿意的话，我们"命中注定"——认识到我们人类的意识状态是在进步还是没有进步，是有绿色灯光还是没有，是有戴西还是没有，我们的世界是分裂的还是不分裂的。当我们的"小规则"被证明无效的时候，正是它把我们从毁灭中拯救出来。

这就是使阿尔伯特·加缪在他关于西西弗斯的论文中得出结论的东西，"我们必须认为西西弗斯是幸福的"[65]。

希区柯克的《眩晕》：一种精神性的存在观 [66]
（科克·施奈德）

最近我们目睹了人们对人类经验的超越性方面的兴趣激增。虽然坚定的理性主义者［例如，阿尔伯特·埃利斯（Albert Ellis）］认为这种超越毫无价值，但热情的超个人主义者［例如，肯·维尔伯（Ken Wilber）］却强调其最广阔的内涵。在这个叙事中，科克·施奈德探讨了可以取代这些观点的第三种观点——他称之为存在精神性（existential spirituality）或惊奇（wonderment）。为了例证这种观点的丰富性，他讨论和考虑了阿尔弗雷德·希区柯克（Alfred Hitchcock）的那部备受欢迎的电影《眩晕》（Vertigo）的内在意义。

这部电影的临床相关性：《眩晕》把霍雷肖·阿尔杰关于盖茨比的神话又向前推进了一步。最近，传统的崩溃给许多患者带来了更大的破坏意义，甚至带来了对那种破坏进行补偿和否认的更大冲动。有些人转向了毒品以提供那种补偿，有些人转向了物质主义，还有些人则转向了关系和宗教。

尤其是针对最后一种人，《眩晕》透露了三条基本的（治疗）信息：容许你的有限性、面对你的潜能和肯定你的矛盾性。

我们充满了欲望，想要发现一个固定不变的地方和一个最终能固定下来的基础，在那里我们可以建造一座直达无限的塔。但是，我们的全部基础却分崩离析，地球向深渊敞开了大门。

——布莱斯·帕斯卡尔（Blaise Pascal, 1654）

近年来，我们目睹了有大量的研究在赞美人类经验的超越（或超个人）的方面。它们给有关这个主题的自鸣得意的、冷静客观的、传统的心理学理论化提供了一种必要的抗衡。例如，阿尔伯特·埃利斯似乎是那么关注超验主义（transcendentalism），以至于他甚至谴责詹姆斯·布根塔尔（他根本就不是一个公然的超个人主义者）使人非人性化，使人成为具有去脑特征的人[①]、去社会化的人（Ellis & Yeager, 1989, p.32）。再者，他强烈反对，"超个人心理学家鼓励其患者不是从可观察的现实或理性思维中获得指导，而是从他们的直觉心灵以及……其他无形资源中获得指导"（Ellis & Yeager, 1989, p.44）。一些超个人理论家则同样坚持超个人经验的美德（virtues）。例如，追随肯·维尔伯（Ken Wilber, 1981）的指引，这些理论家毫无限制地利用一种"终极的"或像神一样的人类意识这个观念，它完全不受时间

[①] 这是神经生理学实验用的动物标本，是人工制作的。在中脑的上、下丘之间横切，切断大脑皮层和尾状核到脑干网状结构的通路。此时，可出现特殊的去大脑僵直、颈紧张和迷路反射亢进现象。这里批评超个人心理学家把正常人看作具有这种脑切除特征的人。——译者注

和空间的限制（参见 Schneider，1987，1989；Wilber，1989a，1989b，对这个问题所做的更全面的讨论）。

在本书中，我将考虑可以取代这些观点的第三种观点，这种观点尚未得到某种"声音"的足够一致的同意。这就是对存在精神性，或者我称为惊奇的替代性选择。

我在这里评论的这部电影，阿尔弗雷德·希区柯克的《眩晕》，是对存在的超越观的一种极好的例证。也可以把它看作对保罗·蒂利希（1952）、马丁·布伯（Martin Buber，1965）、罗洛·梅（1981）和欧内斯特·贝克（Ernest Becker，1973）的神学著作的一种强制性的综合。

根据传记作者唐纳德·斯伯托（Donald Spoto，1983）的观点，希区柯克对《眩晕》的制作进行了监制，他对其他电影可没做过这样的监制。看起来这是他最重要的一个项目，他对每一个细节都非常关注。有些人——例如，英国批评家罗宾·伍德（Robin Wood，1969）——也把《眩晕》看作迄今为止制作的即便不是唯一最好的，也是最好的电影之一。至少，《眩晕》是一部复杂的心理精神性的长期艰苦的探索之作——是对我们最傲慢和最痛苦的可能性进行的一场饶有兴味的远足。

由于《眩晕》的复杂性，我将首先总结其基本的情节结构。接着，我将考虑一些能例证这部电影的潜在的两难困境的摘录——自由和有限性之间的两难困境。最后，我将阐述这种两难困境对存在精神性的含义。

情节概述

表面看来,《眩晕》是关于斯科蒂·弗格森〔由吉米·斯图尔特(Jimmy Stewart)扮演〕的故事,他是一位退休的旧金山侦探。在一次事故中,他差一点从一座大楼上掉下来。斯科蒂发现自己患有恐高症和头晕或者伴随着那种恐惧的眩晕。

这次事故后不久,斯科蒂去看望他的女朋友米奇。她很快乐,会安慰人,但似乎无法理解他的这种痛苦的特点。

大学校友加文·埃尔斯特请斯科蒂调查他的妻子玛德琳的奇怪行为。据说她被一个死去的女人困扰(埃尔斯特后来说她是玛德琳的一位早已死去的亲戚),因为她去上坟,讲述了一些关于生病的事情。埃尔斯特担心,如果不阻止她,玛德琳将会伤害她自己或者其他人。斯科蒂(有点不太情愿地)同意去观察他所能发现的关于她的一切,并把他的发现向埃尔斯特汇报。

〔金·诺瓦克(Kim Novak)扮演的〕玛德琳是一个优雅的美人,斯科蒂很快就爱上了她。但是,她是一个不可思议的人,把斯科蒂引入了一些令人迷惑的境地。例如,斯科蒂跟着她进入美术馆,在那里,她眼睛紧盯着一幅画着一位死去的西班牙贵妇人的油画。她待在据说这个女人——卡洛塔·瓦尔德斯曾经住过的旅馆里,最后她去拜谒她的墓地。斯科蒂及时地发现,埃尔斯特的担心是有根据的。玛德琳确实念念不忘卡洛塔·瓦尔德斯,她的家族的一位19世纪的祖先。但是,斯科蒂有了一次甚至更怪异的发现:卡洛塔·瓦尔德斯是自杀的，玛德琳似乎一心想要仿效她！第一次，她曾试图跳进旧金山湾来结束自己的生命，斯科蒂救了她。但是，第二次却发生了一件不同寻常的事。这次他必须跟着她爬上（在蒙特雷附近的）圣胡安巴蒂斯塔教堂钟楼里的盘旋而上的楼梯。但是，爬上这个楼梯却引起了斯科蒂的眩晕，他无法阻止她。接下来我们听到的就是一声尖叫，看起来像是玛德琳的身体坠落到楼下的屋顶上。

斯科蒂被玛德琳明显的自杀弄得心神不安，开始陷入一段很长时间的抑郁状态。在一次听证会上，斯科蒂因为玩忽职守而受到了严厉的谴责。他一度住进疗养院，但谁也帮不了他，至少精神病医生或他的女朋友米奇帮不了他。

因处于困境之中和失恋而憔悴的斯科蒂走上街头，他发现了朱迪，一个穿着相当朴素的工人，她有一个突出的特点——与玛德琳不可思议地相像。斯科蒂发现，朱迪确实就是玛德琳，或者更确切地说，朱迪扮演了玛德琳的角色，这样，那个付钱让她扮演这个角色的加文·埃尔斯特就能在钟楼上杀死他的妻子，这时故事便出现了一个不同寻常的大转折。换句话说，埃尔斯特诬陷了斯科蒂。埃尔斯特知道他有眩晕症，他不可能跟随玛德琳（其实她是朱迪）到钟楼的楼顶上去。因此，在那一刻，埃尔斯特把他真正的妻子玛德琳的尸体（他早已把她带到那里并杀死了她）从钟楼上推下去，把朱迪重新隐藏起来。

斯科蒂因受到欺骗而勃然大怒，现在他强迫朱迪回到犯罪现场——那个钟楼。这次他没有被眩晕压倒，带着她到了楼顶上。朱迪恳求他不要伤害她，但也请他相信另一个难题，她实际上爱上了他。当他在思忖这个两难问题时，一个修女突然出现，吓得朱迪掉到楼下摔死了。斯科蒂被吓得目瞪口呆。

这样一来，这个故事涉及很多事情。它是一个侦探故事、一个爱情故事、一个关于无辜和复仇的故事。但是我相信，在其最深的层次，《眩晕》是人遇到超越（transcendent）（或无限性）的一种隐喻。《眩晕》(这部丰富多彩、全息制作的电影)说明了三个心理精神方面的关键问题:（1）自由与有限性之间的斗争；（2）对自由与有限性的粗暴对待;（3）自由与有限性的整合或协商。我们不妨来考虑一下例证了这些问题的这部电影的一些节选以及它们可能对心理精神健康所具有的内涵。然后我将对这些内涵做个总结。

《眩晕》的节选

片头字幕

从一开始，希区柯克就用影片对他所关心的事情做了介绍。通过旋转着进出一个女人眼睛的虹膜，这个有形的、表面的和有限性的外部世界与就在这种外表之下的"现实"、深刻和自由的内部世界形成了鲜明的对照。

开场的镜头

开场的镜头与字幕是并行的。首先，我们看到有一双手紧紧地抓住一根木棒，这表明软弱无力地抓住生命。接着，我们看到斯科蒂和一个警官在一排高楼的楼顶上追一个（抓着那根木棒的）男人。最后，斯科蒂试图在屋顶之间跳过时滑落下来。在他下落途中，他设法抓住一个非常不稳固的排水槽，这使他悬荡在这座大楼的边上。另一位警察来到斯科蒂身边帮忙，但在试图营救他的过程中却猛冲下去摔死了。斯科蒂仍然悬在那里。他非常害怕，但他同时又束手无策。他除了用眼睛盯住脚下令人畏惧的困境之外，简直无能为力。希区柯克再次使我们面对生命的脆弱、面对未知的恐惧（但又着迷）以及面对与现实发生冲突的压倒性的危险（即不可逾越的界限）。

米奇的公寓

突然，画面切换到米奇的公寓。这是暗指到处都存在有限性与自由之间、有根据和无根据之间的紧张关系。斯科蒂舒服地坐在米奇的起居室里。不知怎么回事（我们也不知道是怎么回事），他竟然幸免于难。但他却心神不安。他试图用手杖来保持平衡（因腿骨折了），但手杖却掉落在地上。他谈论着他的紧身外套是多么地使他"活动不方便"（binds）[67]，以及他多么渴望当明天来临时他能够成为一个"自由人"。但是，正当他思忖这个前景时，他心中却充满了痛苦。"你知道吗？有很多穿紧身外套的男人。"他用这种修辞性的疑问句来询问米奇。我们发现，斯科蒂曾有过成为警察局长的野心，却由于眩晕而不得不退出警察队伍。米奇试图对他进行安抚，并催促他接受一份"办公室的工作"。"别那么像个慈母，"斯科蒂厉声说道，"我是一个有独立收入的人。"接着一阵痛苦向他袭来，他改变了说法——"相对独立的"。然后他询问米奇，她会怎样描述她的爱情生活。"很正常。"她回答说。在每一次转折中，斯科蒂都会面对他的两难困境。

他活着，但被"困"在了他的那位单调乏味的女朋友的公寓里（以及与她的关系中）（尽管米奇这个名字含有小巧可爱的意思）。他曾经强壮而勇敢，但现在他却是一个有病的、虚弱的、处在困境之中的人。他渴望自由，但他却因辞职、愧疚（他没能帮助那位警察）和陷入平凡琐事而变得衰弱不堪。他渴望扩展他自己，但除此之外，如果有可能的话，他还想要成为一个超人，去挽回他的同伴警察的死亡以及他自己的无能。后来在这种情景中，斯科蒂提出了一种理论，他觉得这种理论能帮助他克服眩晕。通过（借助一把可调节的椅子）面对他在楼梯上的恐惧，他希望能解除这种困境。虽然这是一种潜在的可望获得成功的解决方法，但斯科蒂竟然如此强烈地渴望否认他是脆弱的，以至于他变得傲慢并且超越了自己的能力。当他鲁莽地使自己爬上米奇的观景窗时，他讥讽地说："这没有什么嘛。"但是，当他扫了一眼下面的街道时，他却摇晃起来，倒在地板上。

埃尔斯特的办公室

我们再次面临着对比的纠缠。埃尔斯特说，他的生意"枯燥乏味"，很平淡。他的婚姻也很空虚。他继续说道，在旧金山的生活也不像过去那样了。镜头聚焦在19世纪旧金山的一幅油画上。"我希望我当时就住在旧金山，"埃尔斯特叹息地说，有着"色彩、权力……自由"。斯科蒂也越来越受到这些沉思冥想的诱惑，并且受到埃尔斯特想要调查其古怪的妻子这个借口的诱惑。实际上，这种情景使现代的平庸、单调而重复的生活（如生意、婚姻）与人类存在的历史、永恒和神秘的生活（如玛德琳）形成了鲜明的对照。

在厄尼餐厅（斯科蒂第一次看见玛德琳）

根据他和埃尔斯特达成的一致意见，斯科蒂第一次见到了他的调查对象。当摄像机深情地靠近玛德琳时，她的美貌和性感让人透不过气来。斯科蒂觉察到了这种不适，但就像他避免站在高处一样，他把目光从玛德琳身上转移开。不过他却无法使自己长时间地离开，他突然又重新盯住不放。这个情景和以前的情景一样。使斯科蒂眩晕的对象渐渐地从高建筑物转向一个名叫玛德琳[①]的金发碧眼的高个女郎，他的全部困境变得清楚了：高度和深度、美貌和性感是通往无限的必经之路，它们是令人惊呆和强制的维度。在这里，人们会想起里尔克（Rilke，1982）说过的话："因为美貌就是……我们……只能够忍受的……恐惧的开始。"（p.151）［玛德琳参观卡洛塔的旅馆和墓地。］

在美术馆（斯科蒂看到玛德琳在观看一幅卡洛塔的油画）

在越来越多的兴趣驱使下，斯科蒂开始和玛德琳融合在一起，在这个情景中，玛德琳和卡洛塔·瓦尔德斯（的一幅肖像）结合在一起，尤其她们的"美貌与永恒"。我们发现，在玛德琳和卡洛塔的肖像之间有一些有趣的匹配，包括她们那令人眩晕的圆发髻。

［玛德琳跳进了旧金山湾，斯科蒂救了她。］

[①] 注意，她的名字含有疯子的暗示。Madeline（玛德琳）和madness（疯子）很相似。——译者注

在玛德琳的汽车旁（在斯科蒂的公寓外面）

玛德琳对斯科蒂（所谓的）救了她表示感激。斯科蒂被她迷住了，同意和她一起漫步并象征性地与她结合在一起。

在红杉树林里

他们在一些高大的树林中散步。这些树林的自由、无限和长寿与玛德琳预感到死亡的难以控制形成对照。

在海滩上

玛德琳给斯科蒂讲了一个隐喻的梦。这个梦既与无限的结合形成对照，又与折磨人的毫无根据形成对照。她对走廊和地狱的生动描述既令人厌恶又令人奇怪地被吸引。斯科蒂试图（理性地）解释她的那些病态的先入之见，但他却做不到。他无法把他最终的立足点保持在习俗的现实上。玛德琳宣称："如果我疯了，那就能对此进行解释了。"而且确实是可以解释了，斯科蒂承认，那简直太容易了。

［玛德琳吸引斯科蒂向钟楼走去，他无法应对那种坠落，真正的玛德琳被杀害了，而朱迪则匿名躲藏起来。］

斯科蒂的梦

在玛德琳的所谓自杀之后，斯科蒂感到心神不安。他越来越满脑子都是她的形象以及她所代表的一切。他做了一个梦，这个梦渗透到他的先入之见的核心。梦里出现了一把花束，就像玛德琳在凝视着卡洛塔的肖像时所拿的那把花束一样（画里面也有一束花）。花瓣开始掉落下来，斯科蒂也掉了下来。在接下来的情景中，斯科蒂站在一个看起来像是玛德琳，但是却以卡洛塔的身份出现的女人身边。然后他把目光集中在卡洛塔的项链上（它和玛德琳戴过的那种项链一样）。接着，他发现自己朝玛德琳／卡洛塔的墓地走去。他跳进开着口的墓穴，开始往下掉落。这个景象后来变成了一个人直接掉在屋顶上的景象（显然就像玛德琳掉下来时那样）。屋顶四分五裂，而那个人却仍然往下掉，没有尽头地冲向太空。

看起来这个梦代表斯科蒂使自己完全关注玛德琳－卡洛塔－无限这个轴心。随着认同与结合的程度愈益增大，斯科蒂发现了支撑那种结合的混乱。他发现，彻底的放弃并没有使人能在其中给自己定向的语言学的或文化的背景关系，没有安慰的诉求，只是一种荒谬的、折磨人的眩晕。

［斯科蒂发现了朱迪，渴望重新找回玛德琳的精神。］

朱迪和犯罪的情景

斯科蒂虽然对玛德琳和无限感到惊恐，但仍被她／它强迫，绝望地想要使朱迪变成玛德琳。接着他（通过卡洛塔的项链）发现朱迪扮演了某种角色，她确实就是那个人，这使他陷入愤世嫉俗和绝望之中。当一个人克服了眩晕之后，其代价就是绝望。

在钟楼旁

这是最后一个情景，朱迪世俗的和永恒的方面在其中也变得同样显而易见。她（和我们每个人一样）是有限的、有缺点的、快乐的和神秘的；然而，斯科蒂只能孤立地看到这些性质。他要么处在绝望之中，要么处在对她不可控制的迷恋之中。在这一点上，他主要是处在绝望之中，这样他就不会受到眩晕的影响。但是，当他们接近钟楼的时候，他又变得销魂迷醉起来。这种转变部分地归咎于朱迪保证说，她实际上确实爱他；但又部分地归咎于他不断地把玛德琳复活。就在他可能使这两种极端协调一致的时候，那个（把朱迪吓得掉下钟塔的）修女出现了。她的出现暗示着，这种令人心醉神迷的关系走得太远了，必须注意这是一个有缺陷和缺点的有限世界。她的意义隐含着，事情的结局就是，（爱他却欺骗了他的）朱迪和（给他以鼓舞并使他产生强烈感情的）玛德琳都不能活下来。他必须重新开始他的寻求。

小　结

《眩晕》是关于一个人的故事（或者根据其含义，是关于每一个人的故事），这个人就处在以米奇为代表的（在某种程度上以朱迪为代表的）平庸（有限）和以斯科蒂与玛德琳的关系为代表的狂热（超越）之间。但是，问题在于，没有一种经验是可以使人完全满足的。平庸令人压抑，狂热使人迷失方向。确实，两者都是对相互之间的反应。平庸是对狂热的强烈程度的一种防御，而狂热，正如我们在斯科蒂的情况下所看到的，则是对平庸失去生命力的一种防御。

希区柯克（主要是通过使这两种情况生动地表现出来）隐含的意思是，这种解决方法就是我称为存在精神性或惊奇的东西。捷克斯洛伐克小说家米兰·昆德拉（Milan Kundera，1986）称之为"复杂性的精神"；马丁·布伯（Martin Buber，1964）称之为"神圣的不安全性"。惊奇在平庸和狂热之间穿过。通过承认这两种观点——小心翼翼的和感情强烈的、令人怀疑的和使人入迷的——惊奇便向我们提出了挑战，要求我们选择什么时候以及在多大程度上对这些属性进行调节。因此，如果斯科蒂处在惊奇之中，他可能已经（1）看穿了并积极地注意到了朱迪的欺骗性；（2）在他与米奇的关系中培养了那种喜悦之情（如果有的话）；或者（3）追求一种更实际的超越关系。

惊奇向那些提出极权主义或专制主义的知识要求的超个人理论家提出了三种挑战：第一，无限的放弃（就像斯科蒂试图对玛德琳所做的那样，使自己完全放弃）是极其快乐的还是折磨人的？无限是（或许用爱和悲剧才能最好地表达的）真正可同化的还是不可容忍的，在某些情况下使人难以忍受的？（请回忆一下斯科蒂的梦境序列、我们自己的爱和丧失。）第二，在超越的体验中，危险（不稳定、必死性）的作用是什么？超越的体验缺乏这些成分会起多大作用（或者有多么深刻）？难道危险，某一种危险，不是一个人的经验强度的信号吗——例如，自我挤进非自我之中？难道危险没有和任何关系的"成长边缘"发生整合吗？难道这种成长边缘不是在危险停止的地方停止的吗？［霍尔德林思考说："在有危险的地方，解救的力量也在成长。"（Hölderlin，1986）］最后，难道成长的边缘、我们的自由和令人心醉神迷的外部界限，不正是使希区柯克和艺术－恐怖〔例如《弗兰肯斯坦》（Frankenstein）和《德拉库拉》（Dracula）〕如此令人感兴趣的东西吗？

我相信是这样的，我相信这些故事也是我们最有启发性的解放故事，因为它们是（在无限之内）严肃地看待我们的疯狂状况的。正如布根塔尔（Bugental，1990，p.17）所说，它们注意倾听的是"更多的东西"，甚至当它们发出警报的时候，这些东西依然存在。

注释

[1] 资料来源：Rollo May, *The Cry for Myth*（New York：Norton，1991），pp.78-87. 本章由罗洛·梅撰写的所有其他摘录也都源自《祈望神话》。

[2] 当俄狄浦斯出生时，有人预言，他将杀死他的父亲——底比斯国王拉伊俄斯。为了防止这个预言成为现实，拉伊俄斯把这个婴儿交给一个牧羊人，命令他把婴儿放在山坡上，这样婴儿就会死去。但是，那个好心的牧羊人却把这个婴儿带回了家。在少年时代，俄狄浦斯来到科林斯，在那里，他在科林斯国王的家里被抚养长大。当他成为一个年轻人时，他听说了他将杀死父亲这个预言，因此离开了科林斯，以避免预言成真。在路上，他遇到一辆四轮大马车。他和驾车人发生了争执，而那位乘客，就是拉伊俄斯国王，则跳下车来帮助驾车人，他被俄狄浦斯击中，倒地身亡。然后，俄狄浦斯继续来到底比斯，在那里，他解了斯芬克斯之谜，作为一种奖励获得了王位，并且和约卡斯塔王后结婚。

这个关于俄狄浦斯的神话在我们这个时代尤为有说服力，因为无论是在精神分析中还是在文学中，它都是至关重要的。例如，我们在莎士比亚那个大受赞赏的戏剧《哈姆雷特》中就发现了它。主人公接到其父亲的鬼魂的指令，要求他为父亲死在叔叔的手上而报仇，叔叔当时娶了哈姆雷特的母亲为妻。但是，哈姆雷特是现代时期开端的一个主人公，因此，在他的自我意识中，他总是延迟行动。当他最后偶然被杀死时，他对他的朋友赫瑞修喊叫着：

> 倘若你曾爱我，
>
> 那就请你暂且牺牲天国之幸福，
>
> 留在这冷酷的世界里去忍痛
>
> 告诉世人我的故事吧。……

[3] 引自 Sophocles, *Oedipus Tyrannus*, in *Dramas*, trans. George Young（New York：Everyman's Library，1947）。

[4] 引自 Sophocles, *Oedipus at Colonus*, in *The Oedipus Cycle*, trans. Robert Fitzgerald（Chicago：University of Chicago Press，1949）。

[5] 这是菲茨杰拉德的一个注释，引自 Sophocles, *Oedipus at Colonus*, in *The Oedipus Cycle*, trans. Robert Fitzgerald（Chicago：University of Chicago Press，1949），p.176。

[6] 这个"存在"在许多神话中都出现过，（例如）索尔薇格为皮尔·金特而存在，睡美人为王子而存在，等等。

[7] 最后一句引文摘自罗洛·梅在人本主义心理学会上对《神曲》所做的评论，*Perspective*，February 1986，p.6。

[8] Shakespeare, *Macbeth*, act 5, scene 3.

[9] Matthew Arnold, "Dover Beach," in *A Treasure of Great Poems*（New York：Norton，1955），p.922.

[10] 这些语录来自 *The Divine Comedy: Dante Alighieri*, trans. John Ciardi（New York：Norton，1970）。

[11] Mary T. Reynolds, *Joyce and Dante：The Shaping of the Imagination*（Princeton：Princeton University Press，1987）.

[12] Dante, *Divine Comedy*, Ⅰ, 1-3.

[13] 同上书，Ⅰ, 47-51.

[14] 同上书，Ⅰ, 105-109, 123-126.

[15] 同上书，II，10-12.

[16] 同上书，II，31-35.

[17] 同上书，II，51-52.

[18] 同上书，II，4-35.

[19] 同上书，VIII，94-105.

[20] 同上书，Ciardi's intruction to canto，III.

[21] Ibsen, *Peer Gynt*（New York：Doubleday Anchor Books，1963），p.139.

[22] Dante, *Divine Comedy*，Ciardi's intruction to canto，XXVII.

[23] 同上书，XXX，43-51.

[24] 详细阐述参见 Christopher Marlowe，*The Tragical History of the Life and Death of Doctor Faustus*。——原书编辑注

[25] 我们注意到，根据马修·阿诺德的观点，欧洲正处在它的"铁器时代"，这里指的还是 19 世纪早期的工业时代。

[26] *The Norton Anthology of English Literature*，Vol.2（New York：Norton，1976），p.1343.

[27] Goethe，*Faust*，trans. Walter Arndt（New York：Norton，1976），I.

[28] 同上书，I，337.

[29] 同上书，I，1224.

[30] 同上书，II，1554ff.

[31] 同上书，II，1570-1571. 在这个很有精神分析意味的部分，浮士德轻蔑地看待我们现代人忍耐消沉、抑郁的方式，也就是，我们经常沉湎于金钱、毒品和性。

> 可憎的财神，当他的财富
> 大胆地怂恿我们……
> 邪恶的葡萄的香液！
> 最应该受诅咒的是成为情人的奴隶！

[32] Goethe，*Faust*，trans. Walter Arndt（New York：Norton，1976），I，1635.

[33] 同上书，Ⅱ，1698，1702.

[34] 同上书，Ⅱ，1756-1759.

[35] 同上书，Ⅱ，4398ff.

[36] 浮士德的教名。

[37] 同上书，Ⅱ，4543-4544.

[38] 同上书，Ⅱ，4564，4598.

[39] 同上书，Ⅰ，4604.

[40] 同上书，Ⅰ，4611.

[41] 同上书，Ⅱ，1607-1610.

[42] 这种关系呈现了人类生活的一个最深刻的问题。形式与性的联系在女性的美貌之中得到表现。在神话上，这服务于进化的物种生存，与艺术有密切联系，与两性之间的关系也有密切联系，我们将在后面看到。

[43] Goethe, *Faust*, Ⅰ, 6203.

[44] 同上书，Ⅱ，6224-6225.

[45] 同上书，Ⅰ，6221.

[46] 同上书，Ⅰ，8878.

[47] 同上书，Ⅰ，6265.

[48] 同上书，Ⅰ，6282.

[49] 同上书，Ⅰ，6275.

[50] 同上书，Ⅰ，6302.

[51] 同上书，Ⅰ，6367.

[52] 参见《祈望神话》（*The Cry for Myth*），第16章。

[53] F. Scott Fitzgerald, *The Great Gatsby*（New York：Scribners, 1925），p.99.

[54] Andre Le Vot, *F. Scott Fitzgerald, A Biography*（New York：Doubleday, 1983），p.142.

[55] 我们还记得，科迪（Cody）是布法罗·比尔（Buffalo Bill）的真实名字。在这里，菲茨杰拉德也表明了他与美国神话的联系。

[56] Fitzgerald, *The Great Gatsby*, p.2.

[57] 同上书, p.169.

[58] 同上书, p.111.

[59] 同上书, p.135.

[60] 同上书, p.162.

[61] 西西弗斯是古希腊的一个神话。宙斯谴责他藐视和侮辱诸神, 就让西西弗斯 (永远) 把一块巨石滚上山, 只是到了山顶之后眼睁睁地看着它再次滚落下来。

[62] Homer (Pope's translation), in H. A. Guerber, *Myths of Greece and Rome* (London: George Harrap, 1907), p.144.

[63] 同上书, p.60.

[64] 普罗米修斯 (Prometheus) 是古希腊的一个神, 据传说, 他曾嘲笑其他诸神胆怯, 创造了人类, 并偷窃了天火来帮助人们, 自己变成了造物主。他为这些行为遭受的惩罚是, 被铁链绑在一块巨石上达数千年之久, 一只秃鹫每天把他的肝脏啄去吃掉。

[65] Albert Camus, *Myth of Sisyphus and Other Essays* (New York: Random House, 1959).

[66] 资料来源: 这篇文章 (发表在《人本主义心理学杂志》(*Journal of Humanistic Psychology*), 1993 年第 33 卷, 第 2 期春季版, 91~100 页。Sage Publications, Inc.) 改编自 *Horror and Holy: Wisdom-Teachings of the Monster Tale* (1993), Open Court Press, 经作者科克·施奈德和位于伊利诺伊州拉萨勒的 Open Court 出版公司准许后出版。我对唐·库珀 (Don Cooper) 就这一项目所做的富有洞察力的评论表示最深切的感谢。

[67] 所有引文均摘自《眩晕》(*Vertigo*), 其版权是 1958 年 Universal City Studios 公司所有, 承蒙 MCA 出版有限公司的一个分支机构的同意, 并且在此经允许后重印。

参考文献

Becker, E. (1973). *The denial of death.* New York: Free Press.

Buber, M. (1964). *Daniel: Dialogues on realization* (M. Friedman, Trans.). New York: Holt, Rinehart & Winston.

Buber, M. (1965). *Between man and man* (R. Smith, Trans.). New York: Macmillan.

Bugental, J. (1990). *Intimate journeys: Stories from life-changing therapy.* San Francisco: Jossey-Bass.

Ellis, A., & Yeager, R. J. (1989). *Why some therapies don't work: The dangers of transpersonal psychology.* Buffalo, NY: Prometheus.

Hitchcock, A. (Producer). (1958). *Vertigo* (film). Universal City, CA: MCA/Universal.

Hölderlin, F. (1986). *Hölderlin: Selected verse* (M. Hamburger, Trans.). London: Anvil.

Kundera, M. (1986). *The art of the novel.* New York: Harper & Row.

May, R. (1981). *Freedom and destiny.* New York: Norton.

Otto, R. (1923/1958). *The idea of the holy.* London: Oxford.

Rilke, R. (1982). *The selected poetry of Rainer Marie Rilke* (S. Mitchell, Trans.). New York: Vintage.

Schneider, K. (1987). The deified self: A "centaur" response to Wilber and the transpersonal movement. *Journal of Humanistic Psychology, 27*(2), 196–216.

Schneider, K. (1989). Infallibility is so damn appealing: A reply to Ken Wilber. *Journal of Humanistic Psychology, 29*(4), 498–506.

Spoto, D. (1983). *The dark side of genius: The life of Alfred Hitchcock.* New York: Ballantine.

Tillich, P. (1952). *The courage to be.* New Haven, CT: Yale University Press.

Wilber, K. (1981). *Up from Eden: A transpersonal view of human evolution.* Boulder, CO: Shambhala.

Wilber K. (1989a). God is so damn boring: A response to Kirk Schneider. *Journal of Humanistic Psychology, 29*(4), 457–469.

Wilber K. (1989b). Reply to Schneider. *Journal of Humanistic Psychology, 29*(4), 493–500.

Wood, R. (1969). *Hitchcock's films.* New York: Paperback Library.

延伸阅读

Barron, F. (1963). *Creativity and psychological health.* New York: Van Nostrand.

Bettelheim, B. (1976). *The uses of enchantment.* New York: Vintage.

Bugental, J. (Ed.) (1967). *Challenges of humanistic psychology.* New York: McGraw-Hill.

Friedman, M. (Ed.) (1991). *The worlds of existentialism: A critical reader.* Atlantic Highlands, NJ: Humanities Press.

Heuscher, J. (1974). *A psychiatric study of fairy tales.* Springfield, IL: C. Thomas.

Kaufmann, W. (1960). *From Shakespeare to existentialism.* New York: Anchor Books.

May, R. (1985). *My quest for beauty.* Dallas: Saybrook (distributed by Norton, New York).

May, R. (1991). *The cry for myth.* New York: Norton.

Rank, O. (1932/1989). *Art and artist.* New York: Norton.

Schneider, K. (1993). *Horror and the holy: Wisdom-teachings of the monster tale.* Chicago: Open Court.

Woodruff, P., & Wilmer, H. (1988). *Facing evil: Light at the core of darkness.* Chicago: Open Court.

第二章

哲学起源

"只有一个真正严肃的哲学问题，"法国哲学家阿尔伯特·加缪（Albert Camus，1955）曾这么说，"那就是……生活是否值得活下去的问题。"（p.3）加缪用这些话语提出的这个根本问题，不只是存在哲学的根本问题，也是关乎我们存在的根本问题。

在加缪之前三百年，帕斯卡尔曾这样反思："当我考虑我生活中的一段简短的时光时，我很害怕，并且无法确定我是身处此地而非彼地……是指现在，而非当时。"（转引自 Friedman，1991，p.39）

存在哲学很像我们刚才讨论的文学副本，虽然具有更明确和系统的方式，但其目的是把握"存在"（being）。它试图了解人类生存的基本状况，并提出"可以－反应的"（response-able），也就是说，要经过深思熟虑和深入搜寻来回应这些状况。

这并不是说其他哲学运动不想解决这些根本性的问题。显然，它们尝试过。然而，我们能"感受"到其中的差异。用诸如加缪、帕斯卡尔那些人说话的导向和语言基调，我确实强调"感受"这个词。那些哲学家不仅提供了种种的存在属性或严格的数学公式，而且动摇了你的思想，让你刻骨铭心，还给你提供了一个关于他们所想事情的经验。现代存在主义作家索伦·克尔凯郭尔曾经这样宣称："只有当个体在行动中产生它的时候，真相才会存在。"而这正是向加缪和帕斯卡尔提出的挑战。

因此，存在哲学的目的是理解人类存在于这个世界上的即时的和展现出来的情境，或用海德格尔（Martin Heidegger，1962）的一句话说，"世界上的存在"（being-in-the-world）。存在哲学尤其想要澄清我们生活于其中的生命设计或经验的范围。存在哲学家们问道：它们的形状是怎样的？它们给了我们多少自由、意义、价值，等等？最后，我们如何能够优化它们，以便过上更充实、更多产的生活？

推动做出这种存在推论的动力几乎总是会引发一种深刻的危机。否则，为什么会有人问这样的尖锐问题：他们是谁？他们做什么？他们将去向何方？[1] 这些问题几乎无一例外地回应了个别或集体的溃败——老的模式不再发挥作用或走向灭亡。难道存在性推论的这种周期性存在的性质会使其缺少意义或显得肤浅吗？相反，我们会认为，正是它在危机情境——一些混乱和恐慌点——中的出现，才为存在哲学添加了深度。这正是存在哲学家以其自身立场予以反对的那种自满性。

因此，具体来说，存在哲学家是怎样构想和回应人类状况的呢？什么才是他们的本质教诲呢？[2]

存在哲学的东方起源

活着究竟意味着什么，对这个问题的探求显然不只是某个单一传统或地域范围的事情。事实上，它是全世界许多伟大的宗教和智慧教义的源头。然而，粗略地说，那些能够被称为存在主义的教义和传统——那些并不诉诸公式化或教条式的"真理"，而是强调经验知识和学习的教义与传统——却大大缩小了这一范围。虽然存在哲学多与西方传统有关，但它也吸取和反映了东方的影响，如道家学派和佛教，我们现在就转向这些影响。

老子

在经受了几百年的压迫统治之后创立起来的道家学派，是公元前6世纪由一位著名的中国大家——老子系统阐述的。他那本薄薄的著作，即《道德经》（从字面上看指的是"人生之路"），阐明了存在的不可知性以及骄傲的人类的荒唐性。他在信条中说：

> 道可道，非常道；名可名，非常名。
>
> 无名，天地之始；有名，万物之母。
>
> 道常无名，朴，虽小，天下莫能臣。

为了反抗他所处时代的"征服心理"，老子提出女性有一种存在的阴柔、感受性和接受性。他认为"无为而成"。虽然他似乎强调女性（阴）要重于男性（阳），但他却没有把这两种存在现实都认识到。他说："不出户，知天下；不窥牖，见天道。其出弥远，其知弥少。"

乔达摩·悉达多 [①]

大约在同一时间，老子在思考其《道德经》时，印度的一位名为乔达摩·悉达多（Siddhartha Gautama，公元前 560—公元前 477）的贵族形成了一种与其类似的并同样具有挑战性的倾向。这之后便演变成了著名的佛教，其道义也是在内乱的背景——例如，上层印度教贵族的暴政和当时过度的宗教仪式与迷信——中诞生的。

尽管他有自己的特权背景，但佛陀（正如他为后世所广为知晓的那样）摸索出了一套充满同情心并广为流传的体系。针对贵族的优越、空洞的宗教仪式和泛滥的投机活动，佛陀在放纵和禁欲主义之间提出了一种切实可行的争取解放的计划。据说他曾经这样说，"无论世界是否永恒"，或者"佛陀死后是否还存在……[这些事情]却不会倾向于教诲"（Burt，1955，p.142）。

"我是如何解释的？"佛陀四处询问，"我解释了痛苦、痛苦的起源、痛苦的毁灭和导致痛苦毁灭的路径……因为这是非常有用的。"（Thomas，1935，pp.64-67）

佛陀的中庸之道，如同他所说的，过于庞大而无法在此处详细论述。可以说通过使用冥想和与其"角色"的非认同以及一些物质途径来满足它，佛教才得以发展成为更大、更具包容性的世界观。通过使其占有程度最小化，它便大大促进了人们的信任、觉知和认命的顺从。

概括起来，东方和西方的世界观是平行而非对称的。例如道家学

[①] 释迦牟尼之俗名。——译者注

派和佛教比西方——特别是存在主义——的世界观更强调分离、接纳和团结。而且，前者更是提供了或多或少的系统化生活守则，而存在主义世界观则提供了方向，提出了建议以及不断发展的态度。

因此，存在主义的东西方组成部分可能具有互补性的特点。它们的品调和情感是不同的，无论是让人舒心还是与此相反，它们都强调"反应能力"、深刻的探索和朝向内部，以及自我与世界关系的整合。

西方的存在传统

苏格拉底

公元前 4 世纪下半叶，在希腊的雅典到处都有庆祝活动。或许是因为希腊军队刚打败了古代世界上一个最强大的对手波斯王国。然而，在盛典和沾沾自喜之中，仍有很多恶化的迹象出现——例如，徒劳的、卑微的贵族，腐败的政治精英们。

让我们走近苏格拉底（Socrates，公元前 470—公元前 400）——哲学家、评论家和治疗学家。以类似于"认识你自己"和"未经考察的人生不值得过"这样的宣言，苏格拉底诱导并激励他的雅典同胞去重新评估其优越性。如果正如他所考虑到的，他们将眼光放在生活中那些"珍贵的"事情上，他们就将会获得知识和同情心——或是苏格拉底所指的灵魂（Plato，1984）。在哪里也找不到比对苏格拉底的审判更明显的自我对抗的挑战方法了。当这次审判谴责他"腐蚀"年轻一代而判他死刑时，这位思想家为他的案子做了辩护。他坚持说，"我所做的一切"

都是为了设法说服你们，无论你们是年轻人还是老年人，不要首先关心你的身体或你的金钱，而是要更多地关注灵魂，使它尽量优质。

如果你判我死刑，你不会轻易找到另一个我——就好像神祇将某物留在了某个国家，虽然这是相当可笑的说法。因为国家就像一匹驯服的大马，太大以致它有点缓慢和沉重，希望有一个牛虻去叫醒它。我觉得神祇把我放在这个国家，是为了让我也像那牛虻一样来唤醒你们。（Plato，1984，p.436）

布莱斯·帕斯卡尔

在以苏格拉底为典范的煽动者和改革者之中，那位像预言家似的法国哲学家布莱斯·帕斯卡尔（1623—1662）傲居于群。帕斯卡尔是数学家、发明家以及人类状况的敏锐观察员。大概在克尔凯郭尔之前的两个世纪，他就概述了许多即使在今天也都被认为是现存最简明的存在主义评论之一。以下是几段集锦：

做这种自我研究的人通常都惊恐于他所坚持的这种思想……在无限和虚无这两个深渊之间，他会颤抖于他所看到的这些奇迹。……

究竟什么是人的本性？一个关于无限的虚无，一个关于虚无的整体，一种虚无与整体之间的手段，从理解这两个极端而无限延伸下去。……

那么，除了将中间的事物从知道其开始或结束的永恒绝望中分离出来之外，人还能做什么呢？

那就让我们了解我们的有限性吧；我们是某一件事物，但我们并不是全部。（Friedman，1991，p.39）

在其他地方，帕斯卡尔还认为：

我们在一个辽阔的领域航行，曾经不明方向，任意漂流，匆匆地从一个目标到达另一个目标。如果我们想要使我们自己坚定地达到某个地点，我们则会遇到挫折和失败；如果我们顺从着，我们将无法去把握它……它也就会永远消失。没有东西会为我们停留。这就是我们的自然状况，但总是与我们的目标最为相反。我们牺牲我们的本愿去找一个稳固的地点和最终固定的基础，在其基础之上我们可以建立一座高塔去实现无限，但是我们整个的基础都坍塌了，人类也从此开始有了深渊。

我们也许没有去寻找确定性……我们的理性总是被不断变化的现象欺骗，没有什么东西能够在两种无限中确定有限，无限总是立即关闭并远离。（Friedman，1991，p.39）

帕斯卡尔（至少部分地）坚持的信念已为历史记录所证明。他既能捍卫理性和直觉，也能捍卫宗教异端和宗教教义，他最有名的格言似乎就证明了这一理念："心内有其原因，但心中的理性却不知道它。"（Friedman，1991，p.41）

索伦 · 克尔凯郭尔

最不为后来的许多心理学家所知的事情是，在弗洛伊德之前大约半个世纪，索伦·克尔凯郭尔（1813—1855）概述了可能有朝一日被视为人格功能的基础性理论（Becker，1973）。然而，在我们概述这个框架之前，先强调一下克尔凯郭尔在其他方面的贡献也是很有帮助的。

克尔凯郭尔被认为是现代存在哲学的创立者，他对他那个时代的理性、客观主义和还原主义提出了严峻的挑战。克尔凯郭尔相信，科学正在悄悄变成一个新的神灵，而黑格尔的形而上学假设是实现这一目标的冰冷和教条的方式。因此，克尔凯郭尔主张内在性质和激情，而绝非公式化的真理，或对我们如何做、为什么做我们所要做的事情进行还原主义的解释。

克尔凯郭尔的基本主旨可以这样理解：强调可以公开测量并能证实的客观主义以及强调私人性和情绪的主观主义，二者都不能为我们提供一种关于人类功能发挥的完整描述。只有将二者结合，才能帮助我们了解人类现状。正如克尔凯郭尔所看到的，这个问题就是，近年来（尤其是）客观主义已经如此成长壮大，并已变得头重脚轻，以至于它威胁要把主观主义压制下去——使得我们为了自身的需要去拉动杠杆，按下键钮。

与大众的观点相反，克尔凯郭尔并不是一个主观主义者。他承认制度、规章以及准则的必要性；他只是不相信这些东西可以帮助我们理解更丰富的生活，如爱、创造的能力以及对繁星的惊叹。因此，他的目的是要纠正已经出现的失衡，并锻造出一种更广泛、更具有包容性的立场。

正是基于心中有这种背景，克尔凯郭尔的一些最有名的陈述才具有了意义，例如：

> 只有个体自己在行动中产生的真理才能作为真理而存在。
>
> 远离思索，脱离体制，回归现实。
>
> 更多意识，则会更加成为自我。
>
> 人格是一种可能性和必要性的综合。

克尔凯郭尔的散文渗透着讽刺和悖论，这并非偶然。克尔凯郭尔认为，人类是在许多层面上存在的，其中有些层面是矛盾的，有些层面是不可知的。我们的任务就是去确认这些有关我们存在的不同层面，而不是去减少或否定它们。

克尔凯郭尔根据其有限（限制）或扩展（无限）的能力阐述了各个层次的自我的特点。他在《由有限和无穷所界定的绝望》中精辟地对此做了讨论，这是他对人格功能的综合概述。这里是一些摘录：

> 自我是无限和有限的综合体，使自己与自己相连，它的使命就是要成为它自己……自我是一个有限在其中是一个限制因素、无限在其中是一个延伸因素的综合体。

他继续解释道，当人们过分强调任一极端时，当人们变得过分局限或无限时，他们会变得有功能障碍。举例说来，冷淡、卖弄学问的主观主义也许可以被理解为过分局限，然而，火热、纵容的客观主义也许被视为过分的无限。下面描述了这些类别，以过分的无限作为开始。

> 无限的绝望是为了减少（或者避免）局限……无限的绝望……是荒谬的、非限制性的……作为一种规律，想象是通向无限过程的媒介。然后自我则导致荒谬的存在……[不断移动着]越来越远离[它自己]。它在可能性中挣扎直到耗尽生命。（Kierkegaard，1849/1980，pp.30-37）

现在他又对过分延伸的局限或限制性做了描述。

> 有限的绝望是为了减少[或者避免]无限……缺少无限是让人绝望的还原主义、狭隘主义……鉴于一种绝望放肆地进入了无限性并失去了自我，[这种绝望]使它自己能受到[他人]的欺骗……一个人[在这种情况下]忘记了他自己，忘记了他的名字……不再敢相信他自己……[并且]发现他较之于其他越来越简单和安全，从而变成了一个副本、一个数字、一个大众式的人。（Kierkegaard，1849/1980，pp.33-34）

最后，克尔凯郭尔对更健康、更系统的人格做了总结。他提出：

> 良好的健康状况通常意味着有解决矛盾的能力……[它是]一个综合体……就像呼吸……包括呼气和吸气。（Kierkegaard，

1849/1980，p.40）

克尔凯郭尔是一个充满激情的现实主义的英雄，或者是他自称的"信仰的骑士"，他正好具有这些品质。

弗里德里希·尼采

紧跟在克尔凯郭尔之后，但与其不同的弗里德里希·尼采（Friedrich Nietzsche，1844—1900）则殊途同归地达到了一个同样的存在主义的目的地。正如弗洛伊德后来所描述的那样，他以干脆、权威式的基调来写作，比所有曾经生活过或可能要生活下去的任何人都更具有穿透力（Jones，1957，p.344）。尼采描述了三种当代两难困境：（1）制度权威的失败；（2）方兴未艾的虚无主义；（3）为心理精神的平衡或整合做出的努力。

当尼采宣称"上帝死了"的时候，他并不是指未来的所有的神或任何一个神，他指的是那些不论是世俗的还是宗教的神，都不再孕育灵感和希望了，而只剩下理想破灭和腐朽。他指的是投合一些贪欲精英所好的腐败之神，窒息性欲、创造性游戏和情绪表现的压抑之神，使从事有意义的和激励性工作的民众受到消耗的技巧之神，以及否定非理性现象之合法性的科学之神。

简言之，尼采预测了学院派权威的崩溃，但他并未止步于此。他还预见了在这种破坏之后遗留下来的巨大鸿沟——他所担心的会导致虚无主义的鸿沟。尼采思考着，当不再有传统去引导人们或是有神灵去激励人们的时候，会发生什么呢？他声称，他们中的许多人将会慌张，他们会变成鲁莽、混乱的野兽，或者他们会形成一些反动的、令外界恐怖的小团体。这些极端主义在我们自己不稳定的时代、一个被剥夺了传统的时代里激起了一种我们所熟知的声调，这正是尼采所关注的。

因此，尼采的世界观可以被定性为一种原始的对立冲突——一方面是镇压、秩序或尼采所谓的阿波罗意识，另一方面则是放纵、抛弃或他所谓的狄俄尼索斯意识。他认为，不论牺牲哪一方面，另一方面都会受到损害，因为任何一方面都不能孤立地发挥作用（Nietzsche，1872/1956，p.64）。

根据尼采的观点，我们怎样才能应对这些敌对（个体的和集体的）倾向呢？通过对抗它们，通过承认我们的有限性和我们的可能性，承认我们对秩序和纪律以及自发性和放弃的需要。在这样做时，他宣布，我们要培养动态的、现实主义的生活。

这正是尼采在谈到"有激情的人才能掌握他们的激情"（Kaufmann，1986，p.280）或者那些能"自我克服"的就像歌德那样的人时所表达的意思。

歌德求助于历史、自然科学和古代，斯宾诺莎除了同样求助于上述所有之外，还求助于实践活动。他用他有限的视野保卫了自己。他并没有离开生活，而是使自己投入其中。他并不自信，但他尽可能多地超过自己、战胜自己、成为自己。他所想要的是整体性（totality）；他与理性、情感、意志的外部影响进行斗争……他把自己束缚于整体性，他创造了他自己……

歌德构思了这样一种人：强大，受过很高的教育，善于所有体能项目，自我控制，尊敬自己，敢于承担自然的全部范围和财富，有足够的力量来获得这种自由。这个有宽容之心的人，不是源于弱点，而是源于实力。……

这种成为自由的人的精神，屹立于充满欢乐和信任的宿命论的宇宙之中，相信只有特殊的东西是可憎的，而一切都在整体中得到救赎。（Nietzsche，1889/1982，p.554）

埃德蒙德·胡塞尔

在 20 世纪上半叶，随着科学和技术的发展，克尔凯郭尔和尼采的抗议者开始寻找新的追随者。举例来说，埃德蒙德·胡塞尔（1859—1938）能够在他称为现象学（phenomenology）的这个新学科中阐述他后来所相信的很多东西。

正如胡塞尔（1936/1970）所说，"欧洲科学的危机"是一种正在成长的力量，旨在把自然科学的态度强加于对人类现象的研究。根据胡塞尔的说法，这一趋势的基本问题是，它减少或贬低了人类的体验。它试图只根据其表面（即可以观察的、可以测量的）特征来理解人类行为；它将心理学调查等同于对物理或生理现象的调查，设法找到心理功能不变的、普遍的心理规律（尽管正如我们将要看到的，必须承认胡塞尔自己似乎已经从主观主义的立场陷入了这个陷阱）。

为了表明诸如微笑之类的现象不仅仅是紧张肌肉的收缩，或者恐惧、愤怒或吸引力会超越条件反射，胡塞尔又回过头来研究经历了这些事件的人。

因此，正如胡塞尔所说，现象学的目的是"回归事物本身"，或提供一种方法，用这种方法，（1）人类的经验就可以得到直接的研究（与在受控的条件下或实验室条件下的研究相反）；（2）研究者把他准备研究的现象的先入为主的假设（例如，预先选择的问题）暂时搁置起来；（3）研究者使自己沉浸在某一现象的尽可能多的方面（如认知、直觉和情感）；（4）研究者丰富并充分地描述某一现象；（5）研究者收集和整合这些描述，为某一现象提供一种"透彻的"（主观的或主体间性的）解释（对这些程序的详细阐释，请参见 Giorgi，1970；Polkinghorne，1989）。

这种方法与艺术家感知和理解现象的方式有相似之处，在胡塞尔的后继者身上，这种方法并没有丢失。因为正是艺术，或艺术家的这种方式，才能给这些思想家带来最好的心理学的启发；正是这种艺术家的方式，才能与还原主义相抗衡。例如，梅洛－庞蒂（1962）这样写道：

> 如果现象学在成为一个学说之前是一场运动……那么既不能把它归因于偶然事件，也不能归因于有欺诈性的意图。就像巴尔扎克、普鲁斯特、瓦列里或塞尚为作品所付出的艰苦努力——因为相同的关心和惊奇，相同的觉知需求以及相同的抓住世界意义的意愿……意义才得以存在。（p.xxi）

另外，现象学不仅是一种艺术家的程序，如果你愿意，它还是一种理解和分享数据的系统方法——一种艺术与科学的配方。（如需了解更多关于胡塞尔对存在心理学的深刻和持久的影响，请参见 Giorgi，1970；Kockelmans，1978；Spiegelberg，1976a。）

现在让我们转向胡塞尔的后继者，他们借鉴了现象学的技术，形成了他们自己的完整看法。

马丁·海德格尔

海德格尔是胡塞尔的学生，他主要关注的是存在意味着什么。马丁·海德格尔（1884—1976）观察了狭窄的生命、微小的关注以及在流水线上工作时的心智。他感到，技术统治论（technocracy），即通过技术人员来管理社会的理论，已达到了白热化的高度。他诧异于它的影响。

海德格尔询问道，要超越那些遵奉者或受角色支配的态度以及真正完整地生活或存在，就像尼采的"超人"或克尔凯郭尔式的"骑士"，那将是什么样呢？为了回答这个问题，海德格尔决定对存在进行现象学的研究，以他自己与西方哲学作为他的研究对象。

虽然这项任务可能看起来很艰巨，但这是海德格尔所承担的项目，它导致了一个基本论题的产生。

这一论题可以在两个基本的存在层次上加以理解：（1）存在于世界之中（being-in-the-midst-of-the-world）；（2）在世界中的存在（being-in-the-world）（Olson，1962，p.135）。在世界中的存在包含着不断实践和为他人而存在，其功能是遵从他人指导，简言之，过着非本真的（inauthentically）生活。此外，非本真的生活是一种表达自满的形式。它围绕习惯、习俗以及对生活暂存性的遗忘而加以设计。另外，在世界中的存在的特点是在场，或者对世界做出反应（具有其所有的可能性和局限性）。因此，本真的人是一个做出回应的人，不只是回应世俗的要求，也回应存在本身，或者如同海德格尔所说的，回应"内在呼唤"。这种存在的呼唤是什么呢？虽然海德格尔并没有对这个问题做出准确的回答（究竟谁能够这样做？），但他确实做了一种概述。他说，就像是诗人——对激情、痛苦以及从心灵深处喷涌而出——的呼唤（Olson，1962）。这亦如同伊万·伊里奇[①]在了解到他的致命疾病时的"发现"——充满敬畏和珍视。

让－保罗·萨特

对于让－保罗·萨特（Jean-Paul Sartre，1905—1980）来说，他在第二次世界大战期间的法国抵抗运动中的经历具有特殊的意义。萨特（1956）对以下想法很吃惊，即尽管事物或客体与有意识的人类相比是根本不同的存在，但我们经常以同样的方式对待这二者。他越来越觉得，社会以人的整体存在来认定他们的角色。举例来说，如同海德格尔观察到的，工厂里的管理者视工人为机械零件，消费者将生产者等同于商品（例如"秘书的事""侍应生的事""医生的事"），乃至各国政府，如纳粹德国，将其公民视为国家的可以塑造的工具。

然而，根据萨特的观点，我们的本真存在与对我们生活的这些毫无生气的解释截然相反；它是一种"无物"。也就是说，在每一个瞬间，我们可以完全自由地脱离在此刻之前我们的曾经，这当然不是改变我们的物质现实，或我们所处的那些环境，而是如萨特所说，是在对这些"真实性"采取的态度意义上说的。

因此，一个人要本真地生活就必须做好准备，在每一个瞬间，去

---

① 源自列夫·托尔斯泰所著《伊万·伊里奇之死》。——译者注

否定一个人过去的同一性，产生新的同一性（或态度），去肯定一个人的虚无。怎样才能使这种高要求的存在愿景发挥作用呢？

根据萨特的观点，它之所以能发挥重大作用，是因为无论我们是否承认这一点，我们都要过这样的生活。他说："我们因自由而受到谴责。"然而，实际来说，达到这样的自由状态是非常困难的。因为这不同于海德格尔的"存在的充实性"，它就像一种持久的迷失方向的状态，或像一种恶心（nausea）——一种我们要永远负责填补的虚空状态（void）。对萨特来说，它也将是一种分离的状态，完全不受下意识（如文化、历史或个人）的影响。

扼要重述

到现在为止或许已经清晰的是，胡塞尔、海德格尔、萨特都有一个共同的使命，但他们采取各自独特的途径到达目标，并取得了不同程度的成功。举例来说，他们都反对在自己的时代中日益增长的客观性，并提出了调查和解释人类经验的一些手段，他们认为这些手段更适合于这种经验。尤其是海德格尔和萨特，他们关注本真——成为完满的存在意味着什么——并在对社会主宰角色的脱离中（或者，肯定地说，在有内在激励和态度时）发现他们的答案。对海德格尔来说，它导致一种存在的充盈（即一种丰富的、感性的、有预见性的体验方式）；对萨特来说，它导致一种存在的空虚（即一种没有方向、令人苦恼和否定性的体验方式）（Olson，1962）。最后，他们强调我们在这些永远在场的生活馈赠面前塑造和珍惜这些方式的责任。

然而，尽管胡塞尔、海德格尔和萨特都主张"解放"，但他们却似乎已经陷入与他们所批评的他人相同的一些倾向之中。例如，对胡塞尔来说，他对客观主义的全部关注，似乎已陷入一种他自己的绝对化方式（Spiegelberg，1976a，1976b）。特别是在早期，他坚持不懈追求的是通过主观的（或现象学的）研究路线找到所有知识的最终基础。然而，这种主观主义（即自我拥有通向现实的钥匙这种观点）就像客观主义（即物质世界拥有通向现实的钥匙这种观点）一样片面，而且差一点就被胡塞尔的后继者暂时悬置起来。

海德格尔批评了传播一致性和被一般承认的观点的人，但仍然继续系统地阐述他称之为存在的他自己的那个具有先入之见影响的领域。根据其批评者的观点，通过这样做，他在其哲学见解中想要危险地表达所谓解放的观点——例如，在场、直观——这些观点是假定的和准决定性的（Olson，1962；Barnes，1967）。

萨特也表现出一些极端主义的倾向。我具体指的是他关于人类自由的概念，这种观点是如此反决定论、如此完全不容侵犯，以致它有使其他很令人信服的观点变得无效的危险（Spiegelberg，1976b）。例如，我们可能存在于萨特所说的那种封装起来的时刻之中吗？我们真的不得不承认，我们完全可以自由地对某种情境采取某些态度，以便被认为是本真的吗？或者，是否存在一些粉饰并限制我们的态度范围的情景，以前思考过或者没有思考过的意义吗？

这当然是存在主义现象学家莫里斯·梅洛－庞蒂的信念，我们现在要谈谈他。

莫里斯·梅洛 – 庞蒂

莫里斯·梅洛 – 庞蒂（1908—1961）并未受到非存在主义的现象学界（the nonexistontial-phenomeaological world）的赏识。他不像他的一些同事那样闪耀光芒，而在相对年轻的时候就去世了，只完成了他的哲学研究计划的一部分。然而，在他短暂的一生中，他却能够修改、完善，并带来存在 – 现象学迫切需要的平衡。

例如，他通过修改"在纯粹的主体性之中寻找所有知识的终极基础"（Spiegelberg，1976b，p.535）的尝试，更新了胡塞尔的观点。对梅洛 – 庞蒂来说，现象学已不再是一个揭露本质或普遍真理的方法，而是一个揭示观点的非决定性的主体间性的方法——始终需要修订的方法。

同时，他反对本质论，不过，他也反对萨特激进的自由观，或非本质主义（nonessentialism）。他认为萨特低估了意识意图的多层次性以及被已经确定下来的意义 – 背景关系，如身体、历史和文化，所施加的限制性影响（Spiegelberg，1976b，pp.554-555）。通过运用一些词语，如一个人"绝不是从零开始的"或者我"可能证实或否定［我的情况］，但不会废除［它］"，梅洛 – 庞蒂（1962，p.447；1964）坚决支持提出潜意识影响的弗洛伊德等心理动力学家的观点。另外，梅洛 – 庞蒂既不同意弗洛伊德的决定论，也不赞同海德格尔的准决定论（Spiegelberg，1976b）。梅洛 – 庞蒂表示，只要所描绘的人类经验是片面的，他就会加以抗议——和他的那些挑战自满"罪行"的存在主义的先驱非常相似。

简言之，梅洛－庞蒂就站在那些存在主义者的肩膀上，他们热烈地唾弃哲学二元论。我们既不是自由的也不是被决定的，既非自我创造的也非外部定制的，如同梅洛－庞蒂所说，我们是一个"不可分割的综合体"（1962，p.518）——这正是我们所要协商的挑战。

接下来，我们将转向在精神性领域回应梅洛－庞蒂的哲学家马丁·布伯和保罗·蒂利希。

马丁·布伯 [3]

> 在……布伯搜索的目光中显示了他的沉着和镇定，他不能遵守既定法则，因为他要服从时间的需要并对之保持开放。
>
> ——莫里斯·弗里德曼

马丁·布伯（1878—1965）的一生很不平凡。就像歌德一样，他是一位跨越很多学科的伟人；就像摩西一样，他在大的国际纷争时刻被指派为领导者。在布伯一生中，许多重大的转折点都对其未来动态的职业生涯有所预见：（当他刚刚3岁时）他被母亲遗弃；受到他祖父母的学识影响（他们辅导他直到10岁）；（14岁时）他的"基础－动摇与无限"观念的交会，这是对他神秘观点的一种预见；他——在德国，也在以色列——对人文社会主义的那些有争议的诉求；他与一位德国天主教徒保拉的婚姻，保拉支持布伯并最终转向信仰布伯所属的犹太教。

这些事态发展最重要的产物是布伯明确表述了他深情地称为"狭窄山脊"的现象。在他看来，狭窄山脊是那些极端心态之间的微妙通道，这些极端心态代表着——也如此通常地损毁——人性的实在部分。这是一种深思熟虑的观点，它为自我与他人的关系搭建了桥梁——而不是混淆其间的关系。走在狭窄山脊上的人持有他自己的观点，但却是在可能由他人或者由出人意料的事物所提供的语境中。布伯有一次说道："我有时会向我的朋友们描述我的'狭窄山脊'的观点，我想借此表达，我并没有在某系统的广阔高地上休息，这一系统包括了关于绝对性的纯粹描述，相反，我在一块狭窄的多岩石的山脊上，两边是悬崖，没有确定的可表达的知识，相反，具有一种确定性，而且是肯定会遇到还没有被揭露的事物。"（Friedman，1991，p.x）

在布伯的一生中，他热情地致力于遇到"那些还没有被揭露的事物"。举例来说，日复一日，他与教条式的民间和宗教领袖发生冲突——即使是在可怕的纳粹时期也是如此——并谢绝了如同他描述的那种"轻松话语"（easy word）或权宜的路径。甚至当他来到他深爱的以色列，他也不会牺牲（多维度的）"时间的要求"。

布伯对"狭窄山脊"概念的阐述是在他最著名的哲学声明《我和你》（*I and Thou*，1958）中陈述的。这本名著概述了人类交互作用的两个基本层次："我－它"和"我－你"。"我－它"水平是将人作为物，作为被操纵的客体来对待。无论我们从哪里接受了我们的角色，规则都会无中生有地强加到我们身上，或者像机器一样进行操作，例如，我们会通过表情来表达"我－它"的心理。即使不是大多数，也是许多人际互动——如同克尔凯郭尔和其他存在主义者所指出的——就发生在这一层次上。另外，"我－你"关系的水平，是将人（甚至事物）作为独特的、复杂的存在来对待。这个水平可以预见惊喜、自发性和偏差，挑战那些抵制这种预期的人。最后，这是一个促进共存的水平——在自我与他人的交互作用中镶嵌着自我与他人的区别。

布伯对"间性"（狭窄山脊，"我－你"关系）的强调是存在－整合实践的基础。它从心理精神领域中凸显出来，既不缺乏主观深度，也不缺少社会富裕性；既不缺乏自由，也不缺少发人深省的限制。因此，他肯定这是一种可以实现的生活愿景。

接下来，我们谈谈罗洛·梅的导师和亲密朋友保罗·蒂利希（Paul Tillich）。他是我们这个世纪一位伟大的神学家。蒂利希带来了"对信仰提出怀疑，对怀疑者表示信任"，两者的结合引发了希望。

保罗·蒂利希[4]

保罗·蒂利希（1886—1965）是一位伟大的教师。挤在他的班上听课的，不仅有神学院的学生，也有来自哥伦比亚的研究生、来自纽约的市民以及像保卢斯一样从希特勒统治下的德国流亡过来的同行知识分子。后来，当他成为哈佛大学的教授时，其授课班级也一样拥挤。学生来听什么呢？他并不是一个浮夸的讲师（德国出生的蒂利希一直在力图学好英语），也不是一个多彩的演说家，他刚好与此相反。

蒂利希是一位伟大的教师，这是因为他的讲座总是有着生死攸关的意义。他使我们着迷，因为他的每一个陈述都很要紧。他曾谈到他自己的被疑问驱动的灵魂——如他所说，一个始终存在于"边界之上"的灵魂。他曾指出："我受到召唤，要对信仰提出怀疑，对怀疑者表示信任。"他的讲座中的每一句话似乎就像是一个最终声明。例如，他在 20 世纪中叶曾谈论过存在（Being），那时似乎还没有人严肃地看待这个术语。我们每个人在听他说话时，都体验着一种快乐的严肃。……

在保卢斯看来，怀疑的价值……是他教学时的一道伟大风景。并非保卢斯根本不知道这一事实；他对历史、哲学和文学有令人惊异的理解，更不用说神学了。但一个人只有在一定程度上具有本真的知识，才能产生本真的怀疑；一个人所具有的知识越多，他就越能够富有成效地提出怀疑。在对每一个讲座的总结中，保卢斯随时准备解答任何问题，不管这个问题似乎如何牵强。他知道，怀疑是成长过程的象征，并可能把人引向最有趣的甚至是扣人心弦的现象。建设性的怀疑要求一个人在知识方面要有很高的修养，知识很少的人并不能承担怀疑所需的风险。当保卢斯说他的使命是怀疑信仰时，他的意思是说，在向怀疑的深渊探望时，这些信仰具有合理的基础并能够成立——甚至需要成立。他们是那些能够承担风险去挑衅任何瞥见圣地（Holy Void）的人。

怀疑不仅需要知识，也需要勇气。这就是为什么保卢斯直到生命后期才开始写他的《系统神学》（1963）。该书的丰富性是长期和众多的怀疑的产物。在这个意义上说，怀疑就是背着背包在高山上进行丰富和冒险的旅行；一个人的知识使他在小路上行走时有了坚实的立足点，但一个人的怀疑则给他提供了冒险的感觉。怀疑开辟了通向未知的新路径，使人学到新的途径，在旅途中看到新的东西，新鲜的风从不同的方向吹来。而且保卢斯热爱登山，会在高山之巅为这些冒险而感到兴奋不已。

在这个意义上说，怀疑是有勇气冒险的表现，此时，一个人绝不会知道他会在什么地方出现。"冒险导致焦虑，"克尔凯郭尔写道，"但不去冒险会失去自我。"保卢斯喜欢他的这位来自北欧的同胞的智慧。……

我们以上述方式把保卢斯视为一个伟大导师的典范：他对理性的使用近乎狂热，他具有怀疑的勇气，他永恒地追求他所谓的"圣地"，他把爱欲（eros）作为导师来运用。这意味着他的生命远非如此简单，但同时又是如此光荣。这意味着一些神学家会攻击他，而且确实把他作为一个无神论者进行过强烈的攻击；但这也意味着，成千上万的其他人会将他视为他们寻求意义、神秘感和幸福的导师。伟大的法国哲学家保罗·利科（Paul Ricoeur）教授有一次曾对我说："蒂利希是我的神学家。"这意味着说蒂利希生活在怀疑中——并且沉迷其中。无怪乎他不得不一直在"尽管如此"这一词汇下过自己的生活。

当前存在哲学的任务

西方历史可大致分为三个哲学时代：前现代（公元前 3000—公元 1500）、现代（1500—1900）与后现代（1900—）。虽然前现代时期（除了苏格拉底的雅典时期之外）是建立在"世俗的"宗教和文化信仰基础上的，现代建立在同样令人安心的世俗的（例如科学、政治）意识形态基础上，而后现代则不可能有这样夸耀的基础。当今的观点（至少是在工业化国家）的标志是深刻地怀疑传统，全心全意地信奉多样性、主权和不确定性。当然，始终存在一些与这种趋势相反的抵抗①，但其过程总的来说是不可逆转的。

---

① 例如基要主义（fundamentalsm），近现代基督教新教中的一种神学思潮，坚持耶稣基督的基本要道。——译者注

到现在为止，比较清晰的是，存在哲学在促进后现代主义方面起到了信号灯的作用。存在哲学强调自由、选择和多极共存，在许多方面是后现代运动的典范。然而，同时，存在哲学并不能与后现代主义相互交流，对其发展方向有一些深层次的保留。具体而言，我指的是后现代主义自身的一些过度的倾向——或许是对于它所憎恶的受规则支配的世界的过度补偿。在这些过度倾向中（对此我们将有后续的说明），有通向无政府状态的倾向、价值观的相对性和自我的去中心性。如果后现代主义从教条中获得解放是至高的胜利，那么，存在主义者小心地对人类的有限性加以否认，这可能表明了其没有预兆的终结。

因此，存在哲学在当代关于世界观的讨论中，有一种持续的和至关重要的作用要发挥。就存在哲学家在其观点中强调开放性的程度而言，他们也关注我们对通向和深化这种开放性所负的责任，使它在人力可能的范围内变得有意义；就他们对抗有限性的程度而言，他们也提醒我们，我们有力量热情地解释这些僵局。虽然存在哲学不能（也不会）给我们提供另一种适当学说的知识和道德戒律，但它可以提醒我们注意某些本体论的危险——例如主客二分的危险，并扩大我们各自的自主性或决定性的现实。同时，存在哲学能够给我们提供一些久经考验的方向性的建议，帮助我们操控我们的进程——包容似是而非的观点、支持选择、参与作家和哲学家米兰·昆德拉（1986）所称的"复杂性的精神"（p.18）。

昆德拉得出结论认为，今天所需要的并不是这么多的不确定性，而是一种"不确定性的智慧"（p.7）。

最后，我们以摘录克尔凯郭尔、尼采和加缪的一些片段来结束这一章。虽然他们的主题不同，但他们的主旋律我们是熟悉的——危机、追寻、与生活的悖论交会。

恐惧是一种通过信念而产生的救助的体验 [5]

（索伦·克尔凯郭尔）

索伦·克尔凯郭尔在这一具有挑战性的段落中明确表示，"不幸课程"的教育，可能是一个人所接受的最重要的教育。克尔凯郭尔系统地阐述道，一个人动摇得越多，他就越会被引入到其他情况下无法获得的可能性中。虽然这些可能性在开始时似乎很让人排斥，但它们最终被证明要远优于一个人先前的观点，并灌输给人一个更持久的信念。

这段话的临床相关性：克尔凯郭尔在这段话中帮助我们重新阐明了一些危机。他帮助我们将之视为开放的机会，也视为灾难。例如，失去了父母可以促使来访者在生活中变得更加独立，也更有能力。恐惧也可以唤醒一些来访者的谦卑，并使人重新欣赏有限性。愤怒可以燃起希望、力量和成就。抑郁可以刺激敏感性。当然，问题在于如何推动这些发现以及如何在之后的一个较长时期内予以维持。克尔凯郭尔建议，答案在于一个人通过同化自己的焦虑所获得的信念。

在格林的一个童话故事里，有一个青年为了学习什么是恐惧而去探索冒险。我们将会让这位冒险家走他自己的路，不去了解他在这个过程中是否遇到了恐惧。另外，如果一个人只有要么不知晓恐惧，要么因恐惧而倒下才能获得预见，那么我要说，学着去了解恐惧是一种每个人都要面对的冒险。因此，已经正确地认识恐惧的人就已经认识到了最重要的东西。

如果人是野兽或天使，他将无法去体验恐惧。既然他是野兽或天使的综合体，他就可以体验恐惧。他恐惧的东西越多，就越像人。但是，这是不确定的，在某种意义上说，人们普遍了解恐惧，因为他将其与人之外的东西相关联，但在另一种意义上说，人本身就能产生恐惧。只有在这个意义上，我们才可以解释这段话，据说基督甚至在关于死亡方面也存在恐惧［oengstes］，他对犹大说的话也体现出这一点："你所做的快做吧！"更不用说连路德都极为害怕去布道而说出的那句可怕的话："我的神，我的神，为什么离弃我？"——更不用说其中所表达的如此强烈的痛苦了。因为这句话表明了基督实际所处的局面：前面的说法暗示恐惧与某种还不是现实的情景有某种关联。

恐惧具有产生自由的可能性。只是这种恐惧借助信念才具有绝对的教育性，就像所有有限的目的一样，揭露和发现其所有的假象。没有一个宗教法庭的大法官做好了准备迎接可怕的折磨，但恐惧已做好准备；没有一个间谍知道怎样才能更巧妙地攻击他怀疑的人，选择这个人最微弱的时机，设置陷阱使他陷入和被捕获，但恐惧却知道怎样才能做到；也没有一个敏锐机智的法官知道怎样讯问和审查被告而绝不会让他逃脱，既不是通过转移也不是通过噪声，既不是在工作中也不是在玩耍中，既不是在白天也不是在夜晚，就像恐惧所做的那样。

接受过恐惧教育的人也接受过可能性教育，只有接受过可能性教育的人才能在接受教育时与他的无限性相一致。因此，可能性是所有类别中最沉重的。一个人往往听到的是相反的肯定，这是对的，但是这种可能性很小，而现实却如此沉重。但是，一个人从谁那里可以听到这样的言论呢？从很多从来不知道什么是可能性的悲惨的人那里，从虽然现实向他们表明，他们不适合做任何事并且永远也不会适合，却依然虚假地装扮着一种如此美丽、如此迷人的可能性的人那里，而且这种可能性的唯一基础只是年轻人的一点愚蠢之举而已，对此他们也许已经感到了惭愧。因此，通过这个据说很微不足道的可能性，我们通常就可以理解幸运、好运等事情的可能性。但这并不是可能性，这是一种虚假的发明，是对人类的邪恶给予错误的修饰，为的是有理由来抱怨生活，抱怨天意，并作为一种托词来自我看重。不是这样的，在可能性中一切皆有可能，真正通过可能性成长的人已经理解了恐惧和微笑。因此，当这样一个人离开可能性的学校时，和一个孩子知道英文字母的排列相比，这个人更加彻底地知道，他可以对生活绝对无所要求。知道恐怖、死亡、歼灭，都伴随在每一个人的身边，并且认识到所警告的恐惧[oengste]可能就在下一刻变成事实，因此他会对现实进行不同的解释，他会赞美现实，甚至当现实沉重地压在他身上时，他都会记得毕竟现实远远不如可能性那么重要。只有通过这种方式，可能性才能产生教育作用。因为在给个体分配了一个位置的有限性和有限关系中，无论它是轻微的、司空见惯的还是具有世界历史性的，教育只能是有限的。一个人可以四处谈论它，总是能从中得到更多，始终喋喋不休，始终逃脱一点责任，始终保持一点距离，始终不让自己绝对地从其中学习。如果一个人想要绝对地学习，那么，这个人就一定会反过来在他自己以及在他想要学习的他自己的行为方式方面拥有这种可能性，即便在下一时刻并没有认识到这种行为方式是他创造的，但却绝对是从他身上获得力量的。

不过，为了使个体因此而绝对和无限地受到可能性方面的教育，他就必须诚实地面对可能性并且必须有信念。所谓信念，我是指黑格尔在他的时代很恰当地论述的"预测无限性的内部确定性"。当可能性的发现过程得到诚实的管理时，在那些被恐惧击垮的人身上，可能性就会披露所有假象并将其理想化为无限的形式，直到最后他们反过来因为预期的信念而获胜。

既然很多人夸口说自己从未恐惧过，那么我这里所说的话对他们来说就是一种模糊和愚蠢的说法了。对这个问题，我会这样答复：毫无疑问，人不应该恐惧人，不应该恐惧有限的事物，但只有经历了可能性之恐惧的人才能受到没有恐惧的教育——并不是因为他避免了生活中可怕的事物，而是因为这些可怕的事物同那些事物的可能性相比显得比较微弱。如果讲话者说，重要的事情是他自己从来没有恐惧过，那么我会很乐意启发他思考一下我的解释，这是源于他没有生命力（spirit-less）这一事实。

如果一个人欺骗了有限性，而他受过可能性教育，那么他从来就不会具有什么信念。他的信念保留了有限性的精明，就如同他接受的正规教育是有限性的教育那样。但是人们每天都在日常生活中欺骗可能性——如果他们不这么做，就只好把头伸出窗外，而他完全就会看到，可能性立刻就开始发挥作用。乔多维基（Chodowiecki）有一幅完成的版画，它通过四种气质描述了加来①的投降。艺术家的主题是

---

① 加来（Calais），法国的港市。——译者注

让各种印象在脸上反映出来，而脸上的表情表达出各种不同的气质。无疑，最常见的生活也具有足够的事件，但问题是个体性中的可能性是否忠实于其本身。有记载称，一位靠露水生活了两年的印度隐士有一次来到城市，尝到了酒，然后对其上瘾了。这个故事，就像每一个其他类似故事，可以在很多方面加以理解，既可以使它成为喜剧，也可以使它成为悲剧；但受过可能性教育的人则会在这个故事中发现很多东西。他即刻就会对那个不幸的人产生认同，他不知道有什么办法可以逃离。现在对可能性的恐惧把他作为猎物捕获，直到可以将他放置于信仰的手中，从而使他得到解救。他不可能在其他地方找到安宁，因为所有其他的休息地只是无稽之谈，尽管在人们看来，这很精明。这就是可能性具有如此绝对的教育性的原因。没有人在现实中会变得如此不幸，以致没有给他留下任何余地，常识的观察很对，如果一个人很精明，他总会找到一种方法。但是，经历了可能性所提供的不幸教育的人则会失去一切，绝对的一切，在现实中没有人会以这种方式失去一切。如果在这种情况下他没有对可能性做出虚假的行为，如果他没有试图谈论可能会拯救他的可能性，那么他所获得的一切将再次失去，而在现实中没有人这么做，即使他双倍地得到了一切，因为可能性的瞳孔接受了无限性，而他人的灵魂则在有限性中死亡。没有人可以沉浸在现实中如此之深，以致他无法再深入下去，或者没有他人比他下潜得更深。但是那些沉浸在可能性中的人，其眼睛由于太晕眩而无法看到测量杆，而这测量杆是汤姆、迪克和哈里握着的给溺水人的稻草。这种人的耳朵是封闭的，这样他就听不到在他那个时代人的市场价格是多少，听不到他与大多数人一样好。他绝对地沉没下去，但随后他从深渊里浮起，比现在所有的可怕压迫和生活都要轻松。只是我并不否认，受过可能性教育的他会暴露出来——不是暴露在各种不好的同伴和放荡不羁的危险之中，就像那些受到有限性教育的人那样，而是——暴露在毁灭的危险之中，并且这就是自杀。如果在开始接受教育时他误解了痛苦的恐惧，恐惧就不会让他具有信念，相反会远离信念，然后他会走向迷失。另外，受过可能性教育的人仍然会有恐惧，不会使自己被它的无数伪造品欺骗，他会准确地回忆过去；然后，最终是来自恐惧的袭击，尽管很恐惧，但不会是那些他从中逃离的恐惧。对他来说，恐惧成为一种有用的精神，与自身的意志相对抗，无论他到哪里都会引导他。然后，当它宣布了本身的存在，当它狡猾地暗示，它已发明了一种新的酷刑工具，比之前使用的任何一种都可怕时，他也不会退缩，更不会企图以喧嚷和鼓噪来拖延，他会表示欢迎，赞扬它的庄严，如同苏格拉底庄严地举起盛满毒酒的酒杯，他把自己关在里面，就像一个病人在痛苦的手术将要开始之前对外科医生所说的话："现在我准备好了。"然后恐惧进入他的灵魂，彻底地搜索，把他所有的有限性和琐碎的东西束缚起来，并把他引向他所要去的地方。

当生活中发生了一件或另一件超乎寻常的事件时，当世界历史上的一个英雄聚集在他身边并完成英雄壮举时，当危机发生并且一切变得重要时，人们希望参与其中，因为这些都是具有教育意义的事物。这是非常有可能的。但是，有一种简单得多的方式可以使人受到更根本性的教育。为了使他受到可能性方面的教育，可以带上可能性的弟子，把他放在毫无危险的日德兰荒地，在那里最大的事件也不过是一只鹬鸪吵闹地飞起来，和那些在世界历史舞台上受到欢迎的人相比，他体验到的一切都更加完美、更加精细、更加深远。

论身体的蔑视者 [6]

（弗里德里希·尼采）

作为弗洛伊德的本我（Id）和荣格的自性（Self）概念的先行者，弗里德里希·尼采思考了智慧和理性那个伟大的储存机构——身体。把"小"理性与自我（ego）相等同，把"大"理性与身体和自性相等同，尼采坚持经验的知识，而不仅仅是分离的或理智化的知识。尼采坚持认为，正是通过经验的知识，才打造出历史的永恒著作。

这段话的临床相关性：分离的知识带来分离的行动。人们可以使一名吸毒者停止使用药物，但他仍然是一个吸毒者。人们可以使一个施虐者远离社会，对他进行药物治疗，或使之受到教育，但他的态度将依然如故。人们可以把一个抑郁症患者"调理好"，但他的心灵深处将仍然是扭曲的。

尼采隐含的意思是，除非治疗可以触及患者的体验，否则就不能促使其发生根本转变。它只能促进行为和理智的变化，这是可以肯定的；但它并不能唤醒作为来访者变化基础的情感、感觉或意向，这些将敦促他坚持向前行进。

我要向身体的蔑视者宣告，我不会让他们进行不同的学习或者教学，而只是要求他们同自己的身体说再见——并因此变得沉默。

"身体是我的，灵魂也是。"那个孩子这样说道。为什么人们不像孩子们那样说话呢？

但是被唤醒的人和智者会说：我完全是我的身体，并不是别的什么；灵魂只是一个关于身体的词汇。

身体是一种伟大的理性，是一个有某种感觉的多重性，是战争与和平、羊群和牧羊人。你身体的工具也是你的小理性，我的兄弟，你称之为"精神"——你的大理性的一个小工具和小玩具。

你说"我"，并因这个词而感到自豪。但更重大的问题是，你不希望在"我"中拥有信心——你的身体和你的大理性：这并不是"我"说，而是"我"做。

感觉所感受到的东西，精神所知道的东西，都绝不会以其自身为目的。但感觉和精神会说服你相信它们才是万物的目的：它们正是这样地徒劳。工具和玩具就是感觉和精神，在它们背后还是存在着自性。自性用感觉的眼睛来搜寻，它也同样采用精神的耳朵来倾听。自性总是倾听和搜寻，它进行比较、压制、征服、破坏。它实施控制，它也控制着自我。

我的兄弟，在你的想法与感受的背后，矗立着一个强大的统治者，一个未知的圣人——他的名字就是自性。他就居住在你的身体里，他就是你的身体。

在你的身体里有比你更好的智慧、更多的理性。有谁会知道为什么你的身体正好需要你最佳的智慧呢？

你的自性总是在嘲笑你的自我，嘲笑其大胆的飞跃。"对我来说，这些飞跃和思想的斗争是什么呢？"它对自我说，"通过绕道到达我的终点，我是自我的牵线人，是其观念的敦促者。"

自性对自我说："在这里感受痛苦吧！"然后自我开始感受痛苦，并且思考怎样才能不再这么痛苦——这就是人们会使它思考的原因。

自性对自我说："在这里感受快乐吧！"然后自我就很高兴，并且思考怎样才能经常这样再次高兴起来——这就是人们会使它思考的原因。

我要向身体的蔑视者宣告。正是他们的尊重招致他们的蔑视。到底是什么创造了尊重和蔑视以及价值和意志呢？创造性的自性产生了尊重和蔑视，它创造了快乐与痛苦。创造性的身体产生了精神，作为其意志的工具。

身体的蔑视者们，即使是在你的愚蠢和蔑视里，你也服务于你的自性。我告诉你们：你的自性本身想要死亡，想要从生活中转身离开。它不再能够把握首先要做的事情：超越本身去创造。这是它首先要做的事情，这是它的狂热愿望。

但它现在这样做为时已晚。所以，你的自性想要屈服。啊，身体的蔑视者！你的自性想要屈服，而这就是你成为身体的蔑视者的原因啊！因为你不再能够超越自己而进行创造了。

而且这就是你要对生命和尘世感到愤怒的原因。从你轻视的斜眼一瞥中，传递出一种无意识的嫉妒。

哦，身体的蔑视者啊！我不打算按你的方式去做！你没有成为超人的方法！

查拉图斯特拉如是说。

西西弗斯的神话 [7]

（阿尔伯特·加缪）

阿尔伯特·加缪哲学中所关注的主要问题是，从无意义中获得意义以及在一个反复无常和危险的世界中找到自由。在这篇尖刻的论文中，加缪帮助我们在不可理解的生活状况下生活，甚至从中受益。

这一段话的临床相关性：当意义或传统被消解时，西西弗斯的神话便有了临床相关性。悼念者理解它，工厂的失业工人也能理解它，战争、犯罪和残暴行为的受害者也知道它，就像冷漠的夫妻也知道它一样。

为什么他们（或我们）在早上起床呢？他们／我们是怎样面对我们生命之徒劳无果的呢？

我们都有有限性和想要表现出来的命运，我们都为某些神秘的目的所利用。问题是：我们要怎么做才能把握这些有限性和命运呢？我们打算怎样对它们做出回应呢？难道我们打算被动地接受它们——就像那些沮丧或独立的人所做的那样，或者难道我们打算否定它们——就像许多自夸者所做的那样吗？最后，难道我们打算要参与其中，试图用它们制成某种有价值的东西，只有在什么都没有留下时才向它们屈服吗？这就是治疗必须追寻的问题。

诸神曾惩戒西西弗斯，让他不断地把一块大石头滚到山顶，此时那块石头又会因其自身的重量滚下山来。诸神曾怀着某种理性认为，再没有比徒劳无望的劳动更可怕的惩罚了。

如果有人相信荷马，就会认为西西弗斯是终有一死的凡人中最明智和最谨慎的人。然而，根据另一个传说，他曾被安排担任拦路抢劫的强盗。我在这方面看不出有什么矛盾。他为什么会成为阴间世界中徒劳的劳动者，对其原因可谓"仁者见仁，智者见智"。刚开始的时候，他被指控对诸神有轻浮之举。他偷走了他们的秘密。索普斯的女儿爱琴娜被朱庇特带走了。父亲为女儿的失踪感到震惊并且向西西弗斯诉说。他了解这次绑架，答应告知真相，但条件是索普斯要给科林斯堡垒提供水。他喜欢用水赐福祈祷，但不喜欢天空的雷电。为此他在阴间世界里得到了处罚。荷马也告诉我们，西西弗斯已将死神囚禁起来。冥王普鲁托不能容忍他的帝国被遗弃和处于沉默之中。他派遣出战争之神，要把死神从征服者手中解放出来。

传说西西弗斯在临死时，急切地想要试一试他妻子的爱。他命令她将他未掩埋的尸体放在公共广场的中央。西西弗斯在阴间世界中醒来，他因必须遵从与人类的爱截然相反的爱而感到恼火。他获得了冥王的许可，又回到人间以便去惩罚他的妻子。但是，当他再次面对这个世界，享受到水和阳光、温暖的石头和大海时，他却不想再回到阴间的黑暗中去了。冥王的召回、愤怒的迹象和警告都无济于事。又过了很多年，他过着面对海湾的曲线、波光粼粼的大海和地球的笑容的生活。诸神的法令是必须遵守的。墨丘利①来临并用领圈将他捕获，把欢乐从他那里抢走，强制他回到阴间世界，在那里，他的滚石正等着他。

你已经了解到，西西弗斯是个荒谬的英雄。他既充满了热情也饱受磨难。他轻蔑神，他仇恨死亡，他对生命的热爱战胜了他那说不出的惩罚，在这种惩罚中，完整的存在旨在完成虚无。这就是为这个地球的热情必须付出的代价。我们对处在阴间世界的西西弗斯一无所知。神话是为想象力而创作的，旨在赋予神话以生命。至于这个神话，人们看到的仅仅是，一个身体在竭尽全力地想要抬起那块巨石，

---

① 墨丘利（Mercury），罗马神话中为诸神传信并掌管商业、道路的神。——译者注

滚动它，并把它推向一个 100 倍高度的斜坡；人们看到他的脸扭曲着，脸颊紧贴着石头，肩支撑着沾满黏土的石头，脚也楔入土中，手臂伸开，重新开始，全人类的安全就系于满是泥土的两只手中。在无限空间和时间所衡量的没有尽头的长期努力下，他终于将石头推上了山顶。然后西西弗斯在几分钟时间里看着石头滚落到更低的地方，他将不得不从那里出发再次将它推向山顶。他走下山，重新回到那个平坦的地方。

西西弗斯让我感兴趣的地方就发生在他回到原地与暂停期间。一张由于劳役而变得如此接近石头的面孔已近乎就是石头本身了！我看到这个人踩着沉重但整齐的步伐走向他的酷刑，而对此他永远都不知道有无尽头。那个时刻就像是一种呼吸空间，就像他的苦难一样肯定会周而复始，这就是有意识的时刻。在每一个他离开山顶高地，并逐渐往下走到诸神巢穴的时刻，他是优越于他的命运的。他比他的石头更坚强。

如果这个神话是悲剧，那是因为其中的英雄是有意识的。事实上，如果每一步都有成功的希望来支持他，那么对他的酷刑又来自何处呢？今天的工人们在生活中为了同样的目的而工作，他们的命运同样是荒谬的。但只有在那些少有的、成为意识的时刻，它才是悲剧性的。西西弗斯，这个被诸神剥夺得一无所有的人，这个毫无权力和充满叛逆的人，知道他的倒霉状况的全部程度：这就是他在下坡时所想到的东西。那使他清醒的痛苦同时成为他获胜的冠冕。没有任何命运是不能被蔑视战胜的。

如果说他下坡的过程有时充满悲痛，那也同样可以充满喜悦。这个观点并不过分。我再次想象西西弗斯回到他的石头那里，在开始时很悲伤。当大地的形象如此紧密地与记忆相连时，当对幸福的呼唤变得如此坚持不懈时，忧郁恰好就在人的心中燃起：这是石头的胜利，这就是石头本身。无限的悲痛太过沉重而无法让人负担。这些就是我们在蒙难地的黑夜。但破碎的真理不再有人承认。因此，俄狄浦斯在不知情的状况下从一开始就服从了命运。但是，从他知道那一刻开始，他的悲剧便发生了。然而同时，眼瞎而又绝望的他认识到，唯一将他与世界联结起来的是一个女孩凉凉的小手。接着一个巨大的回应指出："尽管有这么多的磨难，我渐长的年龄和我的贵族灵魂都使我得出结论，这一切都很好。"索福克勒斯的俄狄浦斯，如同陀思妥耶夫斯基的基里洛夫一样，就这样为荒谬的胜利开出了处方。古老的智慧巩固了现代的英雄主义。

如果一个人没有受到诱惑去写一本幸福手册，那么他就不能发现这种荒谬。"什么！用这些狭隘的方式啊？"但是，这里只有一个世界。幸福和荒谬是同一个地球的两个儿子。它们是分不开的。认为幸福一定是从荒谬的发现中产生的，这是错误的。认为对荒谬的感受发端于幸福，这也同样是错误的。"我的结论是，一切都很好。"俄狄浦斯说道，这句话很神圣。它回应在荒野中，回应在人类的有限宇宙中。它教导我们所有的事物都没有，尚没有被耗尽。它将一个神驱逐出这个世界（这个神带着不满来到这里，偏爱徒劳的苦难）。这种驱逐使得命运成为人类自己的事情，必须在人类之中得到解决。

西西弗斯所有沉默的喜悦都包含于此。他的厄运属于他自己。他的石头是他的事。同样地，这个荒谬的人，当他思考自己的磨难时，他让所有的偶像都沉默了。在突然恢复静寂的宇宙中，地球中兴起无数小声的怀疑。无意识的、秘密的呼唤，来自所有面孔的邀请，它们是他要的扭转和胜利的代价。没有太阳就没有影子，关键是要了解黑夜。这个荒谬的人说可以，因此他的努力将永无尽头。如果存在个人的厄运，就不会有更好的命运，或至少只有一种命运使他得出结论，这是不可避免的和可鄙的。此外，他知道自己是他那个时代的主人。当他回顾自己的生活时，在这一微妙的时刻，西西弗斯向他的石头走去，在那一轻微的思想悸动中，他反思成为其厄运的那一系列无关的行动，这一时刻是由他创造的，同其记忆之眼相结合，并很快被其死亡封存。因此，由于相信所有人类的东西都起源于人类，一个盲人便渴望发现有谁能知道那个黑夜究竟有没有尽头，他仍然怀着热切的渴望。那块石头仍在滚动着。

我要离开山脚下的西西弗斯了！一个人总会重新找到他的负担。但西西弗斯却教给我们一种更高的真实，否定众神并推起了石头。他也同样得出结论认为，一切都很好。今后这个没有主宰者的宇宙，在他看来既不是荒芜的，也不是徒劳的。这块石头的每一个原子，被黑夜吞噬的山中的每一片矿石，它们本身就形成了一个世界。这种朝向高山之巅的挑战本身就足以填补一个人的内心。人们必须想象西西弗斯是幸福的。

注释

[1] 当然，依赖于受害者的反应能力，一种危机可能、也许不可能导致深刻的反思；事实上，具有讽刺意味的是，它能够导致那些最初培养它的根本的否定和超越。然而，对于那些有准备的人来说，危机通常是生活中最具启蒙意义的事件。

[2] 随后的简介是简短的和具有启发意义的。它们的设计不是完整的。要求对这些简介（以及对存在哲学的复杂性）进行详尽阐述的读者们可参见本章末尾

的参考文献和延伸阅读。

[3] 资料来源：这段话改编自科克·施奈德对莫里斯·弗里德曼的《相遇在狭窄山脊：马丁·布伯的一生》（*Encounter on the Narrow Riage: A Life of Martin Buber*）所做的评论。发表于人文主义心理学会的《透视》（*Perspective*，March/April，1992，p.14）。

[4] 资料来源：Rollo May，*Paulus*（Dallas，TX.：Saybrook，1987），pp.114，121，122-123.

[5] 资料来源：转载自 *The Concept of Dread*，W.Lowrie，trans.（Princeton，NJ：Princeton University Press，1944）pp.252-256（Originally Published in 1844.）。

[6] 资料来源：转载自 *Thus Spoke Zarathustra* in *The Portable Nietzsche*，W.Kaufmann，Trans.（New York：Viking/Penguin，1982），pp.146-147（Original work published in 1883.）。

[7] 资料来源：转载自 *The Myth of Sisyphus and Other Essays* by Albert Camus（J.O'Brien，Trans.）（New York：Knopf，1955），pp.88-91。

参考文献

Barnes, H. (1967). *An existentialist ethics.* New York: Knopf.

Becker, E. (1973). *The denial of death.* New York: Free Press.

Buber, M. (1958). *I and thou* (R. G. Smith, Trans.). New York: Scribner.

Burt, E. (Ed.) (1955). *The teachings of the compassionate Buddha.* New York: Mentor Books.

Camus, A. (1955). *The myth of Sisyphus and other essays* (J. O'Brien, Trans.). New York: Knopf.

Friedman, M. (1991). *The worlds of existentialism: A critical reader.* Atlantic Highlands, NJ: Humanities Press.

Giorgi, A. (1970). *Psychology as a human science: A phenomenologically based approach.* New York: Harper & Row.

Heidegger, M. (1962). *Being and time* (J. Macquarrie & E. Robinson, Trans.). New York: Harper & Row.

Husserl, E. (1936/1970). *The crisis of European sciences and transcendental phenomenology* (D. Carr, Trans.). Evanston, IL: Northwestern University Press.

Jones, E. (1957). *The life and work of Sigmund Freud* (Vol. 2). New York: Basic Books.

Kaufmann, W. (1968). *Nietzsche: Philosopher, psychologist, antichrist.* New York: Vintage.

Kierkegaard, S. (1849/1980). *The sickness unto death* (V. Hong & E. Hong, Trans.). Princeton, NJ: Princeton University Press.

Kockelmans, J. (1978). *Edmund Husserl's phenomenological psychology: A historico-critical study.* Atlantic Highlands, NJ: Humanities Press.

Kundera, M. (1986). *The art of the novel.* New York: Harper & Row.

May, R., Angel, E., & Ellenberger, H. (1958). *Existence: A new dimension in psychiatry and psychology.* New York: Basic Books.

Merleau-Ponty, M. (1962). *The phenomenology of perception.* London: Routledge.

Merleau-Ponty, M. (1964). *The primacy of perception.* Evanston, IL: Northwestern University Press.

Nietzsche, F. (1872/1956). *The birth of tragedy and the geneology of morals* (F. Golfing, Trans.). New York: Doubleday/Anchor Books.

Nietzsche, F. (1889/1982). *The portable Nietzsche* (W. Kaufmann, Trans.). New York: Viking/Penguin.

Olson, R. (1962). *An introduction to existentialism.* New York: Dover.

Plato (1984). *Great dialogues of Plato* (W. Rouse, Trans.). New York: Mentor.

Polkinghorne, D. (1989). Phenomenological research methods. In R. Valle & S. Halling (Eds.), *Existential-phenomenological perspectives in psychology* (pp. 41–60). New York: Plenum.

Sartre, J. (1956). *Being and nothingness* (H. Barnes, Trans.). New York: Philosophical Library.

Spiegelberg, H. (1976a). *The phenomenological movement: A historical introduction* (Vol. I). The Hague: Martinus Nijhoff.

Spiegelberg, H. (1976b). *The phenomenological movement: A historical introduction* (Vol. II). The Hague: Martinus Nijhoff.

Thomas, E. (Trans.) (1935). *Early Buddhist scriptures.* London: K. Paul, Trench, Trubner & Co. [as slightly paraphrased by H. Smith (1986). *The religions of man* (p. 143). New York: Harper & Row.]

延伸阅读

Foulcault, M. (1961/1965). *Madness and civilization: A history of insanity in the age of reason* (R. Howard, Trans.). New York: Vintage.

Halling, S., & Nill, J. (in press). A brief history of existential-phenomenological psychiatry and psychotherapy. *Journal of Phenomenological Psychology.*

Jaspers, K. (1971). *Philosophy of existence* (R. F. Grabeau Trans.). Philadelphia: University of Pennsylvania Press.

Kaufmann, W. (1975). *Existentialism from Dostoyevsky to Sartre.* New York: New American Library.

Kierkegaard, S. (1944). *The concept of dread* (W. Lowrie, Trans.). Princeton, NJ: Princeton University Press.

Marcel, G. (1956/1967). *The philosophy of existentialism.* (M. Harari, Trans.). New York: Citadel.

Ricouer, P. (1960/1967). *The symbolism of evil* (E. Buchanan, Trans.). New York: Harper & Row.

Ricoeur, P. (1970). *Freud and philosophy: An essay on interpretation* (D. Savage, Trans.). New Haven, CT: Yale University Press.

Rorty, R. (1979). *Philosophy and the mirror of nature.* Princeton, NJ: Princeton University Press.

Tillich, P. (1952). *The courage to be.* New Haven, CT: Yale University Press.

第三章

心理学起源

现在我们转向文学和哲学存在主义的心理学应用。我们要特别考虑那些整合了我们现在称为存在心理学的方法论者、理论家和精神分析学家。再说一遍，那些渴望详尽阐述这个简要概述的读者们，可以阅读本章末尾的参考文献和延伸阅读。

在开始讨论之前，让我们来了解一下有争议的心理学中的第一个存在主义者——威廉·詹姆斯（William James）。

威廉·詹姆斯

威廉·詹姆斯（1842—1910）被普遍认为是美国最早的心理学家和哲学家。他的研究范围惊人地宽广，绝大多数心理学流派都能够把他称为奠基者（实际上确实是这样的）。詹姆斯是最早的心理学教授之一，并且在 1875 年创立了第一个心理学实验室［在威廉·冯特（Wilhelm Wundt）以及斯坦利·霍尔（G.Stanley Hall）之前］。他也是一个内科医生和生理学家，这在很大程度上使他的心理学研究具有重大的权威性（当时是由生理规则占据主导地位的）。

詹姆斯理论的整体性质（holistic nature）显然体现在他关于多元

论、实用主义理论和激进的经验主义的著作中。

多元论（pluralism）的概念指知识是多方面的，不能理所当然地局限于一种或几种形式。詹姆斯热情地信奉这个在伦理学、美学、实验、实际应用，甚至宗教和神秘主义的每个方面都发挥了重要作用的跨学科的观点。尽管有的时候詹姆斯是自相矛盾的，但他从未因此不安。他认为，心理学正处在一个非常早期的发展阶段，理论上的"表现"和模糊性必然是这个阶段的自然产物。

实用主义（pragmatism）是［部分地建立在查尔斯·皮尔斯（Charles Pierce）的作品基础上的］哲学，知识有效性的准则是某种知识造成的后果。因此，詹姆斯多元论的有效性在某种程度上提供了理解人类存在的有用内涵（例如，思想或行为使人愉悦或者帮助他们满足基本需要）。接下来的问题当然是怎样对后果进行界定或者指出哪一个是有效的，这正是詹姆斯展示他创造性才能之所在。詹姆斯认为，实用的观点是建立在他所称的激进经验主义（rational empiricism）之上的，而一些传统的科学家却认为它是建立在传统的经验主义（traditional empiricism，可以通过五种感官来解释）之上的。

实质上，激进的经验主义对于心理学来说是一个元传统主义、元唯物主义的可修正的标准。"为了变得激进，"詹姆斯（1904/1987）这样写道，"经验主义者必须既不能接受任何非直接经验的元素，也不能在没有直接经验的情况下排斥否决它们。"（p.1160）在另一个地方他表明："我们的经验领域和我们的观念领域一样，没有明确的界限，其边缘永远是不断发展的'更多'，作为生命的进程接踵而至。"（p.1175）因此，激进的经验主义不仅认为感知具有有效性，而且认为情感、直觉、想象和精神经验同样有效。它认为实用性不需要受限于离散的、明显的或者可测量的行为，而是可以包含一个人寻找主观的或客观上的帮助的任何经验。例如，詹姆斯（1904/1987）发现，所谓的神秘经验就是有用的，这不仅体现在他的经典著作《宗教经验之种种》（*Varieties of Religious Experience*）中，也体现在他自己身上。他透露那种神秘的感觉给了他"一种……连接自我理想的强有力的力量"（p.1184）。他同样认为，精神生活是比传统的（逻辑实证主义）观点的生活更丰富满足（Myers，1986，p.459）。

虽然詹姆斯对心理学数据持开放态度（这具有深远的意义），但他自己并非总是信服通过这种数据得出的推论和结论。例如，有关绝对性的设想被他反复多次质疑。他指出，像这样的教义——不是科学或者宗教立场所能理解的——提出了一些不被支持的观点、草率的假设，还有狭隘的教派信仰。詹姆斯阐明（1907/1967）："绝对的理论"

已经成为一篇关于信仰的文章，武断断言、排除异议。……对多元论的丝毫怀疑，都会被独立于完整性的任何一个最小的摆动破坏。……多元论在另一方面不需要这种武断的、严格的特征。假如你承认一些分离之间的事情，一些令人震撼的独立性，一些部分在另一些部分之上的自由发挥，一些新颖或机会，不管时间的变化，她会非常满意，并且允许你有任何数量（无论数量有多大）的真正结合。（p.71）

对于詹姆斯来说，真正的（理论的）结合是通过了市场的严峻的考验，在这个市场上，各种观点能够被争论、巩固和修改（详见Myers，1986）。

当詹姆斯对与实用主义者相对的人本主义的意义表现出明显的偏爱时（Myers，1986，p.491），他的这种固执的态度对早期的心理学理论产生了影响。例如，华生（Waston）和斯金纳（Skinner）都采用经典条件反射和操作性条件反射的建构，对行为的结果（功能性后果）做出说明。具体的和可测量的行为改变对于他们是非常重要的，同样，对于詹姆斯也是如此（当说明某些经验水平时）。尽管他对于这些领域的未来含义持有保留意见，但是关于行为心理学、认知心理学和学习的影响在他的《心理学原理》（1890）和《对教师讲心理学》（1899）中得到了很好的阐述。例如，这些著作考虑到了教育上的"本能、玩耍、兴趣、自主反应和建议的重要性……"，另外，它们还考察了"引起兴趣的方法、发展无意注意、日常规则的必要性、努力的需要、学习的迁移、纪律的价值、惩罚的方法、［等级］的意义、填鸭式教育带来的麻烦……老师和学生之间的关系"，并且给教育者提供了许多以心理生理学为基础的建议（Myers，1986，p.11）。我们现在看到的是大量的有关将来的明确简洁的预告。举例来说，操作行为主义者将继续研究强化法对教育的（积极的、消极的或令人厌恶的）影响；学习理论家会提出实践的概念、学习的迁移（和泛化），还有最佳的记忆策略；神经心理学者可能会去探究脑中突触活动和习惯形成之间的关系；社会学习理论家会阐明现实模型和模仿的影响；而认知方面的研究者可能会致力于（建设性的或毁灭性的）信念对行动的影响方面的研究。

虽然有这些发展——或者在很大程度上因为这些发展，但詹姆斯投身于生物学的和行为改变策略的研究却有"明显的局限性"。他警告并反对那些"在课堂教学中对心理学的机械使用"，他强调"需要创造性的、灵活的技术"（Myers，1986，p.12）。

詹姆斯强调内省和对心理现象的细心描述在很大程度上影响了由埃德蒙德·胡塞尔所开创的现象学运动（Giorgi，1970）。虽然詹姆斯关于内省的方法与后来的现象学家们提出的观念不一样，但他仍然激发了他们的研究。在诸如《心理学原理》，尤其是《宗教经验之种种》中的研究，为很多最难以捉摸的意识领域（传统科学避免接触的领域和发生的事）提供了开拓性的深刻洞见。因此，这些经验性的改变、重建（通过玄妙的舍弃）、意志和责任、"更多的"卓越、超心理学、沉思和改变心灵的药物等观念，越来越多地为心理学添加了营养。

此外，存在心理学从詹姆斯关于人生的敏感而透彻的个人论述中得到启发。他对于意义和价值的执着面对，并不仅仅是因为这是他的研究内容，这也是他自己的一生。他完全承认存在的广阔性和不稳定性，还有在病态和消沉的状态下要求坚忍的勇气。在一本深奥的著作里，他这样写道："我的第一个自由意志的行为就是对自由意志的相信……"（Myers，1986，p.389）

奥托·兰克

我的思想像水面上的涟漪。一块小石头就能激起水花，就像思想不断往外扩展直到无法想象的边缘。

——奥托·兰克（引自 Lieberman，1985，p.7）

奥托·兰克（Otto Rank，1884—1939），一个来自维也纳郊区，本来叫作利奥波德的年轻机械工人，后来成为弗洛伊德最重视和最有才能的学生之一。他很早出名，并且发展迅猛，但这也同时是对他的嘲讽。例如，兰克是一个珠宝商的儿子，但他却对读书和诗歌有着浓厚的兴趣。他在一所技术学校受过培训，却沉迷于哲学和为期刊写作。最后，他选择了在德语里意味着"弯曲""弯曲的进程""诡计"的"兰克"这个名字，来坚持自己独立于传统的立场（Lieberman，1985）。

受到弗洛伊德《梦的解析》的鼓舞，年轻的兰克写了一篇有关神话和艺术家的有很强吸引力的研究论文。在年仅 21 岁时，在他的家庭医生（刚好是阿尔弗雷德·阿德勒）的建议下，他向弗洛伊德寄去了他的手稿。弗洛伊德对于他的作品很是吃惊，并且委任兰克担任他著名的星期三心理协会（或者称为精神分析的"内部圈子"）的记录秘书（并且长达二十年之久）。但是，最后，在提供了许多学术性的贡献之后，兰克对这场运动的发展前景越来越不满。他那艺术家的倾向性指向了需要有一个更宽广的心理历史观。受到当时人类学调查研究的影响，以及诸如弗里德里希·尼采这样的思想家给他留下的深刻印象（兰克利用弗洛伊德七十岁生日的机会向他展示了尼采的成果），兰克创设了一种综合的心理历史学的观点。虽然兰克就这些问题撰写的作品可能比较模糊，但几个同时代的观察者［例如欧内斯特·贝克、E. 詹姆斯·利伯曼（E. James Lieberman），还有埃丝特·梅纳克（Esther Menaker）］却很鲜明地复活了他的遗留作品。

兰克理论的核心与存在哲学是明确一致的，其核心有以下观点：人们的意识受到两种基本关注的驱动——生的恐惧和死的恐惧。对于兰克来说，生的恐惧是对（与他人）分离的一种关注、冒险或独自一人坚持到底。换句话说，就是对变得自由的恐惧。死的恐惧，是对（与他人）依恋的关注、退缩到子宫中去或者是回到某种物质状态。换句话说，这是一种害怕变得有限的恐惧。

根据兰克的思想，这些恐惧可能是引起众多心理失调的原因。例如，抑郁症和依赖可以追溯到对生活的一种可怕的恐惧（分离的焦虑）；自恋和躁狂症可能与宣称害怕死亡有关（依恋的焦虑）。另外，一个人的生或死的恐惧越强烈，就越有向相反的极端发展的趋势。

类似的操作活动可以在社会水平上被察觉。例如，社会强调保护主义和道德的严肃性，可能和普遍流行的对生命的恐惧有关。过分特殊化、社会不适应、自满这些更细微的问题也都与此有关。相反，沉溺在民族或文化沙文主义中的社会，或者在较低的程度上沉溺在无数形式的英雄崇拜中的社会，可能与整体上对死亡的厌恶有关。

在我们害怕分离和依恋别人的同时，我们也在某种程度上渴望它们。例如，我们中的绝大多数人渴望能够自给自足，能进行选择和冒险。同样，我们大多数人也寻求在我们的生活中有适度的独立、安全和有序。问题便演变为一种在这些需求和恐惧中进行中和的问题。

虽然兰克避免对这类问题做出适当的或者教条的回答，但是其著作的含义非常明显：我们必须寻找生活在其中的某种平衡。在我们对至关重要的经验的探索过程中，我们必须既尊重我们自身的伟大能力，又承认我们的（生存空间的）不足。

因此，兰克疗法的要点是帮助来访者在一个合适的结构中获得自由。问题是，对一个来访者来说，什么才是合适的，这才是兰克疗法的核心所在。就是说，它是从强烈的"此时此地"与来访者的交会中产生的，在那里对实际的生活条件进行了模仿。这就意味着，不仅童年期的投射，而且治疗者和患者之间的关系都是合情合理的。兰克列举道："只要治疗者能够对他在来访者身上促使其发生的事情负责，并且提供有帮助的应对方法，他就可以做他相信与某一治疗过程或治疗时刻有关的任何事情。"（Lieberman，1985，p.xxxvii）

兰克试图减少成功的精神分析所需要花费的时间，这是对这种以关系为中心的方法合乎逻辑的扩展。（必须强调，这些限定不是随意设定的，而是要在深层次的相互反思中表现出来的——就像兰克的理论方法中的所有其他问题那样。）按照这样的观点，来访者面临的挑战是更加详尽地陈述他们对（分离／依恋）的担忧，从而为他们的成长调动资源。

兰克留下了许多有待人们重视的理解心理历史学的遗作。例如，实际上整个的对象关系（object-relation）运动 ① 就受益于他的研究。不过，第一点也是最重要的一点是，存在主义应该向兰克表示感谢。他对基本的生活结构、直接性和关系以及心理治疗的艺术性的重视，已经成为当代存在主义临床实践的标准的组成部分。

接下来，我们将转向罗洛·梅的存在心理学的重要历史，以及他对于存在心理学产生影响的个人理解。

存在心理学的起源和意义 [1]

（罗洛·梅）

最近几年，一些精神病学家和心理学家越来越认识到，我们对人们存在的理解存在严重空白。这些空白似乎在很大程度上迫使心理治

---

① 即以克莱因（M. Klein）为代表的从精神分析中分离出来的一个精神分析学派，被称为对象关系学派。——译者注

疗学家在诊所和咨询室里直面那些不能用理论原则去消除焦虑的、存在于危机中的完全实在的人。但这些空白同样给科学研究带来了看似无法克服的困难。于是欧洲许多精神病学家和心理学家以及美国的其他一些人一直在询问自己一些争论不休的问题。而另一些人也开始意识到从同样的半压抑和主动提出的问题中所产生的令人苦恼的怀疑感受。

一个这样的问题出现了，我们能否确信我们看到的是病人的真实面貌，可以在其自身的现实中去了解他？或者我们看到的只是我们自己的理论对他的一种投射？可以确定，每一个心理治疗师都有他自己关于行为的模式和机制的知识以及由他所隶属的学派培养出来的信手拈来的概念体系。如果我们打算进行科学的观察，那么，这样一个概念体系是必不可少的。但是，问题的重点往往是这种体系和病人之间的桥梁——我们怎么可以确定，我们令人称赞的和按照原则完美地精心制作的体系，与在咨询室里坐在我们对面的一个活生生的、直接的、真实存在的琼斯先生有任何关系呢？难道这个具体的病人不会要求另一种体系、另一种完全不同的参考框架吗？难道这个病人，或任何有这种病因的其他病人，不会逃避我们的科学研究，像大海的泡沫一样划过我们科学的指尖，就像我们依赖自己的体系的逻辑一致性的程度那样吗？

另一个令人苦恼的问题是：我们怎么能够确定，我们看到的病人处在真实的自我世界中，在这个世界中，他"生活、行动和具有他的存在"呢？对他来说，什么才是特有的、具体的，并且不同于我们一般的文化理论的行为呢？由于种种可能的原因，我们不可能进入他的世界，也不能直接地了解这个世界。然而，如果我们有机会去了解这位病人，我们就一定要知道这个世界，并且在一定程度上存在于这个世界之中。

在欧洲，这些问题是精神病医生和心理学家的动机，他们后来构成了此在分析（Daseins analyse）或存在－分析运动。其主要代言人路德维希·宾斯万格写道："精神病学的存在研究取向，起源于对获得精神病学之科学理解的普遍努力存在不满……作为科学的心理学和心理治疗被认为是与'人'有关的，但并不仅仅主要关注'心理上有问题'的人，而是关注人本身。我们把对人的新的理解，归功于海德格尔对存在的分析。这种新的理解将其基础植根于这种新的观念，认为不能再只从一些理论方面来理解人——把人当作机械的、生物的或心理的人。"[2]

是什么促进了这种发展？

在转向这个关于人的新概念是什么之前，我们不妨指出，这种思想是由多位不同的研究者和有创造力的思想家在欧洲不同的地方和不同的学派内自发地迅速传播开来的。例如，巴黎的尤金·明科夫斯基（Eugene Minkowski）、德国的欧文·斯特劳斯（Erwin Straus）以及后来被大家认为是那个运动的第一阶段的最主要代表或者说是现象学的首要代表的德国的 V. E. 冯·盖布萨特尔（V. E. von Gebsattel）。还有瑞士的路德维希·宾斯万格、A. 斯托奇（A. Storch）、M. 鲍斯（M. Boss）、G. 巴雷（G. Bally）、罗兰·库恩（Roland Kuhn），荷兰的 J. H. 范·登·伯格（H. van den Berg）和 F. J. 拜坦迪克（F. J.

Buytendijk）等人，他们更具体地代表了第二阶段或者称为存在主义的阶段。这些事实——这场运动是自发产生的，在某些情况下，这些人并不了解其同事所做的显然非常类似的工作，而且，它不是一个领导者的脑力劳动的产物，它的成果应该归功于不同的精神病专家和心理学家——证明它必须对我们时代精神病学和心理学领域普遍存在的需要进行回应。冯·盖布萨特尔、鲍斯和巴雷是弗洛伊德学派的分析师；而在苏黎世团体从国际组织脱离出来的时候，瑞士的宾斯万格在弗洛伊德的推荐下成为维也纳精神分析学会的一员。一些存在治疗师也受到荣格倾向的影响。

这些有着精细体验的人在以下事实上有所不安：尽管因其学到的技术，他们是有效的治疗者，但是只要他们把自己限制在弗洛伊德式和荣格式的假定上，那么，他们就不能明白为什么这些治疗会起作用，或者为什么没有发生作用，或者在患者的存在中到底发生了什么。他们拒绝治疗师们之间平复内在疑虑的惯常方法，也就是说，用加倍的努力去转换一个人的注意力，以完善他自己概念系统的复杂性。另一个存在于心理治疗师中的趋势是，当怀疑所产生的焦虑和打击是根据他们的所作所为而产生的时候，技术往往占优势。也许绝大多数唾手可得的减轻焦虑的做法是，通过假设一个完全技术化的重点来使他自己从问题中脱离开来。这些人可以抵制这些诱惑。他们同样也不愿提出未经澄清的主体，正如路德维希·莱佛布尔（Ludwig Lefebre）所指出的 [3]，例如"力比多"或"监察官"，或者在"移情"之下堆积在一起的多种不同的过程，来解释所发生的事情。而且，他们尤其强烈地质疑将潜意识理论作为一张署名空白的纸，在上面你几乎可以写下任何解释。正如施特劳斯指出的，他们觉察到"病人的潜意识观念往往就是治疗师的意识理论"。

这些精神病学家和心理学家提出的争议并非具体的治疗技术问题。例如，他们承认精神分析法对某些特定的病情是有效的，弗洛伊德学说运动的一些成员自己也采用它。但是他们都对其关于人的这一理论持严重的怀疑态度。而且他们认为，这些关于人的概念的困难和有限性，不仅严重地阻碍了研究，而且从长远考虑，也会严重限制治疗技术的效力和发展。他们寻求理解具体的神经症或精神病，而且由于那样的原因，想要理解任何人类的危机情境，认为这并不是对这个或那个恰好在进行观察的精神病学家或心理学家概念尺度的背离，而是在那个具体病人的存在结构中的背离，即中断他的习惯行为。"一种以存在 - 分析为基础的心理治疗是要研究接受治疗的病人的生活史……但它并不是要根据任何心理治疗学派的教义，或者根据它所偏爱的范畴来解释这种生活史和它的病态习性。相反，它把这种生活史理解为病人存在于这个世界上的整体结构的改变。"[4]

宾斯万格自己努力理解存在分析是如何对某一既定案例具有启发的，以及怎样把存在分析与心理学理解的其他方法进行比较，这种努力在他的"艾伦·维斯特"[5]的研究中用图表做了阐述。在他完成有关存在分析的书之后，宾斯万格在 1942 年重新回到他曾担任主任的那家疗养院的档案室，选择了那个最终自杀的年轻女人的病例。这个病例发生在 1918 年，在使用电击治疗之前，当时精神分析法正处于它的相对幼小的初期阶段，其对心理疾病的理解在我们今天看来似乎是很粗暴的。宾斯万格用这个案例力图反对当时那种粗暴的方法，其方式就是运用存在心理治疗所理解的艾伦·维斯特的案例。

艾伦·维斯特小时候顽皮得像个男孩，很早就有了远大的抱负，这在她曾说的话中得到表现："要么成为恺撒，要么一无所有。"在后来的十几年里，一些事改变了她的一生，周边的困境使她陷入绝境，比如堕落。她在绝望与欢乐、愤怒与驯服，但绝大多数是在吃饱东西和使自己挨饿之间摇摆不定。宾斯万格指出了艾伦·维斯特看过的两位精神分析学家在理解上的片面性，一位看了五个月，另一位看了更短的时间。他们只是在本能、驱力以及被宾斯万格称为"生物学世界"（Umwelt）的其他方面的世界里对她进行解释。他尤其通过逐字翻译对弗洛伊德阐述的原则提出了争议："在我们看来，感知到的（观察到的）现象必然会让位于只是假设的（假想的）努力（趋势）。" [6]

在艾伦的长期病痛（现在我们可以称之为严重的厌食症）中，当时的两位精神病专家同样对她进行专家会诊。一个是克勒佩林，诊断她为忧郁症；另一个是布洛伊勒，他提出了"精神分裂症"的诊断。

在这里，宾斯万格对治疗的技术并不感兴趣，他关心的是怎样努力了解艾伦·维斯特，她使宾斯万格着迷的是，她似乎"与死亡相爱了"。在十几岁的时候，艾伦恳求"海王把她亲吻到死"。她写道："如果不是只有一次，那么死亡就是生命中最大的快乐。"（p.143）"假如他（死神）让我等得太久，那么，死神，我的好朋友，我将会动身去见他。"（p.242）她无数次这样写，她宁愿去死，"就像鸟儿引吭高歌，在至高无上的欢乐中死去"。

她的写作天赋在她大量的诗集、日记以及有关她自己病痛的散文中得到体现，她让我们想起西尔维娅·普拉斯（Sylvia Plath）。宾斯万格提出了这个难以回答的问题：有人能仅通过度过自己的一生来实现自己的存在吗？"但是，在只有通过放弃生命，存在才可以有存在的地方，这种存在就是一个悲剧的存在。"

对宾斯万格来说，艾伦·维斯特是克尔凯郭尔在《疾病到死亡》中描述的绝望的一个生动例子。宾斯万格写道：

> 然而，正如克尔凯郭尔所说的那样，面对死亡而活着，就意味着"向死而生"；或者就像里尔克和席勒（Scheler）所表述的那样，死得其所。每一种逝世、每一种死亡，无论是否自我选择了死亡，都仍然是生命中的一种"自发行为"，歌德已对此做过表述。也就像他描述拉斐尔[和]开普勒时所说的，"他们俩都是突然结束了自己的生命"，但是，他这样说是指他们非自愿地死亡，降临到他们身上的是"来自外部的"，"像表面的命运"，所以，相反，我们可以认为艾伦·维斯特的自我引发的死亡就像是一个终止或完结。谁会问在这个案例中罪恶从哪里开始，"命运"在哪里结束呢？[7]

宾斯万格是否已经成功地在这个例子中阐明了存在主义的原则，这有待读者去判断。但是，每一个阅读过这个长篇案例的读者，都会为宾斯万格在探索过程中的深刻程度以及他丰富的文化背景和学者气度所震惊。

这里有必要对宾斯万格和弗洛伊德的长久友谊做一下描述，同时，这份友谊是相当宝贵的。在对弗洛伊德相关回忆的一本小册子（是在安娜·弗洛伊德的鼓励下出版的）里，宾斯万格提到他曾多次拜访弗洛伊德在维也纳的家，并且弗洛伊德曾在位于康士坦茨湖畔的疗养院里对他进行了几天拜访。因为这份友谊是关于弗洛伊德与思想上和他有严重分歧的同僚保持持久关系的唯一一个例子，所以它变得格外引人注目。在弗洛伊德写给宾斯万格的新年贺信中，有一个深刻的观点："与绝大多数的其他人不同，你没有让你的智力发展——这使你离我的影响越来越远——毁掉我们的私人关系，你不知道这种适当性对于一个人来说是多么美好啊。"[8] 这种友谊的存在是因为两人之间的理智冲突就像大象和海象之间那种众所周知的战役——他们的观点永远达不到一致，或是因为宾斯万格身上的一些圆滑的态度（弗洛伊德曾温和地在这一点上责备过他的这种态度），或是因为他们之间相互尊重和感情深厚的程度，我们不得而知。然而，宾斯万格和其他存在治疗运动中的人关心的并不是对具体的动力学机制本身进行论证，而是对人类本性的根本假设进行分析，并且达到了一个结构，所有的具体治疗系统都能够以此为基础，这才是最重要的。

所以，简单地认为心理治疗中的存在主义运动是从弗洛伊德学说、荣格和阿德勒等学派中分离出来的另一种学派的观点是错误的。那些先前分离的学派，虽然是由于正统疗法的盲点和通常当正统疗法陷入干旱的高原时出现的，但却是在某一位有影响力的领导者的创造性工作的推动下而形成的。在 20 世纪 20 年代早期，奥托·兰克重新强调在病人体验中的当前时刻（present time），当时经典的精神分析对涉及病人过去的枯燥无味的理智化讨论陷入了困境；威廉·赖希（Wilhelm Reich）的性格分析（character analysis）是在 20 世纪 20 年代后期出现的，这是对突破性格盔甲的"自我防御"之特殊需要的答复；新文化取向通过霍妮（Horney），以及通过弗洛姆（Fromm）和沙利文（Sullivan）与众不同的方式，在 20 世纪 30 年代得到发展，当时正统的精神分析忽视了神经质和精神病困扰在社会和人际方面的真正重要之处。现在，存在治疗运动的发端与这些其他学派确实有一个共同的特点——它仍然是通过相对于现存心理治疗取向的盲点而产生的，我们稍后会对此做进一步阐述。但是它在两个方面有别于其他学派。第一，它不是任何一位领导者的创造物，而是在欧洲许多不同地方自发地和本土地产生的。第二，它的目的并不是要建立一个与其他学派相对立的学派，或提出一种与其他治疗技术相对立的技术。相反，它寻求分析人类存在的结构——一份进取心，如果成功，它就会对隐藏在处于危机中的人类的所有情境背后的现实形成某种理解。

因此，这个运动的目的不只是使人认识到盲点。当宾斯万格说"存在分析可以加宽、加深精神分析的基础概念和理解"时，他是有合理的理由的。在我看来，这种理由不仅和精神分析有关，而且和其他疗法有关。

当存在心理治疗通过《存在》一书被第一次介绍到美国时，出现了很多对这项运动的抵制，尽管它在欧洲一度很有名气。虽然绝大多数反对意见都平息下来，但是研究一下这些抵制的性质也是非常有价值的。

第一个对于这个贡献或任何一项新贡献进行抵制的根源是这种假设，即所有主要的发现都是在这些领域里实现的，我们所要做的只是对细节的填补。这种看法就像是一位老的闯入者，像一位在心理治疗的诸学派之间的斗争中一直臭名昭著的没有被邀请的客人。它的名字就是"被结构化为教条的那些盲点"。虽然它不应作为一种答案，也不易受其他学派的影响，但令人遗憾的是，它是一种可能在这个历史时期比任何人想到的都会更广泛的态度。

第二个抵制根源，也应该对此进行严肃回答的，就是人们对于存在分析的怀疑，他们认为存在主义是哲学对精神病学的一种侵犯，它和科学并没有多大关系。这种态度部分是来源于19世纪后期争论的那些文化遗存下来的创伤的遗留物，当时心理科学刚从形而上学中脱离出来。随后取得的这个胜利是极其重要的，但是，和所有战争的后果一样，它们对敌对的另一极端所做出的反应本身也是有害的。关于这种抵制，我们将做一些评论。

人们清楚地记得，精神病学和心理学中的存在主义运动恰恰来自一种激情，一种并非更缺少实证，而是具有更多实证研究的激情。这使宾斯万格和其他人相信，传统的科学方法不仅对数据是不公正的，实际上也更倾向于掩藏而不是揭示在病人心中所经历的进程。存在分析运动是对以下趋势的一种反抗，即以我们自己先入为主的形式来看待病人，或者把他改造成我们自己偏好的形象。在这一方面，存在心理学恰好在最广泛的意义上站在科学的传统之内。但是，它通过历史的观点和学者的深度，通过接受"人类通过艺术和文学还有哲学来揭示自己"的观点，通过一些（表现当代人的焦虑和冲突的）独特的文化运动的洞见，扩展了对人的认识。

在这里提醒我们自己也是很重要的：每一种科学的方法都是建立在哲学预想基础上的。这些预想不仅决定了使用这种特殊方法的观察者可以观察到多少现实——它们确实是他用以观察的透镜——也与观察到的景象是否与真实的问题相关，以及因此而引出的科学研究是否将持续下去。天真地猜想，如果一个人避开了所有哲学预想的假设，他就能够观察到这些事实，这是一种虽然常见却粗糙的错误。因此，他所做的一切，就是对他自己有限文化的那些独特的狭隘学说的非批判性的镜像反应。在我们今天看来，这样的结果是把科学与一些因素分离开来，并且对从一个据说被分离出来的基础上来观察的方法产生了认同——这是一种特别的方法，它产生于17世纪西方文化中主客观的分离，并在19世纪后期和20世纪发展成独特的、各自独立的形式。现在，与成为其他任何文化的成员相比，我们受到"方法论"的影响并不少。但是，我们对人类心理研究这样一个至关重要的领域的理解以及对建立在此基础之上的情绪和心理健康的理解，却因不加批判地接受有限的假设而受到限制，这似乎是特别令人遗憾的。海伦·萨金特（Helen Sargent）已经明智而精辟地指出："科学提供了使研究生所能认识到的、更多的灵活性。"[9]

现实是合法的，因此是可以理解的。这样的假定难道不是科学的本质吗？任何方法都在不断地对自身的预想进行批评，这难道不是科学整体性不可分割的一部分吗？唯一能拓宽"眼界"的方法就是分析自身的哲学假设。在我看来，在这场存在主义运动中，精神病专家和心理学家寻求澄清他们自己的根据，这应该值得大加称赞。就像亨利·艾伦伯格（Henri Ellenberger）指出的那样[10]，这使得他们能够清晰、透彻地去看待他们的人类研究对象，并对心理经验的许多方面提出独到的见解。

第三个抵制根源，在我看来是最重要的，即美国技术占优势的趋势，以及急切地想要在这些考虑之下寻求所有技术必定建基于其上的基础。这个趋势可以根据美国的社会背景（尤其是关于边疆的历史）得到很好的解释，并且可以很好地证明我们乐观而又积极地关注对人们提供帮助和改变是合理的。我们在心理学领域的天赋直到最近才在行为主义、临床以及应用领域中表现出来，我们在精神病学中的特殊贡献在药物治疗和其他技术应用中得到体现。高尔顿·奥尔波特（Gordon Allport）描述过这样一个事实：美国和英国的心理学（以及普遍的理智氛围）已经具有洛克哲学的色彩了，就是说，已经成为实用主义的了——一种适合于行为主义、刺激和反应体系和动物心理学的传统。奥尔波特指出，洛克哲学的传统是由对心灵是一块白板（tabula rasa）的强调组成的，经验就在这块白板上写下后来将要存在的东西，而莱布尼茨的传统观念则把心灵看作有一个自己的潜在的积极核心。相比之下，欧洲大陆的传统已经莱布尼茨化了。[11] 现在，有必要提醒自己，十年前心理治疗领域中每一种新的理论贡献，都有其独创性和吸引力去催生一个新的学派的发展，这都来自欧洲大陆，只有两个例外——当然，其中一个被欧洲本土精神病专家称为祖先。[12] 在这个国家，我们倾向于成为从业医师，但令人烦恼的问题是：我们将从哪里获得我们要从业实践的东西呢？直到最近，我们对技术一直予以高度专注，这本身是值得称赞的，但我们却倾向于忽视这样的事实：技术对自身的强调从长远来看甚至将挫败技术。

在我看来，我们所命名的这些抵制根源，并没有暗中削弱存在分析的贡献，却证明了它对我们思维的潜在重要性。尽管有其困难之处——部分是因为其语言，部分是因为其思想的复杂性——但我相信，它是一个值得认真研究的具有重要意义和独创性的贡献。

存在主义和精神分析是怎样产生于同一文化情境的

（罗洛·梅）

现在，我们应该关注一下存在主义者和精神分析学家所致力于研究的现代人问题中的显著的相似之处。从不同的观点和不同的水平上，他们都对焦虑、绝望、人与自己及其社会的疏远做过分析，都在人的生命中寻求一种整合和意义的综合。

弗洛伊德把 19 世纪后期的神经症人格描述为由于分裂而导致的痛苦，也就是说，由于对本能驱力的压抑、对觉知的封闭、自主性的丧失、自我的软弱和消极以及由于这些分裂所产生的各种各样的神经症状。克尔凯郭尔——在弗洛伊德之前写了唯一的一本致力于研究焦虑问题的著作——不仅分析了焦虑，还尤其分析了由于个人的自我疏远所产生的抑郁和绝望，他把这种疏远做了不同形式和不同严重程度[13]的归类。尼采在弗洛伊德第一本书出版十年之前就宣称，当代人的疾病是"他的灵魂变质了"，他"情绪低落"，这儿到处弥漫着"一种难闻的味道……一种失败的味道"。然后他又在显然是预见到精神分析后来提出的概念基础上，进一步阐述了受到阻碍的本能力量是怎样在个体内部转变为怨恨、自我仇恨、敌意和攻击性的。弗洛伊德并不知道克尔凯郭尔的研究，但他认为尼采是所有时代真正伟大的人物之一。

19 世纪的这三位伟人之间是什么关系呢？他们之间都没有直接的相互影响吗？他们提出的有关人的本性的两种取向——存在主义和精神分析——之间是什么关系？这很可能是动摇甚至推翻了关于人的传统概念的两个最重要的理论。为了回答这些问题，我们必须调查 19 世纪中期和后期的文化背景，关于人的两种取向都产生于此并且都寻求对此做出解答。理解人类存在的一种方式，例如存在主义或者精神分析，其真正的意义是决不可能被抽象地看到的，也决不可能脱离其世界，而只是处在给予它生命的历史情境的背景关系之中。因此，接下来的历史讨论一点也没有偏离我们的中心目标。确实，正是这种历史的观点才可以使我们在这个关键问题上受到启发，也就是说，在维多利亚时期，弗洛伊德为研究人格分裂而提出的具体的科学技术是怎样与对人及其危机的理解有关的，克尔凯郭尔和尼采也对这个问题做出了巨大的贡献，并且后来为存在心理治疗提供了一个宽广而深厚的基础。

19 世纪的分离和内部衰弱

19 世纪中后半叶最主要的特点就是人格分离成碎片。正如我们将要看到的，这些分离的碎片是在文化中和个体中出现的情绪的、心理的和精神上的分裂的征兆。人们不仅可以在心理学和当时的科学中看到个体人格的这种分裂，而且在 19 世纪后期文化的几乎每一个方面都可以看到。人们可以在家庭生活中观察到这种分离，它在易卜生的《玩偶之家》里得到了生动的描述和猛烈的抨击。这位受到大家尊重的市民，把他的妻子和家庭放在一个房间里，他的生意及其他世界放到另一个房间里，他使得自己的房子像一个玩偶的家，并且为其倒塌做了准备。同样，我们也可以在艺术与现实生活的分离中看到这种区分。艺术以其完美的、浪漫的、学术性的形式得到运用，是对存在和自然的一种伪善的逃避，艺术是人为的，塞尚（Cézanne）、凡·高（Van Gogh）、印象派艺术家以及其他现代艺术运动都对此提出强烈抗议。从宗教与日常存在的分离中可进一步看到这些分裂的碎片，人们抗议这使之成为礼拜日的事情和特殊的仪式，并使伦理与商业分离。这种分离同样也发生在哲学和心理学里——当克尔凯郭尔如此强烈地与贫瘠、抽象的推理做斗争，并且为回归现实而进行辩护时，他一点也没有攻击假想的对手。维多利亚时代的人认为自己被分离成理性、意志和情绪，并且发现这样的描绘很不错。他的理性可以告诉他该做什么；唯意志论的意志会给他提供做这件事的手段以及情绪——哦，情绪完全可以开辟成为强迫性的商业驱动力，并且按照维多利亚时代的道德规范建立严格的结构；情绪确实已经扰乱了形式的碎片，比如性和敌意，这些情绪将受到严厉的压制，只有在爱国主义的狂欢中或者周末在波希米亚控制良好的"饮酒作乐"中才会宣泄出来，为的是让人能够像蒸汽发动机一样释放多余的压力，让他在周一早晨回到办公桌前能够更有效地工作。当然，这种人得把更多的压力放在"合理性"上。确实，非理性（irrational）这个术语的意思是指一件没有被提到或想到的事情。没有被想到的事情，例如维多利亚时代的人的压抑或分离是使文化保持表面稳定性的先决条件。沙赫特尔（Schachtel）指出，维多利亚时代的人是怎样如此急切地说服他有自己的理性，以至于他否定他曾是一个孩子或者曾有一种孩子的非理性以及缺乏控制这样的事实，这就导致了成人和孩子之间的彻底分裂，这是对弗洛伊德研究的一种预兆。[14]

这种分离和发展中的工业主义是携手并进的，是互为因果的。如果谁可以使他生活中的不同部分被完全分离，可以每天在完全相同的时刻敲钟，其行为总是可以预见的，从不受非理性欲望或诗人的幻想的困扰，甚至可以像操控机器那样以同样的方式熟练地操控自己，那么，他就不仅是装配线上的，也是许多更高级生产水平上的最赚钱的工人。正如尼采指出的，这种推论同样是正确的：工业系统的出色成功，其资金的积累是对个人价值与人手工制作的实际成品完全分离的证实，这些都对人与他人以及与他自己的关系产生了一种相互的去个人化（depersonalizing）和非人性化（dehumanizing）的影响。它与这些非人性化的趋势相对抗，这些趋势把人当作机器，把他置于他所工作的工业系统的意象之上，这是早期存在主义者所强烈反对的。他们意识到所有的威胁中最严重的就是，理性会联合机器的力量使个体的元气和决定性受到破坏。他们预言，理性正在还原为一种新的技术。

我们时代的科学家们往往没有觉察到，这种分离最终也具有我们继承的20世纪的那些科学的特点。正如厄内斯特·卡西勒（Ernest Cassirer）用一个短语所叙述的那样，19世纪是"自主科学"的时代。每一种科学都在按它自己的方向发展。这里没有一致的准则，尤其是在与人的关系方面。这个时期有关人的观点得到了发展中的科学所积累起来的实证研究证据的支持，但是，"每一种理论都成为一张强求一致的床，在这张床上实证研究的事实被拉长，以适应某一预想的模式。……因为这个发展，我们现代有关人的理论失去了它的理智中心。代之以此，我们获得的是一种思想的完全无政府状态。……神学家、科学家、政治家、社会学家、生物学家、心理学家、人类文化学家、经济学家都从他们自己的角度着手处理这个问题……每一位作者似乎最后都受自己关于人的概念和评价的引导。"[15] 怪不得席勒（Max Scheler）曾这样宣称："除了我们自己的时代，没有哪一个时期关于人的知识让人对他自己变得更加疑虑的了。我们有一个科学的、一个哲学的、一个神学的人类学，它们之间互不知晓。因此，我们不再具备任何关于人的清楚和一致的观念。从事研究人的那些特殊科学的不断发展的多样性更多地混淆和模糊了而不是阐明了我们关于人的概念。"[16]

表面上，维多利亚时代看起来很平静、满足和有秩序，但这种平静是以广泛、深远和越来越具有破坏性的压抑为代价换取的。就像在一个神经症患者案例中那样，当它接近那个点的时候——1914年8月11日，分离就变得越来越死板，此时它将要完全瓦解。

现在，需要注意的是，文化的这种分离在个体人格内部的激进压抑中有其心理上的对应物。弗洛伊德的天赋就是提出了一些科学技术来理解或者治疗这种分离的个体人格，但直到很久以后，当他怀着悲观主义和一些分离的绝望对那个事实做出反应时[17]，他才发现，个体的神经症疾病只是影响社会整体性的一些分离力量的一个方面。就克尔凯郭尔而言，他预见到这种分离作用于个体内部情绪和精神生活的结果：某人特有的焦虑、孤独，这个人与另一个人之间的疏离以及最终将导致终极绝望的状况，即人与他自己的疏离。但是，这种日益趋近的情境仍有待尼采来生动地描画："我们生活在一个原子和原子混乱的时期。"他用20世纪集体主义的一种生动预言，从这种混乱中预见到："这个可怕的幽灵……这个民族国家……与幸福必须在今天和明天之间被捕捉到时相比，对幸福的寻求将永远也不会比那时更多，因为后天所有的搜寻时间可能会全部结束。"[18]弗洛伊德看到了这种按照自然科学而引发的人格的分离，并且关注对其技术方面的详尽阐述。克尔凯郭尔和尼采都没有低估具体的心理学分析的重要性；但是他们更关注把人作为被压抑的存在来理解，这种存在放弃了自我觉知来抵抗现实，然后忍受着神经症后果的痛苦。奇怪的问题是：人，这个能够意识到他存在、能够知道其存在的世界上的存在，应该选择或被迫选择封闭这种意识，应该忍受焦虑的痛苦，为自我毁灭和绝望而产生强迫症，这究竟意味着什么呢？克尔凯郭尔和尼采敏锐地觉察到，西方人的"灵魂的疾病"是一种更深层和更大规模的病态，不是靠具体的个人或社会问题所能解释的。在人与他自己的关系方面，有些事情是相当错误的。对他自己来说，人已经变成有根本问题的人了。"这就是欧洲真正的窘境，"尼采断言，"连同人的恐惧一起，我们失去了对人的爱、对人的自信，甚至还失去了成为人的意志。"

心理学能从存在主义者那里学到什么 [19]
（亚伯拉罕·马斯洛）

此论文发表于亚伯拉罕·马斯洛（Abraham Maslow）担任美国心理学会主席时期，仅仅在他过早去世的前两年。这篇论文反映了亚伯拉罕·马斯洛对存在主义的最终观点。马斯洛得出结论认为，存在主义对心理学的"第三［人本主义的］分支"不仅具有革命性的影响，而且对整个心理学科具有同样的影响。"存在主义者教导说，这两者［创造物和上帝的宠儿］是……对人类本性特征的确定。……任何对此不加考虑的哲学都不能被看作是完整的。"

如果我们从"对心理学家来说其中隐含着什么？"这个问题来研究存在主义，我们就会发现，从一种科学的观点来理解简直是太模糊和太困难了（不是能否证实的问题）。但我们同样发现大量的益处。从这种观点来看，我们发现，它并不是一个完全新的发现，而是对已经存在于"第三势力心理学"之中的一些趋向的一种强调、证实、加强和重新发现。

在我看来，存在心理学意味着两个必不可少的主要重点。首先，它激进地强调，同一性概念和同一性经验是人类本性的一个绝对必要的条件，是任何关于人类本性的哲学或科学的一个绝对必要的条件。我之所以选择这个概念作为基本概念，一部分原因是我对它的理解比对诸如本质、存在、本体论等术语的理解更好，而另一部分原因是，它能够用实证的方法来研究，即使现在不可以，不久的将来也一定可以。

但是随即便出现了一个自相矛盾的结果，因为美国心理学家〔奥尔波特、罗杰斯、戈德斯坦（Goldstein）、弗洛姆、威利斯（Wheelis）、埃里克森（Erikson）、默里（Murray）、墨菲（Murphy）、霍妮、罗洛·梅等〕也已经对同一性的探索留下了深刻印象。而且我必须说，这些学者对原始事实的了解要清楚和接近得多，就是说，比那些德国人，如海德格尔、雅斯贝尔斯（Jaspers），有更多的实证研究依据。

其次，它非常强调从经验型知识开始，而不是从概念体系或抽象的分类或从演绎推出结果开始。存在主义依赖于现象学，也就是说，它把个人的、主观的经验作为基础，抽象的知识就是在此基础上建立的。

但是许多心理学家也以这种同样的强调作为开始，却没有提到精神分析的所有各种各样的分支。

（1）第一个结论是，欧洲的哲学家和美国的心理学家们并没有像起初表现出来的那样有那么大的分歧。美国人"一直在讨论散文却不明白它"。当然，部分原因是，这种在不同国家的同时发展本身就表明，已经独立地得出这些相同结论的人们都是在对存在于他们本身之外的真实事物做出反应。

（2）我认为，这些真实的事物就是存在于个体之外的所有价值观根源的彻底崩溃。许多欧洲的存在主义者主要对尼采的"上帝死了"这个结论做出反应。美国人已经知道，就他们自己而言，政治民主和经济繁荣解决不了任何基本的价值问题。除了转向内部，转向自我，把它作为价值所在地之外，已经没有别的回旋余地了。荒谬的是，甚至一些宗教存在主义者也部分地赞同这个结论。

（3）存在主义者可以向心理学提供它目前正好欠缺的基础哲学，这对心理学家来说是极其重要的。逻辑实证主义已经失败了，尤其是对临床和人格心理学家们而言。无论如何，基本的哲学问题必将再次得到公开讨论，也许心理学家们将不再依靠虚伪的解答，或不再依靠他们在孩提时代拾起的那些无意识的、未经察觉的哲学。

（4）欧洲（对我们来说就是美国）存在主义精髓的一种可以替代的说法就是，它激进地应对的是在人的欲望和人的有限性之间（在什么是人类存在和他想要成为什么以及他能成为什么之间）的差距所呈现的那种窘境。这并没有像起初说的那样与同一性问题相脱离。一个人既是现实性也是潜在性。

在我看来，认真对待这种差异的做法毫无疑问可以使心理学发生革命性的改变。各种文献已经对这种结论提供了支持，例如，投射测验、自我实现、各种高峰体验（这种差距在高峰体验中得到弥补）、荣格心理学、各种神学思想等。

不仅如此，他们还提出了将人的两重性，即他的短处和他的长处，他的动物性和神性，整合起来的问题和技术。总的来说，东方和西方一样，大多数哲学和宗教已经对它们做了二元分野，都教诲说，成为"更高"即是对"更低"的放弃和征服。然而，存在主义者则认为，两者同时都对人类本性的特点做了界定。任何一个都不能被否定，它们只能被整合。

但是，我们已经对这些整合技术的某些东西——洞察力、广义的理智、爱、创造力、幽默和灾难、娱乐以及艺术有所了解。我怀疑，我们会比过去更多地把我们的研究重点放在这些整合的技术上。

另一个我思考人类两重性的这种压力的结果是，认识到某些问题必须保持永远得不到解决。

（5）从这里自然流露出一种对这种理想的、本真的或完美的又或者是神圣的人类存在的关注，把人类潜能作为目前在某种意义上的存在，作为当前可以认识的现实来研究。听起来这可能也只是字面上的，但实际上它不是。我提醒你，这只是询问那些古老的未曾解答的问题的一种幻想的方式，治疗的目的是什么？教育的目的是什么？抚养孩子的目的又是什么？

这同样隐含着另一个真理和需要迫切注意的问题。实际上，对现存的"本真的人"的每一种严肃描述都意味着，凭借一个人已经成为的样子，这个人假定了与其社会的一种新关系，事实上是与一般意义上的社会的一种新关系。他不仅用各种方式超越了他自己，也超越了他的文化。他抵触对某种文化的适应。他变得更加远离他的文化和社会。他变得更像其物种的一员，而不是其当地团体的一员。我的感觉是，大多数社会学家和人类学家将对此耿耿于怀。因此，我可以肯定地预计在这个领域会存在争议。但这显然是"普适性"的基础。

（6）从欧洲学者的观点来看，我们可以也应该像他们那样，更加重视他们所谓的"哲学人类学"，也就是，试图对人进行界定，强调人和任何其他物种之间、人和客体之间、人和机器人之间的差异。什么是人特有的、确定的特点？什么是人所必不可少的，没有它，人就不再被称为人了？

大体上，这是美国心理学已经放弃的一项研究工作。各种行为主义并没有提出任何这种定义，至少没有一个可以严肃对待的定义。（一个刺激-反应的人会是一个什么样的人呢？谁愿意成为这样的人呢？）弗洛伊德对人的描述很显然是不恰当的，没有考虑到人的志向、其可实现的希望和神圣的品质。弗洛伊德给我们提供了最完整的心理病理学和心理治疗体系，就像当代自我心理学家所发现的那样，这个事实有点离题了。

（7）一些存在哲学家对自我的自我形成过程（self-making of the self）强调得太过绝对了。萨特和其他一些人谈到过"自我是一种规划"，完全是由这个人自己连续的（和武断的）选择产生的，似乎他可能使自己成为任何他决定成为的人。当然，用如此极端的形式，这几乎肯定是一种夸大其词，这是和遗传学及体质心理学的事实直接矛盾的。事实上，它是十足可笑的。

另外，弗洛伊德主义者、存在治疗学家、罗杰斯学派的人以及个人成长心理学家都更多地谈论发现自我以及暴露（uncovering）治疗，也许低估了意志、决定以及我们确实是靠我们的选择来造就我们自己的方式等因素的影响。

（当然，我们一定不要忘记，这些团体都可以被说成是过度心理学化的和不够社会学化的。也就是说，他们并没有在系统的思考中足够重视自主的社会和环境决定因素的强大力量，这些存在于个体之外的如贫穷、剥削、民族主义、战争和社会结构等势力的强大力量。当然，没有一个心理学家在他思维正常时会梦想到否认人在这些势力面前存在一定程度的无助。但是，他首要的专业责任毕竟是研究个体的人，而不是研究心理外部的社会决定因素。同样，对心理学家来说，社会学家似乎太绝对地强调社会力量了，忘记了人格、意志、责任等的自主性。最好将这两类团体视为专业人士，而不是盲目的或愚蠢的。）

不管怎么样，看上去好像我们既发现和暴露了我们自己，也决定了我们的发展方向。这种观念的冲突是一个能够通过实证研究来解决的问题。

（8）我们不仅潜入了责任和意志问题的内部，而且深入了解了它们关于力量和勇气的推论。最近，精神分析的自我心理学家们已经认识到这个伟大的人类变数的重要性，并且对"自我力量"予以极大的关注。对行为主义者来说，这仍是一个尚未涉及的问题。

（9）美国心理学家们已经听到了奥尔波特对特殊规律心理学的呼唤，但并没有采取什么相关的行动。就连临床心理学家们也尚未采取任何行动。现在，我们有了来自现象学家和存在主义者朝这个方向的推动力，这是一种难以抵抗的推动力，确实，我认为，从理论上讲，这是不可能抵抗的。如果对个体独特性的研究与我们所认识的科学的东西不能融为一体，那么，这对于科学这个概念来说会更加糟糕，它也将不得不忍受重新创造。

（10）在美国心理学思想中，现象学有一段历史，但是总的来说，我认为它已经失去了活力。欧洲的现象学家们用他们极度的细心和艰苦的证明再次告诉我们，了解另一个人存在的最好方式，或者至少是对某些目标来说的一种必要方法，就是进入他的世界观

（Weltanschauung）以及能够通过他的眼睛看到他的世界。当然，按照任何一种科学的实证哲学的观点，这样一个结论是粗糙的。

（11）存在主义者对个体的终极唯一性的强调对我们是一个有用的提醒，这不仅提醒我们要进一步研究决策的概念，或责任、选择、自我创造、自主性和同一性本身的概念，也使这些独立的个体之间的神秘沟通产生了更多的疑问和更加吸引人，例如，通过直觉和移情、爱和利他主义、与他人认同以及通常的和谐。我们理所当然地接受这些，也许我们把它们当作奇迹来解释会更好。

（12）我认为，存在主义学者们关注的另一件事情可以非常简单地进行描述。这就是生活的严肃和深刻（或许就是"生活的悲剧意义"），这是和生活的肤浅与表面相对立的，这是一种缩减了的生活，是对生活的终极问题的一种防御。这不仅仅是一个字面上的概念。它是具有实际操作意义的，例如，在心理治疗中的运用。我（和其他人）已对下述事实留下了越来越深刻的印象：灾难有时候是有治疗作用的，当人们因为痛苦而被迫陷入灾难之中时，治疗似乎常常能最好地发挥作用。只有当肤浅的生活不发挥作用时，它才是有问题的，才会出现对基本远离的呼唤。正如存在主义者非常清楚地证明的，心理学中的肤浅性也没有产生任何效应。

（13）存在主义者和许多其他团体正致力于教诲我们认识到言语理性、分析理性、概念理性的局限性。它们是目前怀旧思潮的一部分，这股思潮认为，原始经验先于任何概念或抽象作用。这相当于说，我认为这是对 20 世纪西方世界的全部思维方式的一种合理的批评，包括对正统的实证科学和哲学的合理批评，这两者在很大程度上都需要重新考察。

（14）也许现象学者和存在主义者们研究出来的所有变化中最重要的一点就是，一场期待已久的科学理论的革命。我之所以本不应该说"研究出来的"，相反应该说是"帮助发展起来的"，是因为有许多其他的势力在帮助摧毁官方的科学哲学或"唯科学主义"。需要克服的不仅仅是笛卡儿的主体和客体二分的观点，还有必要做出其他一些激进的改变，把心理和原始的经验，例如，吝啬、朴素、准确、秩序、逻辑性、优雅以及定义这些与其说是经验的范畴，倒不如说是抽象概念的范畴包括在现实之中。这种改变将不仅影响心理学这门科学，同样也会影响所有其他科学。

（15）我用在存在主义文献中对我影响最大的刺激因素作为结束，也就是心理学中的未来时间问题。这并不是说，像我迄今为止所提到的所有其他问题或推动力一样，我对此完全不熟悉，我想，任何严肃的人格理论的学者们也不是对此完全不熟悉。夏洛特·布勒（Charlotte Buhler）、高尔顿·奥尔波特和科特·戈尔德斯坦的著作应该也已经使我们敏感地觉察到，有必要在未来解决目前现存人格中的动力作用问题并使之系统化。例如，成长（growth）、形成（becoming）和可能性必然要指向未来；潜能和希望之类的概念，以及愿望和想象的概念亦然；向具体还原是对未来的一种丧失；威胁和忧虑指向未来（没有未来 = 没有神经症）；如果没有涉及目前积极的未来，自我实现就是毫无意义的；人生迟早可能成为一个格式塔；等等。

但是，对存在主义者们来说，这个问题的基本与核心重要性对我们是有所教诲的，例如，欧文·斯特劳斯的论文[20]。我认为，公平地说，一个心理学理论如果不把下述观念结合进来，即人在自己的心灵深处有其未来，在目前时刻是动态活跃的，它就决不是完善的。在这个意义上说，可以把未来看作科特·勒温（Kurt Lewin）意义上的与历史无关的。同样，我们必须认识到，只有未来在原则上是未知的和不可知的，这意味着，所有的习惯、防御和应对机制都是可疑和模棱两可的，因为它们是建立在过去经验基础上的。只有那些有灵活创造力的人才能真正操纵未来，只有那些能够自信地、毫无惧怕地面对新奇的人才能做到。我相信，现在被我们称为心理学的很多东西是对技巧的研究，我们用这些技巧以避免因为相信未来就像过去一样而产生的对绝对新奇的焦虑。

结　论

这些考虑对我的希望提供了支持，我希望我们在见证心理学的扩展，这不是一种可能会变成反心理学或者反科学的新的"主义"。

存在主义不仅可能会丰富心理学的内容，而且可能成为一种附加的推动力，促进另一个心理学分支的建立，即关于完全演变的和本真的自我及其存在方式的心理学。萨蒂奇建议称之为本体论心理学（ontopsychology）。

当然，人们似乎越来越清楚地看到，在心理学中我们称为"正常的"东西实际上却是一种平均的心理病理现象。如此平淡无奇，如此广泛地传播，以至于通常我们甚至没有关注过它。存在主义者对本真的人和本真生活的研究有助于把这种普遍的假象，这种靠幻觉和恐惧的生活置于严厉的、清晰的视线之下，像疾病一样清晰地显示出来，尽管这是广泛共有的。

我并不认为，我们需要太重视欧洲存在主义者们喋喋不休地专注于其上的恐惧、极度痛苦、绝望等概念，对此他们唯一的治疗方法似乎就是坚强不屈。每当价值观的一个外部来源失效时，这个高智商就开始产生很大的抱怨。他们应该向心理治疗师学习幻觉的丧失和同一性的发现，尽管一开始会比较痛苦，但最终却可以使人振奋和有力量。当然，他们连高峰体验、快乐和心醉神迷的体验，甚至是正常的幸福都没有提到过，这将使人产生强烈的怀疑，认为这些作者是"没有高峰体验的人"，是没有体验过快乐的人。好像他们可以只用一只眼睛看人，并且这只眼睛也是有偏见的。大多数人不同程度地体验过悲伤和快乐。忽略这两个方面的任何一方的哲学都不可以被认为是全面的。[21] 柯林·威尔逊（Colin Wilson）严格地区分了抱积极态度的存在主义者（Yea-saying existentialists）和抱消极态度的存在主义者（Nay-saying existentialists）。在这种区分中，我必须完全赞同他的观点。[22]

受伤的医疗师 [23]

（罗洛·梅）

正如克尔凯郭尔（1954，p.160）曾经说过的："除非通过绝望，否则永不可能达到无限。"在这鲜为人知的评注中，罗洛·梅回顾了一些历史上最伟大的治疗师和艺术家，他们悲惨的过去以及他们作为治疗师和创造者的凯旋出现。

今晚我想和你们谈一谈与我自己的想法非常接近的一些观点——

这些都是多年来我心里一直在思考的内容。在此期间，我花了两年的时间在阿第伦达克山的病床上与肺结核搏斗，此前还没有任何药物能治疗这种疾病——也正是在这个时候，所有这些事情皆凝聚于这些想法中，我想在今晚同你们一起分享。

尤其值得注意的是，这些想法产生于我在纽约市对那些在分析机构进行培训的学生候选人进行访谈时。我是两个小组的委员会成员，所以我对这两个不同小组的人进行了访谈。我问自己的问题是："是什么成就了一位优秀的心理医生？在一个具体的人身上有什么东西能够告诉我们，这个人就是能够经过相当长时间精神分析学家培训而真正帮助他人的人？"我很清楚，这不是适应不适应的问题——当我还是博士生时，我们就非常天真和无知地谈论过这些。我知道，适应性很强的人能够走进来并坐下来接受访谈，但并不意味着就能成为一名优秀的心理治疗师。适应恰好就是一种神经症患者的症状，也是他的问题所在。这是对"非存在"的适应，其目的是使某个微小的存在得以保存。适应总是在这些问题上挣扎——适应什么？适应一个精神病患者的世界吗？我们当然就生活在这样的世界里。还是适应浮士德式的、麻木不仁的社会？我又进一步深入研究，并开始认识到，我所认识的这两位最伟大的治疗家就是严重不适应的人。

一位是哈里·斯塔克·沙利文（Harry Stack Sullivan），他出生于美国，创立了非常强大，不仅对精神病学有影响，还对心理学、社会学和许多其他专业影响颇大的新体系。现在我们都非常崇敬曾是我老师的沙利文，但他曾是个酒鬼，还曾是个潜在的同性恋者。他曾在喝醉酒时向克拉拉·汤普森求婚，第二天很早起床就取消了婚约。他从来没能与任何两人或三人群体融洽相处过。克莱茵伯格教授——

奥托·克莱茵伯格（Otto Klineberg），当时在哥伦比亚大学，讲述了一个在世界卫生组织（WHO）的故事——沙利文曾帮助建立了心理健康协会。这个小组在巴黎有一个会议，会议结束后，他看到沙利文非常郁闷地坐在角落里。他就走过去并询问有什么问题。沙利文说："总是一样的——我一直都反对在座的每一个人。"克莱茵伯格说："但是你没有反对我啊。"沙利文说："哦，你，我不关心你——你不算数。"沙利文在他十几岁时，似乎得了精神分裂症，但是他曾经——也许我不应该说，"但是"——对处于困境中的人心中发生的事情有着无穷的洞察力。他将心理问题定义为那些在人际关系中总是存在其开端及其治疗的问题。

我所认识的并且在他手下工作过的另一位伟大的心理治疗师是福瑞达·弗洛姆-赖克曼。她是《我从未许诺你一座玫瑰园》这本书和同名电影中的精神病学家。在电影中由咪咪·安德森扮演她。现在她是一个最不起眼的人。她身高 4 英尺 10 英寸（约合 1.47 米）。她同别人在一起会很不自在。她一度嫁给爱瑞克·弗洛姆——这就是她名字中有弗洛姆的原因——有传闻说这在纽约一度成为精神病学界和心理学界被扭曲了的笑话，弗洛姆的第一本书的书名也的确是《逃避福瑞达》。她曾经是一个委员会——一个小组讨论——的主席，在美国精神病学会（我是这个学会的会员之一）发表了一次演讲。我们都端坐在讲台上，福瑞达·弗洛姆-赖克曼突然走上台阶，身体都扑倒在讲台上。现在我还是不太明白那些意味着什么，除了我想说的是，这个总是在人际关系方面有问题的女人——如果你曾看过那部电影或读过那本书，你就会知道，这个女人有着惊人的洞察力。实际上，她死于孤独。布伯在这个国家时曾去看望过她，他们似乎曾经是老朋友，他在描述她时说，她充满了绝望的孤独。

现在，让我们谈谈第三个例子——亚伯拉罕·马斯洛。他不是治疗师，而是一位伟大的心理学家。马斯洛有一段悲惨的时期。他来自贫民窟的一个移民家庭。他与他的母亲很疏远，他害怕他的父亲。在纽约，这些群体常常住在犹太人居住区，马斯洛（他是犹太人）曾被住在附近的意大利和爱尔兰男孩殴打。他很瘦弱，然而，这个男人，这个有过如此多地狱般体验的男人，却是那个把高峰体验的系统引入心理学的人。

现在，令我们非常好奇的是，前面所提到的每一个伟人，正是他们最薄弱的方面成就了他们。我们很难理解，哈里·斯塔克·沙利文，这个从不与他人联系的人，却创立了精神病学的精神病学体系，我们称之为人际关系生物学；还有马斯洛，他有着如此多的地狱般的体验、补偿——如果我能用这个技术术语的话……然后却创建了与此相反的高峰体验学派，开创了人类潜能运动。

我想向大家提出一个理论，就是受伤的治疗师的理论。我想提议，我们通过自己的创伤来医治他人。心理学家一旦成为心理治疗师和精神病学家，就其本身而言，就成为像婴儿和儿童那样的人，不得不成为他们自己家人的治疗师。这个理论可以通过各种研究很好地建立起来。我提出要把这种观点推进一步，认为正是通过我们自己与我们的问题进行斗争使我们产生的顿悟，才引导我们发展起对人类的移情和创造力——还有同情心……

一位女士曾在英国剑桥大学做过一个关于天才——伟大的作家、伟大的艺术家等——的研究，她把其中的 47 人作为自己的榜样，其中 18 人已住在医院里——在一家心理医院里——或者曾接受过锂电治疗，或者曾接受过电击。[24] 这是一些你们都认识的人。汉德尔（Handel）——他的音乐源自巨大的痛苦。拜伦（Byron）——你会觉得他做了除痛苦之外的一切，但他却是一位躁狂抑郁症患者。安妮·塞克斯顿（Anne Sexton）后来自杀了，我确信她是一个躁狂抑郁症患者。弗吉尼亚·伍尔夫（Virginia Woolf），据我所知也是自杀的，同样受到抑郁症的困扰。罗伯特·洛威尔（Robert Lowell），美国诗人，也是躁狂抑郁症患者。现在，我想指出的是，这些情绪障碍存在非常积极的方面。以上提到的这位女士正在研究躁狂抑郁症，当然也有其他类型的。我可以对此加以扩展地说，无论是心理的还是身体的，所有的疾病都有其积极的方面。我们可以说，某种形式的斗争是必要的，是可以带领我们进行深入创造的策源地。

哈佛大学的一位教授杰罗姆·凯根（Jerome Kagan）对创造力进行了长期深入的研究，他得出的结论是，艺术家的主要才能，他称之为"其创作的自由"，并不是在其内部天生的。也许为此做了一些准备，但创造本身并不是他天生就有的。凯根说："创造力产生于痛苦的青春期孤独感、肢体伤残的隔离。"

一名曾在集中营里待过的女子也在塞布鲁克学院做了一项研究——一项博士学位研究。她是一位奥斯威辛集中营的幸存者。她研究了德国死亡集中营的幸存者，令人好奇的是，他们揭示了同样的东西。我们也许会预期，他们在经历其背景中这种恐怖的终极人生历程后，会成为不健全的人。我记得其中一位是我在纽约进行精神分析时的病人。当我听说了他的经历时，我就在想，他怎么能够存活下来呢？但是，他不仅活了下来，还是一个极具创造力和多产的人。埃格尔博士在塞布鲁克学院的研究结果如下：在过去遭受过灾难性事件的个体，其功能确实能够在随后处于平均水平，甚至可能比平均水平还要高。有关的应对机制可避免这些灾难性体验潜在的不利影响，但它们也可能会将这些经验转换为促进成长的经验。她补充说："那些童年贫穷、不受宠爱的囚犯，能很好地适应集中营，而大多数被宽容的、富裕的父母抚养长大的人却最先死去。"

关于这些事情我想了很多，我在塞布鲁克学院工作的一些同事也是如此。他们当中一些人指出，许多我们最敬重的人都经历过最具灾难性的早期童年。对杰出伟人的童年调查揭示了这样的事实：他们并没有接受过任何像我们的文化所相信的那种能够让儿童健康成长的抚养。如今，无论是由于忽视这些条件，还是由于这些条件本身，这些儿童不仅生存下来了，还获得了伟大的成就——许多人都是曾体验过最悲惨和创伤童年的人。

在伯克利，人们也做过一项关于人类长期发展的研究。一组心理学家追踪观察了一些人从出生到30岁的历程。他们追踪观察了166名成长到成年期的男人和女人，他们对其预期的不准确性感到震惊。他们在大约2/3的案例上都是错误的，主要是因为他们高估了早期问题所造成的破坏性影响。他们也没有预见到——这句话是我们所有人都感到有趣的——顺利和成功的童年也有负面影响，某种程度的压力和挑战似乎能鞭策心理力量和能力的发展。

此外，还有一位英国医生乔治·皮克林（George Pickering）写了本书，名为《创造性疾病》，副标题为"查尔斯·达尔文、弗洛伦斯·南丁格尔、玛丽·贝克·埃迪（Mary Baker Eddy）、西格蒙德·弗洛伊德、马塞尔·普罗斯特以及伊丽莎白·巴雷特·勃朗宁生命和心理中的疾病"。这些人是他在其著作里涵盖的人，他本可以添加莫扎特、萧邦、贝多芬——这些作家和音乐家也都有病。他还指出，他们每一个人都患有严重的疾病，却为我们的文化环境贡献了具有建设性的创造。皮克林称自己的关节炎为"一个盟友"，他说："当它们疼痛时就让它们睡觉。"在床上，他不能出席委员会会议，不能会见病人或接待来访者。他补充道："这就是创造性工作的理想环境——从侵扰中获得自由，从日常生活的琐事中获得自由。"

现在你们头脑里一定有很多关于我所说的事物的问题，我当然曾有过，而且现在还有很多问题。事实上，奥托·兰克曾（就这些观点）写了一整本书《艺术和艺术家》……在他的著作中，克服神经官能症和创造艺术是相同的事情。

今晚我所做的就是挑战我们文化中关于健康的全部观点。我们之所以让人们日复一日地生活，是因为我们认为这只不过是你生活的天数。我们在为如何能活得更长久而奋斗着，就像死亡和疾病是宿敌一样。艾略特（T.S.Eliot）在他的《四个四重奏》里有一节诗，如下：

> 我们唯一的健康就是我们的疾病。
> 如果我们服从垂死的照料，
> 对其不断的照顾并不是要取悦，
> 而是要提醒我们记住我们的和亚当的诅咒，
> 要想得到恢复，我们的疾病就必须恶化。

如果你能够接受——这可是些具有重大意义的事情。当他说"我们的和亚当的诅咒"时，他是指一个事实，即我们最终都是亚当子女的神话，这是用话语回忆起来的，听起来不再那么精彩——这就是所谓的原罪（original sin）。总的意思是指，生命的问题不在于你能活多久，也不是你能多活几天的问题。当人们完成任务后，很多人更喜欢选择死亡——然而这首诗想要说的是……疾病的意思与我们浮士德式文明社会里大多数人所领悟的意思颇为不同……

就像疏离也是一种病一样，它也可以使我们自己和新的他人在一种全新的更深水平上联系起来。我们在同情中也看到这一点。创造力也是我们内部本性和无限性之间保持正确关系的产物。我们也看到了弗洛姆－赖克曼确实具有的、马斯洛具有的以及哈里·斯塔克·沙利文具有的另一种天分——同情心，拥有这种天分的人具备和他人一起感受的能力，理解他们的问题的能力——这就是成为优秀的精神病学家所应具备的另一种素质。我希望退化和混乱的体验是暂时的，不过，这往往可以被用作一种方式，在更高水平上对我们自己进行改革或重组。正如 C. G. 荣格所言："诸神回到我们的疾病中。"

罗洛·梅：个人的反思与赏识 [25]

（詹姆斯·F. T. 布根塔尔）

在这篇感人的个人颂词中，布根塔尔回顾了他与美国第一位存在主义心理学家——罗洛·梅的长期和富有成效的联系。

几个月前，我与一小群治疗师和咨询师坐在罗洛·梅的起居室里，他们是我正在为人本主义心理学研究所 [26] 进行指导的存在－人本主义心理治疗的学生。在生动的谈话洋溢着整个房间时，我把椅子向后拉了拉，看着这些学生热切的面庞以及与此相应的我们尊敬的主人的热切面庞。我为他兴致高昂的谈论、观念的流通和房间内各种不同的人的参与所感动着。罗洛的典型特征就是，只要他们认真地努力探索和学习，他就随时准备来者不拒，乐意和所有来访的人进行良好的交谈。在这个世界著名权威人物和这些活泼聪明的新手之间没有令人尴尬的鸿沟，相反，他们都很惊讶于新获得的这种理解——罗洛唤起、教导并真诚告诫的事物——的神奇之处；这些成员看到了进一步的可能性，发现了新的洞见，对丰富的知识和许多思想的挑战予以回应。

当我看着这一幕时，在我的内心屏幕上，我发现了一系列变换的不同意象和感受：通过罗洛的理解可以用新方式看待命运的满足感；羡慕他的博学；很开心看到我的学生与他进行有意义的相互交流；激发我进一步思考选择在个人生活中的意义；想到许多次罗洛·梅在我的思想、事业以及我想要理解人类情境的努力尝试上，给了我很大的影响，而感到温暖。

1953年，为与那些"真正的人"一起工作的挑战和奖励所吸引，我从加利福尼亚大学洛杉矶分校（UCLA）心理学系辞职，全职投入私人从业。同年，罗洛出版了《人的自我寻求》一书，这本书解答了我自己内心的许多疑问，只不过我到第二年才看到它。同时，曾与我一起在UCLA教学的阿尔文·拉斯科（Alvin Lasko）与我一起建立了"心理服务协会"，并且开始开展员工培训发展计划。这项计划包括各种各样进一步扩展学习经验的活动，其中便有阅读罗洛的书这一项。

十年来，我尝试着利用自己在研究生院、在教学生涯、在员工研讨会上所学的知识，来匹配那些来找我寻求帮助的人，那些非常真实的鲜活的生命。有时这些匹配并不成功，而且还常常使我大失所望。鲜活生命的丰富性和复杂性，远远不是我所学到的东西可以处理的，我常常感到，从前我所受训的处理程序和理论知识，似乎是为了另一个更为简单的物种所设计的（有可能是大二学生，或是小白鼠什么的）。

1958 年，洛杉矶临床心理学家协会邀请我主持一个有关发展博士后培训机会的委员会。（当时，尽管在东海岸有很多这样的组织，但在西海岸还一个都没有。）于是，我们请来了很多杰出的贡献者来引导我们的研讨会，包括乔治·A. 凯利（George A. Kelly）、伊曼努尔·施瓦茨（Emanual Schwartz）、鲁道夫·埃克斯坦（Rudolf Ekstein）以及——当然和特别是——罗洛·梅。

此时正是梅博士的里程碑式作品《存在：精神病学和心理学的新方向》出版的时候。这本书由他和恩斯特·安杰尔以及亨利·F. 艾伦伯格一起主编，并且由他撰写了最重要的两章。他在那个周末工作坊的演讲以及对那两章的撰写，对我来说是一个很重要的令人激动的专业经历：那些病人（在那时，我不再称他们为"来访者"）将我引入我所不熟悉的领域，我终于找到一个对此知之甚深的人了。那些以我的所学仅能隐约知道其存在的现象，他却可以命名、描述，并证实其存在。带着这种观点，我经常从梅博士的睿智和经验之中受益匪浅，逐渐明确了一直以来我曾尝试理解的问题，并且在无穷无尽的理解人类情形的工作中，取得了更加深入和全面的、令人满意的进展。从那时开始，我将自己的体验完全写出，而非像从前一样仅仅采用认知的方式。

在接下来的几年里，我很自豪始终与罗洛·梅保持联系。当我的第一本书即将出版之际，我邀请他先看一遍。他不仅看了，还为我提供了几条有用的建议，让我备感荣幸。回想起来，其中一条建议与我的书的副标题有很大关系：在他温和的推荐下，我将副标题由"心理治疗的存在分析取向"改为了"（心理治疗的）一种……"，与此同时，罗洛已经成为美国最著名的心理学家之一。他的照片和他的观点在各大媒体上处处可见。

罗洛已经出版了好几部作品，这几部作品在存在心理治疗的基础文库中占据了重要地位。在那以后，他开始对理解和描述人类经验做出一系列里程碑式的贡献。这些书奠定了他在心理学观察员中的卓然地位。先是《爱与意志》，接着是《权力与无知》《创造的勇气》和具有深远影响的《焦虑的意义》的再版（《焦虑的意义》原为他的博士论文），不久之后，《自由与命运》这本书也出版了。通过这些书，罗洛·梅对我们生活中的一些重要方面做出了仔细的、学术的、极其重要的描述。不仅如此，他还想办法使他的书具有很强的可读性，《爱与意志》在畅销书榜上占据一席之地便是这一点的有力明证——对一本学术著作来说，如此畅销可以说是一个令人惊讶的现象了。

尽管罗洛·梅已经在许多论题上都出版了具有深远意义的作品，但我仍然相信，从长远看来，他的持久的贡献就是这一系列关于人类基本经验的卓越研究，这些经验产生于他成熟的年代。这五本书——人们希望这个数字还能继续增长——是他广博的学术基础和丰富的临床经验的结晶。在这些书中，他提出了一套整合的概念，这些概念提供了一种语言、一个动态框架、一个令人激动的视角，帮助我们解读那些恰是人生历险的核心议题：爱、意志、权力、创造性、勇气、焦虑、命运、意向性、暴力——他致力于明确解释关于生活的所有词汇，这里我们只列出了其中的一小部分。

人本主义心理学所反对的比它所提出的要清楚得多，这对我们大家来说都是再熟悉不过的现象了。这种现象的结果就是，第三势力做出的贡献在原创性、热情和承诺方面都很丰富，但是在大部分情况下，它们同样是很分散的、不完善的，虽然进行的是复杂的学术研究，但是根基很浅。这样，人本主义心理学的研究就很容易成为批评家的靶子，他们所提供的需要注意的附加事项常常是美则美矣，不切实际。罗洛·梅所做的研究则与这种事态截然相反。从他的心灵和笔端体现出的他的工作主体是合乎逻辑的、成功在即的，并且深深扎根于最传统的学问之中。

我们这些他身边的人以及和他同一时代的人却很少有足够的洞察力来认清，在梅精心编织的人际关系网上的概念和那么多在表面相似的主题上出现的作品之间有什么样的巨大差别。只有时间的洪流才能证明，这两种思想流是怎样大相径庭。让我感到自信的是，如今，当师生们有更多的时间来消化这些作品时，当研究者们开始在他已经建立起的基础上大兴土木时，罗洛·梅对心理学和人类的贡献才将清晰地脱颖而出。

想到时间的流逝，我便想起罗洛·梅的书中我个人最喜欢的一本。我特别喜爱罗洛的《创造的勇气》这本书。这本书刚出版时，他便送了我一本，而那时恰是我的 60 岁生日，他在书的扉页写上从布朗宁《犹太教的巅峰以斯拉书》中摘录的一句我们大家都熟悉并喜爱的话："大器晚成，末始于初。"然后他在后面又加了一句我很珍惜的话："向这个富于创造力的生命的后半段人生致敬。"我希望能有 120 年的生产力，因为如果我希望达到像罗洛·梅本人那样的创造的勇气和生产力，我当然会很需要它们。

下面是独立的存在精神病学家 R. D. 莱茵的两则颂词。第一则是科克·施奈德的私人评论，第二则是《人本主义心理学杂志》的主编格林宁的一首诗。两则都是纪念莱茵对自由、政治和疯狂所做的突破性的调查研究。

R. D. 莱茵回忆录[27]

（科克·施奈德）

人们曾认为世界是平的，然而，科学已经证实地球是圆的……尽管如此，现在人们仍然相信生命是单程的，是从生到死的。然而，生命有可能是循环的，比我们目前所知的这个半球的范围和能力要优越得多。未来的人类也许会在这个如此有趣的主题方面给我们带来启发；而那时，科学本身可能会——不管是否愿意——得出一些与存在的另一半有关的结论。

——凡·高（引自 Graetz，1963，p.71）

我们尊重航海者、探险者、登山者、宇航员。在我看来，作为一个有效的规划——确实，作为我们时代的一种危急和急迫要求的规划——探讨这个内部太空和意识时代，是非常有意义的。

——R. D. 莱茵（1967，p.127）

1976 年 6 月 15 日，我 19 岁了，即将展开我的人生之旅。充满幻想的我手拎着背包徘徊在纽约肯尼迪机场的一个书店里。

突然，我注意到一本很小的蓝色封面的书。标题映入眼帘——

《分裂的自我》(*The Divided Self*, Laing, 1969)。"这是一个多么吸引人的短语啊,"我自己这样想,"这是一个多么使人不安的措辞啊。"一翻开封面,我就被吸引住了,我如饥似渴地阅读着。航班到达时我还在看,通过飞机跑道时我也在看。在整整 7 小时的飞行中,我一直在看书并做了大量笔记。读完后我写下了下面的题词:

> 这本书写的是,仿佛莱茵博士领着一队研究者去了一个住着精神病患者的废弃岛屿……对以下说明的把握是如此真切和充满感情,以至于让我怀疑莱茵本人是否曾经是一个精神病患者,或者是否曾经有勇气使自己接受精神病患者那被排斥的世界,以拓宽对人性的理解。

罗纳德·大卫·莱茵(Ronald David Laing)死于 1989 年 8 月 23 日,享年 61 岁,这个世界并没有受到特别的震动。相反,莱茵自己也许已经预见到,一个被暂停比赛权的棒球运动员都会成为新闻的话题。

不过,莱茵的去世,对我们这些与其作品产生了很大共鸣的人来说却意义重大。莱茵是我们领域的一个先驱者,他是最先探索精神病患者体验之意义的人之一。在这个意义上说,他可以比得上那个把法国的心理疾病患者从地牢里"解放出来"的皮奈尔(Pinel)。同样地,莱茵把当代精神病患者从有组织的精神病学的枷锁中解放出来了。他在《分裂的自我》(1969)和《经验政治学》(1967)中尤其清楚地阐述了一种拓展了的关于"疯子"的观点。

莱茵(1967)观察发现:"一个人如果没有体验到外部现实的虚

饰可能有多么不切实际，它会怎样黯然失色，他就不可能充分认识到可以取代它或者与之携手共存的崇高和奇异的存在。"（p.133）莱茵用这些声明尖锐地对抗他那个时代（以及我们的时代）的还原主义，并且提出对来访者要采取更多的移情的（empathic）方法。

据我所知，莱茵在精神病学方面，尤其是在精神分裂症方面有三个重要观点：它代表一种比生物化学行为更为重要的观点，它对心理社会生活的完整图谱具有重要的意义，而且它也代表一种潜在的突破以及心理功能的衰退。

在考虑第一种观点时，莱茵（1967，pp.114-115）表明，精神分裂是一种体验，而不仅仅是一种疾病：

> 在100多个病例中，我们研究了围绕社会事件的一些真实情境。当一个人被认为是精神分裂症患者时，在我们看来，似乎毫无例外，被贴上精神分裂症标签的这种体验和行为是一个人为了在不宜居住的情境中生活而发明的一种特殊的策略。

尽管最近的遗传学和生物学研究对这一发现加以限制（莱茵本人也承认这一点），但它仍然很不寻常、引人注目（参见 Arieti，1981；Zilbach，1979）。

第二种观点，莱茵对以前患者的描述如此生动，如此易懂，以至于它们与我们自己的体验联系在一起。比如，看一看在《分裂的自我》中那些在走廊里的人们，他们感觉自己是一些石头、水蒸气或一些碎片。请考虑一下那个感觉自己像是"一颗炸弹"的小女孩，或者那个认为自己是一台机器的男人（Laing，1969a）。在他的自传《智慧、疯狂和愚蠢》（1985）中，莱茵详细描述了他自己的挣扎。在提到他自己小时候一张摇木马的照片时，他写道："我非常喜欢这个小木马。在这张照片拍了没多久之后……我妈妈就因为我太喜欢它而把它给烧了。"

通过对这些观察所做的追踪，我们对自己的脆弱性和我们自己的焦虑有了更好的理解。

最后，莱茵向我们阐述了精神分裂症怎样才能成为一种潜在的突破，同样也是一种衰退。尽管他在《经验政治学》中戏剧性地说明了这种观点——就像莱茵（1970）说明那些简练的结（Knots）一样——但这种内涵在作者的整部作品中却都得到了广泛的传播。根据莱茵的观点，一些精神分裂症患者格外聪明和敏感。他们不能摒除困扰他们的谎言和不信任（事实上，我们也是如此），因此，他们特别容易受到伤害，并且体验到这种全面的退化。同时，他们却不能容忍这些退化。他们不知道怎样处理或重新掌控它们。所以他们建构了大量的防御机制来抵制它们：退缩、分裂或者发怒。

但是，莱茵认识到，这些过分的举动也是一些潜能。如果加以适当整合，它们就可能意味着更自由心灵的"觉醒"。它们可能超越那些令人窒息的模式，为更具有创造性的、灵活的生活方式铺平道路。这是一个浪漫的鼓励陷阱吗？正相反。请考虑一下这些杰出人物如布莱克、凡·高和尼采，考虑一下莱茵的作品（1967，1969a，1969b，1971）和他的那些在泰维斯托克和费城联合诊所的同事们（例如 Laing & Esterson，1964）的工作，考虑一下关于创造过程的大量研究（例如 Arieti，1996；Prentky，1979）。

作为人本主义者、学者和来访者，我们都非常感谢莱茵。不管他有什么样的错误，他都是一个充满关爱之心的、让人喜欢的人。他用其个人的理解和易受攻击性去延长那些不幸的人的生命。他勇敢地探究人类的内心深处。他是心灵的航天员。棒球和来自海王星的图片可能是当前的热门，但他的时代终将到来。

献给罗尼[①]·莱茵[28]

（托马斯·格林宁）

谁疯了，谁正常，

由谁决定？

如果你不得不提出这样的问题，

你不要大声地问，

或者你可以停止，

在钥匙、小刀、药品或电流

的错误的一边。

在这样一个世界里，

一名出色的苏格兰医生要怎样做？

喋喋不休的范式，就是如此，

必须比他喝得多。

他的时代终结了，

精神病俱乐部

现在风平浪静多了。

他曾经问过：

---

① 罗纳德的昵称。——译者注

"在这个世界上哪里

会允许疯子

在月光下光着身子洗澡？"

最后他找到了那个地方，

但是很可能他溅起的水花

比上帝允许的更多。

双重性大师：对吉姆·布根塔尔 ① 的一些个人反思 [29]

（科克·施奈德）

在这个私人评论中，科克·施奈德把存在心理学最杰出的发言人詹姆斯·F. T. 布根塔尔（James F. T. Bugental）的生活与工作进行了比较。通过这样做，施奈德揭开了布根塔尔这个人与他所帮助创立的这个专业之间的相同面纱。

我相信，重大的人生转变的关键是在揭示一个人生活在其主观观点的中心中发现的。在我看来，真实的洞察力是内在的洞察力，是主观的思想。所谓洞察力，是主要来源于治疗师的感知能力和诠释，而不是向内的视觉；它是病人已经成为的那个人的客观信息，而不是对其当前存在的唤起。

——吉姆·F. T. 布根塔尔

一个鼓吹并实践精细心理治疗的人具有一种古怪的双重性。他

---

① 即詹姆斯·布根塔尔，吉姆是詹姆斯的昵称。——译者注

往往致力于两种截然不同的看待世界的方式，有时这两种方式相互冲突。一方面，治疗师（作为作家／思想家）参与到关于话语、事实和范畴这类客观、遥远和现实的世界中。另一方面，他（作为参与者／个体）又被卷入充满回忆、幻想、梦想、希望和渴望的主观、亲密和感情的世界里。为了进一步使情境复杂化，治疗师所治疗的来访者和学生常常也在主观和客观世界之间产生分离，从遥远和现实转向亲密和情感。

假定这两个任务是平行的，显而易见，似乎最出色的治疗师（鼓吹者／实践者）就是那些能主宰自己的双重性的人，是能正视自己的各个冲突方面的人。治疗师在一定程度上已经做到了这一点，他处在一个更好的位置上去帮助那些正在为相同目的而挣扎的人。

在其六十七年多的生涯中，吉姆·布根塔尔一直想要在这些表面上相互竞争的世界之间搭建起一座桥梁。他清楚地认识到，我们是怎样区分自己的经验的，经常"报告"一件事而不是"经历"某一事件，或"了解"而不是"知道"某种感受。我曾见过吉姆用伟大的天赋和精准度去诠释复杂的治疗问题，与此同时……哀叹这些问题的"顽固"以及它们在反思现实工作方面的无能为力。我看见他雄辩地教授了存在的基本问题，我目睹了他的实际存在——那种不可动摇的驼背的身姿，那种友好的、令人尊重的言语声调，还有那些优良的特殊风格——似乎每个动作都在说："我在这儿，我为你而来，我能感觉到你就在这儿。"

然而，吉姆的双重性觉知却很难获得成功。尤其是那些感受，对他来说来得很慢。它们被压抑着，封闭着，等待得到承认。在摘自他的书《寻找存在的同一性》（San Francisco：Jossey-Bass，1976）的一段令人感动的坦率的话中，吉姆进一步证实了他早年内心的挣扎：

> 从我有最早回忆的时候，我就总想成为那个"正确"的人。……我的母亲是一个"有文化的人"的伟大崇拜者。很早的时候，我就觉得这些人有不同于大多数人的皮肤纤维——也许是因为她用另外一种她喜爱的文字把有文化的人描述为更加出色的人。……成为"正确的"是如此重要，也是如此容易失去。很明显，成为正确的就意味着取悦老师。……显然，成为正确的就意味着不要像父亲那样，那个可以爱却不能依靠的人。……因此探索在继续。在某些方面，我有证据证明我是正确的——得到认可、获得职务和受到赞许。但秘密的自己总是被隐藏着，我知道那是不对的，那是令人羞愧的，因为那是关于两性的，因为它是有情绪色彩的和不实际的。因为当我多次强迫让其发挥作用之后，它才真的表现出来，因为它看起来像白日做梦，而不是现实。两个自我：慢慢地，一个自我变得更加公开，另一个自我则更加隐蔽。（Bugental，1976，p.280）

而且，后来，在其论述中，吉姆从一个更成熟、更慎重的侧面传达了他的双重性：

> 现在是愈合的时候，是对新生活抱有希望的时候。秘密的自我不再被隐藏。我在愧疚中漂浮，我发现自己并没有被淹没。我逐渐利用新的关系冒险，让我越来越多地被人们熟知，我发现自己受到了欢迎……所以，结束了吗？已经治好了吗？我归根结底

是"正确的"吗？不，不是这样的，还没有结束，裂缝还在那儿，尽管跟以前相比已是那么小了。我治愈了，我也开放了，我比以前治疗得更好了。我努力做我自己，我放弃了成为"正确的"。（Bugental，1976，p.282）

这些敏感的文字描述了吉姆的生活是怎样形成其研究之基础的。他与之斗争的双重性——正确自我/错误自我、实践自我/情绪自我，以及在一定程度上的布道者/实践者——呼应了我们自己内心的挣扎。我们与他一起发现，当一个人的人生是生活了一半的、被倾听了一半的、被寻求了一半的时，它会是多么残缺不全，多么受抑制。

不过，吉姆还提出了另外一种不同的观点，他认为参与到这个觉知和内心搜索的过程是另一个治愈过程。吉姆的导师乔治·凯利把它称作"对不可否认的事物予以重新解释的能力"，也可以简单地称之为"创造性改变的能力"。对吉姆而言，这样一种能力就意味着将他的双重性转变为对个人和职业活动进行奖励，包括享受其家庭生活、教学和进行心理治疗。对来访者和我们中的大多数人来说，创造性的改变也意味着以新的方式进行大量的个人和职业的转变，以此来重新连接和组织我们的生活。

我再次引用《寻找存在的同一性》中的一段话：

更多的一些东西从我的觉知探索过程中浮现出来。……有些东西已被创造出来。新的意义、新的感知、新的关系和新的可能性，存在于那些以前未发现它们的地方。简言之，我的内心看法是一个创造过程，一个比观察手头上已有的事物更明显的创造过程；它融入了一些新的可能性，这是在我们的存在中潜藏的令人惊奇的和创造性的能力。（Bugental，1976，p.288）

吉姆的一个值得称赞的可能性（现在已成为事实）是英特－罗格（Inter-Logue）的创建，这是一个非营利的咨询机构。在过去的两年里，我曾和一群生机勃勃的人一起参与到其中，我们也受到鼓舞，与我们内心的不安进行斗争，在这个过程中显而易见地变得更真实、更全面。

然而，最终吉姆在主观和客观世界之间的旅程，他作为学者和治疗师的才华，是对其"基本信息"的自白。这是一个反映下述生活的信息：一种寻找并发现选择、选择并发现变化、变化并发现力量的生活。

在《寻找存在的同一性》的最后几页，吉姆阐述了这种基本信息是多么难以琢磨，谈论它是多么艰难，因为就是在这种说法中，人们会歪曲它。他写道："我一次又一次地发现，那些我与之交谈或通信的人往往把其他——在我看来更少的——观点视为更新奇、有意义的观点。"但是，正是这种根本的"认识"（knowing）才不同于必须严肃对待的那种"了解"（knowing about）；这是如此经常地呼吁要进行沟通的原因。它是

我们失去的感受，是内在的觉知，它具有使我们每个人过上完整的生活和真正实现其独特本性的潜能。[而且] 它是我们通向生命和宇宙意义的林荫大道。（Bugental，1976，p.283）

克尔凯郭尔的人格学[30]

（欧内斯特·贝克）

已故的欧内斯特·贝克（1924—1974）是我们这个时代最具原创力的存在主义者之一；遗憾的是，他也是最不受赏识的人之一。他最值得怀念的作品《死亡否认》(*The Denial of Death*, 1973)，不亚于对精神分析的一种全面的、存在主义的再解释。下面，我们将提供该书的摘录以及他对克尔凯郭尔有益的探寻。

克尔凯郭尔对人类人格的整体理解是，它是一种结构，其建立的目的在于避免产生"与每个人为邻的恐惧、毁灭和灭绝"的知觉。他对心理学的理解方式同当代精神分析学家的方式一致，即心理学的任务是要发现个体用来避免焦虑的策略。个体使用了什么风格使之能在世界上自动地、不加批判地发挥作用，以及这种风格是怎样削弱其真正的成长，挫伤其行为和选择的自由的？或者，用几乎是克尔凯郭尔的原话说：个体是怎样受到关于其自身的性格谎言的奴役的？

克尔凯郭尔对这些风格做了卓越的描述，现在看起来似乎是不可思议的，其使用的词汇类似于精神分析关于人格防御的理论。虽然我们今天会谈论诸如压抑和否定等"防御机制"，但克尔凯郭尔却用不同的词汇来讨论相同的东西：他指的是一种事实，大多数人生活在一种关于其自身情形的"半模糊"状态中，他们处于一种"关闭"（shut-upness）状态，在这种状态下，他们阻挡了自己对现实的知觉。他对强迫性人格的理解是，那种不得不针对焦虑建立起超厚防御的人的僵化性，一种沉重的人格盔甲，他用下列术语进行描述：

> 一种最僵化的传统的卫道士……熟悉这一切，他在神圣面前鞠躬致敬，真理对他来说是各种仪式的合奏，他谈到要把自己呈现在上帝的神权面前，谈到一个人必须多少次地鞠躬致敬，他以相同的方式来了解一切，这种方式就如同小学生能够使用字母ABC来证明数学假设，但是字母变成DEF时他就无能为力了。因此，每当他承载的事情没有按照同样的秩序安排时，他就会感到恐惧。

毫无疑问，克尔凯郭尔的所谓"关闭"状态的意思就是我们今天所指的压抑。它是一种封闭人格，个体在儿童时期就用它来保护自己的一种人格，没有在行动中检验自己的力量，没有以某种放松的方式来发现他自己和他的世界。如果儿童没有承受太多来自父母的对其行为的阻碍，没有受到父母焦虑的太多影响，他就能以不太武断的方式来发展其防御，能在人格上保持一定程度的灵活和开放。他更多地准备用自己的行为和实验，而较少基于授权、偏见或前知觉（preperception）来检验现实。克尔凯郭尔是通过在"高级的"关闭状态和"错误的"关闭状态之间做出区分来理解这种差异的。他继续给出一种类似于卢梭的禁令，来抚养具有这种正确的人格取向的儿童。

> 儿童需要以高级的关闭（储备）的观念得到抚养，要避免那种错误的关闭，这是非常重要的。从某个外部的观点来看，很容易觉察到何时才到了应该让儿童独自行走的时候……其中的技巧

就是不断地在场但又不在场，让儿童能自由地发展自己，同时个体对自己面前发生的这件事情总是有一个清晰的看法。其中的技巧就是让儿童独自处在最高的估量中，处在最大的可能范围中，而且以这种不被察觉的方式来表达这种表面上的放弃，个体又在同时知晓一切……而且教育孩子或者为了孩子肯做一切的父亲对他充满了信任，但并没有阻止他进入关闭状态，这给自己带来一种很大的责任。

　　和卢梭与杜威一样，克尔凯郭尔警告父母要让儿童自己探索世界，发展他自己可靠的实验能力。他知道，儿童必须得到保护以免于危险，父母的照看是至关重要的，但是他并不希望父母强行将自己的焦虑加入进来，在并非绝对必要的情况下阻断儿童的行为。今天，我们认识到，这样一种抚养本身就可以使儿童在如果受到过分阻碍就不可能产生的体验面前保持某种自信：这给儿童提供了某种"内部的支持"。而正是这种内部支持才使儿童发展起一种"高级的"关闭状态，或者与此相反，就是说，一种通过人格形成的对世界做出自我控制的和自信的评价，这种人格可以更容易地向经验保持开放。另外，"错误的"的关闭状态，是一个在对自己的控制上负担过重和虚弱的有机体，在面对体验时受到过多阻碍、产生过多焦虑和付出过多努力的结果。因此，它意味着由一种基本上封闭的人格导致的更自动的压抑。而且，对克尔凯郭尔来说，"善"就是对新的可能和选择保持开放，是一种面对焦虑的能力；关闭就是"恶"，它使个体远离新奇、远离更广阔的知觉和体验。关闭会阻碍对自己的揭露，在个体和其所处情景之间强加上一层面纱。在理想的情况下，这些面纱应该是透明的，但对关闭的人来说，它们是不透明的。

很容易看到，关闭就是我们所称的"人格的谎言"，克尔凯郭尔将二者视为等同。

> 很容易看到，正因为此，关闭状态才意味着一个谎言，或者如果你愿意的话，可称之为假话。但是假话恰好就是不自由……自由的弹性在服务于严格的自我克制（close reserve）中被消耗殆尽。……严格的自我克制是自我在个体性之中受到否定性削弱的结果。

这是对压抑完整人格而付出的代价的一种完全是当代精神分析的描述。我省略了克尔凯郭尔对以下问题所做的详细描述和富有洞察力的分析：这个人是怎样通过压抑来使自己变得内部分裂的，对现实的真实知觉是怎样居于表面之下、唾手可得、准备突破压抑的，这种压抑是怎样使人格看似完整，看似作为一个整体持续性地发挥作用的——但是那种连续性是怎样被打破的，人格是怎样真正受到那种压抑所表达的非持续性的支配的。对一个受过现代临床训练的心灵来说，这种分析必须是真正一流的。

克尔凯郭尔理解，人格谎言得以建立的原因在于儿童需要适应世界、父母以及他自己的存在困境。在儿童有机会以某种开放或自由的方式了解他自己之前，人格谎言就已经建立起来了，因此人格防御是自动的和无意识的。问题在于，儿童变得对它们非常依赖，开始包裹在自己的人格盔甲中，无法自由地超出他自己的藩篱而自由地审视自身，审视他所使用的防御，即那些决定他的不自由的东西。儿童所能希望的最好的事情就是，关闭状态不要成为那种"错误"的或那种巨大而厚重的类型。在这两种类型中，他的人格过于害怕这个世界，以致不能使自己向体验的可能性开放。但是，正如克尔凯郭尔所言，这主要依赖于父母、依赖于环境中的偶发事件。大多数人的父母都曾经"招致一种巨大责任"，因此他们被迫把自己关闭在可能性之外。

克尔凯郭尔给我们提供了关于各种类型的否认可能性或人格谎言的概括描述——二者是相同的东西。他想要描述我们今天所讲的"非本真的"人，这些人避免发展他们自己的独特性；他们遵循自动的、不做评价的生活方式，在这种生活中他们就被认为是儿童。他们是"非本真的"，在这种情况下，他们不属于自身，不是"他们自己"的人，不是出于自己的关注而行为，没有以自己的观点来看待现实。他们是单一维度的人，完全沉浸于在其社会中所玩的虚构游戏中，不能超越他们所处的社会条件：他们是西方社会中的公司人、东方社会中的官僚人、被传统束缚住的部落人——这些人几乎存在于世界的任何一个角落，他们不理解为自己思考意味着什么，并且如果他们这么做了，就会缩回到这种鲁莽和暴露的想法中。克尔凯郭尔给我们做了这样的描述，他把这种人描述为：

即刻的（immediate）人……他的自我或他自己是一个连同"他者"都被包含在世俗和世间的指南针下的某个东西。……这样，自我即刻与"他者"、愿望、渴望、享乐等结合，但却是被动的……他尽力模仿其他人，注意他们是怎样努力生活的，然后他也照此生活。在基督教世界中，他也是一个基督徒，每个周日都去教堂，倾听并理解教区牧师，是啊，他们相互理解。他死了；牧师将他介绍给永恒，用了 10 美元的代价——但这是一个与他过去不同的自我，一个他不想成为的自我。……因为这种即刻的人并没有认识到他的自我，他只是通过他的穿着来认识他自己……他认识到他有一个只有凭借外部标准才能认识的自我。

这是对"自动化的文化人"的一种完美描述——他受到文化的限制，是文化的奴隶，他想象，如果他把其安全置于优先地位，就可以具有同一性，如果他热切追求他的跑车或者制作出他的电动牙刷，他就能够控制自己的生活。在对人类受其社会制度奴役这一现象做了几十年的马克思主义和存在主义分析之后，今天，这种非本真的或即刻的人就是那些我们很熟悉其风格的人。但是在克尔凯郭尔时代，成为一个居住在现代欧洲城市的人，同时被视为一个庸人（Philistine），这一定是一种震撼。对克尔凯郭尔来说，这种"平庸"（philistinism）并不重要：人被其社会的常规麻痹，满足于社会提供给他的东西——在当今世界这些东西是汽车、购物中心、两周的夏季假期。人受到社会提供给他的安全和有限的选择的保护，如果他不抬头看路，他就可以在一种枯燥的安全中过完自己的一生。

庸人通常缺乏想象力，他生活在一种价值不高的体验中，比如关于事情进展如何，有什么样的可能性，通常会发生什么。……平庸使自己在琐碎事务中平静下来。

为什么人要接受过琐碎的生活呢？当然是因为产生完整的体验是有危险的，这是平庸的更深层原因，以至于他因战胜可能性、战胜自由而庆祝。平庸知道自己的真正敌人——自由是危险的。如果你太愿意追随它，它会威胁将你拉到空气中；如果你完全放弃它，你就一定会变成一名囚徒。最安全的事情就是，遵从社会上的可能性。我认为，这就是克尔凯郭尔的下述观察的意思：

因为平庸认为，它是受可能性控制的，若它把这种巨大的弹性诱骗到可能性领域中或者精神病院里，就会成为一个囚徒，就像一个困在可能性笼子里的囚徒，背负着可能性，到处卖弄。

注释

[1] 资料来源：此处节选以及 154 页的节选均出自 Rollo May, *The Discovery of Being*（New York：Norton，1983）。

[2] L. Binswanger, "Existential Analysis and Psychotherapy," *in Progress in Psychotherapy*, ed. Fromm-Reichmann and Moreno（New York：Grune & Stratton，1956），p.144.

[3] 出自与莱佛布尔医生的个人交流，他是存在心理治疗学家，是雅斯贝尔斯和鲍斯的学生。

[4] Binswanger, p.145.

[5] L. Binswanger "The Case of Ellen West", in *Existence: A New Dimension in Psychology and Psychiatry*, ed. Rollo May, Ernest Angel, and Henri Ellenberger（New York：Basic Books，1958），pp.237-364.

[6] Sigmund Freud, *Introductory Lectures on Psychoanalysis,* trans. and ed. James Strachey（New York：Liveright，1979）.

[7] Binswanger, "The Case of Ellen west", p.294.

[8] L. Binswanger, *Sigmund Freud: Reminiscences of a Friendship*, trans.

Norbert Guterman（New York：Grune and Stratton，1957）.

[9] Helen Sargent，"Methodological Problems in the Assessment of Intrapsychic Change in Psychotherapy"，未发表的论文。

[10] *Existence*, pp.92–127.

[11] Gordon Allport, *Becoming, Basic Considerations for a Psychology of Personality*（New Haven：Yale University Press, 1955）.

[12] 为了明白这一点，读者只要说出新理论开创者的名字就可以了：弗洛伊德、阿德勒、荣格、兰克、斯特克尔、赖希、霍妮、弗洛姆等。我所能看出的有两个例外，他们是哈里·斯塔克·沙利文学派和卡尔·罗杰斯学派，前者的研究工作间接地与瑞士出生的阿道夫·迈耶相关。甚至罗杰斯也可以部分地例证我们的观点，因为尽管其研究取向具有关于人类本性的清晰和一致的理论内涵，但是他关注的焦点一直放在"应用"方面而非"纯粹"的科学方面，而且他关于人类本性的理论从奥托·兰克那里获益匪浅。

[13] Sören Kierkegaard, *The Sickness unto Death*, trans. Walter Lowrie（New York：Doubleday, 1954）.

[14] Ernest Schachtel，"On Affect, Anxiety and the Pleasure Principle,"in *Metamorphosis*（New York：Basic Books.1959）, pp.1–69.

[15] Ernest Cassirer, *An Essay on Man*（New Haven：Yale University Press, 1944）, p.21.

[16] Max Scheler, *Die Stellung des Menschen im Kosmos*（Darmstadt：Reichl, 1928）, pp.13 f.

[17] Sigmund Freud, *Civilization and Its Discontents*, trans. and ed. James Slrachey（New York：Norton, 1962）.

[18] Walter A. Kaufmann, *Nietzsche: Philosopher, Psychologist, Antichrist*（Princeton：Princeton University Press, 1950）, p.140.

[19] 资料来源：Abraham Maslow, *Toward a Psychology of Being*（New York：Van Nostrand, 1968）.

[20] R. May，E. Angel & H. Ellenberger, *Existence*（New York：Basic Books，1958）.

[21] 关于这同一个主题的更多作品，请参见我的 *Eupsychian Management*（Homeword，Il.：Irwin-Dorsey，1965），pp.194-201。

[22] C. Wilson, *Introduction to the New Existentialism*（New York：Houghton Mifflin，1967）.

[23] 资料来源：摘自1984年10月20日在加利福尼亚大学伯克利分校第一届唯一神教会上所做的一个劳伦斯讲座。

[24] 参见 Kay Jamison, *Touched by Fire: Manic-Depressive Illness and the Artistic Temperament*（New York：Free Presss，1993）中的详尽阐述。

[25] 资料来源：Saybrook Instiute Perspectives，special issue；"Rollo May: Man and Philosopher"（L. Conti，ed.），2（1），Summer 1981.

[26] 现在是加利福尼亚旧金山的塞布鲁克学院。

[27] 作者的注解：这篇文章涵盖了我对 R. D. 莱茵的某些想法、感受和体验。尽管我只是和他有过简短的会面，私底下我对他也知之甚少，但我对他所关注的事情深有同感。

资料来源：节选自 *Journal of Humanistic Psychology*，30（2），Spring 1990，pp.38-43。

[28] 同上书.

[29] 资料来源：*Script*，Newsletter of the International Transactional Analysis Association，8，p.4，June 1983.

[30] 资料来源：Ernest Becker, *The Denial of Death*（New York：Free Press，1973），pp.70-75.

参考文献

Arieti, S. (1976). *Creativity: The magic synthesis.* New York: Basic Books.
Arieti, S. (1981). The family of the schizophrenic and its participation in the therapeutic task.

In S. Arieti & H. Brodie (Eds.), *American handbook of psychiatry: Advances and new directions* (Vol. 7, pp. 271-284). New York: Basic Books.

Giorgi, A. (1970). *Psychology as a human science: A phenomenologically based approach.* New York: Harper & Row.

Graetz, H. R. (1963). *The symbolic language of Vincent Van Gogh.* New York: McGraw-Hill.

James, W. (1904/1987). *William James: Writings 1902–1910.* New York: Literary Classics/Viking.

James, W. (1907/1967). *Pragmatism and other essays.* New York: Washington Square.

Kierkegaard, S. (1954). *Fear and trembling and the sickness unto death* (W. Lowrie, Trans.). Princeton, NJ: Princeton University Press.

Laing, R. D. (1967). *The politics of experience.* New York: Ballantine.

Laing, R. D. (1969a). *The divided self: An existential study in sanity and madness.* Middlesex, England: Penguin.

Laing, R. D. (1969b). *Self and others.* Middlesex, England: Penguin Books.

Laing, R. D. (1970). *Knots.* New York: Vintage Books.

Laing, R. D. (1971). *The politics of the family and other essays.* New York: Vintage.

Laing, R. D. (1985). *Wisdom, madness, and folly.* New York: McGraw-Hill.

Laing, R. D., & Esterson, A. (1964). *Sanity, madness and the family.* New York: Basic Books.

Lieberman, E. J. (1985). *Acts of will: The life and work of Otto Rank.* New York: Free Press.

Myers, G. (1986). *Williams James: His life and thought.* New Haven, CT: Yale University Press.

Prentky, R. (1979). Creativity and psychopathology: A neurocognitive perspective. In B. Maher (Ed.), *Progress in experimental personality research,* pp. 1-39. New York: Academic Press.

Zilbach, J. (1979). Family development and familial factors in etiology. In J. Nopshitz (Ed.), *Basic handbook of child psychiatry* (Vol. 2, pp. 62-87). New York: Basic Books.

延伸阅读

Aanstoos, C. (Ed.). (1990). Psychology and postmodernity. Special issue of *The Humanistic Psychologist, 18* (1).

Becker, E. (1973). *Denial of death.* New York: Free Press.

Becker, E. (1976). *Escape from evil.* New York: Free Press.

Binswanger, L. (1975). *Being in the world: Selected papers of Ludwig Binswanger* (J. Needleman, Trans.). New York: Basic Books.

Boss, M. (1963). *Psychoanalysis and daseinsanalysis* (L. Lefebre, Trans.). New York: Basic Books.

Boss, M. (1978). *Existential foundations of psychology and medicine* (S. Conway & A. Cleares, Trans.). New York: Jason Aronson.

Bugental, J. (1965/1981). *The search for authenticity: An existential-analytic approach to psychotherapy.* New York: Irvington.

Bugental, J. (1976). *The search for existential identity.* San Francisco: Jossey-Bass.

Bugental, J. (1978). *Psychotherapy and process: The fundamentals of an existential-humanistic approach.* Reading, MA: Addison-Wesley.

Craig, E. (Ed.). (1988). Psychotherapy for freedom: The daseinsanalytic way in psychology and psychoanalysis. Special issue of the *Humanistic Psychologist, 16* (1).

Frankl, V. (1967). *Selected papers on existentialism: Selected papers on logotherapy*. New York: Washington Square.

Fromm, E. (1955). *The sane society*. Greenwich, CT: Fawcett.

Fromm, E. (1964). *The heart of man: Its genius for good and evil*. New York: Harper Colophon.

Fromm, E. (1969). *Escape from freedom*. New York: Avon.

Fromm-Reichman, F. (1950). *Principles of intensive psychotherapy*. University of Chicago Press.

Lifton, R. J. (1983). *The broken connection: On death and the continuity of life*. New York: Basic Books.

Rank, O. (1936). *Will therapy* (J. Taft, Trans.). New York: Knopf.

Schachtel, E. (1959). *Metamorphosis: On the development of affect, perception, and memory*. New York: Basic Books.

Sullivan, H. (1962). *Schizophrenia as a human process*. New York: Norton.

Taylor, E. (1991). William James and the humanistic tradition. *Journal of Humanistic Psychology, 31* (1), 56–74.

Valle, R., & Halling, S. (Eds.) (1989). *Existential-phenomenological perspectives in psychology: Exploring the breadth of human experience*. New York: Plenum.

van den Berg, J. H. (1972). *A different existence: Principles of phenomenological psychopathology*. Pittsburgh: Duquesne.

Van Kaam, A. (1969). *Existential foundations of psychology*. New York: Image.

Yalom, I. (1980). *Existential psychotherapy*. New York: Basic Books.

专著和期刊

Duquesne Studies in Phenomenological Psychology (Duquesne University Press)
Review of Existential Psychiatry and Psychology
Journal of Phenomenological Psychology
Journal of Humanistic Psychology
Humanistic Psychologist (division 32, APA)
Journal of Theoretical and Philosophical Psychology (division 24, APA)
Journal of the Society for Existential Analysis (British)
Daseinsanalyse (Swiss)

第二部分

————

存在 - 整合心理学的
最近和未来趋势

第四章

从分离到整合

如前所述，心理学的世界在不断变化；存在心理学正处于这种变化的风口浪尖。自《存在》一书出版以来，心理学至少发生了四次引人注目的变化，每一次都对心理学领域进行了重新塑造。例如，认知心理学为人类理智的自主性带来了可喜的关注；生理心理学揭示了数不清的生理和行为的相互联系（Beck，1976；Thompson，1973）。在最近几年，超个人（或超越）心理学和后现代主义哲学甚至招致了更广泛的范式转变（Wilber，Engler & Brown，1986；Bernstein，1986）。例如，超个人心理学激起（在一些情况下唤醒）了人们对另一种可供选择的治疗方法，东方和西方的冥想传统以及超自然现象的兴趣。相应地，后现代主义哲学使真理的科学和文化观点联系起来，从而扩展了这些观点。所有知觉现象都受到这种框架的影响而变得合理，谁也不能说一个人天生就比另一个人更优越。

然而，这些改革性的发展具有一定的代价，而这种代价的轮廓才刚刚开始显现。首先，我指的是当代心理学的日益专业化。如果我们还没准备好，我们将很快受到一种混乱的相互竞争的世界观的威胁。其次，我们受到各自观点所固有的局限性的威胁。虽然它们在自己的领域备受关注，但它们在超出了这些领域加以应用时，往往变得过于简单化或毫无活力（例如，参见 May，1967；Wertz，1993，所表达的这些关切）。

坦白说，我们需要一个心理学的基础，以便公正地处理我们的多样性和特殊性，我们的自由和有限性。这样一个基础，在检视人类的完满性的同时，将仔细地确认其悲剧和不完备性。它将尊敬我们的生物和机械倾向，但并不是以我们能够向创造和超越一般意识的能力妥协为代价。具体地说，这样一个基础看起来是什么样的呢？以下短文[1]将用来说明我们的论点。

卡伦 37 岁，是名中产阶级女性。她有一个丈夫和一个 15 岁的儿子，儿子在少年棒球联盟打球。卡伦在大多数方面都很普通，但她有一个突出的特质：她体重 424 磅（约合 192 千克）。

一个体重 424 磅的世界是怎样的呢？卡伦是这样思考的：

> 我在约翰逊的货运码头来称 [自己的] 体重。我即使在大码女装的专卖店也买不到衣服，因为她们的最大码是 52 码，而我要穿 60 码。我的衣柜里有三件特制的土耳其式长袍：它们——藏青色、黑色和棕色——是垂直裁剪的，从两边开口，以便让我露出胳膊和头。在夏季和冬季，我都穿着容易脱下的拖鞋，因为我不能弯腰系鞋带，而且正装鞋也会被我这体重压坏。我没有自己的外套，但没关系，因为我几乎不出门。但无论如何，在早上，我要设法让自己下床，去厨房，找到储藏着的食物，并且走到客厅坐到我的椅子上，食物是我身边所有安慰的保证。我的日子充满了肥皂剧的单调沉闷。我依靠我的丈夫和孩子来维持生活。他们成为我的胳膊、腿和我的朝向外部世界的窗户。当我要

去什么地方的时候，我就开车去。汽车已成为我的绝缘体、我的铠甲、我的保护者的一部分。我经常开车绕着城镇到处吃东西，把愤怒、内疚、伤害吃下去——直到一切都变得不再重要。（Roth，1991，p.173）

现在让我们来试想，一个当代心理学家团队可能会怎样理解卡伦的情况，这种理解对前述整合视野有什么样的含义。

举例来说，从行为主义观点来看，卡伦的肥胖很可能会被理解为她的环境的一种功能。行为学家会主张，重新安排她的周围环境将显著改变她的强迫症。特别是，他们将盯住她在家里放着的大量垃圾食品（充当条件刺激），她在消耗食物的同时又从事其他行为（如看电视）以及她把食物看作积极的（或消极的）强化物。为了纠正这些问题，行为主义者会设法帮助卡伦减少或消除有问题的刺激，并以更具适应性的刺激来取代它们。

与此不同，生理心理学家会以卡伦的大脑为研究对象，从中枢神经系统、细胞代谢来寻找他们的答案。例如，他们可能会推断，她在食物代谢能力上具有缺陷，她在生理上具有患肥胖症的先天倾向。他们可能会依赖于卡伦的先天倾向的严重程度而向她推荐药物、饮食限制及手术程序等多种方法的结合，卡伦就无须通过严厉的措施即可减肥，从这个程度上说，生理心理学家可能会建议她通过仔细改变饮食和定期的有氧运动（如散步）来逐步减肥。

认知心理学家将把关注的焦点集中在卡伦的思维方式和她的疾病之间的关系上。特别是，他们会尽力协助卡伦了解她的错误信念、假设以及她的期望和不良适应行为之间的联系。举例来说，他们可能会指出，当她寂寞的时候，她相信她将永远孤独，这种泛化导致错误的认识，认为孤独的时候食物是唯一的选择。认知心理学家会主张，一旦卡伦能够认识到这些不良适应的图式，她将能够改变或重构它们，从而改变和重构她的行为。

我们不妨停下来，反思一下卡伦对这些养生法的表面反应。"我曾数百次地试图从我这种非存在的状态中获得自由，"卡伦告诉我们，"我一度成为医生们相互比赛时的分数。"（Roth，1991，p.174）另外，同很多强迫性贪食者一样，我们确信卡伦得到了这些医生的帮助——至少是暂时的。例如，卡伦很可能会通过这样的约定重新计划她的生活：她可能鼓起勇气将垃圾食品从家中清理出去，在饮食和其他行为之间设计新的联系，并制定新的、更适当的方式来奖励自己。在康复的过程中，她还可能补充食欲控制药物和各种营养补品。

但是，如果从卡伦的话语中听出这些疗法使她很痛苦，这很可能是因为——尽管它们有效——它们并没有以某种隐秘的、至关重要的方式处理她的创伤。卡伦回想起她曾经对其中一次控制体重的会谈中涉及的建议很生气，"亲爱的，做运动吧，只是让你自己每天三次离开餐桌而已"（Roth，1991，p.174）。

我和强迫性贪食症患者在一起的经验使我相信，认知－行为和生理治疗可能是康复之路上必不可少的第一步。它们帮助人们了解和重新评估食物在他们的生活习惯、信仰体系和取向中的重要性。它们对其进行生理学和锻炼生理学的教育。但或许最重要的是，它们迅速地让来访者开始了一个深刻反省他们生活的进程——他们在本质上是谁，他们的前进方向在何方——而这又反过来，有时会导致一些根本的改变（Schneider，1990）。

"每当一些事物对我伤害太大时，"卡伦记得，"我就会收拾行李离开自己，因为我害怕，如果我体验到恐惧，它将活活地吃了我。[然而，为了]把恐惧或伤害从我身上冲走，我做出承诺要坚持我自己的立场。"（Roth，1991，p.175）

到目前为止，我们已经考察了帮助卡伦和无数像她一样的来访者的治疗方法，以便使她得到一个应对其强迫症的"落脚点"。这些方法教会他们改变自己生活的一些可操作的（可测量的、可具体化的）方法。然而，这些方法往往倾向于解决一小部分问题，用卡伦的说法，未能触及对这些问题造成潜在破坏的"恐惧"或"伤害"。现在，我们不妨对那些旨在对抗更具实质性的心理功能范围的方法——那些超个人主义和后现代主义的方法进行评价。它们究竟是怎样使卡伦从食物中获得解放的呢？

超个人心理学包含那些能说明超越的（或非同寻常的）意识状态的学科和实践。超个人心理学在一定程度上接受存在的神秘性，就我们的目的而言，它为能量转换、超自然的幻想状态、宗教和精神危机以及统一体验等超验现象提供了重要的洞见。另外，该学科在一定程度上蔑视存在的神秘性，它可能倾向于夸大的或不成熟的治疗的解决方法（参见 Dass，1992；Ellis & Yeager，1989；May，1986；Schneider，1987，1989；Zweig & Abrams，1991；本书中提到的鲍曼）。

一个对存在治疗很敏感的超个人主义者组成的团队将如何帮助卡伦呢？首先，他们可能会帮助她前进，从她开始能够向自己提出一些更深刻的问题那一点开始：她希望在她的生活中得到什么？她要到哪里去？她最终希望成为谁？卡伦承认："我开始逐渐相信有一个愤怒的上帝。"

一个惩罚你的上帝，一个永远不会高兴的上帝，因为对上帝来说只有达到完美才够。我从一个愤怒的母亲，到达愤怒的上帝，再到达对自己愤怒。食物就是这个愤怒上帝的延伸。我可能永远不够好。关于我的以后，我会始终反抗并感到害怕……

我认识到我并没有那么坏。直率，而不是惩罚，就是探讨我对食物态度的途径。（Roth，1991，p.181）

接下来，超个人主义者可能会帮助卡伦（例如，通过冥想）"纠缠"在以前自己不习惯的方面，如她的孤独感或空虚。这可能在使卡伦向这些痛苦的更深层意义开放以及让她与这些意义之间进行协调（reconciling）方面是有效的。她会发现，她不再觉得她是在被迫用食物"填充"她的存在，而是能够认识到生活中的那种安慰。

经过三年半时间的持续冥想治疗，卡伦说："现在我活着了。这就是吃掉我的感受和感觉到我的感受之间的那种差异。"（p.180）她继续说："我活着。"

并且……觉得一切都具有极大的活力。我走在树林中感受到一种寂静的敬畏感。数星期前，我在春天温暖的雨中开车，我被一道双彩虹迷住了……上周在工作中，我看到一些光秃秃的橡树，上面被雨滴覆盖着。我知道它们只是在一些光秃秃的树上的雨滴，但在我看来它们就像钻石。（Roth，1991，p.183）

另外，这种超越性强调的危险在于，它无意地隐含着对卡伦的拯救（salvation），或者说它意味着一种短视的解决。焦虑可以（并且富有成效地）与对神性的一瞥并存，正是在这种双方之间的对话中，人们才获得了活力（May，1981；1985）。例如，卡伦斗争的辩证特点，把一种作为对暂时胜利的享受的尖锐以及一种通过谦卑获得的智慧带入她的生活。

> 我希望我可以告诉你，作为一个穿 12 码衣服的人有多美好，但我要指出，清醒和活着是一揽子交易。我没有必要穿过那条界限和刺痛唯一的神性。在这一边是奇迹、敬畏、激动和欢笑，而另一边是眼泪、失望、悲伤和心痛。我愿意探索所有的感情，以获得整体性。所以……275 磅后，我的生活就成为痛苦和幸福的混合物。这些天来，它造成了很多伤害，但它是真实的。这就是我的生活，由我所过的生活，而不是通过以通常方式展现的肥皂剧的代理方式表现出来的生活。我不知道它究竟要走向何方。但有一件事我肯定知道：我肯定正在朝着那个方向走去。（Roth，1991，pp.183-184）

最后，对卡伦问题的后现代取向会利用社会建构主义的前提，并且现在正在进行治疗性的阐述。广义地说，后现代主义持有三个基本假设：（1）没有绝对的真理；（2）所有的现实（或故事）都是社会建构的；（3）不同现实之间的流动性是可取的。（O'Hara & Anderson，1991）那么，后现代心理学究竟是怎样理解卡伦的问题的呢？

首先，它会设法了解卡伦关于其肥胖问题的故事——她怎样界定它，她认为导致这个问题的原因是什么，她认为哪些故事可能会帮助她改善她的病情。举例来说，卡伦可能会讲述一种精神分析倾向的故事，她会讲到自己如何在儿时被抛弃，她如何很少得到确认以及食物怎样被取代成为她的同伴（Roth，1991，p.178）。然后她可能会谈论已经失败的饮食和减肥计划以及对她在生活中对失去的一些东西的深层感受。不过，尽管她有这些恐惧，但在这一点上，后现代主义者很可能会用一种乐观的感觉来对卡伦做出回应，这种乐观的感觉在于她未来会发生很多故事，她——在它们的指引下——能够选择起作用的那些故事。

当然，在这里让人困扰和悬而未决的问题在于后现代主义者的选择标准。举例来说，在卡伦的症状中，决定她"成功"的因素是由咨询而产生的变化，还是她主观世界的变化呢？直觉叙事（intuitive narratives）（如"寓言式"梦境）是像理智叙事（intellectual narratives）（如统计上的判断）一样值得受到同样关注的吗？处在这种笼中困兽的境地，卡伦能够转向谁或转向什么呢？

其中一个答案就在于这项正在兴起的运动，即所谓的技术折中主义（technical eclecticism）（Lazarus，Beutler & Norcross，1992）。简单地说，这项运动认为，治疗的多样性可由实证手段，或者是由现存的技术有效性的研究来统一标准。技术折中主义者认为，通过对治疗结果研究文献的回顾，你将发现一些最佳的策略。

然而，这一立场的问题在于，治疗与结果的文献受到数量化的－实验传统的主宰，忽视或否定正在兴起的对结果的现象学分析（Gendlin，1978；Mahrer，1986）。因此，技术折中主义倾向于有一种认知－行为主义的偏见，存在（或以存在为基础的）取向受到忽视（见第五章对这一点的阐述）。[2]

现在，让我们回到迄今我们一直在寻求的那个基础模型，并对我们迄今为止得出的结论进行评论。首先，很明显，当代的"学派"在一些关键领域是有效的，必须对它们的发展予以鼓励。同样清楚的是，目前心理学处于混乱局面，特殊化大都受到批评。例如，生理学和认知行为取向的研究要达到什么目的——外部调整还是短暂的宁静？虽然对一些来访者来说，这样的结果是重要的。（事实上，也是关键的！）尽管如此，它们会是我们建立整个领域的基础吗？同样地，超个人主义和后现代主义取向是有助于解放的，但它们对我们脆弱的和暂时的两个方面——我们的动物性以及神性——给予足够的重视了吗？

作为存在主义者，我们对这些疑问的回答（显然）必须是否定的，并且被迫做出更富有成果的替代性回答。我们相信，存在心理学能够提供这样的替代回答，其证据在于，它具有现象学的（体验的）数据基础，其自由－限制的辩证关系，以及由于使人们完全参与到那种辩证关系中而向人们提出的挑战。

此外，我们认为，其他心理学也可以在这个多维框架下蓬勃发展。举例来说，生理和认知－行为模式，可以被理解为通向更广阔解放路径中的有益过渡（或立足点）。相反，超个人主义和后现代主义（或折中主义）的观点，可以被看作解放的最好的促进力量，它反馈到认知－行为和生理进程中，并对之起支持作用。

虽然我们承认，我们的概念听起来可能过于雄心勃勃，但我们相信，提出这一点是很迫切的；而且我们高度鼓励在这些（整合）水平上进行持续对话。

因此，让我们尝试将我们的（存在整合）替代观点加以生动描述，并将之投入观念的市场中去。

首先，我们将提供两个临床研究生的观点，他们在学术界探索了存在心理学的角色和挑战。其次，在第三部分，我们将考虑一种治疗的存在整合框架。最后，我们以案例应用来阐述这种框架，以此作为结束。

来自培训过程内部的存在心理学

（安·巴西特－肖特　格伦·A.哈梅尔）

虽然存在心理学对主流研究生教育的影响已微乎其微，但有迹象表明——如本书中的清晰描述——也许正在发生一种相反的趋势。引领这个相反趋势的是越来越多的我们已讨论过的心怀不满的专业人士。但是，在更平静，或更基层的方面，似乎正在凝聚着一种以学生为本的对抗。受到心理学的文化和理论多样性的激发，这些学生正在相应地寻求跨学科的心理学。现在我们不妨转向两个研究生，他们代表着这种新兴的观点，为我们提供了基于底层的洞见。

临床实践和实习的学生会证实，要成为一名心理咨询师，接受培训是占很大一部分比例的工作。请考虑以下场景：

你的第一个来访者正看着你，等待答复。你在思量：你们两人将如何把这种新的和未经考验的关系建构成为另一种关系，可以承受充满痛苦的强度，并鼓励这个人通向一种更有意义的、精神的、明显是他自己的生活，你从哪里开始呢？你可以去一百个不同的方向。书籍的片段、督导式的面询、课堂讨论和你自己生活的经验，在你脑中一闪而过。然后，你注意到来访者的眼睛——他们的痛苦、希望和恐惧——这让你做出回应。稍后，你意识到，在你的整个职业生涯中，你将与每一个新的来访者在某种程度上重新开始达成一致。你期待着你已经习惯于重新开始的那一天。

当学生临床医师发现自己在治疗的这一小时的时间内迷失方向时，这往往和他们关于人格功能、心理病理学以及心理治疗实践的信念易于转移的性质有关。学生们努力寻找他们的临床特异性，这一点当然可以通过探讨某种理论倾向来得到加深，这种理论倾向的价值观似乎特别与他们自己的价值观相辅相成。然而，心理治疗学派在其适用和通达于学生方面是不同的。正如我们将在下面说明的，我们发现存在心理学清楚地讲述了学生们所关注的事情，并在应对训练中最困难的挑战方面提供了大量帮助。

我们对这种临床心理学正规训练的这些挑战觉得相当熟悉。我们两人开始写这篇文章时，都在一个独立学院的心理专业即将结束我们的博士课程计划，也是我们在社区中进行接受督导治疗的第五个年头。虽然我们接受的心理学教育是相当主流的（主要是心理动力学方面的），但我们早在研究生院就开始补课学习存在心理学并接受相关督导。我们学习存在心理学的推动力大部分来自作为个体的自己，而不是来自作为学生本身。事实上，这种对只有作为学生的我们进行精确描述的暗示，与基本的存在假设，即人是不可见的整体，是相违背的。不过，为了强调存在心理学与那些接受心理训练的人所能够具有的关联，我们将把关注的焦点限于这里，来阐述特别是学生们正在挑战的问题上。

这些学生在挑战什么问题呢？其中专业发展的一部分包含着与来访者提供的极其丰富的语言或非语言信息的一致性。学生们必须找到一种方法，对他们的所见做出概念上的阐述，帮助来访者朝向似乎最有价值的方向。其中一个复杂的问题在于，用研究生院所获见解武装起来的学生们经常将他们的技术和知识应用到来访者身上，而不是与其一起努力。例如，如果人将理论作为脚手架应用在其周围，那么理论就可能会使其来访者变得模糊。脚手架确实在难以立足的地方给建筑者提供了一个安全站立的地方，并且给建筑师提供了一个机会，从一些新的视角来看待将要建成的大楼。但是，建筑者的粗糙脚手架可能很容易伪装，被误认为是它围绕复杂的建筑。同样地，当学生们不确定并且希望具有更安全的优势点时，他们就迅速地在来访者周围竖立起理论——这往往是自动进行的。那么，对新咨询师来说，最艰难的挑战之一就在于，从某一特定倾向来勾画结构，同时又不能让理论使他们面前复杂的、独特的个体变得模糊难解。

存在心理学能够通过以下四个特征对学生的诸如此类的关注和挑战提供帮助：（1）关注来访者的即时体验；（2）强调人类选择的能力；（3）承认行为的有限性；（4）强调现象学的阐述。

关注来访者的即时体验

学生忽视来访者，不能将之作为个体看待的一种方式可能是太少关注来访者的即时体验（immediate experiences）。例如，学生有时没有在面询时注意到来访者在情绪强度、面部表情、姿势或者个体言论特点上的细微转变。缺少这些细微差别意味着丢失了个体最能说明问题（和稍纵即逝）的可以披露的细节。相反，在加速发展一种坚实的治疗联盟方面，流畅地获得来访者独有的口头或者非口头的"方言"是重要的一步。

学生可以在许多方面从这种即时性中撤离。我们已经提到一个人在面询中利用其心理学学术知识而变得过分关注的危险性。学生也可能全神贯注于未来。例如，他们会思考如何向他们的导师描述这次面询的进展情况。有些学生也可能尚未习惯对深陷巨大的情绪痛苦的来访者进行咨询；他们可能发现这个人的困扰有些压迫人，于是在更柔和的情绪探索中寻找避难所。个体在此类范畴中经常遭受失败的一个领域是对来访者的个人历史的探索。个人历史的收集当然具有其独特位置，事实上，也通常是这个领域的清晰要求。遗憾的是，在面询中，以减少来访者的即时性和增加与他们的距离并与之分离的方式来收集来访者的资料，这种诱惑依然强劲。

存在心理学方面的训练可以帮助学生始终保持一致并且首先要关注即时性。事实上，存在治疗师强调，一个人不需要把来访者的过去都了解透彻。相反，一个人只需要认识来访者即可（May，1958）。雅洛姆（Yalom，1980）补充说，深入探索可以指对以下问题的思考，即"不是个体开始成为的那种存在的方式，而是个体本来存在的那种方式"（p.11）。如果在收集个人历史的过程中，治疗师把关注的焦点集中在体验那些事件的个体身上——以及现在正在体验什么事情的那个人身上——那么治疗师就不会丧失人的细节问题。最后，存在心理学要求治疗师与自己持续的即时体验保持协调，这种要求也鼓励学生们在面询中保持对此时此地问题的关注。

强调人类选择的能力

学生面临的另一个挑战是，要保留对来访者选择能力的觉知。举例来说，来访者有时把他们的生活说成是难以控制的忧郁，淡化他们的影响变化的能力。由于相对较少地参与治疗过程（也许是因为他们对自己的治疗能力不自信），学生们可能太容易相信这样的介绍。但是，存在心理学一直明确强调，人类有做出明确选择的能力。虽然并不是所有层次上的选择都是有意识的，但是，正如雅洛姆（Yalom，1980）指出的，个体所具有的选择范围往往比他们所觉察到的要大。

具有讽刺意味的是，不重视来访者选择能力的压力有时来自治疗领域本身的安排。例如，有些情境把患者的反应主要归因于移情（transference），并且认为这种结构能够以某种方式减少患者的责任。其含义是，来访者是被驱使着做出这种反应的，就像他们在其无意识中对过去所做的反应一样。初学者的那种已经得到加强的想要把来访者的选择程度最小化的倾向，就是在这些情境的咨询时相伴而生的。

另外，存在主义对移情所下的定义更多地强调来访者做出选择的能力。梅（May，1958）提醒他的读者，在面询中诸如移情这样的结构可以从来访者即时环境中获得大量意义。例如，梅假设，来访者提出某些要求，是因为他试图赢得父亲的爱，"这可能成为一种解脱，也可能事实上是真的"。但是，梅继续说，事情的症结却是，来访者"在这一特定时刻正在将这一事情应用在我这里，而且在这一时刻做这一事情的原因……并不受来访者与父亲相关联程度的影响而衰减"（p.83）。换句话说，较早期的动力机制和被移置的情感并不能完全解释来访者的动机。来访者同时受到更处于当下的理由的激发。这个人已经以某种方式习得了一种对他人进行解释以及与他人互动的方式，这可能是真的，但更重要的是他此刻正在使用这种独特方式这一事实。梅总结道，从某种程度上讲，来访者选择在那一刻、那个房间里以那种方式对一个真实的人做出回应。

承认行为的有限性

然而，在所有对选择的强调中，不应该逃避个人生活也存在制约。我们在前面就已指出，学生治疗师经常会低估其来访者的选择能力。这也许部分地反映了一种来访者与之进行斗争的非常真实的、有限的情景。许多学生在社区心理健康机构工作，看到一些付费极低的来访者，其中有些人生活贫穷，无家可归，受到强烈的歧视。其他学生在医疗部门工作，在那里他们亲眼看见了残疾或者疾病对来访者所施加的生理和社会限制。

那些强调人类潜能但没有相应地关注其有限性的理论，可能不经意地引导学生责备来访者没有改变他们的外部环境。存在心理治疗师承认并阐明了一个人的社会世界的繁重压力。例如，同集中营监禁和神话中的西西弗斯的惩罚一样看似无望和徒劳的经验（Frankl，1984；Camus，1942/1955；May，1991），在存在主义的思想中占据了发人深省的位置。存在主义者并没有逃避对这些几乎不存在的实际行为选择的实例进行思考。

虽然存在心理学更进一步，强调一个人甚至在这些表面上看来毫无希望的困境中也拥有转变的力量，但有人提醒我们，个人仍然能够选择他们赋予其情境的意义。弗兰克尔①在描写他自己被纳粹囚禁的情形时声称，一个人能够被剥夺所有的事情，"但除了一件事情之外：人类最后的自由——在任何特定的环境中选择个人的态度，选择一个人自己的方式……［在他的情况下，就是避免存在］被塑造成了典型的先天的形式"（p.75）。存在主义者可能会坚持认为，在面对限制的情境下，个体拒绝减少这种选择，有助于保存人类的人性。

与那些处在严重受限的外部环境下的来访者一起工作的学生，因此能够确定，他们对这种有限性的觉知将在存在心理学中找到表达的方式。重要的是，也需要承认个体改变其社会世界的能力（至少是在思想上）。这提供给学生一种现实的基础，基于该基础，学生来支撑其临床干预，也提供一种途径，以便于治疗师和来访者通过不断说服来从绝望中获得意义。

强调现象学的阐述

我们已经说过，在没有让理论模糊来访者的情况下，在对一个人的临床工作进行概念化时，培训的一部分挑战就涉及一种理论倾向。

---

① 弗兰克尔在第二次世界大战期间曾在奥斯威辛集中营被纳粹囚禁，是少数幸免于难的犹太囚犯之一。——译者注

人们期待高水平的学生以一种彻底和正式的方式来使用临床理论，这导致他们保持对来访者的独特性的感觉更加重要。老师经常要求这些学生整合可以获得的有关来访者的信息，在指导和研讨会中提供"对案例的详细阐述"。这种陈述可能包含对其来访者的防御本质、核心冲突、症状、机能水平、人格结构以及诊断类型的解释。这种类型的详细阐述鼓励有价值的反思，但是，治疗师也可能因此滑入以静态的和自我满足的方式来观察动态的、不断展开的来访者。来访者能够首先变成一个"案例"，然后变成一个"分类"（例如，"边缘性精神病"）。随着这种临床的简略方式而来的可能是用一种建构（"边缘性精神病倾向于……"）取代个体的危险。然而，要想进行有效的指导，治疗师显然需要一种对其来访者问题的一致理解以及清晰的治疗策略。他们也需要能够与其他临床治疗师一起交流他们的治疗策略基础。

对来访者的问题和长处进行详细阐述的存在主义取向，并没有忽视诊断性的评价或对防御和冲突的考虑。但是，存在式的详尽阐述较少以现存的临床和诊断分类为基础，而是更多地以来访者的现象学为基础。这种取向强调每一位来访者的个人经验。这是一种考虑到个体情境的、新鲜的、相对没有偏见的心态。

存在心理治疗学家可能通过考虑具有以下性质的问题来开始对来访者进行详细阐述：这位来访者的特殊痛苦是什么？来访者如何评价他的日常生活？什么阻碍了来访者？来访者以什么方式阻碍了他自己的路？此刻来访者如何对待我们两个人？我正在通过什么方式来体验这位来访者？来访者能在多大程度上注意到他自己的反应以及他人的反应？这样的反思一直将焦点集中于当时的来访者和治疗师，因此对学生们来说特别具有建设性。在培训过程中创造并呈现一些精心阐述，往往会引起很大的焦虑。不断考虑到评价的想法可能会使学生远离治疗的关注点，而使他们只考虑理性的追求。致力于把来访者的世界理解和描述为他所体验到的那个世界——甚至在进行详细阐述时也是如此——会帮助学生确信，他们正在把关注的焦点集中在建筑物上，而不是脚手架上。

我们已提到的只是学生在训练成为心理治疗师过程中的极少数的一些挑战。首要的问题是，学生治疗师必须与来访者提供的大量信息和谐一致，并且必须与来访者一起工作，而不是单向地应用干预措施。在训练中，学生往往转向某种特定的理论倾向，并获得大量有价值的指导和优势分数。不过，他们必须抵制将来访者视为复杂而独特个体的阻碍的理论。学生也面对着一些更具体的挑战，例如，及时与来访者变化的言语和非言语信息上的细微差别相协调，坚持来访者具有影响变化的能力方面的信念，承认来访者具有外部有限性而并不绝望，以不加任何歪曲的总结的方式详尽阐述来访者的材料。

正如我们讨论过的，存在心理学在应对这些挑战的过程中可以提供相当大的帮助。它能如此，是因为它强调来访者的即时体验，并把关注的焦点集中在重要的选择能力上。此外，它还区分了行为的自由与解释的自由，并更多地对详尽阐述采取一种以现象学为基础的取向。简言之，存在心理学将学生锚定于来访者的个体性上。

到目前为止，我们已经把我们对学生的评论限于正式训练中。然而，将来访者视为个体，就意味着承认，同他在一起治疗会是一种新奇的体验，需要学习一门新的专用语。在这种方式下，所有的临床治疗师在一定程度上都作为学生，并且可能在存在心理学内部找到大量他们所关注的事情。

注释

[1] 该短文为关于卡伦·拉塞尔的案例，是由古宁·罗思（Geneen Roth）详细描述的一个案例（1991，pp.172-184）。我将她的情况特殊化了，对此我已做出注释。

[2] 最近有研究者对所谓心理功能的客观测量（包括在治疗前后研究中所使用的那些测量）的有效性，提出了中肯的质疑（参见 Shedler, Mayman & Manis, 1993 中的详细阐述）。

参考文献

Beck, A. (1976). *Cognitive therapy and the emotional disorders.* New York: Signet.
Bernstein, R. (1986). *Philosophical profiles.* Philadelphia: University of Pennsylvania Press.
Camus, A. (1955). *The myth of Sisyphus and other essays* (J. O'Brien, Trans.). New York: Knopf. (Original work published 1942.)
Dass, R. (1992). *Compassion in action: Setting out on the path of service.* New York: Crown.
Ellis, A., & Yeager, R. (1989). *Why some therapies don't work: The dangers of transpersonal psychology.* Buffalo, NY: Prometheus.
Frankl, V. (1984). *Man's search for meaning: An introduction to logotherapy* (3d ed., I. Lasch, Trans., part 1). New York: Simon & Schuster.
Gendlin, E. (1978). *Focusing.* New York: Bantam.
Lazarus, A., Beutler, L., & Norcross, J. (1992). The future of technical eclecticism. *Psychotherapy, 29*(1), 11–20.
Mahrer, A. (1986). *Therapeutic experiencing: The process of change.* New York: Norton.
May, R. (1958). Contributions of existential psychology. In R. May, E. Angel, & H. Ellenberger (Eds.), *Existence: A new dimension in psychiatry and psychology* (pp. 37–91). New York: Basic Books.
May, R. (1967). *Psychology and the human dilemma.* New York: Van Nostrand.
May, R. (1981). *Freedom and destiny.* New York: Norton.
May, R. (1985). *My quest for beauty.* Dallas: Saybrook (distributed by Norton).
May, R. (1986). Transpersonal or transcendental? *Humanistic Psychologist, 14* (2), 87–90.
May, R. (1991). *The cry for myth.* New York: Norton.
O'Hara, M., & Anderson, W. (1991, September). Welcome to the postmodern world. *Networker,* 19–25.
Roth, G. (1991). *When food is love.* New York: Plume.
Schneider, K. (1987). The deified self: A "centaur" response to Wilber and the transpersonal movement. *Journal of Humanistic Psychology, 27*(2), 196–216.
Schneider, K. (1989). Infallibility is so damn appealing: A reply to Ken Wilber. *Journal of Humanistic Psychology, 29*(4), 470–481.

Schneider, K. (1990). The worship of food: An existential perspective. *Psychotherapy, 27*(1), 95–97.

Shedler, J., Mayman, M., & Manis, M. (1993). The *illusion* of mental health. *American Psychologist, 48*(11), 1117–1131.

Thompson, R. (1973). *Introduction to biopsychology.* San Francisco: Albion.

Wertz, F. (1993). Cognitive psychology: A phenomenological critique. *Journal of Theoretical and Philosophical Psychology, 13*(1), 2–24.

Wilber, K., Engler, J., & Brown, D. (1986). *Transformations of consciousness: Conventional and contemplative perspectives on development.* Boston: New Science Library.

Yalom, I. (1980). *Existential psychotherapy.* New York: Basic Books.

Zweig, C., & Abrams, J. (1991). *Meeting the shadow: The hidden power of human nature.* Los Angeles: Tarcher.

第三部分

———————

存在－整合心理学
在治疗中的应用

第五章

存在－整合方法的指导方针

以下是使主流的治疗策略在包罗万象的存在框架之下概念化的一种方式。[1] 这种努力的目的包括以下几个方面：阐明存在治疗师做什么和怎么做；扩大存在治疗师和主流治疗师的治疗选择权；阐明某些特定的治疗形式产生最佳疗效的条件。

这种方法是一种临时的方法，还远未详尽和最终确定。它是以我自己的理论和治疗的综合为基础而确定的一套初步的指导方针（Schneider，1990）。为了本书的这个目的，我已扩大了这种综合，把它与其他疗法整合起来，并且为了实践的目的而使其含义定形。

尽管在理论上证明是合理的，但阐明一种存在－整合观点的立场在治疗的文献中（即便有）也很少有先例（Beutler & Clarkin，1990）。所以，这留待将来的研究——尤其是各种现象学观点的研究——对它进行评定和精练。[2]

本章是怎样组织的

为了帮助读者阅读这一比较长的章节，我们提供以下简短的概述：

第一，我们将提出存在－整合（EI）方法的理论——治疗是一些解放的策略[3]，意识是解放的水平，而经验意识则是那些水平的顶点。

第二，我们将详细说明人格动力学，它具有经验水平（和每一种其他水平）的特征——压缩的能力、扩展的能力和使自我成为中心的能力——还要详细说明那些动力学的功能和功能紊乱的含义。

第三，我们将根据这一理论制定出治疗的指导方针——如何选择适当的解放策略，何时在这些解放策略间进行转换，如何向这些策略的经验中心推进。

第四，我们将聚焦于经验解放策略本身——它有四个干预阶段：（1）在场；（2）激惹现实；（3）激活和面对抵抗；（4）意义创生。

最后，我们在这一章得出结论，用总结的方法阐明经验解放策略，一个指向（或者远离）经验解放策略的决策点的总结和一套发展技能的训练，旨在应用经验解放策略。

存在－整合方法的理论

治疗是解放的策略／意识是解放的水平

正如罗洛·梅（1981）言简意赅地指出的，存在－整合治疗的主要目标是，"使人们获得自由"——获得身体、认知和情绪上的自由（p.19）。对我们的这些目标来说，自由就是感受到的在自然和自我施加的生活限制之内进行选择的能力。这些限制包括（但并未穷尽）文化、基因、生物学以及宇宙的命运，比如地震（May，1981）。当然，现在最大的问题是怎样推进存在的解放以及在什么情况下推进。

我们不妨从考虑下面假设的观点来开始我们的探究。人类的经验（或者意识）可根据六种（相互交叉与重叠的）水平的自由而得到理解：（1）生理的；（2）环境的；（3）认知的；（4）心理性欲的；（5）人际关系的；（6）经验的（存在）（见图 5.1）。这些意识水平（或领域）表明，随着领域的深入，自由的程度也越来越高。例如，最外层（生理的）水平是环境水平的一种较简单和有更多限制的表现形式；环境

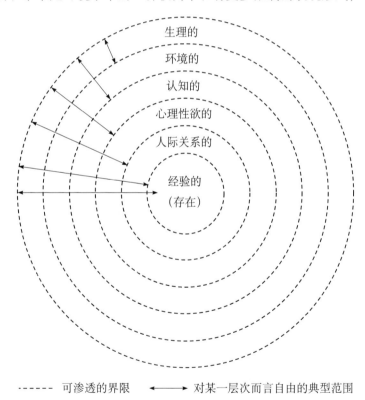

------ 可渗透的界限　　←→　对某一层次而言自由的典型范围

图 5.1　意识的水平和领域

意识的层次是重叠的和缠绕在一起的；其中的差异是强调的要点。

的水平则是认知水平的一种较简单和受到更多限制的表现形式；以此类推。[4]

在任何既定水平中，自由的范围都是刻画该水平那个领域的一种功能。例如，一个人对生理的（或有机体的）自由的体验会受到一个人的遗传、生理气质、饮食、锻炼、物质滥用（例如吸毒和酗酒）以及其他遗传和生物化学物质的影响。

一个人对环境自由的体验同样可以用经典条件反射和操作条件反射现象来描绘（参见 Skinner，1953；Wolpe，1969）。一个人越是能够在一定程度上操纵条件刺激和无条件刺激（例如在脱敏疗法和等级－暴露程序中）或者正性和负性强化的列联（例如在奖赏和避免策略中），他就越能得到可测量的、可观察的环境操纵权。例如，个体可能会因为保持很高的平均学分而奖赏自己一个假期。

认知的自由受到逻辑和理性思维原则的限定（Beck，1976；Ellis，1962）。在这里，一个人对自由的体验取决于一个人能够确认那些不适宜的图式（例如，信念、假设和自我陈述）的程度、在实践中改变这些图式的程度以及在理性和客观证据基础上采纳新图式的程度。要达到这个水平的解放有以下策略可以采用：理性重构、积极重塑、树立社会榜样、思维停止法、思维预演和有指导的视觉化。例如，只是因为和一个潜在的可能结成浪漫关系的对象进行了一次失败的谈话，就认为自己是一个毫无价值或毫无希望的人，在采用这些策略中的一种之后，可能就会改变这种认识。

到现在为止，我们讨论的都是心理生理学 [5] 解放的一些相对来讲有意识的、可测量的和可观察的形式。我们已经考虑了在生物化学、环境操纵和可指明的思想进程水平上的选择。现在，我们将把重点转向心理生理学经验的相对下意识的、不可量化的方面。它们位于上述生理、环境和认知水平自由的底部，有时会颠覆这些水平（May，1958；Schneider，1990）。

在心理性欲水平上的自由需要澄清和整合个体以前的性经历或攻击性经历，如果这个过程没有完成的话，个体就会被认为是病态的（Freud，1963）。这一水平的解放意味着自我的强大——在使惩罚和罪疚感（超我的压制）最小化的同时，最大限度地满足本能欲望（性欲的-攻击性的表达）的能力。过度满足或压抑的不平衡都被认为是强迫性的和不自由的。心理性欲的解放可以采用精神分析的自由联想、对抵抗和移情的诠释、理智的领悟和梦的分析而促使其发生。这里强调的重点是对当前的关系和以前的心理性欲冲突之间的关系有一种认知的理解。治疗师此时扮演着代理父母的角色，他澄清和纠正来访者歪曲的心理性欲的记忆。例如，治疗师会帮助来访者理解童年时对阉割的恐惧是如何表现为成年后对自信的恐惧的。

人际关系水平上的自由（例如自我心理学所例证的那种自由）都承认并超越了心理性欲关系水平上的自由（Kohut，1977）。这里的操作层面是人际依恋和人际疏离，而不只是驱力和社会禁忌。人际关系水平上的自由用人际依赖和联系来平衡个体的奋斗和独特性。虽然人际解放也强调对童年早期动力的理解，但这些动力的具体成分与心理性欲解放的成分是不同的。它们包括（但并不只局限于）感情的欲望和挫折、养育、有效力、鼓励和社会或道德方向。人际关系的解放并不只通过理智的顿悟，还通过现在对过去的重新体验来达到。治疗师与来访者的关系就是这种重新体验的工具，当前治疗关系中的分离-依恋问题所关注的焦点就在于此。随着时间的推移和适当的矫正治疗体验的增多，来访者开始重视自己的人际分离和建立关系的能力，其在这两方面的强制行为会显著减少。例如，他可能会重新体验早期的养育缺陷，经历由此带来的恐惧、挫折和与这种损害有关的过度补偿。

最后，形成我们这个图谱之核心的是我所谓经验的自由（experiential freedom），也可称之为存在水平（being level）或本体论自由（ontological freedom）。经验解放不仅包括生理、环境条件、认知、心理性欲和人际关系，而且包括宇宙关系或情境之间的关系——尽可能地涉及整个人类存在（Merleau-Ponty，1962）。经验解放是情境之间的，不仅与一个人生活的这种或那种内容或时期有关，而且与成为一个人生活内容和时期之基础的前言语期和动觉的觉知有关。经验解放是以感情为中心的，可以用隐喻、艺术作品和文学典故进行最好的表述（例如，请考虑一下凡·高的表现主义风格，F.斯科特·菲茨杰拉德描述的丰富性或希区柯克电影的象征的深刻性）。可以把经验解放与梅洛－庞蒂（1962）的身体－主体、威廉·赖希（1949）的"生物能量"以及莫里斯·伯曼（1989）的动觉觉知相比较。每一种都是以身体为中心的，每一个都关注通过身体发出的相对而言没有调停的意识。[6] 最后，经验解放也是以患者为中心的，由患者自己独特的斗争转化而来并与此有关。这并不是说治疗师的关注与社会的关注在经验的解放中被消解了。毫无疑问，它们是不可能消解的，应当在治疗过程中得到负责任的提出。但是，经验解放的终极标准就在患者的觉知之中，而他们必须忍受这些标准带来的后果。

具体来说，经验解放又可划分为四个互相交织和重叠的维度：（1）即时的；（2）动觉的；（3）感情的；（4）深刻的或精神的。这些维度构成了基础或地平线，上述每一种解放策略都是在这些维度中操作的，它们是至少一套更具有临床意义的结构的背景关系。根据现象学的研究，这些就是压缩、扩展和集中一个人的能量和经验的能力（Becker，1973；Binswanger，1975；Keleman，1985；Laing，1969；May，1969，1981；Schneider，1990，1993）。扩展（expansion）是对心理生理上的突破和延伸的知觉，压缩（constriction）是对心理生理上的退缩和禁闭的知觉。[7] 扩展与获得、增大、散开、上升、填充、加速感，或简单地说，与心理生理选择的增加有关。而压缩的意思是对放弃、减少、隔离、下降、倒空、减速的知觉，或简单地说，是减少了心理生理的选择。最后，集中（centering）是觉察到和指导一个人的压缩或扩展可能性的能力。

压缩和扩展位于一个潜在无限的连续统一体之中，只在一定程度上是有意识的。压缩的或扩展的梦幻想（例如，羞耻或复仇在其中发挥作用的幻想）可能是下意识的（subconscious）。个体越追求压缩，他就越接近一种被"抹去"、被毁灭的感觉。个体越追求扩展，他就越接近一种同样过分的"爆炸"的感觉，进入混乱无序的非实体状态（Laing，1969）（我使用 hyper- 这个前缀，用压缩或扩展来表示对这两个极端的机能不良或不容易管理的卷入）。对压缩或扩展的恐惧（主要是由过去的创伤引起的）促使人们对这两个极端做出极端的或功能失调的逆反应。这就创立了一种情境，例如，在这种情境中扩展的夸大妄想就成为对一个人在孩提时期所体验到的那种压缩的渺小感的一种逃避或逆反应；压缩的刻板性就成为对一个人在自然灾难中体验到的那种扩张的混乱和无序的逃避。而直面压缩或扩展的恐惧能够提高个体重新体验世界的能力（例如，对夸大妄想的来访者来说，从谦卑的角度来体验世界，或者对刻板的来访者来说，则从自发性的立场来体验世界）。

这两个极端可能发生的事件——混乱和毁灭、伟大和渺小——充斥着全部的自由图谱（见图5.2）[8]。它们既构成恐惧又构成可能性，这两者是生理鼓舞（唤醒）和抑制（平静）、条件性的不计后果（行为紊乱）和退缩（恐惧症）、认知夸大（过度泛化）和刻板性（两极思维）、贪食（放荡）和心理性欲压抑（禁欲）以及分离（疏离）和人际依恋（依靠）的基础。

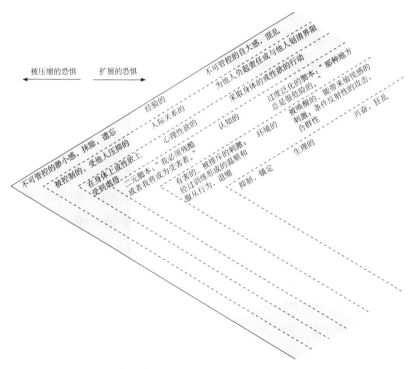

图5.2 意识的水平和有关的恐惧（图5.1的截面图）

这些只是（有时令人着迷的）能够和每一个水平相联系的少数样例。深颜色的部分和那些象征地及下意识地体验到的区域有关。

经验的解放是通过仔细而敏感的治疗邀请推动的，邀请他们待在现场去探索一个人的那些被否定的压缩或扩展的部分。这些部分越表现出焦虑（与理智的和疏离的内容相反），他们就越接近核心的压缩和扩展的伤害。这种（前言语期的／肌肉运动知觉的）材料和一个人能够使其混乱的或毁灭的含义保存下来的感觉逐渐整合起来，就能够促进健康、活力和提高对精神维度的赏识（例如，敬畏、惊异以及与宇宙的连通）。尽管经验的解放可能有助于开放范围不同寻常的可能性，但据说这并不能解决所有的冲突或迷惑。相反，它认可在自我和非自我、自由和有限性之间的辩证状况，并且帮助来访者去发现最佳的而非完美的意义（Bugental，1987；May，1981；Schneider，1987，1989）。这里的含义是，尽管那里始终有更多的使压缩或扩展交会的可能性，但我们却不能总是达到或忍受它们。在这个水平上，释放那些关键的阻塞和焦虑已经足够了，例如，通过面对一个人对厚颜无耻的最深刻厌恶，来克服一个人的羞怯、沉默寡言的脾气秉性。

压缩（渺小）和扩展（伟大）是无处不在的地平线

亚伯拉罕·马斯洛（1967）曾观察发现，我们既害怕伟大也害怕卑微，从存在－整合的观点来看，这正是核心的两难困境。正如我们已经提出的，对压缩和扩展（或者它们在临床上的同义词，渺小和伟大）的害怕经常出现在存在自由的完整图谱中。再者，它们也是实现完整的存在康复的关键。然而，在考虑这些观点的临床结果之前，我们不妨先尝试将迄今为止我们已经提出的观点予以理论定型。

（1）在一个压缩－扩展膨胀的连续统一体上可以刻画出人类的精神（意识）特征，这种刻画只在一定程度上是有意识的。就我们的存在－整合框架这一目的而言，我们认为在这个连续统一体上有六种类型的排列：1）生理；2）环境；3）认知；4）心理性欲；5）人际关系；6）经验（存在）。鉴于生理、环境和认知在这个连续统一体上是受意识加工进程支配的，心理性欲、人际关系和经验的形式主要强调的就是受前意识和下意识调节。

（2）对压缩或扩展这两个极端的恐惧会引起人的功能紊乱、极端化或两极分化，其程度和频率通常与一个人恐惧的程度和频率成正比。从一方面来看，一个人将会尽其所能地去做，包括成为极端的和具有破坏性的他自己，以避免出现个体所恐惧的压缩或扩展的极端。例如，对生理扩展（唤醒）的恐惧，可能会促使个体产生一定程度的极端或功能紊乱，以便使他自己受到压缩（平静下来）。对封闭（压缩）的条件性恐惧可能会促使个体付出过多的努力去放大或扩展一个人的环境。对灾难（扩展）认知的恐惧可能与狭隘的和受到严格控制的认知有关。对严格限制的清教徒式的教养方式的厌恶可能与一个纵容、扩展的成年期相关。而对缺乏指导和无根据的教养方式的恐惧可能会在一个人以后的生活中产生一些专制和原教旨主义（即信奉正统基督教）的趋势。最后，在本体论（在存在的本质上）和宇宙论（在自然法则上）被否定（抹杀）所带来的恐惧，可能会导致个体不顾一切地付出心理和生理上的努力，从本体论的角度来表现自己（令人悲哀的是，这经常会重新导致困窘的地位，因为对从前那种程度的渴望是不可能长期忍受的，例如，躁狂－抑郁症或边缘型人格的那些经验的摇摆）。（参见表 5.1 对这些恐惧所做的详尽阐述。[9]）

表 5.1　一些精神病紊乱及其相关的恐惧[①]

过于压缩性的功能紊乱和对终极扩展的恐惧（伟大、混乱）

紊乱	恐惧
抑郁症	自信、刺激、野心、突出、可能性
依赖	自主性、自己冒险、难以处理的责任
焦虑	潜能和与其有关的风险、责任和紧张，还有"愚蠢"、自发性和不可预见性
广场恐惧症	开阔的场所、冲突和混乱
强迫症	实验、惊讶、混淆和复杂、混乱、鲁莽
妄想狂	信任、伸出、混淆、复杂和关系的冷酷
镇静药物滥用（例如安定、酒精[②]）	以上所有

过于扩展性的功能紊乱和对终极压缩的恐惧（渺小、消除）

躁狂症	限制、有限性、冲动的延迟、丧失活力
反社会人格	脆弱、虚弱、成为受害者
癔症	拒绝、不重要
自恋	不适当、无价值、无力
冲动	严格管制、例行公事、空虚
幽闭恐惧症	圈套、紧密的和封闭的地方
兴奋剂药物滥用（例如安非他命、可卡因）	以上所有

过于压缩性和过于扩展性的混合

被动性攻击	一方面显得渺小，另一方面由恐惧导致愤怒或者狂怒（这种结合就会产生诸如讥讽和散漫这类直接攻击行为）
边缘型人格	极端渺小、无意义与极端愤怒、狂怒相结合（既导致混合与暴行，又导致孤立和退缩）

过于压缩性和过于扩展性的混合	
躁狂抑郁症	一方面是限制、有限性和迟缓，另一方面是自信、刺激作用和雄心
精神分裂症	蒸发（可能导致紊乱的全能努力状态）和爆炸（可能会促进强迫症、类似紧张性精神症的品质），精神分裂症与以最激进形式表现出来的对压缩和扩展的恐惧有关

①上述临床综合征和可能给他们带来的恐惧之间的关系是理论上的和暂时的。它基于一些少量但有趣的临床数据，这些数据既涉及气质，也涉及心理创伤（Schneider，1990）。这仍有待于未来的研究——尤其是现象学性质的研究——以重新考虑这些假设的正确性。

②虽然酒精是一种镇静剂，但自相矛盾的是，它还能够通过其抑制作用而起到刺激作用（过度扩展）。

发展的观点

尽管对于压缩和扩展这两个极端的恐惧（和补偿行为）可以在每个存在水平上看到，并且被整合到每一种水平的各自的解放之中，但它们的起源却远没有统一。压缩的和扩展的恐惧可能出现在各种广泛的空间、时间和气质倾向的背景关系中。在这里我们不妨先考虑几种主要的情况——急性的、慢性的和内隐的创伤（Schneider，1990）。

急性的创伤（acute trauma）是把一个事件知觉为直接相反和震惊。这是一种产生极端恐惧的存在的严重挫折。例如，当一个孩子病倒时，可能会体验到在身体动作方面的某种深刻改变。如果这个改变足够强大，它就能够警示这个孩子，这种警示不仅是在生理层面（快乐–痛苦）上，而且在他的世界的“本原”的层次上。它可能与濒死的恐惧（减少、最小化、无法感知甚至可能是消解）有联系。孩子恐惧的强度是很多因素的函数，包括（但并不仅限于）他本来的心理生理倾向（也就是吃苦耐劳水平）、他的疾病的严重性、他患病时的文化和家族背景等。差异性是这里的关键。他所经历的最初的性格和后来的事件之间的差异越大，他将越有可能否认那些后来的事件，并且因此变得在体验上疲劳不堪。这种疲劳不堪可能最初表现为过分努力地扩展（例如大哭、拒绝、否认）他日益固定的状况。如果这些抗议证明相对可行，他将有可能继续否认他的弱小，并且以各种补偿的方式过完他的人生。相应地，他依赖于其创伤的严重性和随后对创伤的处理，他有可能表现出一定范围的扩展性的人格特质，从生机勃勃和活跃到彻底的好战和专横。

如果这个孩子试图否认自己的疾病却一直遭到越来越强烈的回绝，那么另一种创伤——慢性的创伤（chronic trauma）循环就可能会发展起来。鉴于急性的创伤把关注的焦点集中在最初对压缩（也就是变得不能动了）的恐惧上，慢性的创伤关注的核心则是对那种恐惧的对抗（毫无成效地和再三地努力想要变得能动，扩展）。这种转变的结果是对最初情形的完全颠倒。患者并没有对心理生理上的渺小予以否认和过度补偿，现在他要尽其可能地使自己渺小，以避免心理、生理上的伟大。

对发展压缩性的和扩展性的创伤来说，还有第三种方案，这是代际的或内隐的创伤的一种更微妙的循环［参见"家庭系统"文献（如McGoldrick & Gerson，1985）对这个循环所做的更全面的讨论］。内隐的创伤（implicit trauma）是由家庭和养育者间接和替代性传递的创伤。与急性的创伤和慢性的创伤不同，内隐的创伤绝不是由受到影响的个体直接体验到的，而是被他们习得、接受并存储在他们记忆中的。虽然内隐的创伤的基础相当隐蔽，但最初的内在倾向似乎都在发挥某些工具性作用。内隐的创伤发展的顺序像是这样的：假设我们的患者是一个家庭成员，她体验到急性的或慢性的创伤。她的创伤（也就是，她对不能动的害怕）反过来又导致她的补偿行为（即过分完成），旨在阻碍那种偶然造成的伤害。因为这种循环是我们的来访者生命中所固有的，所以它也开始渗透到与其子女的关系中。可以预见的是，正是在这一点上，她的子女才会有产生内隐的创伤的危险。可是，要使这种情况发生，必须有两个基本条件：（1）子女必须理想化，努力模仿其母亲的过分行为；（2）他们必须表现出安乐地顺应这些过分行为的内部倾向（例如，热望）。因此，鉴于有了这些首要的条件，就可以证明伟大和渺小是一些广泛的代际冲突，是不自觉地被内化和在无意中被传播的。只有那些伤心欲绝的意外灾祸的受害者，例如那些不是超级完成者的人，才能开始阻断这种传播的影响（Schneider，1990）。表 5.2[10] 对这三种创伤循环做了总结。

表 5.2　三种创伤循环的所谓运转方式

创伤的种类	被试的内在倾向	感知到的环境要求	假设的对被试的心理影响
急性的创伤	压缩的	扩展的	↑[2]压缩
	扩展的	压缩的	↑扩展
	中性的[1]	扩展的	↑压缩
	中性的	压缩的	↑扩展
慢性的创伤	压缩的	扩展的	↑扩展
	扩展的	压缩的	↑压缩
	中性的	扩展的	↑扩展
	中性的	压缩的	↑压缩
内隐的创伤	压缩的	压缩的	↑ /=[3]压缩
	扩展的	扩展的	↑ /= 扩展

①中性的意味着相对不那么两极对立的。

②↑意味着相对于个体的内在倾向而言越来越多的压缩或扩展。

③↑ /= 意味着相同的或者相对于一个人的内在倾向而言一定程度的越来越多的压缩或扩展。

迄今为止，可能显而易见的是，上述创伤的运转方式既无时间也无地点的限制，两极对立的类型（也就是压缩／扩展）也并非限于存在的水平（比如生理水平）。童年期是相对脆弱的，尽管这个时期更易受到创伤冲击作用的影响，但这种影响并非仅限于童年期。创伤的引起与父母、同伴或任何其他刺激本身无关，而是和存在有关，和我们的生存环境中的无根据有关。因此，使我们如此失常的并不是虐待或者伤痛的具体内容，而是这种内容对我们存在于这个世界上的意义以及对我们与宇宙的关系的意义。正是在这个意义上，身体和情感上的打击、双亲、家族神话等，才象征着更广阔的产生惊恐的网络——在我们自己被创造之前的渺小和伟大，亦是如此。

从我们对存在－整合系统的详尽阐述中产生的第三条原则是，面对或整合压缩与扩展的两极对立有助于治愈、活力和健康。这条原则同样在自由的不同水平上进行运作，也可以根据这些水平得到最好的理解。例如，压缩了的了无生气状态可以通过旨在释放和扩展能量的有营养的养生法来得到解决。扩展性的犯罪也可以通过改变环境来使之压缩，或通过厌恶强化和替代强化来使之压缩。相反，压缩的僵化性可以通过环境的改变来使之得到扩展（例如，通过面对使人畏惧的物体）。刻板的信念系统能够被理性地加以改造，变成扩展性的、适应性的信念系统。成人在性欲上扩展的行为可以根据在性欲上压缩（或扩展）的童年期行为来进行解释，也因此重新开辟一条通道。强迫性的孤立（和压缩）可以通过情绪上的更正关系（和扩展）来加以解释并得到超越。个体通过面对并体验自己的脆弱，最终能够学会理解和转换自己的自负。

然后，通过这些方式，真正的自我交会的选择和能力便得到扩展，而否定和过度补偿则逐渐萎缩。再者，伟大和渺小开始与成长的机会相连，而远非与伤害相连。例如，谦恭可以代替顺从，纪律可以代替强迫，热情可以代替自满。

既然我们已经考虑了存在－整合治疗的基本理论动力，现在是将这种描述整合起来的时候了，也是对我们的观点的含义进行反思的时候了，以评估哪一种治疗，在什么条件下，能够最佳地解放哪些存在的疾病。

理论的治疗含义

对存在解放的追求可能在开始时看起来有点让人疑惑——就像但丁对贝阿特丽采的追求或者科林斯王对幸福的追求。然而，正如我明确表示的，存在－整合针对这种疑惑提供了一条组织原则（我愿意把它说成是多元论的组织原则），可以指导我们踏上这段难以捉摸的旅程。

如何选择适当的解放策略

来访者对改变的渴望和能力是最初的，也是最重要的存在－整合选择标准。[11]治疗师如何估量来访者的这种渴望和能力呢？首先，他需要探索：来访者想要得到的是什么？他的短期目标和长期目的是什么？他在这里是不是想要消除某种特殊的症状，例如某种简单的恐惧症？或者他来这里是否要处理一些复杂的人格问题，例如抑郁症、焦虑或敌意？

其次，治疗师还需要对来访者解放他自己生命的能力进行反思：他是否有理智对他的功能紊乱进行归类并予以领会？他是否在情绪上做好了进行透彻的自我探索的准备？他是否有能力去仔细研究和暂停他的关注？他在多大程度上受文化、财务或地理关注的限制？

这些探索思路看起来十分简单明了，但它们比表面上看更为微妙（并具有更多的挑战性）。例如，有多少来访者在治疗开始时就呈现出一系列的问题，而只是为了在三次或四次面询之后就改变其经历呢？或者有多少来访者陈述的是一种关注（如对配偶的愤怒），但隐含着另一个问题（如受到伤害的自尊）？正如著名的存在治疗师詹姆斯·布根塔尔所观察到的，一个人必须做的比听的要多，一个人必须从这些话语背后听出"弦外之音"来（也可参见 Reik，1948）。同样地，存在－整合治疗师必须使自己不仅与来访者叙述的理由协调一致，而且与他们隐含的理由和治疗中发展形成的理由协调一致。固然，这种方法有许多潜在的缺陷（比如对来访者的兴趣产生误解），但是，避免这个过程甚至有更大的风险，风险包括从突然改变到过早地中止治疗方案（Bugental & Bracke，1992）。

我与传统的主张整合心理治疗的人（如 Beutler & Clarkin，1990）进行争论，他们的治疗决策完全以统计数据（和传统的诊断）为基础。虽然正如博伊特勒（Beutler）和克拉金（Clarkin）指出的，那些深度治疗师能够对来访者做出"不一定复杂的"判断，这确实如此，但同样真实的是，以症状为导向的治疗师也能做出显然容易做出的和有限的治疗评估（例如，参见罗洛·梅 1983 年和沃尔夫 1992 年对这个问题的讨论）。存在－整合对这两种同样偏颇的方法的矫正是要培养罗洛·梅（1992）所谓"治疗的奇迹"（therapeutic wonder）。治疗的奇迹承认需要有传统的、受实验驱使的评估，但只是在与这些评估相对的运动知觉和直觉核查的背景关系中才需要。意思是说，在制定治疗计划时，要认真对待来访者的表面印象并予以意味深远的考虑。但是——这也正是存在－整合治疗能够补充传统的整合治疗方法的地方——只有当治疗师真实地参与到来访者之中并且在那里引起潜在的可能性时，才能允许有这种重大的考虑。

例如，如果一个来访者表现出一种表面上很简单的症状，比如在他老板面前畏缩，一个存在－整合治疗师就要：（1）评定来访者对解决这个问题的目的的专一性；（2）评定他治疗性地解决这一目的的能力；（3）开始以体验的方式向来访者自己的体验交流敞开心扉（例如，不稳定性、对其他问题易怒等）；（4）准备邀请或者温和地挑战来访者，使他能够到达更深层次的解放领域。[12]

绝大多数时候，在我的经历中，这一系列的评价标准有助于治疗师和来访者做出实质性的和相关的治疗决定。通常这些决定偏向于宽泛的而非狭窄的治疗策略（例如，心理动力学策略和行为策略，而不只是应用行为技术）来达到既定的效果。（但是，也并不总是这种情况，在某些时候，整合的方法会变得相对多余。）

因此，在随后的几页中，我们将关注使用宽泛的治疗策略做出的决定。当然，我们特别的侧重点将是那些方法中的存在核心——存在的或者经验的水平以及该领域所主要提供的东西。但是，在我们转向这个水平之前，有必要考察一下在存在－整合框架内得到理解的那些相对非经验的策略的使用（即有意识的／有计划性的／口头的策略）。

非经验的解放策略的使用

治疗的解放者的一部分任务就是确认什么时候需要进行压缩——沿着严格的内心世界的旅程迈出的非经验的脚步。这些脚步（它们是生理、行为和认知治疗形式的代表）可以服务于多种目的。它们能够抑制来访者的悲伤，提高他们的动机，并使他们为更深层的自我探索做好准备。让我们在一系列临床情境中更深入地看看这些目标。

处于紧急危机中的来访者　当来访者处于感情危机，企图自杀或身体行为出现问题时，具体的、短期的解放策略通常是最好的治疗选择。诸如支持性保证、安全接纳、行为契约、冥想练习、认知重构以及药物或住院治疗这类干预措施可能是最有帮助的直接措施。虽然这些措施在存在－整合框架中只是过渡性的，但它们能使患者的病症得到及时和有效的缓解。

在治疗的早期阶段　非经验立足点可以施行的另一个时期是在治疗的早期。例如，重新建构混乱或片段的材料能够帮助刚来的患者获得叙述那些材料的耐心。例如，治疗师可能会说："你爸爸刚去世，你刚从大学毕业，你的女朋友因为另一个男人抛弃了你，难怪你感觉垂头丧气。"诸如简单的呼吸练习或积极的视觉化这样的家庭作业能在预期的激烈的自我对峙中给来访者提供抚慰心灵的安全感。我发现数呼吸（从 1 数到 10，再倒数）和暂时性地凝视"储藏柜"，在一些棘手问题的早期治疗阶段相当有效。

认知－行为技术常常能为更具有经验倾向的干预提供很好的铺垫。例如，建议强迫性贪食者改变饮食习惯，就可以紧接着向他们提一些经验性的问题和关注来加强效果。这些问题可以包括："从你的食谱中去掉那些垃圾食品会给你带来什么感觉？""在什么情况下你对给自己的奖赏不满意？""当不能遵从我们设计的食品安排时你有什么感觉？"认知重构也能够激发来访者对经验的探究。例如，治疗师可能会说："你在某天问过某一个人，他是否愿意和你在一起。那么是什么让你觉得很难再试一次呢？""你又说了一遍，把你自己描述为无可救药，你在身体方面的感觉是什么样的？这些感觉给你带来了什么样的意象？"认知技术的失败可能会进一步激发经验的探究，例如："你再也不能对自己做出正面的评价将会发生什么？"治疗师也可以建议："与其关注那些合理的事情，不如看看你现在想要做些什么。"

脆弱或高怀疑性的来访者　在应对那些自尊感极低的来访者和有偏执倾向的来访者时，最好运用外显的、压力较低的问题和建议。对待这样的来访者，第一项最重要的任务是利用上述方式和来访者建立联盟。例如，简单、可执行的任务——给朋友打电话、重塑灾难性思维、计划一周的活动——可能有助于医患关系达到愉悦水平并卓有成效。虽然进展可能很慢，但这个安全网能帮助脆弱和高怀疑性的来访者稳定下来，增强其进一步探索的耐受性。

未做好理智或文化准备的来访者　当来访者有理智或神经缺陷，或者来访者的文化并不鼓励经验的探讨时，最切题的治疗策略可能就是非经验的策略。行为塑造、社会榜样和认知重构这类方法可能会使这些来访者的问题取得实质性的进展。

另外，经验加深的前景不应该不重视，例如，我已经在智力落后的来访者身上发现，相对于温暖、安全和诚恳地在我们之间开诚布公来说，技术目标的达成——比如对他慢慢地灌输良好的整洁习惯——简直就不管用。同样，文化疏离的来访者在有促进作用的情境中有时能够达到亲密。治疗师应该为这种会面做好准备——或者为他们治疗的有效性提供信息——这是很重要的。

现在让我们把目光投向在存在－整合框架下使用更宽泛的半经验的干预策略。这些干预包括但并不限于心理性欲的和人际关系的方法，它们虽然有经验的成分，但这些成分主要处于口头的和历史的领域之内。

半经验解放策略的使用

我们马上就会想到，经验的时刻是以即刻、动觉、强烈的感情负荷和深奥或宇宙的维度为特征的。虽然传统的心理性欲观点，例如，精神分析，也认识到这些维度，但它们倾向于在外围工作（或最多是有保留地工作）。例如，情绪在精神分析取向的策略中被认为从属于受自我支配（ego-dominated）的理解。虽然人际关系的观点（例如，自我心理学）使情绪位于较核心的地位，但以治疗师为基础的解释和历史的参考则倾向于削弱它的作用。[13]

因此，由于这些原因，可以把心理性欲和人际关系的治疗倾向称为半经验的（semi-experiential）。它们与经验的维度合并但自身并不以经验维度为基础。半经验治疗策略对我们的目标来说既具有启示作用又有关键意义。下面，我们将考虑这些策略在存在－整合框架内的运用。

当童年期性问题出现时　当来访者或明或暗地流露出童年期的

性问题时，传统的精神分析技术，例如自由联想、基因澄清和处理移情，可能都具有重要的最初价值（Freud，1963）。但是，除了帮助来访者理解和重新体验他们的性创伤之外，引导他们探讨旨在作为这些创伤基础的本体论领域，通常是很有益的。我之所以在这里使用"通常"这个词，是因为一些来访者（要么由于能力，要么由于欲望）倔强地抵抗这些本体论领域，因而导致他们的本体论领域在存在－整合的背景关系之内是无关紧要的。但是，对那些接受本体论挑战的来访者来说，更大范围的经验策略却能够适用。这些策略中的每一种都是为了能够提升（上述）材料的那些即刻、动觉、带有情感的和深奥的或宇宙的维度。例如，与来访者讨论童年的创伤能够使来访者挖掘在这些讨论中蕴含的"此时此刻"的感觉、意象和感受。角色扮演或对话对纠正愤怒和创伤性的记忆有一定的作用，其目的旨在对那些记忆进行重新阐述。例如，一个充满仇恨的儿子可以通过复述或角色扮演来表达他想对父亲说的话。一个受到性骚扰的女儿也可以利用同样的方式重新审视（甚至可能逆转）她对挑逗者的最初反应（Mahrer，1983）。

此时此刻的探讨同样能够补充移情诠释。例如，注意来访者对这种解释的体验能够帮助来访者检查它的准确性。又例如，如果这种诠释没有达到与来访者产生共鸣的程度，它就会使人产生误解，需要进一步澄清。而如果这种诠释确实产生了共鸣，这就使来访者有机会觉察到他的反应中所蕴含和表达的那种感情。诸如"你现在有什么样的体验？"或"我说的这些话使你有什么感受？"这些问题可能是一些很有效的需要以后解释的材料。

最后，经验的考虑也能够补充自由联想。例如，对感情和身体感觉的觉知，能够对口头提供的信息进行放大。另外，相关的（或聚焦的）自由联想可能比无指导的、随机的自由联想更有效。布根塔尔（1987）得出结论认为，为了能更有经验，自由联想（或者他所称的"受关注引导的寻求"）必须满足以下条件：

（1）病人必须确定一个他愿意更深入和全面探讨的生活问题，并把它详细地描述给治疗师——而且，通常是反复多次。（2）在进行这种描述的过程中，病人要尽可能深入地沉浸其中……（3）病人必须保持一种对发现的期待和接受惊奇的准备。（Bugental，1987，p.167）

当童年期人际关系问题出现时　当来访者含蓄地或具体地提到早期童年人际关系的缺陷时（例如，父母疏忽或虐待），自我心理学使用的移情（empathy）、解释和"最佳挫折"（optimal frustration）等方法能够得到运用（Kohut，1977）。例如，治疗中的移情可能有助于恢复来访者的尊严，鼓励他们进行自我探索，增强他们信任的能力，以童年期为依据的解释能帮助来访者弄清（和理智地接纳）他们的问题的意义。最后，利用解释和移情，最佳挫折就能把活生生的（内部和外部的）治疗关系都包含在内。最佳挫折有四个基本成分：（1）反复和不可避免的治疗关系的瓦解（例如，在某些时期，治疗师决定去度假）；（2）来访者对这些瓦解做出适应不良的反应（例如，愤怒、焦虑）；（3）治疗师对关系瓦解做出移情和恢复活力的替代反应（例如，一贯的支持和对解释的澄清）；（4）重建治疗关系（外部关系的恢复和内部"自我－客体"关系的补偿），这是以上反应的一种结果。

虽然以上这些温和的经验程序一直表现出具有重大的改善价值，但一些存在－整合的伴随物可能会明显地增强这种价值。例如，移情的结合——含有被动的意味——可以通过移情的挑战得到补充：移情的挑战意味着激活、参与和动员。这些挑战能帮助来访者既体验到他们童年的回忆，又能把它们讲述出来。例如，除了与来访者一起分享某种"对你来说非常痛苦的"记忆之外，治疗师还可以帮助来访者追求更多经验性的探询思路，比如，可以向来访者发问："你现在的身体体验到了什么？""和这种感觉相关联的还有什么其他的意象？""如果你妈妈现在就在这间房间里，你会对她说些什么？"如果时机合适的话，这些挑战能够加速来访者在最佳挫折和移情循环之间的成长进程。

一旦最佳挫折期开始，治疗师就可以继续加强他们的存在挑战。例如，他们可以通过挖掘来访者对那些解释的经验共鸣来加强移情解释的影响。治疗可以采取以下的步骤：

治疗师：你对我很不高兴是因为我没有理解我的假期给你带来多大的烦恼。

来访者：对。你没有做到最好的守时，对不对？

治疗师：这几个月你爸爸让你和得病的妈妈单独在一起时，他也没有做到最好的守时，对不对？

来访者：（身体回缩，流出眼泪）

治疗师：（温暖地，同情地）它让你难过，是不是？

来访者：你可以这样说。

让我们暂时中断一下，思考一下这位治疗师已经达到的关键环节。一方面，他可以挖掘来访者的成长史和被抛弃感觉的回忆。另一方面，他可以沿着更多经验的方向前进。例如，如果他的探询更多地关注来访者体验到"什么"，而不是"为什么"会这样，将会发生什么呢？可能的结果表现如下：

治疗师：乔，看一看你能否把那种触动你的情绪保留一会儿。你感觉到它在你的身体的什么部位？

来访者：（指向他的胃）

治疗师：（摸自己的胃）那里有什么呢，乔？现在慢点，你能描述它吗？

来访者：它像一个大坑，一个任何东西都逃不出去的黑洞。[14]

治疗师：还有什么？有什么其他的图像吗？

来访者：那里有我，我的那张苍白的脸就在洞的中央。我感觉迷失了方向，就像在苍茫无边、漆黑一团的大海上。我不知道我发生了什么事，你知道吗？

治疗师：你在这种感觉中再多待一会儿，看是否能够发现。

来访者：现在我看到一个又冷又黑的房间。那个房间里有一个矮胖的小孩。

治疗师：那个小孩可能是你吗？

来访者：是的，他确实像我。

治疗师：你或者他现在在做什么？

来访者：什么也没做。我在那个房间一个孤零零的角落里，只是瞪着眼睛张望着，只是张望着和伤心……（眼泪又涌了出来）

治疗师：乔，你现在真的在那个洞里。你再多停留一会儿，看看能发生什么。

来访者：（眼泪夺眶而出）

来访者将能够适时地对自己的绝望有少许的恐慌，而且甚至可能有一种希望感。

当关系到安全和节制问题时 如果来访者很脆弱，或者当深度的探索已超过了来访者的承受范围时，半经验治疗策略可能就是正确的选择。一方面，尤其是对遗传的（历史的）解释在特定的情形下可能会绝望地提供必需的结构。有些时候，提供这些解释可能意味着，在自杀的冲动和可忍受的耻辱之间的区别，或灾难性的焦虑和可控制的恐惧之间的差别。人格功能失调的来访者（例如，边缘型人格）在这些背景关系下能够得到很好的治疗（Volkan，1987）。

另一方面，在存在－整合范式内，遗传解释在平息或控制焦虑方面不应过度使用。一旦来访者通过这种解释框架表现得相当稳定，紧接着进行温和的经验观察和建议是很有益的。在这个过程中，经验和解释的方法可以辩证地互相并存、互相包容和互相增强对方的力量。例如，我最近的一个来访者（可以把他描述为一个康复期的精神分裂症患者）不仅从对他母亲的回忆性讨论中获益，而且同样从坦率的此时此刻的感情认识中受益，这些感情有时是针对他的母亲，但有时也常常针对我、社会、一本哲学书或一个同事。我们并没有以他母亲为基础来解释这些感情，我们并不想在这些时刻去理解它们，我们只是承认它们，在它们中停留一会儿，让它们就那样存在。诸如"你真的被这些想法吸引了"，"你不喜欢我们在这里做的事情"，或"你想对那个让你心烦的家伙说些什么"这些说法和问题可能具有深刻的自我显示性和赋权。另外，过多的解释只会让治疗师和来访者都更加自我疏离，减弱自我理解和探索的力量。

当来访者"僵住"或表面上未达到时 对"僵住"的来访者或是看起来既没有在经验上达到也不可能在经验上达到的来访者来说，这些半经验解释的框架也可能是有帮助的。这些反思似乎能够为来访者提供使其基础动摇的清晰度和开始新生活的可能性。随着他们的治疗动机的恢复及其探索欲望的闪烁，这类来访者常常能够重新达到经验层面。

经验解放策略

就像身体支持是生理治疗的必需，人际帮助是人际关系策略的中心一样，本体论注意（或对存在的侍奉）是这些经验方法的必需条件。[15]

本体论注意（ontological attention）是什么意思呢？我们的意思是指超越词句、内容和可测量范畴的注意。我们所说的注意并不是身体的或人际关系的伤害本身，而是指那些伤害中暗含的动觉和感情——这些伤害被囚禁在身体、想象、幻想生活和直觉中。最后，我们所说的注意，不只是指个体的生理或环境或性欲方面的小或大，而是指在宇宙面前，在生活的一般条件面前的渺小或伟大。

此外，除了修复本体论的创伤之外，经验治疗的目标在于帮助来访者与这些伤口进行交会（encounter）——向它们敞开心扉，看看它们究竟是什么，发现它们未来的含义（implications）。正是在这层意义上，从经验的观点来看，这种崩溃才是潜在的突破，无能才是潜在的能力，焦虑才是潜在的更新。诗人里尔克（1991）曾对这些问题做过雄辩的思索：

> 如果我们能够看到的比我们的认识所能达到的更远……与忍受我们的快乐相比，或许我们会以更大的自信忍受我们的悲伤。因为它们是进入我们心灵的一些新东西，一些我们未知的东西。（p.266）

因此，我们的任务就是帮助来访者建设性地忍受、探索和转化他们内心深处的经验创伤。这种方法若得到适当实施，就能够使来访者重新建立个体内部和人际的联系、扩展选择的能力和拥有更适当生活的优先信念。

现在我们不妨转向经验解放策略的四个基本干预阶段：（1）在场；（2）激惹现实；（3）激活和面对抵抗；（4）意义创生。虽然这些阶段通常是连续的（例如，在场在激惹现实之前，激惹现实在激活和面对抵抗之前，以此类推），但有时它们之间的相互合作是无规则的，所以意义创生可能直接跟在在场之后，或激活和面对抵抗直接在激惹现实之前。这些阶段改变的表现形式依赖于很多因素（例如，来访者的进步速度），对每一个因素都必须做出相应的反应。如前所述，这些阶段也可以与（我们框架内的）非经验和半经验的方法协调一致，与由此导致的这些方法的深化和提升协调一致。例如，正如我们将要看到的，治疗的在场能够补充遗传的解释，激惹现实能够使理性重构恢复活力，意义创生能补充理智领悟。把它们合在一起，这些起促进作用的线索就能帮助来访者澄清和运用存在－整合观的操作性假设：压缩（使自己渺小）和扩展（使自己伟大）是两种关键的存在能力；对每一个极端的恐惧都会促进对这一极端的一些完全相反的和适应不良的（压缩或扩展的）逆反应；面对和整合这些被否认的两极会促进心理精神的重生和健康。虽然来访者可能并没有从理智上把握这些假设（他们也不可能把握），但他们常常能够直觉地、内隐地、隐喻地把握它们——这体现在成功的心理治疗的后果中。

在场：基本的滋养

根据莫里斯·弗里德曼（1991）的观点，马丁·布伯一生中有一个非常重要的事件，那时他明显而奇特地未能做到深刻的在场。一个年轻人曾就在第一次世界大战中是否上前线来寻求布伯的忠告，但是布伯——由于正全神贯注于心灵上的狂想——未能给予他后来意识到应该给予的注意。

结局是悲惨的，这个年轻人战死了。根据弗里德曼的看法，这件事使布伯不断地致力于对人际关系的调整以使其和谐，而非仅仅是有准备或可以运用。

布根塔尔（1987）明确指出："在场是……个体倾向于在一种深层次上尽可能充分参与的情境或关系中的一种存在的性质。"（p.27）他进而指出，这种性质可以促进个体的注意、关心、活力和探索。

罗洛·梅（1981）用"暂停"来描述在场，这种暂停"唤起了连续的没有认识到的可能性"。（p.164）他系统地阐述说：

> 正是在这种暂停中，人们才学会了倾听寂静。我们能够听到无数以前从未听到过的声音——在寂静的夏日田野中昆虫的嗡嗡声，一阵微风轻轻地吹过金色的麦浪，鸟儿在草地边低矮的灌木丛中轻唱。我们突然认识到，这就是一些事物——"寂静"的世界原来居住着这么多的生物，拥有那么多的声音。（p.165）

最后，欧洲的存在主义者简洁地把在场的特点描述为"此在"（dasein），字面的意思是"存在于那里"。

不能把与来访者（和自己）完全地"存在于那里"作为一项基本的经验任务而进行过高估计。这项任务至少有三项（可能有无数更多的）治疗的副产品：（1）它阐明来访者（或治疗师）的经验世界——既强调那些世界中的障碍，也强调其承诺（例如，来访者想要改变的欲望和能力）；（2）它创造一种安全感，或克雷格（Craig，1986）所谓的"避难所"——在这里，敏感的问题能够得到正视；（3）它加深来访者（或治疗师）建设性地运用其发现的能力。

简言之，在场是一种明显的——即刻的、动觉的、感情的和深刻的——与注意（attention）有关的态度，它是经验研究的基础和最终目标。

现在我们不妨转向对在场的探讨，以例证（或评价）来访者的世界——这个经验研究的最初阶段。在这个阶段，治疗师所遇到的第一个问题是，怎样在上述世界中为自己定向。在场要求治疗师在这种程度上接受来访者提供的材料，此后不久他就会沉浸在其中，就会被其丰富性弄得头晕眼花。幸运的是，（在存在－整合观之内的）经验治疗可以为这种头晕眼花提供一种组织结构，这是一种能够用来提升其接受能力的方式。[16]

渺小－伟大"聚类"：经验研究的关键

在进行对话交换之前，我所反思的最初领域之一就是，我的来访者在其身体中所表达的是什么？我特别警觉那些在其身体中显而易见的压缩或扩展的聚类点（cluster points）或两极分化现象。[17] 我还非常关注我自己身体中的反响，它们就像来访者的肌肉运动知觉倾向中的仪器一样。我能在一定程度上对这些印象进行登记，我秘密地保留着我对来访者功能失调做出的有用假设——他怎样、为什么使自己变得伟大或渺小？他在多大程度上被投入这些姿态？尽管在开始的时候我将这些特别之处打上括号，留待以后考虑，但是我通常会被它们对我的咨询工作的未来关注点的预见性震撼。这里就是我反思的一个例子：

> 这名男子试图把哪一种世界聚集在一起呢？他的肌肉、姿势和呼吸显露了什么样的生活设计？他呆板、苍白还是柔顺、灵活？他弯腰、驼背还是很顽强、奋力前进？他远远地蜷曲在房间的角落里，还是"秘密地观察我的脸色"？他在我的身体里唤起了什么？他使我感觉明亮、轻快还是沉重、受到阻滞？我的胃部肌肉在收紧，还是我的腿要跳起来？我的眼睛很放松，还是它们变得"僵硬"、警惕？从他的穿戴上我能感觉到什么？他没见过世面、不引人注意，还是高声喧闹、让人不可忍受？从

他的面容上能收集到什么信息？是紧张、饱经风霜，还是温柔、天真？

这些观察开始和其他人的观察相互结合，累积性地揭示了一个世界。每一个都是对我的来访者所体验到的压缩或扩张恐惧的一个实例——以及他所动员起来的对那种恐惧做出反应的压缩或扩展的武器装备（参见 Reich, 1949）。

在产生这种揭示力量的同时，我也觉知到，它还具有保持或支持经验材料的那种在场的力量。这种支持在我参与的过程中传达到来访者那里。就我能够允许自己表现反应的程度而言，我的来访者也被鼓励采用身体动作进行反应。就我能够使自己得到来访者信任的程度而言，来访者也能受到鼓励将自己托付于我。在这样的时刻，我的身体变成了一个避难所，明确表示一系列无声的观点，例如"我为了你留在这里"、"我不会动摇"以及"我很认真地对待你"。克瑞格（1986）明确指出：

　　"提供人类庇护所"，就表现在治疗师的一种警觉的协调状态之中，容忍……既宽容又具有保护作用的在场（presence）。尽管这种体现出来的治疗心境的细节会随着治疗环境的细节而发生波动，但是能够持续下去的……是对活力、尊重和非侵入性的一种可知的感觉。（p.26）

　　克瑞格（1986）补充说明对在场的参与

需要经常的训练。训练对我同病人在一起体验的所有方面保持开放。训练理解这种体验的突出特点。训练决定这种体验的哪些特点最有希望为病人的存在开辟新的可能性。训练决定怎样才能把这些有希望的可能性建构起来，并且在行为、语言和心境方面提供给病人。而且，最重要的是，训练识别并超越自己的所有那些需要、感受、信念和假设，因为自己的这些东西可能会阻碍他人形成一种新的、纯洁的感知和反应。（pp.27-28）

我们能够看到，在场的训练需要有各种各样非常宽泛的能力。尽管人能够在技术上形成这种艺术（参见相关建立技巧的训练），但是没有东西可以替代一个人通过生活所学习到或者将要学习到的东西。就一个人能够有效地利用这种学习而言，他可以戏剧性地为这种治疗的"灵魂"做好准备。（参见 Schneider（1992）对治疗师的个人成熟及其有效性之间关系的论述。）

总之，在场是经验治疗的通道（vessel）。它说明在治疗师与来访者之间或在来访者内部可觉察到的……即刻的、动觉的、感情的以及深刻的……东西。压缩或扩展聚类点的时间、直觉以及关注可以帮助治疗师将在场最优化。（参见本章结尾处的"干预阶段利用压缩-扩展这种连续统一体的方式"对这个问题所做的详尽阐述。）

下面，我们转向一个牵线搭桥的问题：如何帮助来访者进入那种可觉察到的相关之中？

激惹现实：创造性地鼓舞在场

最近，我的一个同事（我把他称为鲍勃）给我重新讲述了一个很有意思的故事。他正给一群商业负责人就其中一人（我把他称为约翰）的组织中出现的分歧做咨询。这个分歧的核心问题在于约翰决定解雇一个心怀不满的员工。但是，还没等约翰能够对他的策略做出解释，一个很受尊重的同道经理人（乔安娜）开口了——她的语气极不得体。她斥责约翰的专横，从道德的角度说他缺乏社会良知，并且嘲弄他的严肃。当鲍勃劝她暂时搁置自己的判断时，她突然转向他，开始质疑他的偏见和动机。这使群体中的另一个成员提醒乔安娜需要注意适当的礼貌。"要通情达理！"他大声喊叫，但是乔安娜拒绝就她的立场而让步。鲍勃慌乱但毫无惧色地暂停下来，沉思了一会儿，发表了一个简单的感言："乔安娜，我感觉你现在正受到深深的伤害。"

我的同事说道，几乎是在一瞬间，乔安娜迅速跌入痛苦之中，脸上顿时泪如雨下。"你说得对，"她哭喊道，"我正受到伤害——而且与这次会议无关。"后来鲍勃发现，乔安娜的痛苦与她那污言秽语和酗酒的父亲有关。鲍勃回忆道，她刚刚从她父亲的葬礼回来，她感到在最后的时刻被父亲背叛和抛弃。这就是她猛烈反对约翰并对他的雇员表现出夸张同情的背景关系。

鲍勃有许多途径可以对乔安娜进行干预，而且他能够对她的行为做出许多可供选择的假设。例如，他可能已经假定，他会与她辩论，这种办法她的同事已尝试过；他可能曾尝试用心理动力学的方法来解释和说明她的观点；或者他能够假定她有内心的信息，并且在她的反应中已经证明这是合理的。然而，这些努力中没有一种能够与乔安娜产生联系，因为这些努力都不能对她的经验加以说明。

当我要求鲍勃清楚地说明他的具体干预的主要依据时，他试图用一些合适的措辞来表述。"这和她的紧张有关，"他说道，"和她说话时看待事物的方式以及她说话时使用何种词语有关。这两者之间有矛盾之处。"

我相信，鲍勃看到的是许多敏感的治疗师在痛苦的来访者身上所看到和感受到的东西——他们所体验的那些荒谬言行（Binswanger，1975）。在乔安娜的案例中，这些荒谬言行是围绕着展示伟大、正确和不可伤害性的需要而群集性地表达出来的。但是，它们也——虽然更加精巧地——围绕着在这些表现背后的恐惧而群集性地表现出来——对渺小、无能和无助的恐惧。鲍勃能够对那些恐惧进行移情的"处理"，与乔安娜分享它们，并促进她在意识中进行转换。

因此，通过讲述人们即刻的和动觉的体验，或者通过与其"现存的"压缩和扩展的恐慌进行交会，治疗师就可以为康复调动起那些特别的能量。富有戏剧性的是，鲍勃的表现是当代社会情境中最重要的临床改革之一的标志——"激惹现实"。写过关于该主题的标志性文章的威尔逊·凡·杜森（Wilson Van Dusen）详细地阐述说："语词只不过就是简短的声音。除非语词和符号像实际上对神既敬畏又向往的感情交织那样使人如鲠在喉、受到惊吓、泪流满面或者警醒，否则语词和符号就是没有生命的。我所说的现实性或多或少是可见的和可知的。"（p.67）

这个概念给我们的工作带来的极大的丰富性，怎么强调都不过分。例如，从激惹现实的优点来看，必须抓住每一个治疗瞬间，必须放大每一次处理。没有理由长时间处于被动状态，延长的了无生气是恶化的一种信号。

激惹现实或相关方面的创造性挑战是其最令人鼓舞的特点之一。例如，想要找到一个不妥协的来访者的期望，或者发现通向其内心深处的大量途径的期望总会对我产生诱惑。对我来说，这就是使我们的工作如此充满敬畏之处，在它能够给人带来惊奇方面如此令人兴奋之处。现在，我们不妨利用我自己和他人的多个案例来更仔细地看一看激惹现实的用处。

当咨询师开始同其来访者谈话时，激惹现实，或者与此相关的方面，就可以开始了，而且它可以为整个面询设定基调。诸如"花点时间安定下来"之类的建议，或者诸如"你关心的是什么？""现在对你确实很重要的是什么？""今天你在什么地方？"之类的询问，可以帮来访者开始把注意力集中在他们所关注的事情上。对这些询问进行简单追问，例如，"告诉我多一点。""你能给我举个例子吗？"或者，"有什么东西你愿意与我分享吗？"都能富有成果地深化已经引发出来的问题。参见本章"技能建立的练习：对教师的建议"一节中"通过集中精力和主题扩展加强在场"。最后，向来访者建议，用语法上的现在时态来交谈，在谈论他们自己时唤起代词"我"（I），他们可以更好地觉察到自己的身体，这样就能够巩固前述过程（对这些初始过程的详细论述，参见 Bugental，1987）。

与此同时，我试图帮助来访者将自己的注意力集中于自己所关注的事情上，而且，我也试着帮助他们积极地面对那些关注的事情或者与之交会。例如，我也许会"动觉地"把我对他们的体验加以评论：

"我觉得你现在有点紧张。""我听到这些回忆很难过。""我觉得我好像有点眩晕——不知你是否也这样？"或者我可能会指出我所看到和听到的东西："我注意到你的手指在叩击。""你在讲那些话时声音有点停顿。""刚才你似乎很难微笑一下。"最后，我可能试图强调来访者的体验："你在讲那句话时有什么感受？看看你是否能够在那一点上多停留一会儿。"（尽管这样的评论在一些合适的时刻非常具有产出价值，但重要的是监控来访者在处理它们时的心理准备和能力。例如，那些脆弱或者妄想狂的来访者就可能不具备这样的能力！）

来访者对于渺小或伟大的投入，也能帮助我促进与他们的交会。例如，当我观察到一种浮夸的模式时，我就会注意到一种可以挖掘的羞怯、沉默寡言或自嘲的潜流。相反，当我觉察到一系列的犹豫不决或有所保留时，我就会留心一些需要加以探索的剧变、狂暴和暴躁。另外，这些投入的程度或频率，给我提供了未来挣扎的程度和频率的线索。

尽管一些来访者显示了一致性的两极分化模式，但很多来访者并没有这样的表现。例如，一些来访者在渺小和伟大之间摇摆，而另一些则在某种类别之内波动。有些来访者在治疗开始（或者在每次面询开始）时处于这两个极端的一端，而在该时段结束时则处于另一端。还有一些来访者——这很有可能解释为大部分心理治疗者——随着发现了更深刻的存在痛苦而以不同的方式表现出极端倾向（参阅本章结尾处的"干预阶段利用压缩－扩展这种连续统一体的方式"）。我们作为治疗师的任务是帮助我们的来访者在这些极端现象发生时面对它们，并且巧妙地帮助他们深化这些交会。最后，尽管这一结果并非总是保持不变的，但来访者终将达到他们压缩或扩展恐惧的体验核心。

就他们能够识别这个核心（或与之产生共鸣）的程度而言，治疗的任务将因而变得更加清晰。如果他们不能识别它，治疗师的任务就变得更加模糊，远离了经验的观点。然而，后一种结果并不是"坏事"，它只不过表明：需要进行更多的揭示，或者来访者在使用渺小－伟大这一范式时达到了其阈限。

在渺小－伟大这个轴线上，我们要留心任何误导或混淆我们评估的民族或文化的先天倾向，这一点很重要。例如，对一位美国从业者而言，亚洲来访者可能看起来过分地把自己投入渺小之中（例如，迁就、顺从等）。然而，同样是这位来访者——相对于其背景来说——也许根本就没有对其体验的这一方面有任何关注，事实上，也可能将之视为值得自豪的事情。因此，不仅要知道关于来访者的文化背景知识，而且要在可能的程度上澄清这些来访者自己是如何看待其背景信息的，这一点至关重要。他们把这些背景体验为曲折的还是有益的？是被迫的还是自然的？如果我们能够使自己与来访者的观点相协调，我们就将处在一种更有力的位置来给予指导。

最后一个问题，也是一个经常被问及的问题是，当来访者面对其恐惧时，治疗师通常会做些什么？我们的回答有三点：（1）努力保持与该来访者一起在场；（2）试图相信来访者的痛苦（同其他大多数东西一样）最终将发生改变；（3）试图帮助来访者获得那种信念。按照我的经验，来访者的焦虑几乎无一例外地会发生改变——尤其是当来访者面对它们时。这些焦虑要么被驱散并让步于解放（例如意义创生）、变化并变成新的焦虑或关注，要么压倒来访者并使来访者产生抵抗。然而，每种情况都是发生变化的例子，每种情况都是可以相应地加以处理的。

假定有这些告诫，我们不妨考虑一些我所觉察到的激惹现实的最有用策略。这些策略既来自我自己，也来自其他人的存在倾向实践。

　　有指导的冥想　最近我发现，有指导的冥想是很有价值的——尤其是对那些致力于将自己变得渺小的来访者而言更是如此。例如，露丝（Ruth）是一个35岁左右的年轻女人，她很压抑、恐惧。她生活得很孤独，整天担心别人怎样看她。这种关注尤其剥夺了她丰富、创造性的精神生活的欲望，她像生活在监狱中一样。虽然我们在讨论和这些问题相关的她的个人历史方面取得了一定的进展，但露丝仍描述说她感到自己每天都很"沉重""迟钝""呆板"。一天，我邀请露丝尝试另一种不同的治疗方式。"我想对你尝试一种简单的冥想练习，"我解释道，"它可以帮助你更充分地接触自我。你愿意试一下吗？"取得露丝的同意后，我让露丝舒服地坐在椅子上（手放两边，腿不交叉），开始注意呼吸。接着，我让露丝闭上眼睛，虽然并非必须这么做，但它能让露丝更深入地参与到这项练习中。我说道："在你注意你的呼吸时，你会注意到很多不相关的思维、感受和感觉。别受它们的干扰。只是认识到它们的存在，仍然注意你的呼吸。"我继续说道："要尽可能慢地吸气，尽可能真正地参与其中，并且尽可能慢慢地呼气。让气慢慢地、小心地呼出来。"

　　在让她把注意力集中在呼吸上几分钟之后，我提出建议，如果她准备好了的话，她可以慢慢将注意力转移到身体上。当露丝能够这样做的时候，我建议她仔细地注意身体的任何紧张部位，任何那些似乎"突出来"或她仿佛需要"叫出来"的部位。她立即就能确认这样的部位——她的胃——于是我们开始快速推进。

我：露丝，你能尽可能充分和在场地描述一下你在那里感受到什么吗？你的胃部有什么感觉？

露丝：我有一种膨胀、充气和烦恼的感觉，就像有很多刀插在我身上。

我：那是一种很强烈的感觉。

露丝：哦，其中有一部分是我现在正在经历的，但并非全都如此。我经常会有这样的感觉。

我：还有什么？

露丝：我感觉那里很乱，又吵又闹，塞满了东西。不过还不算太糟糕。我感觉它只是其中一部分，在我内心深处的一部分。同时，我也感到在远离这些烦恼。好像我站在它们的下面，正仰望着它们。它们似乎并没有影响到我。

我：除了你现在感受到的这些之外，你还产生了什么感觉或联想呢？

露丝：哦，就好像我觉得正处在我的生活之中。我觉得被疏远了、隔绝了。就好像我与我自己原始的、表达的部分隔绝了，与那充满欲望的部分隔绝了。（眼泪开始出现）

我：露丝，看一看你是否能在这种感受中停留一会儿。

露丝：它就像我儿时的那个专有的房间。这是我的房间。在那里我感到很安全，在那里我不会受到伤害或损害。（长久地停顿）

我：露丝，现在发生了什么？你想和我分享一下吗？

露丝：我意识到我是多么地想念那个房间，多么想念那个意味着游戏、奇迹和魔力的房间。可是，当我长大之后，我却无法使之从我的生活中离开或对之加以利用，我开始感受到正在和它隔绝。

我：听起来好像你正在和你那膨胀的、活跃的胃隔绝，好像那里有一些活的东西，好像有你的一部分在那里，但你却不能和它相处。

露丝：是的！就好像我和生活的大部分都已隔绝（大声喊叫起来）。对此我感到很苦恼！我想跳进去，拥抱它，让自己做自己，就让我彻底地放松，以便发生改变！彻底地改变一下！

我：（长时间地停顿之后）露丝，现在发生了什么？

露丝：封条似乎松了一些。我感觉我好像和混乱在一起。我和它在一起，或离它很近。好了，那就是我。

虽然这样一种冥想并没有在一夜之间就改变露丝，但是我和露丝都承认，它确实非常有助于使她确认自己的恐惧，找到使恐惧继续存在的方法，帮助她看到恢复其世界的活力的可能性。这些结果与有指导的冥想有共同关联，我的另一位来访者比尔的案例也揭示了这一点。他遭受的痛苦是类似的——尽管更复杂一些——他的生活规划太过窒息。

比尔是一个 40 岁的白皮肤的中年单身男人，有一份收入颇丰的工作，全部生活都安排得很舒适。他的生活很有规律，定期与一个小圈子的朋友们碰面，喜欢神秘小说。尽管比尔表面很自信，有能力，甚至有时颐指气使，但是在最深的存在层面上他却很害怕这些品质。他害怕各种形式的力量、权力和伟大。例如，他常常使自己孤立，诋毁其自尊，并且躲避与人亲近的机会。

同时，比尔究竟害怕什么，人们却并不总是十分清晰。一方面，例如，他的颐指气使甚至是故意屈尊的方式与任何对伟大的恐惧相矛盾，相反，这隐含着对变得渺小、被忽视和脆弱的焦虑。与此类似，他对食物和酒精的沉迷显示出他对"空虚"的恐惧和对填满那种空虚的绝望感。

另一方面，比尔最大的苦楚围绕着他无力向他人伸出求援之手，无力充分揭示并表达自己，无力相信他能被人们视为独特的。尽管我们在对话中谈到了这些问题，但是，比尔直到在以下有指导的冥想中，才可以面对它们，并开始真诚地理解和纠正它们。

我：（在我像对待露丝那样让比尔做好准备工作之后）看一看你是否能够尽可能充分地描述一下你胃部的感受，比尔。

比尔：（当我以同样方式加以回应时，他摸着他的肚子）我觉得这里好像有一大块东西，一堵多层的墙或者堡垒。现在我意识到自己胖了。它就像是一个巨大的遮盖痛苦的东西。那里有一些痛苦，只是不清楚是什么。（他的脸上表现出困惑）

我：现在慢慢说，比尔，看一看你能不能继续描述那里有什么。慢慢来。

比尔：是的，在脂肪下面，那里有些什么东西。它就像是一种饥饿，但是，或者最好是说，一种空洞的感受……

我：就像是你吃多时的那些感受吗？

比尔：是的，就是它！就是那种空虚，它让我感觉真的很不好，让我惊慌。

我：你觉得自己愿意待在那里，同它在一起吗？

比尔：（停顿了一下，进行反思）是的，我想待在那里。

我：很好。

比尔：我忽然脑中有这样一种画面，我和妈妈去参加我们家亲戚的聚会。那时我是一个小男孩——可能7岁。

我：比尔，试试看你能否用现在时态把它描述一下，就如同你现在就在那里。

比尔：我们到了前门，房子很黑，亲戚们难以辨别。我想做的第一件事情就是飞快地躲在沙发后面（他的声音开始颤抖，脸开始发红）。那里有个破烂的旧沙发，我飞奔过去，躲在后面。我甚至不愿意向任何人问好。我直接冲到沙发那里去！我感觉身体绷紧，真实地感觉到害怕（他说得更快、更强烈了）。

我：我跟得上你，比尔，尽可能感受得更多些。

比尔：我就是这个小男孩，这个感到害怕的小男孩。

我：害怕什么，比尔？你能联想到什么呢？

比尔：害怕表现自己，害怕伤害自己或者受到别人伤害，害怕"走出去"。

我：对你而言，"走出去"是什么意思？

比尔：我不知道，它就是如此让人恐惧。我感觉迷路了、被遗弃了、没有人保护——哎呀，就是这种感觉，没有人保护。仿佛每个人都会看到我所有的丑陋面，我所有保留的东西。我就像这一大团黏糊糊的东西似的。

我：那么这对你意味着什么呢？如果你从这个沙发后面出来，你害怕将有什么事情发生呢？

比尔：我觉得他们不愿意见我或者会羞辱我。

我：是吗？但是什么使那件事如此让你恐慌呢？

比尔：我只是觉得我无法应对它——走出去面对他们。就好像我会垮掉或者怎样，或者会失去控制。也许我在他们面前会表现出像他们想的那么疯狂。啊，这太难了！（抚摸自己）

我：比尔，爱抚自己一会儿很重要。你已经到了一个相当折磨人的地方。也许你该用点时间，用你现在用的方式来安慰一下那个小男孩。让他知道你与他有多么一致的感受。

后来的谈论例证了当你"把来访者全都脱光"时要使用的那种"建构"原则，在这个脱光过程中，帮助来访者"休息一下"，或者不时地"把他们的资源聚集起来"——目的是加强他们冒险的能力。

如前所述，在面询之后，比尔开始体验到他自己内部的一些相对令人吃惊的变化。首先，他感受到对他自己越来越友好或感到舒适。尽管他还有相当多的时候是孤独的，但他已不再为那种体验背负那么重的负荷，或者使那种体验贬值。他甚至能够开始享受自己的存在，并且这还帮助他去相信和享受与其他人在一起的存在。他觉得就好像把一个阴影和负担从他身上撤掉一样，而且他已经获得了自由并能够更充分地投入人生。其次，他觉得不再像以前那样空虚或匮乏。他有时仍然有贪食和酗酒的强烈欲望，但是这种欲望已经比以前发生得少得多了。他说，这种紧迫感仿佛已经逐渐消失了。他无法明确地表述它，但他觉得在我们的面询期间发生了一件非常重大的事情，这是一件我们工作的任何其他方面都无法复制的事情。

发生了什么特别的事情吗？虽然我和比尔都不能明确回答这个问题，但是，我认为有如下原因：比尔——就算没有与绝大多数治疗中的来访者一样，也同许多来访者一样——拥有一种复杂的多层面的经验侧面。在某一个层面，他拒绝渺小，尽全力来生动地表现其支配性、实际性以及其伟大。而在另一层面上，他却害怕后面的这些性质。他尝试所有的努力来避免"走出来"，暴露自己或者向别人提出挑战。这样一来，他让自己变得渺小、沉默和孤僻。

直到我——通过有指导的冥想——引起了比尔的现实感，我们才能够更加清晰地辨别出他的状况。例如，他害怕渺小（害怕被剥夺、害怕空虚），这在他提及其体重、腰围以及他需要保护其脂肪时表现得很明显。另外，他对巨大的恐惧明显体现在他躲在沙发后面的记忆中，似乎成为其渺小焦虑的基础。尽管比尔也可能觉得在那个沙发后面被剥夺了或者感到空虚，但在我看来，他主要的焦虑在于从沙发后面走到众人前面所需要付出的努力、风险和胆略，这是对他的生活的一种隐喻。通过逐渐学会使他的记忆复活——而不只是把他的回忆报告出来——比尔放下了这道符咒的担子。

实验　把治疗室当作实验室——一个和来访者一起尝试新事物的地方，这既不是一种独特的也不是一种原创的观念。例如，认知疗法大量地应用这个观念，诸如格式塔、心理剧和系统脱敏这类不同的疗法也都这样做（参见 Beck，1976；Perls，1969；Moreno，1959；Wolpe，1969）。我们此处提供的这一模型的突出特征在于，它将这些各自的特性加以结合并创造性地综合成了一些新的模型。

除了诸如角色扮演、预演和创造性想象以外，我还发现生动示范的运用也很有益。有时我会让有艺术倾向的——但创造性受到阻塞的——来访者给我画像，或者画房间里的任何一样东西。这个练习最初看起来很容易，但内涵却很深奥。例如，一个来访者在绘画过程中能够重新体验到在艺术创作过程中尘封已久的喜悦，另一个来访者则仅仅为能够表达自己而感到深深地自豪。一个男性来访者给我看了他刚写的二十多页的剧本，那个剧本写的是他曾经看过的一个"令人讨厌的"治疗师，里面满是反对治疗师的谩骂。无论我多么想保持这种专业的认同，但因为这个剧本表明他能够信任我，所以这个剧本对我治疗这个人是至关重要的。

俗话说："没经历的事情不会真正明白。"这句话既浅显又很微妙。例如，我的一位来访者曾诉说感觉有个肿块在她的喉咙里。我让她把手放在肿块上，她立即就想起了她曾经感受到的童年被遗弃的经历。有时，我会请来访者停顿一下，以某些方式舒展一下身体或在屋里走一走。我的一位同事约翰·科格斯维尔（John Cogswell, 1993）曾运用他所谓"走路疗法"来激惹现实。当他的一位来访者难以阐述清楚他想要成为谁，在其生活中什么样的人使他退缩不前，或者简单地说，在任何时刻"他在哪里"时，科格斯维尔会邀请他在走路时具体地体现那种欲望、那个人或体验。这样，例如，来访者可能会模仿其父亲的走路姿势，借以更好地理解父亲对他的生活的影响。雇员可能会模仿老板的走路姿势，以加深他对老板人格的理解。还有的来访者可能会模仿自己那天走路的感觉，借以在经验中确认他的问题。科格斯维尔得出结论认为，令人惊奇的是，来访者通过走路获得的对自己和他人的领悟究竟有多少呢——他坚持认为，和通常通过角色扮演得到的一样多，甚至还多一些。

一个心理治疗的实验越自然、越有创造性、越吸引人，它的价值也越大。例如，我的一个来访者以前一直致力于使她自己很渺小，现在打算彻底地改变自己的职业生涯，虽然她已开始更加热情地谈论这种职业改变，并且憧憬由此而给她带来的生活变化，但她实际上并没有对这种变化的前景精细调查。她处在这样一种实施的边缘地带。她曾经向我吐露了秘密，但她又不能实施完成它。就在这时，我向她提出了一个挑战："你现在愿意做一下调查吗，就在这间安全的屋子里？你可以在这里用电话——当你打电话的时候，我甚至可以离开。或者，如果你愿意的话，我也可以在这里陪着你。然后我们来看看将会发生什么。"

此时，我们面询的进程发生了微妙的改变，一个以前相当严肃的练习一下子变得生动起来。在努力做出反应时，我的来访者一边（尴尬地）笑着，一边面露苦涩。因为对她直接提出挑战，她有些怨恨我。虽然她最终婉拒了我的邀请，但这种被邀请的经历——不是对邀请的接受或拒绝——才似乎是真正重要的。这种经历使她能够像以前那样仔细地看清，她自己到底愿意在生活中冒多大的险，到底她是怎样阻止自己冒险的。这种经历也同样有助于她重新看待我——这位表面上温暖体贴的倾听者。她会想：我是怎样把她置于这样的境地的？我是怎样将我们的关系引领到这样不可预测的方向的？

尽管她很疑惑，但她新近获得的对我的矛盾感情却将我们的关系推到了空前坦率的程度。她认识到，我不再是一个可以依靠的能神奇地拯救她的人，能救她的人只有她自己。最后，她终于能够打那个令人恐惧的电话，并勇敢地破茧而出。

重要的并不是这种类型的实验，而是它吸引、鼓舞和激活的能力。例如，当我提议进行角色扮演的时候，我不断地关注来访者的身体位置、呼吸模式和声音起伏。我可能会问来访者："你那样说的时候有什么感觉？""你模拟这次相遇的时候身体有什么感觉？"

角色扮演不仅是尝试新的人际关系，还包含着尝试个体和他的想象、能量和精神建立新的关系。例如，罗洛·梅（1969）经常谈到在治疗的背景关系中必须有"希望"，我由衷地赞同他的观点。关于"希望"，罗洛·梅写道："是有可能发生某种行动或状态的想象性活动。"（p.214）他详细阐释道，在一定程度上，如果个体未能希望的话，他就不能产生意愿——"意愿是希望充分发展的、成熟的形式"（p.288）。我想要补充的是，如果个体不能有意愿的话，他也就不能完全地存在。相应地，为了培养来访者的这些能力，我经常会鼓励来访者"自由地想象"或"暂时把他们的判断搁置一旁"。我可能会建议："让我们看看如果你跟着这种想法或感受会发生什么。""伴随它，概括它，描述它，就像它真的发生了一样。"对于在追求伟大感方面机能失调的来访者，我经常邀请他们做如下事情，例如，对安静、节制或常规进行沉思。我会质问他们："如果你今晚不发疯或不在你的同伴面前'显露'会怎么样？""如果你很平常、很普通或很迟钝，你会有些什么想法？你能用第一人称告诉我吗？"追溯那些明显的行为模式——企图控制别人或承担超过能力范围的工作，对一些来访者也是有益的。但是，除了帮助他们单纯地看一看那些倾向导致的认知结果之外，我还特别关注那些倾向在他们的感情和身体方面发生的变化。我可能会询问："看一看你能否想象你自己正在打那个家伙。你会产生什么样的感受，什么想法？""设想你就在那间监狱里，你看到了什么？你的身体有什么感受？""看一看你是否能想象自己参与到我们刚才谈到的那些活动，这些情节在你的胃、胸和喉咙里会产生什么样的感受？"我经常惊异于这些问题竟然如此有影响力——甚至对那些在特征上"具体化的"来访者也是如此。

一个人越能深入地描绘他的希望或幻想，他就越能将自己沉浸于其可能性之中。例如，当我让来访者想象一个情景时，我可以催促他们"绘画"、"品尝"或完全地"再创"那个情景。我曾询问一个想象和他的老板对抗的来访者："这种情境感觉怎么样？有多么温暖？你周围有些什么摆设？你穿的服装有多正式？"我曾询问一个重构梦境的女人："在飞翔的时候，你的身体有什么感受？是很性感还是很害怕？你感觉身体沉重还是轻如羽毛？"

如果来访者抵抗想象全部的情景，我会鼓励他们体验一下那种情景的一部分——我可以要求上述那个男人想象和他的老板同在一个房间内，而不是和其对抗；我可能会建议你仔细研究一份工作，而不是要求进行面试；或者我可能让酗酒者描绘一下禁酒一天，而不是一生。虽然它们看起来微不足道，但这些增进在我的经验中已经被证明是至关重要的，因为它们能够改变治疗中的动力因素。

治疗以外的实验　虽然在治疗情景中的实验方法是很有价值的，但在我看来，治疗关系以外的实验更有价值。这是因为：（1）治疗外的实验强化了治疗的工作；（2）它在最适当的背景——生活中使治疗的工作发挥作用。

与此相应，我鼓励来访者练习在场和觉知，尤其是在问题情境中。我告诉他们："看一看你是否能够停留在所出现的这些想法和感受中，甚至很短的时间也可以。"我也鼓励来访者探询在有压力的情境中在他们身上发挥作用的东西——他们做出了什么假设，他们是怎样做到和避免一些事情的以及他们听到的内心声音是什么。一些来访者发现，观察自己在某些特定情景中如何迅速地放弃权力非常有帮助；另一些则对他们的被动攻击行为印象深刻。事实上，来访者从这个角度感知到的任何事情都可能具有启发意义。

培养禅宗大师和其他人所谓的"观察自我"也能够促进治疗关系外的在场（参见 Bugental，1978）。为了培养这种技能，我鼓励来访者每星期做 20 分钟的不受干扰的自我观察。我建议"这种自我观察要尽可能不评判，只是观察你内心体验的运行，既不试图对那些体验进行归类，也不试图加以理解"。虽然一些来访者做这项练习有困难，但另一些仅从他们在自己身上花费的时间以及他们所显露出来的需要、恐惧和欲望中就能获得很大的益处。

向来访者发出挑战，让他们完成治疗以外的任务也能对他们有同样大的帮助。我这样告诉我的一位有想象意识的[①]来访者："如果你诚实地对待你的朋友，看看会发生什么。"或者我对一位强迫性贪食的来访者说："今晚努力做到不吃甜食，然后看看你会有什么感觉。"最后，我对一位关注生孩子的来访者说："试试看与孩子们接触，回想一下自己的童年，拜访一下孩子们认为有价值的地方。"

实际的尝试给来访者提供了新的生活机会。虽然他们并不总能抓住这些机会，但他们常常受到震动和启发。

治疗师－来访者的交会　治疗关系是激惹现实的最重要的工具之一。这种关系，或者交会（encounter），正如已在存在主义学术圈内得到认可的那样，包括但也超越移情、记忆和解释等精神分析的概念（Phillips，1980）。

治疗中的交会有三个基本特征：（1）治疗师和来访者的真实或现在的关系；（2）治疗关系中的未来和可能发生的事情（严格相对于治

---

①　有想象意识的（image-conscious），喜欢把关注的焦点集中在想象上。——译者注

疗关系中的过去和已经发生的事情）；（3）在适当程度上把相关材料"表演出来"或加以体验。我不妨举几个例子：

我正在和一个来访者坐在一起，他跟我说，"现在事情正在往好的地方发展"，他真是相当地"乐观"，并且对于我们上周进行的充满紧张的面询，他已经"没有问题了"。然而，这个人报告的一些事情却是扭曲的。他的嘴巴发出的声音在变小，他的姿态僵硬，他的话语听起来不诚恳。我想，我能够让这个人继续说下去，但是最相关的问题并不能够解决——这个问题显然就在我们两人之间。因此，我和他进行交会："我感觉此刻我们之间有一些重要的事情发生了，皮特，你好像存在一些问题，要远远多于你对我说的'什么都好'。"

一位航天工程师简洁而准确地概述了他的童年历史，他注意到我轻微地打了个哈欠，并且在他说话的时候，我的眼睛变得模糊，但他继续讲，没有停下来。我打断了他："我想我们都注意到了，我走神了，特里。我想知道你是不是也偏离了正题。你正在告诉我的真正问题是什么？"

一个被激怒的十几岁的男孩子刚刚被送到一个抚养孤儿的家庭。他轻蔑地凝视着我。我小心谨慎地对他说："我感觉你像是想让我或什么人'拥有它'，约翰，有什么事情你想让我知道吗？"

一个长期受其前夫虐待并感到自己无力对抗他的女人突然爆发，尖叫着："那个该死的混蛋，他让我恶心，我想把他给踢死。男人们让我恶心！"然后，她犹豫了一下："当然，在场的男人除外。"

"不！"我回应道，"不要限制你自己，此刻你有着比火球更大的能量，现在，你怎么才能使这种能量在你身上发挥作用呢？"

一个被确诊为不必卧床的精神分裂症患者走进了我的办公室，他看起来多疑而凌乱，并且"尖锐得像个大头钉"。"这个治疗系统是不可靠的，"他咆哮道，"看看你的一切——你这样的专业人员，面带微笑，长着奇怪的胡须。在这里，你只不过是想安抚我，想让我说：'很好，医生。''你是对的，医生。''你知道怎样最好，医生。'并且在你的面具后面，你是怕我们的，不是吗？害怕一些事情会触痛你。就说现在吧。你正在暗中想办法使我安静下来，把我变成你的乖男孩。"

"你找到了一些有根据的论点，丹尼尔，"我承认道，"是有些人害怕你并且想把你塑造成符合他们的形象。有的时候我也是这样的人，这一点你仍然是对的。实际上，我刚才是有点害怕你，即使现在，我一方面被你的观点打动，另一方面又不知如何处理。但是我还是愿意——如果你也愿意的话——保持对这些问题的关注，并且看看我们是否能够解决它们。"

一个浪迹街头的拉丁裔男人想要知道，我这样一个白人专业人士是怎么能够和他相处很好的。"我不知道,"我回答道,"我承认我们来自完全不同的世界。另外,在我自己的生活中,我也曾经受过伤——以我自己的方式,在我自己的文化背景中。虽然我受过的这些伤害可能与你的不同,但它们可以帮助我很好地与你受过的伤害建立关系。"

"我要事先告诉你,"一个法院委托治疗的酗酒者曾向我吹嘘,"我已经巧妙地应付各种神经科医生二十五年了,就我所能看到的来说,和这里没什么两样。"我回答道:"哦,或许没什么不同,或许你也能巧妙应付我下一个二十五年,但那对你自己的人生来说意味着什么呢?"

"我非常害怕那些看起来愚蠢的想法,"一个来访者告诉我她因焦虑而脸红,"我不能沉着地应付它。"

"但是你刚刚就能够应付它了,"我回答道,"就像我猜的那样,你刚才就感到愚蠢了!"

她表示赞同。

存在精神病学家莱茵(1985)曾讲述他治疗过的一个七岁女孩的困难的案例。莱茵说,在他遇到她以前的几个月里,这个女孩已经好久没有开口说话了。他们刚开始进行第一次面询的时候,莱茵试图和她说话,但并没有成功。接着他给她讲笑话,但仍然没有结果。最后,莱茵放弃了努力,他决定只是和女孩在一起。他靠着她坐在地板上,轻轻地伸出双手。慢慢地,她也伸出了双手并且和他的指尖相触。然后，莱茵闭上眼睛，开始和女孩一起进行手指游戏。他一言不发，只是尽心配合着女孩的动作。

莱茵报告说，当一小时的治疗时间结束时，这个小女孩的父亲问她面询得怎么样。"不关你的事！"她回答道。从那天起，她就开始重新开口说话了。

这些简洁描述隐含的意义是什么呢？我相信，第一个含义把关注的焦点集中在治疗交会中的"真实性"的意义上。如果来访者不能真实地对待治疗师——如果他们不能面对其对治疗师的爱、愤怒，不能承认显而易见的问题，不能对不同的观点保持开放——他们又怎么能够学会真实地对待自己呢？除非互相进行深入的了解，否则治疗师又怎么能够开始深入地了解来访者呢？这并不是说，治疗师需要向来访者"把自己知道的一切和盘托出"，但他们必须易于并能够被理解。布根塔尔经常谈到甚至在他与来访者交谈之前就被其来访者深刻了解了的感受。以上论述也清楚地显示，莱茵也会同意布根塔尔的观察。

这些简洁描述的第二个含义是，除了孤立的内容之外，正是治疗的过程，促进了个体内部的成长和人际关系的发展。我对来访者撇嘴的关注，莱茵把他努力想要和来访者进行交谈暂时搁置起来，而且我认识到我对另一位来访者文化的忽略，这些都使我们的交会达到了一些新的可能性水平。另外，把焦点集中在内容上的策略可能不会给我们提供这些机会。

最后，我们的交会还能够使来访者通过人际和个体内的渠道体验他们的伟大和渺小感。例如，通过接受来访者的沉默（渺小感），莱茵使他的来访者考虑说话（伟大感）。而通过承认我的来访者的（伟大的）操作能力，我让他自由探索更渺小但是相关性更大的问题，例如他的生命。最后，通过将飞机机械师引向他的机械性的渺小，我让他得到解放，来思考他即时的活力、价值和伟大。

激活和面对抵抗

当对来访者进行沉思、实验或交会的邀请反复受到来访者的拒绝时，治疗中的抵抗就是一个应该被考虑的微妙的问题。抵抗（resistances）是对那些明显相关的东西（即受到威胁、唤起焦虑）进行阻碍。

从经验的观点来看，抵抗不应该受到忽视。相反，它们被视为个体保护自我的主要方法（May，1983，p.28）。虽然这些方法可能最初看起来很粗糙、很幼稚，甚至否定生命，但对来访者来说，它们明显比让他们做出选择要让人舒服。

例如，笼罩在渺小感之中的来访者可能会觉察到他们独特的选择就是混乱；相反，笼罩在伟大感之中的来访者则可能会觉察到他们唯一的选择就是忘却。使用这些选择，无怪乎来访者会蓄意阻碍自己的成长了。

因此，我总是设法去尊重抵抗，承认那些给予生命的和带走生命的性质。我还设法去认识到过早地挑战来访者的抵抗的相关问题，这样做经常以加剧他们的病情而不是减轻他们的痛苦而告终。

针对抵抗的经验方法还有另外两点需要记住。第一，对于一些特定的来访者来说，这种方法可能过于激烈。在这种情况下，使用半经验或者非经验的方法可能更为适合。第二，虽然针对抵抗的经验方法在整个治疗过程中都得到了培养，但是它们依然特别依赖于那些结束阶段——这个时候的来访者面临最大的做出改变的压力。

现在让我们把焦点集中于应对抵抗的两个重要的经验根据——激活抵抗和面对抵抗。

激活抵抗

如前面所建议的，我们多次发现治疗中最好是间接而不是直接地面对抵抗。这样做不仅因为直接面对抵抗可能使治疗发生意外，而且因为它可能会将错误的信息传递给来访者——让他们认为改变的力量掌握在治疗师手中。但是，从经验的观点看，这是错误的。因为一定能发现那种力量的就是来访者，并且必须与其后果做斗争的也是来访者。

相应地，激活抵抗是让来访者有力量改变的一种方法。这种使之活跃的过程是怎样的呢？通过缓慢、有条不紊地给来访者"照镜子"——帮助他们看清自己构造的那种世界，看清他们维持那些世界的信念和克服其境遇所需的一定程度的勇气。虽然这些手段可能起初似乎很简单——因为没有来访者会否认关于其世界的这些了解——但对于那些知道个体必须冒着成长的焦虑而深入探索的人来说，他们是非常明智的。换一种说法，激活抵抗有助于使来访者——支持性地和建设性地——在其生活中"触底"，然后把他们改变的力量动员起来。现在我们不妨看一看我们能够培养那种动员的几种方法以及由此带来的回报。

言语和非言语的反馈 言语和非言语的反馈是激活抵抗的最基本方法。首先，让我们考虑一下言语的方法，有两种提供言语反馈的基本方法——注解和添加。注解使来访者警觉到抵抗的最初体验，添加使来访者熟悉此后要发生的事情。注解的一些例子包括诸如此类的一些观察："这个问题看起来对你真的有些困难。""现在你看起来又受到了干扰。"添加的一些例子有："每当我们讨论这个问题时，你似乎就想改变话题。""你又这样了，只愿意争论而不愿意面对生活。"

因为我试图警示而不是打击来访者，所以，有时我发现有必要使我的评价柔和些。例如，我可能会对一个刚开始治疗的来访者说："我不知道我现在是不是把你逼得太厉害了。也许你可以从任何你感觉舒服的地方重新开始。"我也试图承认我对他的反馈可能不可靠，这有助于来访者将自己引导到相关问题中。我可能会说："我的观察也可能在此处大错特错，我很欣赏你纠正我。"或者我也可能会说："我在考虑我们是否将我的观察暂时搁置一会儿，看看以后我们会有什么感受。"

我发现，非言语的反馈对来访者也特别有用。言语反馈看起来澄清的主要是来访者抵抗的意识领域，而非言语反馈则似乎澄清的主要是来访者的阈限下的阻碍和领域。例如，通过模仿来访者交叉的手臂，我就能够帮助她看到她对某一主题是怎样保持着未曾预料的戒备；通过回应来访者被"噎住"的感觉，我就可以让他了解到自己"受阻的"人际关系（对非言语反馈更详细的解释，参见 Bugental，1987）。

回顾旧问题 抵抗有时对来访者来讲就像断裂的录像带，总是不停地重复一个主题。虽然激活抵抗的过程经常能够增强这种重复性的感觉，但是它也能够提供超越它的最新时机。我尽量提醒来访者为这些可能性和他们的防御模式的微妙改变做好准备。例如，我可能会向一个有文化的来访者指出他突然使用代词"我"，或者向一个长期压抑其悲伤的来访者指出其眼中突然流出的泪滴。

描绘出和授予能力　帮助来访者描绘出其抵抗的后果和使他们有抵抗能力，是促进建设性地改变的另外两种途径。我经常发现以下做法对致力于渺小的来访者是有帮助的。例如，详述他们生活中的迟钝、例行公事和他们在生活中可以预见到的难以忍受。我发现这对于陷入扩展的来访者凝视他们不确定的未来也同样有用。虽然这些策略可能会使某些来访者受到强烈挫折，但它们也能够提醒他们警觉现在的时机，这能够阻止他们噩梦似的幻想。

矛盾的来访者也能够受益于"描绘出"的策略。用实验的方法详细设计赞成和反对某一情境，或者预期保留这种矛盾状态的意义，都已经帮助我的来访者从实质上对他们的困境进行重新评估。

激活抵抗的最有趣和最具讽刺意味的一个特征是，当其他方法都失效的时候，只是允许来访者抵抗就能起到最突出的补救效果（参见Erickson，1965；Frankl，1965）。例如，当我给具有强烈抵抗的（非暴力的）孩子做治疗时，我发现撤销已制定的某一治疗计划经常比逼迫施行某一具体的计划更有效（Schneider，1990）。高度抵抗的成年来访者也对这种计划的撤销表示欢迎。当来访者被允许保持他们的孤僻、浮夸和难以驾驭的自我时，他们通常会消除这些倾向。例如，我向一个不妥协的来访者建议，她只要"那样做"就行，她能够如她所愿来利用自己的时间。起初，她同意了，并将我们转向另一主题。但随着时间的推移，显然，她对此安排感到不舒服。当我同她一起努力来与那种不适共同在场时，她承认她对自己有多么愤怒以及她把自己当作一个无效的人来对待而变得多么疲劳。就在那一刻，她再次产生了变化。[18]

使渴望的行为生动地表现出来或对它进行模仿是使抵抗的来访者转变的另一种方式。通过与来访者的一部分形成某种可能的联盟，治疗师就可以默默地强调那个来访者是谁，二者之间的冲突就能鼓舞来访者发生变化。例如，有一次，我告诉一名打算自暴自弃的来访者，我并不会放弃她，我会同她心中相信的那部分结成联盟。尽管起初几乎没发生变化，但是，最终她渐渐认识到她的绝望曾经是多么荒谬。罗洛·梅也经常与这类来访者站在一起，他喜欢传达如下信息："只要我能对你有所帮助，我就会与你在一起共同努力。"

在他关于梅塞德丝的经典研究中，梅（1972）使用另一种方法使所渴望的行为活跃起来以激发转变。梅写道，梅塞德丝是一个受到压抑的非洲裔美国女性，她长期压抑自己的怒火。梅悲叹地说，无论自己怎样努力，他都无法让她自己站立起来并确定自己有资格生气。虽然这种状态在其早期关系中是一个问题，但还不是一个紧急事件。然而，当梅塞德丝怀孕后，情况发生了变化。梅写道："每几个星期她都会报告说自己开始阴道流血。"尤其是当她梦到自己受母亲的打击时，这种情况尤其真实（p.86）。梅猜想，既然在她脑中，她母亲极度厌恶她怀孕，那么流产的前景就是她可能下意识地避免这些打击的一种方式。"有些愤怒必须表达出来，"梅宣称否则"我们就会面对自然流产的可能性"（p.87）。

因此，梅采取了一种坚决但"并非完全有意识的"行动来加快这种表达，梅"决定代替她来表达这种愤怒"（p.87）。梅详细描述道："我主要攻击她的母亲和其他人不时地插入她的生活。"他愤怒地说：

"这些可憎的、没有表情的人的用意就是试图不让她有孩子。"（p.87）

梅的辱骂对梅塞德丝有什么影响呢？她能够产生共鸣，体验到它们，并迅速表达了"她……在梦中对攻击者的愤怒"（p.88）。她也能够度过怀孕期了。因此，通过将梅塞德丝的愤怒具体化，梅默默地使她重新评估了自己的顺从；通过向她表明一个人能够用这种重新评价而活下去，梅巧妙地激发她改变。

梅得出结论，认为："她从我这里所获得的东西，不仅是允许自己不受谴责地表达出抗争，而且她从某个权威人物那里获得了关于她自己的权利和她自己的存在的预先体验。……我发泄出我自己的愤怒是在遵从我的信念而生活，我相信她是一个拥有自己权利的人。"（p.90）

面对抵抗

就我们的目的而言，面对抵抗是使抵抗活跃的一种直接和扩展的形式；但是，面对抵抗不是让来访者警觉他们自我毁灭的避难所，而是让来访者对这些避难所感到忧虑，不是要培养转变，而是要对这种转变方式施加压力和提出要求。

然而，在经验的背景关系中，面对抵抗并不是命令来访者发生治疗改变的同义词。面对挑战时，采取命令的方式通常会强迫、贬低和疏远大多数来访者。命令有三个主要的危险：（1）来访者会和治疗师争吵并对治疗师产生更大的抵抗；（2）来访者会把自己的权利都交给治疗师；（3）来访者可能"终止"和完全放弃治疗程序。

为了最大限度地减少这些冒险，用经验的方法面对抵抗必须谨慎，要采用艺术的手段，并且对其效果很敏感。例如，治疗师说话时可采用第一人称单数，这能够最大限度地减少言语中暗含的对来访者的指责或惩罚。可以运用"我相信你能够做得更多"或"我并不明白你说的话"此类的陈述，来例证这种论点。以提问和描述的形式提出面对抵抗也能够增强其影响力。比如，布根塔尔（1976，p.16）回想自己对"非常友好的"来访者劳伦斯说"你害怕极了"，而这正是这位来访者的确切感受。追随罗洛·梅（1969，p.253）的指引，我通常向来访者提出挑战，让他们在一些接合点上分辨他的"不能"和"不愿"之间的差别。例如，我对于过分追求完美的来访者建议："你的意思是你不愿接受那份工作？"或对追求成就的来访者说："你是说你不愿在你的一天中留出吃午饭的时间？"

最后，向来访者陈述面对其抵抗的困难性，有时也是很有用的，尤其是当这些抵抗面临消失的威胁时。我在这样的情景中会对来访者说："你的一部分正尽全力让你留在原位，现在你能够做的是认识到它并看看它告诉你些什么。"参见技能建立那一节中"面对抵抗"。

意义创生

当来访者开始认识到他们通常的选择和反应是怎样受到限制的，以及他们多么有能力超越这些限制时，他们就会形成理解这个世界的新方法和对他们将成为什么样的人的新概念。他们在内心深处会形成一种恍然顿悟的感受，或者产生共鸣，从而使他们清楚地了解自己的困境。他们可能会说这样的话："我从未认识到这些感受是怎样深刻地影响了我，我如此强烈地希望在生活中重新体验它们。""现在我看到我的生命是如何浪费在羞耻上的了——从现在起我要打破这种恶性循环！"

罗洛·梅（1969）认为，使这种领悟具有实质性意义的是"意向性"（intentionality），它在传统上所说的顿悟（insight）之前。顿悟是概念的和图式的，而意向性则是自发的和身体的，并且包含组成一个人"那一刻对世界的总的定向"（p.232）。顿悟的另一个先决条件是布根塔尔（1978）所指的"内在看法"（inner vision），它是"一种关于自己力量的重要感觉……指引一个人自己的生活"（p.18）。关于"内在看法"，布根塔尔（1978）详述道：

> 它不能用语词来描述。那些将内心所见（inner sight）和内在看法混为一谈的人犯了人们所熟悉的那种语义错误，他们把地图错误地看作领地。关于内心所见，能说出来的通常总比这种洞见本身要少，特别是同一个人自己解放内在现实的力量相比，在带来真实的生活改变方面相对要无力一些。（p.57）

因此，正是这种内在现实，这种意向性，才赋予我们的经验以意义（May，1969）。当然，主要的问题在于，我们作为治疗师，怎样帮助来访者巩固这些意义——我们能够给他们提供什么工具或灵感？答案就是，除了他们已经从我们和他们一起的在场中和从他们发现（内化）与他们自己一起在场的能力中之外，其他什么工具和灵感都不需要。

但是，尤其是在治疗结束时，我们强化这些发展是至关重要的。例如，我经常邀请来访者探讨他们在治疗结束时的具体价值观——他们最珍视的价值观是什么，准备如何实现这些价值观。我还发现，不仅把他们所说的内容反馈给来访者，而且把我听出他们想要做的事也反馈给来访者，是很有帮助的："能够从那里走出来，去做多少年来你觉得你做不到的事情，你看起来很高兴。""当你说准备和未婚妻结婚时我感到兴高采烈，这也是你准备好参与其中的一种感觉。""我感觉到，你不再需要成为这个街区中最华而不实的人了，你现在能够在家里享受安静的时刻了。""我再也不觉得你如履薄冰了——你不再忽视自己的力量了。""你不会再为身体疾病而让心理苦恼了——这就是你今天向我宣告的信息。"

具体化意义

意义的原因在经验上并没有意义的内容更重要，意义的内容包括此类问题："当你说脱离你父亲的时候，你体验到什么？""对怠慢你的兄弟姐妹你准备说些什么？""你的梦对你的生活意味着什么？"

我的一位来访者最近梦到她待在祖父母的房子里。房子很老很黑，一副衰败景象。我的来访者回忆："我踩在什么东西上摔倒了，但接着我就找到了一个立足处。"在梦的结尾，我的来访者发现她自己正望向大海。她说："海洋是绿色的，很广阔，就在离房子很远的地方。"

我没有询问这个梦境的外在内容，例如它潜在的性欲望或者原型的意义，而是询问我的来访者这对她意味着什么——就在这里，此刻，当她说到它的时候这意味着什么。我问道："你能描述一下在房子中的自己吗？""你在那里看到了什么？看到你祖父母的东西时、触碰它们时有什么感觉呢？它们让你想到你现在能看到或拥有的什么东西吗？你摔倒并重新站稳脚跟的经历——这是你生活中正在发生的事情吗？最后，在梦要结束时，你看到大海，这是什么意思？当你对着大海沉思时，你脑中有什么想法、感受和印象？它们和你在房子里的体验相比如何？"

在花了一段时间与我的来访者一起反思并讨论这些问题之后，我邀请她思考下面的一系列建议："我想知道是否你的一部分就像这个房子——衰败、老旧，而另一部分则像那片海洋——绿色、广阔。然而，这种绿色和广阔让你有点害怕——它有点让你迷惑，所以你重新回到你自身老旧的部分——那个安全但是衰败的房子里。然而，很快你又重新找到立足点来面对海洋。难道这不是你生活中此刻正在发生的问题——你通过抗争来获得自由吗？"

我的假设具有效果，这点在我的来访者随后的一个梦境中表现出来。她说："我梦到一个强健的、自信的女商人。这个女人很时尚，但是她也能欣赏过去的品位。我梦到她参观了她去世的奶奶的房子。但是，此刻，这个女商人拥有了这座房子——而且她重新按照自己的特点来布置了它。这么做的时候，她给这座房子带来新的生命和品位，但是她也保留了许多她奶奶留下来的东西。就此刻对我的生活而言，她发现了新的方式来安排这些旧的东西。"

概括来说，意义创生就从这些内部潜力中涌现。一方面，虽然我们治疗师可以做大量工作和来访者分享、探询意义，邀请来访者产生一些具体的意义，但我们并不能把意义直接赋予来访者。这只能是来访者本人的责任。另一方面，我们能帮助来访者明确地表达意义创生和在现实中巩固它们。

通常，这意味着我们可以帮助来访者澄清渺小感在他们生活中发挥的作用——他们感到自己幼稚、无聊或极度孤单的那些方面。它也意味着帮助来访者澄清矫正这些状况的方法，帮助他们发现自主、社会性、游戏、创造和精神激励的无限可能性。同样，这也意味着帮助来访者澄清伟大感在他们生活中发挥的作用——他们感到自己贪得无厌、鲁莽、暴虐或放纵以及节制的那些方面以及相对照的包含这些极端表现的各种可能性。

就我们在这些方面的努力取得成功的程度而言，来访者将再也不会把渺小感和伟大感体验视为他们生活的万能药和必需品——化学药品或酒精，而是我们已经提及的那些丰富而复杂的潜能。此时他们才可以自由地把握这些潜能，按照自己的想象设计自己的生活。

最后要提到的一点是：经验层面的意义也倾向于加强来访者非经验的和半经验层面的功能。作为一个反馈环路，意义创生倾向于恢复生理的活力、修复环境的调整、完善认知的评估、恢复本我和超我的整合以及重建依恋和分离的弹性（对这些环路的实证支持，请参见 Antonovsky，1979；Bugental，1976，1987；Frankl，1962；Kobasa，Maddi & Puccetti，1982；Reed，1987；Yalom，1980）。

再者，在以经验为基础的意义创生中几乎总是包含一种精神性的因素（Bugental，1987；May 1983）。这种因素促使来访者在更大和更广阔的维度上包含他们自己（和他人），而且可以使整个社会大受裨益（Buber，1970；Bugental & Bracke，1992；Merleau-Ponty，1962）。

这种整体论的重新定位过程的基础是什么？也许可以描述如下：人们觉得越能够自由地体验他们自己，他们的恐慌也就越少，他们就觉得越不急于进行人格重组，从而功能失调地歪曲他们自己。人们能够利用这种力量的程度越高，他们就越有可能得到更充分的实现。

总　结

在本章中，我们考虑了以下要点：存在－整合治疗的目的是使来访者获得自由。自由可以在日益增多和相互交织的六种水平上来理解：（1）生理方面；（2）环境方面；（3）认知方面；（4）心理性欲方面；（5）人际关系方面；（6）经验方面。每种水平都是以压缩、扩展以及自我中心（或指导自我）的能力为特征的。尽管与这两个极端（如压缩和扩展的两极）相对抗或整合会促进活力，但是，要么是对压缩的恐惧，要么是对扩展的恐惧，往往导致对那种恐惧的极端的和机能障碍的逆反应。

在每一种水平上决定解放的基础在于来访者要求改变的期望和能力。非经验的解放策略是在生理、环境和认知水平上说明要求改变的欲望和能力的；半经验策略则是在心理性欲和人际关系水平上加以说明的；而经验策略是在经验（存在）水平上对它们加以说明的。

觉察到一个人应该何时及如何从一种解放策略转向下一种策略的能力以及伴随着它们的出现而察觉和纠正这两个极端的能力，共同构成了这种观点的艺术性所在。

接下来，我们将提供一系列的总结和技能培养的练习，旨在使上述讨论富有生气，这些材料强调经验性学习和技能的建立，但也将概述通向经验阶段的非经验和半经验的策略。

关于经验解放策略的四个干预阶段的总结

经验解放策略有四个干预阶段（"邀请"阶段）：（1）在场；（2）激惹现实；（3）激活和面对抵抗；（4）意义创生。[19]

（1）在场坚持并阐明治疗师和来访者之间或来访者内部的明显的（即刻的、动觉的、情感的以及深刻的）关联。这是经验治疗工作的基础和最终目标。具体来说，这个目标是：

1）阐明来访者的经验世界，通过深深地沉浸在来访者的前言语的/感觉运动的体验中来理解那个世界，并且阐明那个世界的突出特征（就像渺小-伟大/压缩的-扩展的特征群），它们能预期未来的问题和治疗的方向。在场也可以使治疗师对来访者要求改变的渴望和能力变得警觉，反过来，这将可能针对存在-整合图式中较传统的治疗方向。

2）提供使深度沉浸能在其中得以发生的庇护所、接纳以及安全环境。

3）深化来访者在其发现基础上做出建设性行为的能力。

（2）激惹现实就是邀请或者鼓励来访者投入那种明显的关联之中。激惹现实的目的是帮助来访者澄清他所关注的东西，保持与他关注的东西同时在场，并最终"占据"他所关注的东西；帮助他注意此时此地，做出主格"我"的陈述，并注意其话语背后的前言语过程；使用冥想和意象作为载体，使身体深深地沉浸在紧张、害怕和焦虑之中；使用角色扮演和排练作为相关和即时探索的载体；使人际关系的交会在体验上考虑过去和现在关注的领域；使用幻想和梦的材料；鼓励特别的心理治疗实验，在临床环境之外实践和应用经验技巧。

（3）激活和面对抵抗是帮助来访者克服那些阻碍明显相关的东西的方式。

注意：使用激活和面对抵抗的做法以便给来访者赋权以克服其抵抗，并不是由咨询师或者外部权威给他赋权，这一点很重要。这与我们的信念相一致，即改变的持久性力量就在来访者身上，而不是在一个对他下指示或指导的人身上。

激活和面对抵抗的目的是：

1）在来访者面临阻滞或自我挫败的时刻使之生动、提供反馈，或"举起一面（让他们看到自己的）镜子"；承认被发现的错误反馈以及把受到质疑的关于反馈的判断暂时搁置起来；在适当的情况下模仿或者用镜子通过物理方式照出来访者的抵抗；以移情的方式描绘出来访者进行抵抗的含义；模拟或"表现出"克服来访者抵抗的结果（自相矛盾的是，这样就可以动员来访者打破他的受害者的姿态）；使来访者的抵抗能够在适当的地方表现出来或鼓励其产生（同样自相矛盾的是，这也把他动员起来）。

2）通过加强其生机活力（例如，帮助提醒来访者关于他阻碍或击败自己的方法，而不只是提醒他），用移情的方式来面对抵抗（当其他方式失败时）；使用具有挑战性的问题或相适应的建议来培养紧迫感。（例如，"当你说你不能的时候，是不是意味着你不想？"）

（4）意义创生是一个人"停留在"其内心关注时出现的领悟和生活方向的总和。意义创生的目标是：

1）澄清一个以经验为基础的"故事"，这个故事关于是什么使一个人功能失调，什么隐含了一个人生活的未来方向；使用上述所有以经验为基础的"邀请"——对个人的感受保持在场、冥想、角色扮演、人际关系交会、相关的和梦的材料等——来发展这个故事。

2）根据自己想要实现的东西来采取行动。

注意：当最大限度地置身于其中时，这个阶段常常会导致对亲密、利他和精神性的高度渴望。

干预阶段利用压缩－扩展这种连续统一体的方式

（1）在场强调的是这个问题：在治疗师和来访者之间以及在来访者内部明显相关的东西是什么？明显相关的东西往往是（虽然不一定是）来访者所否认的东西，而来访者所否认的东西往往集中围绕着压缩（渺小、脆弱、崩溃）或扩展（伟大、鲁莽、爆发）。例如，虽然来访者可能表面上看起来愤怒（扩展），但是明显与此相关的问题却可能是悲伤（渺小）。另外，来访者的愤怒也许的确是相关的问题，并且不符合之处（如悲伤）也许并不存在。因此治疗师需要给来访者时间，来探索他的极端性表现是不是明显相关的问题，或者是否在根本上具有防御的性质——在这种情况下，矛盾和否认的标志应当开始使自己表现出来。

（2）激惹现实强调邀请或者鼓励来访者进入明显相关的事情之中。这是通过艺术地提供反馈或提供此时此地的机会让来访者"停留于"这种明显的相关之中来达到的。治疗师可能评论来访者，例如："刚才你的眼睛里有眼泪"，"你的那种举止突然让我感觉沉重"，"我想我们是否可以用角色扮演的方法把与你的老板会面的情况表演出来——看看现在出现什么感受"或"你真的生气了——这点是如何对你的生活有所帮助的？"

这种压缩－扩展的连续统一体也可以帮助治疗师对那些远离来访者外在表现的明显相关的东西保持警惕（或者使来访者对此加以关注）。有时，完全可以选择使用这类先见来"试水"。例如，布根塔尔（1976，p.16）这样评价他的来访者劳伦斯的扩展："你极度恐惧！"而鲍勃对表面上被激怒的乔安娜说："我感觉你现在正受到深深的伤害，乔安娜。"[20] 这些可以从根本上促进并影响解放过程。

在这些情况下发生的最坏的事情在于来访者将抵制这种挑战（在这种情况下必须解决抵抗的问题）。但是最起码，他试了一下（以比较渐进的方式对他进行咨询工作可能会推迟这种相应地在未来与它交会的尝试及其势头）。

存在－整合决策要点的总结

以下决策要点的总结是由存在－整合指导方针提出的。在研究过程中也可以进行角色扮演或者只是对此做出反应。

（1）首先和正在进行的问题是：这个来访者渴望的是什么以及发生压缩/扩展改变的能力是什么？（使用在场、直觉、实证研究的知识以及与来访者对话来解释这一判断。）

（2）如果来访者处在严重的危机状态、处在治疗的早期阶段、脆弱多疑，抑或在理智上尚未准备好——就要考虑一下非经验解放策略（行为、认知或医学的策略）。

（3）如果来访者强调童年性行为或人际关系问题，或如果使用非经验策略或经验解放策略对他没有用，请考虑半经验解放策略（精神分析、自我心理学）。

（4）如果来访者在身体、认知和情绪上做好了准备，而且如果他接受邀请，愿意加深对以上任何一种情况的关注，请考虑使用经验解放战略（在场、激惹现实、激活和面对抵抗以及意义创生）。

技能建立的练习：对教师的建议

在教师的促进下，以下发展技能的练习可以：（1）帮助学生个人理解经验解放；（2）帮助他们把那种理解转化为实践。这个练习可分为两部分：那些个人的以及那些临床（应用）的练习。虽然个人练习可以在课程学习过程中变化地使用，但临床练习应当有一定的顺序，按照呈现顺序进行。[21]

个人练习

对学生在场、面对抵抗和意义创生进行挑战的练习

"我是谁"的练习 让学生写下最适合描述他们自己的十个词组（如"我是个杞人忧天的人""我是个学生"），并且根据他们自己认为的优先性和重要性，把词组按次序排列（即第十是最不重要的，第一是最重要的）。让学生用第一反应去做，不要深思熟虑。

在15分钟内做完这个练习。

在上述练习做完之后，马上从最不重要的一个描述开始，让学生依次划掉每个描述，如果可能，直到最重要的一个。重要的是：当他们划掉每个描述后，让他们尽可能地留意对自己划掉的那个特殊的描述有什么想法，那个描述对他们的生活有什么含义。

在 15 分钟内完成测试。

接下来的半小时，跟学生们讨论这个练习的含义。（对于那些愿意参加测试的学生来说）它像什么？这对他们来说揭示了什么新奇的东西？把他们的生活区分出优先次序，重新安排优先次序或者失去这些优先性暗示了什么？他们是欢迎对其同一性所做的描述和失去同一性描述，还是抵制这些描述呢？如果他们抵抗的话，他们是怎样处理这种抵抗的？在练习过程中他们如何实现在场？关于他们制定的压缩性或扩展性的生活计划，这个练习暗示了什么？最后，关于他们从事的临床工作，或者他们的来访者体验到的危机，这个练习又暗示了什么？（对这个练习的详细阐述，请参见 Bugental，1987。）

与一个人的"双重性"交会　这个练习根据布根塔尔在一个研讨会上给出的一个练习改编而来（1993 年 11 月）。双重性（或德国人所称的二重身）在文学心理学中是一个极其重要的主题（Rank，1925/1971），对临床医生来说同样是很有意义的。本质上，双重性是指一个人的人格中被压抑的一面（或者是一个极端），是被否认的一面。这个练习的目的是让学生敏感地觉察到这种现象及其丰富的存在‐整合内涵。这个练习是这样进行的：让学生分成三人一组。要求这三个人互相打招呼——就像他们在聚会上遇到一样。强调让学生们相互之间只要"做好自己"，不需要尝试扮演特别的角色。4 分钟后，要求学生们对这些互动进行反思，并且记录下他们口头的和非口头的体验。接下来，要求学生们扮演角色（到他们感到舒服的程度），建议他们扮演的是他们通常在日常生活中感兴趣的却被压抑的那一面。建议他们使自己专心于这个角色，并调整参与其中的态度。这一部分练习给他们4分钟时间。接下来，让学生们写下扮演其双重性的体验：他们有什么感受？有多大程度的抵抗？有多少被释放的感觉？这对他们的生活有什么意义（例如代价、妥协、可能性）？强调这些观察结果不可以与别人分享。最后，让学生们回到原来的位置并开始讨论。（将讨论同相关存在－整合主题联系起来，例如对两个极端、在场、抵抗、意义创生的整合。）

写自己的讣告　让学生们写一两段话，描述一下当他们死后希望自己如何被记住。然后，讨论一下：这个练习对他们而言像什么？给他们现在过的生活带来了什么？对他们将来如何生活会有什么影响？它对时间、年龄和死亡有什么界定？它暗示了什么样的恐惧与忧虑？

这个练习大约要半小时，最好在学期的最后一天做（关于这个练习的详细资料，请参见 Bugental，1973/1974）。

临床练习

1. 鼓励在场的练习

用对从前额到脚趾的肌肉群渐次紧张和松弛来开始这个课堂练习。然后尝试一个简单的冥想练习，如注意呼吸或身体感觉。接下来，让学生配对，与另一个学生面对面沉默一分钟。要求参加者与他们伙伴的身体位置、手势、面部表情和其他非言语信号相协调。强调这些体验的新鲜性和唯一性。然后让学生留意他们自己对同伴的表现做出反应的想法、感受以及感觉。随后，让学生记录并讨论这些各自的体验。

这种练习的时间是 20～30 分钟。

2. 旨在激惹现实（或明显相关的事物）的练习 [22]

通过集中精力和主题扩展加强在场 让两个学生组成一对。一个扮演治疗师，另一个扮演来访者。治疗师开始询问来访者："你关注的是什么？""现在有什么事情确实和你有关？"（重要的是来访者讨论他感到舒服的一个问题。）治疗师观察来访者的反应，只是点点头或者说："告诉我更多内容。"随后，伙伴们根据身体感觉、情感、意象和其他非言语符号的在场来讨论他们的经验。然后二者转换角色。

每次角色扮演的时间是 10 分钟，随后进行讨论。

进一步通过集中、主题扩展和反馈加强在场 让学生分成三人一组。一个人是观察员，负责观察和记录对扮演来访者和治疗师的学生的看法。观察员应特别注意治疗师对促进来访者在场和使其沉浸在所关注问题中的能力。治疗师通过以下做法来做这些事情：温柔地鼓励来访者逗留在那些感受中并加以扩展，通过移情来解释他说的话（重复关键词语、让他慢下来，做出相应的模仿或镜像反映），让他具体地描述其问题的一个例子。随后，各方应从他的角度出发描述发生了什么——如果时间允许——就转换角色。

每次角色扮演的时间应该是 20 分钟。

深化在场 让学生再次组成三人一组。这次观察员要注意互动。除了上述技能外，治疗师要帮助来访者继续做主格"我"的陈述以及谈个人和相关的内容。治疗师开始对来访者偏离相关主题的材料或者理性分析之处做上标记。治疗师也应该开始提醒来访者注意身体动作、声音语调、对话变得激烈或受到指控的地方以及内容和情感之间的不一致之处。治疗师应该运用讨论、梦的分析工作、角色扮演、复述和冥想，甚至建议来访者尝试在面询之外进行实验，以帮助他加深其自我交会，并开始以某种生动的方式理解其关注内容的基础。（这种练习的目的在于加深来访者的自我接触以及最初感受到的对其关注点的理解。有一点需要强调一下，即顿悟产生于深深地沉浸在主体之中，而不是产生于治疗师的解释中。）然后从每个角度加以讨论并转换角色。

每次角色扮演的时间应该是 20 分钟。

治疗的交会　让学生再次组成三人一组。这次练习的目的是帮助学生使用关系以促进自我探索和整合。此处首要的重点在于治疗师的移情对于促进来访者自我沉浸和觉知方面的影响。其次，关注的焦点不仅在于治疗师对移情／反移情问题的关注，而且在于当前的人际反应以及它们如何影响来访者的自我接触。观察员应关注，治疗师如何提醒来访者，在角色扮演的关系中如何处理失望、恼怒、快乐等问题以及这类问题是怎样解决的。治疗师揭露得太多还是太少？他是否对来访者的感情产生建设性的影响？理想的情况是能够付出一些努力、对问题敏感，并同来访者保持坚定的联系。然后从每个角度加以讨论并转换角色。

每次角色扮演的时间应该是 20 分钟。

3. 旨在激活抵抗并面对抵抗的练习

激活抵抗　再一次建立三人小组。这里，来访者同意扮演一个抵抗的来访者。讨论对抵抗敏感的重要性——它们是怎样被知觉为较其他可供选择的生活设计更为熟悉和安全的，尽管这些生活设计有其破坏性。治疗师把关注的焦点集中于指出并标记所有的抵抗行为——声音语调的变化、手势、面部表情、情绪障碍、理智化、投射、从与治疗师同时在场或与治疗师的关系中分离出来、表面的接触，等等。治疗师应温柔地向来访者发出挑战，让其（以某种感受到的方式）权衡一些可供选择的指示或者是对某一具体抵抗的赞同与反对。这种练习的目的并不是强迫或消除抵抗，而是赋予它们活力，以帮助来访者观察这些抵抗是怎样严重影响了他的世界。此外，这种激活会帮助来访者倾向于为那些阻止他前进的事物负起责任和对此做出某种决策。治疗师不能真正强迫这些事情发生，他也不应该这样做。然后，从每个角度加以讨论并转换角色。

每次角色扮演的时间应该是 20 分钟。

面对抵抗　再次形成三人一组。这次，来访者将角色扮演长期的抵抗。治疗师将尝试使用移情的方法，但坚决地刺激来访者意识到他的抵抗及其克服抵抗的能力。他可以通过以下方式做到这一点：通过非谴责性的第一人称给出建议（如"我相信你可以说更多"）或者做出说明性的描述（如"你现在看起来很害怕"），也可以通过向来访者提出挑战，要他区分"不能"与"不愿"之间以及"可能"与"将要"之间的区别，以促进他们面对这种抵抗。（重要的是，要使参与者警惕他们随时做出的从这种潜在紧张的练习中撤退的选择。）然后，从每个角度加以讨论并转换角色。（讨论治疗师面对来访者时的移情质量以及来访者对它的反应是格外有益的。）

每次角色扮演的时间应该是 20 分钟。

4．旨在综合前述技能并体现意义创生的练习

这次练习借鉴了以往所有的技能，以促进意义创生和一种建设性的生活方向。参与者三人一组。治疗师应该帮助来访者：（1）把关注的焦点集中在相关的关注上并对其保持在场；（2）对那种关注进行沉思和实验；（3）参与到相适应的即时关系中；（4）对抵抗赋予活力并克服它；（5）从交会中巩固意义。

每次角色扮演的时间应该是 30 分钟。

注释

[1] 那些希望应用这种方法的人应当具有临床理论和实践的基本知识并经过适当的训练或辅导。

[2] 尽管已做出努力，将所谓的存在实践整合到主流的或超理论的框架中（例如，参见 Prochaska & DiClemente, 1986；Beutler & Clarkin, 1990），但是，据我所知，很少有研究者尝试致力于将主流取向整合到存在主义的观点中。（参见 Bugental, 1978/1987 提到的一些很好的但简要的例外；Koestenbaum, 1978 所做的哲学整合；Barton, 1974 对弗洛伊德、荣格和罗杰斯所做的综述。）

此外，我打算呈现的这种框架（我在其他地方称之为"似是而非的原则"）（Schneider, 1990），拥有至少一个更加新颖的特征——一种存在的元心理学。我将详细论述这种元心理学（例如其动力和发展特点），探讨它与治疗整合的相关性以及它在治疗背景中的应用。

最后，我不能过分强调必须让学生们开始对上述建议做出适当研究，但我强烈希望他们继续开拓这项事业。

[3] 不要把这些策略（也可看作"条件"或"状况"）理解为治疗师强加的解决方案，而应理解为催化剂，它可以促进最终获得以来访者为基础的发现。正如我们将要看到的，这个原理拥有解放策略的每一种形式，但最显而易见的是，来

访者对做出改变所负的责任是最大的——这就是经验的形态。

[4] 这种意识结构既是暂时的，也可以鉴于新的证据加以修改。换句话说，它是一幅在理论方面很有用的蓝图，而绝不是想要把它作为一块实际的或最终的"领土"。

[5] 除非另有说明，诸如心理生理学这类术语的整体的（复杂的、含糊不清的、相互交织的）性质始终是隐含的（参见梅洛－庞蒂1962年所做的详尽阐述）。

[6] 在这种背景关系中的身体意识不同于生理意识或我们早期谈到的器官意识（organic consciousness）。虽然生理意识或器官意识相对简单（也就是抑制、兴奋），但身体意识却相对复杂（也就是有多重结构组成、崇高）；虽然生理意识或器官意识相对公开（也就是可以测量），但身体意识却相对私密（也就是存在质的变化）（关于这些要点的详细阐述，请参见Merleau-Ponty, 1962）。

[7] 虽然扩展往往和自由有关，而压缩与有限性有关，但它们并非总是同义词。例如，限制、聚焦和纪律在某些背景关系中可能会获得自由，相反，能动性、自信和勇敢则可能是有限性的（例如，在强迫性参与时）。因此，在本书的这种平衡中，自由和有限性主要被看作压缩和扩展的背景关系，而不是与它们在概念上相同的东西。

[8] 在我们的大多数焦虑（比如伟大、渺小）和宇宙的原始驱动力（比如"大爆炸"）之间，有一种密切的联系，而且来访者的报告证实了这一点（Schneider, 1990, 1993）。

[9] 在以上临床症候群与可能引起它们的恐惧之间的关系是理论上的和临时性的。它建立在数量较小但使人感兴趣的临床数据基础上，其中既隐含着气质上的创伤，也隐含着心理上的创伤（Schneider, 1990）。这还有待于将来的研究——特别是现象学本质上的研究——去重新考虑这些假定的正当性。

[10] 资料来源：Schneider, K. J.（1990）.*The paradoxical self: Toward an understanding of our contradictory nature*，p.85. New York: Plenum, 1990.

[11] 这些标准不逊于普罗查斯卡（Prochaska）、迪克莱蒙特（DiClemente）和诺克罗斯（Norcross, 1992）关于来访者变化的五个超理论阶段。这些阶段是

前沉思、沉思、准备、行动和保持。

[12] 在我看来，在我们与来访者的接触中持续不断地向新的深度开放（并在适当的时候"测试一下水位"）是非常重要的，对我来说，这种准备就绪的成果——甚至在最不可能的临床环境中——也总是让我感到惊异。

[13] 当然，在这些陈述中存在对持有各自取向的开业者的一定程度的过度简化：许多人比可能让人相信的那种程度更具有存在主义的观点。事实上，最近的研究显示，一般来说，好的治疗师都体现出关注来访者个人的、以情感为中心的品质，这些是很重要的特征（Bugental & Bracke, 1992; Lambert, Shapiro & Bergin, 1986; Schneider, 1992）。

现在似乎是将这些品质的培养置于正规的临床医生教育的核心地位的时候了。

[14] 正如以前在另一种背景下提出的那样，这种反应最初的腔调是对其深度的一种最肯定的表示。

[15] 虽然我对存在策略的阐述来自并等同于诸如布根塔尔（1978, 1987）、詹德林（Gendlin, 1978）、马勒（Mahrer, 1986）、梅（1969, 1981）、佩尔斯（Perls, 1969）和雅洛姆（Yalom, 1980）的观点，但它建立在一套有所差异的实践和理论假设基础上（相关的比较请参见 Schneider, 1990/1993）。

[16] 我想要说明，当我在这里说到"结构"（structure）的时候，我的意思不是指某种客观的或食谱式的公式。我指的是一种以现象学为基础的隐喻，它可以帮助治疗师理解其来访者中发生的情况，帮助治疗师在这种理解的基础上矫治（或治疗）他们的来访者的现状。固然，一些经验治疗师坚持对来访者治疗时采取甚至是隐喻性的标准，因为他们在这些标准中看到一种去个人化的成分，但是就一个人将隐喻视为对来访者有用的程度而言，他可以反对这种主观化的倾向。而且，很可能反对隐喻的治疗师本身就会使用这些标准——当然不是明显地使用——来组织他们自己的观点。此处我只是简要论述这些阈下标准的一部分。

[17] 这些潜在的性质基本上等同于梅所说的（1969）"意向性"（intentionality）这一概念，我们会对此加以讨论。

[18] 虽然这一转机可以在范式泛滥或者对范式不敏感的基础上加以解释，但是，我并不相信它们就是完整的解释。这就是我的来访者能够借以充分体验的条件，而不只是使导致他发生实际改变的防御具体可见的条件。

[19] 这些阶段经常是连续的，但依赖于许多因素，譬如说，来访者的步幅，它们有时一个接一个地不规则地发挥作用，应该相应地得到解决。

[20] 如本章所示，这些干预要么在激惹现实阶段，要么在面对抵抗的治疗阶段反映出来。

[21] 尽管这些练习是基础性的，但它们在情绪上也可以具有挑战性。因此，让学生为这些挑战做好准备并给予他们所需要的支持是很重要的。

[22] 从这里开始，最好由教师自己来扮演所描述的练习，以便为学生提供一个例子。

参考文献

Antonovsky, A. (1979) *Health, stress, & coping.* San Francisco: Jossey-Bass.

Barton, A. (1974). *Three worlds of therapy: Freud, Jung, and Rogers.* Palo Alto, CA: National Press Books.

Beck, A. (1976). *Cognitive therapy and the emotional disorders.* New York: Signet.

Becker, E. (1973). *The denial of death.* New York: Free Press.

Berman, M. (1989). *Coming to our senses: Body and spirit in the hidden history of the West.* New York: Bantam.

Beutler, L., & Clarkin, J. (1990). *Systematic treatment selection: Toward targeted therapeutic interventions.* New York: Brunner/Mazel.

Binswanger, L. (1975). *Being in the world: Selected papers of Ludwig Binswanger.* (J. Needleman, Trans.) New York: Basic Books.

Buber, M. (1970). *I and thou.* (W. Kaufmann, Trans.) New York: Simon & Schuster.

Bugental, J. (1973/1974). Confronting the existential meaning of 'my death' through group exercises. *Interpersonal Development, 4,* 148–163.

Bugental, J. (1976). *The search for existential identity: Patient-therapist dialogues in humanistic psychotherapy.* San Francisco: Jossey-Bass.

Bugental, J. (1978). *Psychotherapy and process: The fundamentals of an existential-humanistic approach.* Reading, MA: Addison-Wesley.

Bugental, J. (1987). *The art of the psychotherapist.* New York: Norton.

Bugental, J., & Bracke, P. (1992). The future of existential-humanistic psychotherapy. *Psychotherapy, 29*(1), 28–33.

Cogswell, J. (1993). Walking in your shoes: Toward integrating sense of self with sense of oneness. *Journal of Humanistic Psychology, 33*(3), 99–111.

Craig, P. E. (1986). Sanctuary and presence: An existential view of the therapist's contribution. *The Humanistic Psychologist, 14*(1), 22–28.

Ellis, A. (1962). *Reason and emotion in psychotherapy.* New York: Lyle Stuart.

Erickson, M. (1965). The use of symptoms as an integral part of hypnotherapy. *American Journal of Clinical Hypnosis, 8,* 57–65.

Frankl, V. (1962). *Man's search for meaning.* Boston: Beacon Press.

Frankl, V. (1965). *The doctor and the soul.* New York: Knopf.

Freud, S. (1963). *A general introduction to psychoanalysis* (J. Riviere, Trans.). New York: Pocket Books.

Friedman, M. (1991). *Encounter on the narrow ridge: A life of Martin Buber.* New York: Paragon House.

Gendlin, E. (1978). *Focusing.* New York: Bantam.

Keleman, S. (1985). *Emotional anatomy.* Berkeley, CA: Center Press.

Kobasa, S., Maddi, S., & Puccetti, M. (1982). Personality and exercise as buffers in the stress-illness relationship. *Journal of Behavioral Medicine, 5*(4), 391–404.

Koestenbaum, P. (1978). *The new image of the person: The theory and practice of clinical philosophy.* Westport, CT: Greenwood.

Kohut, H. (1977). *The restoration of the self.* New York: International Universities Press.

Laing, R. (1969). *The divided self: An existential study in sanity and madness.* Middlesex, England: Penguin.

Laing, R. (speaker). (1985). *Theoretical and practical aspects of psychotherapy* (Cassette Recording No. L330-W1A). Phoenix, AZ: The Evolution of Psychotherapy Conference.

Lambert, M., Shapiro, D., & Bergin, A. (1986). The effectiveness of psychotherapy. In A. Bergin and S. Garfield (Eds.), *Handbook of psychotherapy and research* (pp. 157–212). New York: Wiley.

Mahrer, A. (1983). *Experiential psychotherapy: Basic practices.* New York: Brunner/Mazel.

Mahrer, A. (1986). *Therapeutic experiencing: The process of change.* New York: Norton.

Maslow, A. (1967). Neurosis as a failure of personal growth. *Humanitas 3,* 153–169.

May, R. (1958). Contributions of existential therapy. In R. May, E. Angel, and H. Ellenberger (Eds.), *Existence: A new dimension in psychiatry and psychology* (pp. 37–91). New York: Basic Books.

May, R. (1969). *Love and will.* New York: Norton.

May, R. (1972). *Power and innocence.* New York: Norton.

May, R. (1981). *Freedom and destiny.* New York: Norton.

May, R. (1983). *The discovery of being: Writings in existential psychology.* New York: Norton.

May, R. (1992). The loss of wonder. *Dialogues: Therapeutic applications of existential philosophy, 1*(1), 4–5. (Publication of students from the California School of Professional Psychology, Berkeley/Alameda campus. Glenn Hammel, Ed.)

McGoldrick, M., & Gerson, R. (1985). *Genograms in family assessment.* New York: Norton.

Merleau-Ponty, M. (1962). *Phenomenology of perception.* London: Routledge.

Moreno, J. (1959). Psychodrama. In S. Arieti et al. (Eds.), *American handbook of psychiatry* (Vol. 2). New York: Basic Books.

Perls, F. (1969). *Gestalt therapy verbatim.* Moab, Utah: Real People Press.

Phillips, J. (1980). Transference and encounter: The therapeutic relationship in psychoanalytic and existential therapy. *Review of Existential Psychiatry and Psychology, 17*(2 & 3), 135–152.

Prochaska, J., & DiClemente, C. (1986). The transtheoretical approach. In J. Norcross (Ed.), *Handbook of eclectic psychotherapy* (pp. 163–200). New York: Brunner/Mazel.

Prochaska, J., DiClemente, C., & Norcross, J. (1992). In search of how people change: Applications to addictive behaviors. *American Psychologist, 47*(9), 1102–1114.

Rank, O. (1925/1971). *The double: A psychoanalytic study.* (H. Tucker, Trans.). New York: New American Library.

Reed, P. (1987). Spirituality and well-being in terminally ill hospitalized adults. *Research in Nursing and Health, 10,* 335–344.

Reich, W. (1949). *Character analysis.* New York: Orgone Institute Press.

Reik, T. (1948). *Listening with the third ear.* New York: Farrar, Straus.

Rilke, R. (1991). Letters to a young poet. In M. Friedman (Ed.), *The worlds of existentialism: A critical reader* (pp. 266–270). Atlantic Highlands, NJ: Humanities Press.

Schneider, K. (1987). The deified self: A "centaur" response to Wilber and the transpersonal movement. *Journal of Humanistic Psychology, 27*(2), 196–216.

Schneider, K. (1989). Infallibility is so damn appealing: A reply to Ken Wilber. *Journal of Humanistic Psychology, 29*(4), 470–481.

Schneider, K. (1990). *The paradoxical self: Toward an understanding of our ontradictory nature.* New York: Plenum.

Schneider, K. (1992). Therapists' personal maturity and therapeutic success: How strong is the link? *The Psychotherapy Patient, 8*(3/4), 71–91.

Schneider, K. (1993). *Horror and the holy: Wisdom-teachings of the monster tale.* Chicago and La Salle, IL: Open Court.

Skinner, B. F. (1953). *Science and human behavior.* New York: Macmillan.

Van Dusen, W. (1965). Invoking the actual in psychotherapy. *Journal of Individual Psychology, 21,* 66–76.

Volkan, V. (1987). *Six steps in the treatment of borderline personality organization.* New York: Jason Aronson.

Wolfe, B. (1992). The integrative therapy of the anxiety disorders. In J. Norcross & M. Goldfried (Eds.), *Handbook of psychotherapy integration* (pp. 373–401). New York: Basic Books.

Wolpe, J. (1969). *The practice of behavior therapy.* New York: Pergamon.

Yalom, I. (1980). *Existential psychotherapy.* New York: Basic Books.

第六章

体验解放的案例说明

以下的案例将阐明前述体验（和存在－整合）指导方针的实际应用。我们对案例的选择基于四个标准：（1）经验－整合为主；（2）清晰度与简明性；（3）深度与创意；（4）种族多样性和诊断多样性。

我们选择了一个具有重要意义的存在治疗团体的截面，以对本章有所帮助。例如，尽管有一些作者是世界知名的权威人士，但另一些则仅仅是在他们特定的圈子里享有万盛誉的权威人士；尽管绝大多数作者是资深医师，但在某些情况下，还有几个人是充满创造力和激情的中等水平的从业者，而且在一个案例中，甚至有一位初级水平的从业者。

最后一点需要说明：尽管在每个故事里都可见存在－整合的指导方针和主题（例如"渺小－伟大""无经验""有经验"），并且将在我予以追踪研究的案例中加以讨论，但作者可能不会在每个故事中明确地提到它们。这是因为每位写稿者对他自己的材料都具有个人独特的倾向，但同时，正如之前所指出的，一般地说，由于存在主义倾向的治疗法具有灵活性，因此，如果存在－整合的指导方针能够激发我们对案例材料进行富有成效的对话，就已经足够了。但是，这些故事最终毕竟代表的是他们自己的观点。

黑人及其无助：梅塞德丝的案例[1]

（罗洛·梅）

罗洛·梅，哲学博士，本书的合著者，是一位获得国际认同的心理学家、精神分析学家以及作家。他出版的著作包括《创造的勇气》(*The Courage to Create*)、《自由与命运》(*Freedom and Destiny*)以及《祈望神话》(*the Cry for Myth*)。

这个经典案例不仅阐明了罗洛·梅的治疗风格，也打破了新生的技术和理论的基础。例如，通过拒绝把他的病人想象为"无法进行分析的"，梅在赋予这个病人精神能量的道路上迈出了第一步，并通过展示给她看（不仅是描述）这种能量是什么样的，鼓励她做出改变。

从另一方面说，这也是一个开创性的案例：这是用以说明在少数族裔中运用存在治疗方式具有效果的先例之一。罗洛·梅创造性地致力于研究梅塞德丝的梦、身体反应以及当时当地的意图，清楚地找到了她的根源。这种根源是在客观环境的理智参数之下出现的，但是，也许那是引人注目的一种展示。

对于美国黑人来说，真正的悲剧是他们自己都没认真地对待自己，因为根本就没有人会这么做。他们的希望是：坚持声称自己是人并要求获得应有的人权。如果他成功获得了这些权利，他就会自尊自信；但是，抛去无处不在的来自白人的排斥不说，如果他不能尊重和珍惜他自己的人性，那么他将永远也不会获得人的尊严。

——肯尼斯·克拉克（Kenneth Clark），《黑暗的黑人区》
（*Dark Ghetto*）

这……是一名年轻黑人女性做心理分析时的进展记录，她几乎完全失去了自尊和进取的能力。她是在一个无助的环境下出生并成长的。这不是一种偶然，作为一个黑人和一个女性，这两个因素决定了她不断增加的无助感。

一种极端的无助感可以让一个女性甚至无法生育孩子。梅塞德丝（我们将这样称呼她）只有一个真切的愿望，这个愿望是她和她丈夫所共有的——拥有一个孩子。但是每次她怀孕，就会流产，或者会由于各种工作原因而堕胎。无论人们对生育怎么看，生育都是证明人之力量的一种特殊方式，是对人的自我的一种扩展，是某个新成员的诞生，一种新的存在。这一点对于女性来说尤其显而易见，很多女性只有在她们有了孩子后才自信心大增。在男性中也有类似的情况——他们的男子气概得到加强！父亲身份的骄傲感是一个陈旧的话题，但并不能由于这个原因而被忽略。

当我第一次见梅塞德丝这个 32 岁的女人时，她看上去像一个西部的印第安人，外表引人注目，充满异域风情。她解释说她有 1/4 的切罗基印第安人血统、1/4 的苏格兰人血统以及 1/2 的黑人血统。她已经和一个白人专业人士结婚 8 年，给她治病的医生把她的情况向我做了介绍。他们的婚姻处在崩溃的边缘，部分是由于梅塞德丝的所谓冷淡和对她丈夫完全没有性兴趣。

她并不积极地相信她应该得到帮助，反而更趋向于把她的问题当作一种宿命来看待，每次遇到挫折，她都会认为那是不可逃避的厄运。她唯一承认的问题以及每次想到她就感到无力的问题，就是上面已经提及的不能通过怀孕生个小孩。到就诊时，她已经经历过 8 次流产或堕胎。

另外两位治疗师曾判断，对她是无法进行分析的，他们相信，她缺乏足够的动机，对其问题无法产生足够的内部冲突。他们觉得，她无法进行足够的内省，或者无法对其问题产生足够的感受，以便通过长期的过程把它们解决掉。她似乎并没有压抑她的问题，而只是发现了它们，让她想尽一切方法来解决这些问题简直是不可想象的。

我之所以接受她作为我的病人，部分原因是我坚信，所谓的"不可治疗"不是指这位病人的状态，而是指一个心理分析师所采用的治疗方法的局限性。重要的是一个心理治疗师想要找到打开这个人的问题之门的那种具体治疗方法。

在治疗的初期，梅塞德丝告诉我，在她 11 岁到 21 岁间，她的继父把她当作一个妓女。她的继父在她妈妈下班之前，在她放学后，带男人回来凌辱她，每个星期有好几次。显然，她妈妈对此一无所知。

梅塞德丝在逃出这种卖淫生活前什么都不懂。除了少数几次，她不会感受到性兴奋，只是意识到这些男人很渴望她。做完任何交易后，没有一分钱最终是进入她自己的口袋的。但是她不能对她继父说"不"，事实上，她甚至不能幻想违背她继父的意愿！她之后去了一个社区大学——她记得在某个地方做了个智商测试，结果得到 130～140 分。在大学里，她加入了女学生联谊会，在那里她经历到了所有作为正常人的行为和情感。卖淫生活在此时一直伴随着她。直到她大学毕业后进入护士学校，从她妈妈家里搬出来，才逃脱了她继父的魔掌。

梅塞德丝看起来像是一个"好"人，很顺服，接受作为家庭中和谐协调者的角色。在黑人社区成长的经历让她从生下来就把取悦他人作为自己的一项义务，被动地接受生活可能要求她做的任何形式的牺牲。她忠诚地照料着和她一起生活的祖母。她已经学会了和在这个环境中的其他人一样，一点都无女人气，而是不停地奋斗。她不仅在学校、街道这些自己的"战场"上奋斗——在这些地方，她往往会变得狂怒——也在她的弟弟的成长中为了保护他而奋斗。

我推断，在一定程度上她必定恨透了这段儿时的妓女生涯，这些在之后的治疗中她会详述。当她去弗吉尼亚州拜访亲戚时，她看到一头公驴不断地试着把它的阴茎插入一头站在那里无动于衷的母驴的身体里。"我恨那头公驴。"她说。她陈述这段话时的热烈和真诚暗示着，她一直把那段妓女经历当作一种令人厌恶的经历。但是，要从她口中得出关于那些问题的任何有意识的明确描述，是件完全不可能的事情。

在外表之下，我知道梅塞德丝在深处是无助的、冷淡的、长期抑郁的。这种诊断在描述事实上并没什么太大意义，因为任何与她处于同样境地的人都会有类似的抑郁。我们必须看到她生活中更多的内在动力因素。

失去的愤怒

当我问她希望从这次治疗和我这儿得到什么时，梅塞德丝一时不能回答。她最终得出了结论，并且说感觉自己经常像一个祈祷者一样在讲话："让我有个孩子，让我成为一个好老婆，让我享受性生活，让我感受到一些什么。"

在第二次治疗面询时，她讲述了以下两个梦，都和她的小狗有关。狗的名字叫鲁比，正如她所说，她常常认为自己就是这条狗。

我的狗鲁比受伤了，那必定是割伤，因为我也被割伤过。我把它带回家，但是很快它又跑到地铁里去了。一个男人在那里保护着一只猎兔犬，我问他："你看见鲁比往哪个方向走了吗？"他说一个高大的警察射杀了它，并开救护车把它带走了。我说："那是我的狗。"但是他们不让我进去看它。

鲁比又跑走了，我叫喊着追赶，我从一个男人手里救了鲁比，因为这件事情，我欠了他人情。他认识我，因为他看过我做锻炼。我邀请他吃饭，他走过来暧昧地抚摸我，我试着踢他，但是我背部被撞击了一下。每次我试着去踢他，我都会感受到一种被推向他的力量。我回过头，发现是我妈妈在把我推向他。

这些梦生动地描绘了一个极端无助的女人的形象。在第一个梦里，狗被射杀并被带走了，这些当局者不顾她哭喊着狗是她的——形象地描绘出了当局者专横地卸下"白人的负担"。他们无论是对梅塞德丝的情感还是权利都毫不尊重，他们甚至假定她根本就没有这些。她梦中所反映和创造的情形本身就足以摧毁任何个人的自尊心，如果这种自尊心在她身上存在的话。她所做的任何事情，试着去追回她受伤的狗——或者拯救她自己——都是无用的。这就是这个世界的现实。

由于这些梦几乎都是在治疗的早期出现的，我必须问梅塞德丝，是否愿意在第二个梦中把她对我的态度告诉我这位治疗师。所有这些张力都可以被解读为指向的是我——我射杀了这条狗（或者她，因为她把自己与这条狗相等同）；我从不尊重她的感受；我是那个帮助她解救鲁比的男人，是她欠我一个人情的男人，对她做暧昧动作的男人。难怪她不能进入治疗！她完全不知道这些暗示对我来说意味着什么。（我发现了这些，但是认为将它们指出来为时尚早。）我坚信在前两次治疗面询时没有发生任何事情用以解释这种态度。我必须假定她将所有与男性的关系，特别是白人男性，看作一种权力斗争，在这种斗争中，他们是赢家，而她是受害者。

这种"我只是受害者"的观念在第二个梦中更进了一步：因为她靠这个男人救了鲁比，她欠这个男人一个人情，这是呈现在这类人中的一个奇怪的"不公平逻辑"，他们往往认为其他人有一切权利而自己却什么都没有。与人生价值的假定恰恰相反，她是受先验假定制约的，甚至解救她自己都是一件很费力的事情。她依然要给予这个男人补偿。给予的一种形式，即她所拥有的为男人所渴望的资本，就是性。这是男人付出后所需要得到的收获。在这种情况下，她开始时所应该拥有的东西只是付出。如果她说不，如果她获得了她的东西，她也正在把一些东西从这个世界带走。

但是，在这个梦中最重要的角色是她的妈妈。她把自己的女儿推向这个男人。这个梦境说明，母亲不仅知道发生了什么——知道卖淫的事情——而且积极地予以教唆。

梅塞德丝开始治疗后不久，她怀孕了，怀了她丈夫的孩子。这时我发现了一个非常有意思的现象。每隔几个星期，当她过来告诉我她阴道流血时——这是她自己的判断，当然，也是医学上预示流产的症状——她就会告诉我一个梦。梦中她的母亲、较少情况下是她的继父及其他人，就会攻击她并试图杀死她。这种梦和作为流产先兆的流血持续地同时发生，这让我很吃惊。

起初，我试着引出我所假定的这个年轻女子对她的行刺者的愤怒。她却温和地坐在那里，同意我的观点，但是没什么感觉。我渐渐清晰地知道她完全没能力去对她的继父、母亲或其他想要杀死她的人产生愤怒。这一点，再次与所有的逻辑产生了矛盾：当有人想要杀害你时，你应该感到愤怒，那是生物本能的愤怒——这是对一些摧毁你的权力的人的一种情绪反应。

从我对于第二个梦的推断出发，我假定她和她妈妈的一些斗争是她不断流产的原因。她隐秘地觉得，如果她有了孩子，她妈妈（或者继父）会杀了她，拥有孩子会招致他们的毒手。

但是，我们面临着一个即时的实际问题——自然流产的可能性，那是不可等待的——通常要让一个理论变得实用要花数月时间，以使其对于病人来说有说服力和有效力，无论事实上它有多么正确。一些愤怒必须发泄出来，而我是房间里唯一的另外一个人。所以我决定不是完全有意识地，替她表达愤怒。

每次她开始阴道流血并且做这种梦时，我就会用言语反击那些试图杀死她的人。我攻击的主要是她的妈妈和其他一些不时地闯进来的人。到底这些当她有了孩子后试图杀害她的可憎的人代表着什么呢？她妈妈那个贱妇，必定一直知道卖淫的事情，正如在梦中一样，将她推进去。她妈妈一直在牺牲梅塞德丝，以表达她自己对这个继父的忠贞来留住他——或者不论什么凄凉的剥削性原因。毕竟，梅塞德丝已经做到最好了，为每个人服务，甚至屈从于性掠夺。然而，这些人依然有权势去阻止她得到她想要的东西——一个孩子！

我正在发泄这个女孩从来没敢表达的愤怒。我正在将我和那种微弱的自主成分联系起来，这些我们必须假定在每个人中都存在，尽管开始时，对于梅塞德丝来说实际上并不存在。

她开始一直默默地坐着，对于我发泄愤怒有些吃惊。但是流血停止了。每次她有流产的预兆或是做这种梦时，我就会开始攻击，表达她所不能表达的或者不敢表达的愤怒、感受。怀孕期间的一些梦是：

> 我爸爸打我，来阻碍我生育孩子，他对我有孩子很生气，我丈夫没来帮我。

> 我和一个女人打架，我瘫痪了，我不能出声，我的情绪失控了。我父亲不会让我平静地待着的，我向我父母尖叫着。我对我妈妈高声说："如果你想要帮助我，那就帮助我；如果你不准备帮助我，就让我一个人待着。"

三四个月以后，她开始感到她自己有了攻击心理，并且开始在梦中受到侵害后表达她自己的愤怒。那就像她把愤怒的任务从我这里接了过去，在这种意义上说，我的愤怒就是她的第一次自我肯定。她分别打电话给她的亲人——她爸爸、妈妈以及她的继父——告知他们不要无缘无故打电话给她或是和她联系，直到她把孩子生下来之后。这种行动使我感到很惊讶——我没有特地期待这个结果，但是我对此感到很高兴。我断定，这是梅塞德丝新发现的能力，来提出自己的主张和要求自己的权利。

在孩子预产期的那个月，看起来有一些孩子就要出生的征象，"琳达·伯德（当时总统的女儿）快要生孩子了"是其中的一个梦，"我获得了一份工作"是另外一个梦。当梦到继父时——他很生气并且拿着把刀——她显然不怎么怕他了，她只是说了句："你想怎样？"

孩子在预产期安全地出生了，令梅塞德丝和她丈夫欣喜万分。他们选了个意味着人类历史新开端的名字，例如"普罗米修斯"。根据我的估计，她和她的丈夫都没意识到这个名字的重大意义。但我认为那是十分恰切的，这是说一个新人诞生了。

有几点关于我的愤怒情绪的事情需要澄清。我不是在假想一个角色——我是真的对她妈妈和继父很愤怒。治疗中的关系可以和磁场力类比。这个场包括两个人，病人和治疗师。进入这个场就相当于进入了一个梦境。对于一些破坏者，必要的愤怒在梦中很重要。如果患者能够把这些愤怒聚集起来，那对身心将更加有益。但是如果就如这个案例中那样，她不能做到，那么治疗师在感受到同样的愤怒时，就可以表达它。我不是仅仅训练梅塞德丝产生出一种新的"习惯模式"——通过这个她可以学会愤怒。不，我们是为了保护她子宫里的孩子。这一切不只是字面上对宣泄的理解，这种奖励是生命本身——她的孩子。

这个女子为什么要斗争呢？为什么在她的梦中会充斥着拳头和刀的战斗呢？答案是简单而意味深长的：她在为了生存的权利、拥有自主和自由（这往往是和作为一个人捆绑在一起的）而斗争。她在为了存在（to be）的权利——如果我可以使用这个动词来表示这种丰富而强有力的意义的话——而斗争，如果必要的话，用帕斯卡尔的观点说，和整个宇宙做斗争。这些词组——存在的权利，为一个人自己的生存而斗争——是不足以表达所有意思的，但这也是我们仅有的。

这场战斗是被描绘成充斥着拳头和刀的，这些都是梅塞德丝成长的那些街区内的语言。她知道她不能宣称她自己的存在，除非她通过自己的抗争力量使自己获得社会地位。她之后说，要是没有这项治疗，她就不会和她妈妈斗争——"我从你那里获得了力量，从而和我妈妈发生了对立"——但显而易见，她所获得的是她自己的力量，那也是她自己，真正站立起来的是她。

还有另外一点，梅塞德丝不同于精神分析学的普通病人，可以假定他们的梦是一个分裂世界的一部分（这正是那些拒绝她的分析师发现她身上所缺乏的东西）。这就像一些病人的"奇幻世界"，这样她就可以一直向前走，仿佛她从未有过任何愤怒。一直以来，所有相关联的愤怒和不安都化成一个严重的代价——她的不育。要有意识地承认这种愤怒，对她来说会是一个难以驾驭的威胁。那就意味着承认和她妈妈是不共戴天的仇人。而她妈妈事实上在她年幼的时候拯救了她——当亲生父亲离开后，她妈妈挣钱以维持全家生计。因此她不会容忍自己承认这种敌意。她不可以过这种双重生活：这是中产阶级病人的特征，在进退两难的境地下求生存。因此她从我这里得到的不只是没有任何谴责地允许（permission）她来表达她对存在的奋斗，她还从某个权威人物那里获得了之前缺乏的自身权利和自身存在的先在经验（experience）（指的是第一个梦）。我对于愤怒的宣泄，表达了我相信她也是一个拥有自身权利的人。我不用说出来，因为她可以从我的行动中看出来。

重生的仪式

但是，随着她儿子的诞生，梅塞德丝的生命问题只有一半得到了解决。孩子出生后，她有六个月没做心理治疗，因为她不能（或不想）在她来面询时让别人照顾她的儿子。既然我的治疗要出于她自己的意愿，我便同意了这一点，尽可能由她自主决定。当她确实返回时，我发现她的体形比她最初来时显然好得多。她对她母亲的仇恨仍继续存在——我们可对此加以无限详细的说明（"在我出生之前我的母亲就试图放弃我"；"当她吻我时，她的嘴唇很硬，一点也不软"；"对于我所参加的每次学校演出她都迟到，甚至对我的毕业演出也是如此"；"她四处闲逛，看上去就像一个法国妓女"）。但这种仇恨并不那么占压倒性的优势，不再导致一些症状，而且她可以予以处理了。

然而，梅塞德丝倾向于围绕她的儿子，那个美丽、活泼、蓝眼睛、红头发的男孩，来建立她的整个生活。如果他呼吸不规则，她就担心；如果他在夜间醒来，她就不得不奔向他、安慰他。她可以很长时间一动不动地给孩子喂奶，其舐犊之情甚至令她的儿科医生都感到惊讶。她有睡眠问题，这部分是由于她对儿子的过分关注。这样，她在大部分的时间里都感到疲倦。

有一天，她的姐姐没来帮忙照顾孩子，她把儿子带到我的办公室。当时他已是一名两岁男童，他立即担负起治疗的责任，告诉他的母亲坐在"这里，不，那里，不，在另一把椅子上"（她乖乖地照做）。他还不时地给我指出各种方向。在治疗期间，我不断地听到她说："他在幼儿园里是个非常聪明的孩子"，"他很特别"，"我们怎么这么幸运，有如此聪明的孩子"，等等。即使这些评论大致都是真实的，这些评论也显示了她对孩子的服从，这实际上就是她原来问题的一部分。

关键的问题并不是她表扬了自己的孩子，每一个自豪的母亲都会恰当地这样做，而且，梅塞德丝有足够的理由这样做。但她这样做，是对她自己声称她是一个人的替代；她给了他权力，以避免由她自己做出决定。在这一部分治疗期间的梦境中，她和她的孩子是同一个人，她认为自己是这个孩子的女仆（她儿子所在幼儿园的其他母亲给了她这样一个错误的身份）。她不喜欢这句话，但我多次使用它，与她对抗。我曾指出，通过她的儿子来生活是逃避自己问题的一种很好的途径，并会使儿子将来成为在治疗沙发上的一流的候选人。

她曾以多少有些相同的方式听到过这种说法——虽然并没有说出来——因为她曾在我指责其母亲的时候听到过。尽管我那时是在讲一个真相，但这对她尚不真实。梅塞德丝似乎有必要获得一些体验。

有一次她去看牙医时，这种体验来了。事先，她已同意采取气体麻醉剂，她已保证不会不愉快。与期望正相反，她觉得气体麻醉剂极其可怕。她那时确信自己要死了。当她不断感受到死亡的裁决时，她不断地向自己重复："死亡是为了活下去，生活是为了去死亡。"她躺在那里，默默地哭了。问题是，她并不敢告诉牙医，她正遭受着可怕的体验。她不能做出抗议，只是不得不忍受着她的命运，做那些权威人士期待她做的事情。最后，当气体麻醉剂的作用在她身上消失时，她告诉了这位牙医，牙医感到很惊讶：她之前并没有说出来呀。

在此之后的几天里，这种体验一直跟随着她，使她充满了忧伤和悲痛。两天后，当她来到我的办公室时，她仍然在哭泣。

现在，由于第一次预示了死亡——在她看来是这样的——她就可以理解生命的珍贵了。也是第一次，她现在可以体验到，她与任何其他人一样，都有同样多的生活的权利。

从此，她整个人的生活发生了彻底的改变，她的心理治疗也是如此。这种体验似乎让她克服了抑郁，尽管随着她儿子的出生，这种在生活中不断折磨她的情况曾经大大减轻。无论她是否体验过死亡，现在这种情况确实有所不同；存在并不只是需要一个人去忍受的自动岁月。她觉得从现在开始，正如她所说，"只要高兴就是了"，在不时发生的与丈夫的争吵中，她并不会像以前那样被压倒。在体验到她所说的"几乎死在牙医椅子上"之后大约三个月，让她大为吃惊的是，她仍然能够具有信心，这种情绪依然存在。甚至当她患流感的时候，她会在早上醒来，问自己："我觉得不好吗？"并很惊讶地发现，虽然她感到身体不适，但她并没有觉得心情不好。

这个基本的体验，听起来很简单，却具有十分重要的意义。在气体麻醉剂下，她不断重复的这句含义模糊的话——"死亡是为了活下去，生活是为了去死亡"，是什么意思呢？对我来说，其中的一个意思是：死亡是为了生活，生活是为了死亡。就是说，你通过死亡重新回到生活。这就会成为一种体验，在这种体验下，她加入了家族——在不同文化下，这是一种通过洗礼仪式加以庆祝的体验——死亡是为了重获新生。这亦是神话和复活的仪式——为了再次成长而死亡。治疗师看到了，在一周中的每一天，在不同强度上，这种复活神话再次上演。它常常作为一个前奏，来体验声称一个人的自我的权利。

这种描述说明，心理治疗帮助个体讲出攻击是很自然的，而远远不是淡化攻击。大部分来寻求治疗的人都同梅塞德丝很像，尽管说得不那么多——他们并没有太多攻击性，而是太少。我们鼓励他们明确地表达攻击，让他们对以下希望具有信心：一旦他们发现自己存在的权利并进行自我肯定，事实上，他们就会在人际和个体内部都生活得更加具有建设性。当然，这意味着一种不同类型的攻击，而不是这一词汇通常所隐含的意义。

暴力摧毁生命，但也赋予生命

但是，需要做些什么来说明梅塞德丝存在中的暴力呢？很明显这是存在的，并且不在少数。她的梦中具有那么多的暴力行为，让人有坐在火山上的感觉。她的大部分暴力行为是在自卫：在梦中她用拳头和刀子作战，只是为了让自己免遭杀害。

然而，这里有几个宝贵的观点应加以探讨。一个是朝各个方向爆发出来的根本无视理性功能的暴力倾向问题。她在学校或街上打架，她变得颇具野性，并不知道自己在做什么。在这些打架行为中，这种放任和不加控制似乎运作良好，在她偶尔歇斯底里地与她丈夫的打斗中也是如此。既然梅塞德丝是一个极度聪明的人，并且在原始的背景中长大，因此，研究她在这方面的体验是很有帮助的。

让我们回到第一次对她进行治疗的那次面询，那时她给我讲述了前一天晚上的两个梦。对于这次治疗，我认为这些梦指的都是，至少部分地指，她计划第二天开始的治疗。

我向珀西（她的丈夫）或我的兄弟寻求帮助。但我并没有得到帮助。我向他提出的请求应该是足够的。我很生气地醒过来了，想要打他。

我们的狗，鲁比，在家里地板上到处都留下了粪便。我正在清洗，或许我应该向珀西寻求帮助。

她知道"那些粪便是我的"，也觉察到了"在我身上发生的事情，我做过的事情"。但梦表达了这样的信息：她希望从我这里获得神奇的帮助，"我向他提出的请求应该是足够的"。

这就是那些被无力感压倒的人的共同防御机制。既然这些人很明显并未能使事情发生改变，那么，其他一些力量一定有能力来改变这些事情。他们的行动真的并不重要。为了填补与无力感进行斗争失败后留下的空白，他们经常依赖于神奇仪式的实践。例如，梅塞德丝担心她不断增长的体重，她要求我给她催眠让她少吃点儿。我拒绝了，称这样做将使她自己不负责任，而且，她为什么不学习成为自己的催眠师呢？在下次面询时她告诉我，她已被我的拒绝激怒了。她承认自己依赖于巫术力量。

对巫术的依赖可以追溯到几百年来受到压迫的黑人、殖民地人民以及任何少数族裔。它假设，通过利用内在具有的威胁和偶尔的私刑，黑人就可以保持被动、温顺和无助，就能按照这种方式生活。但在这种虚假的平静中，我们压抑了这样一个我们应该一直追问的问题：当一个人像奴隶那样，无论在社会上还是在精神上都无法站立时，那么他的权力究竟哪去了？没有人能够接受这种除了死亡之外的完全无能为力。如果他不能公开地表明自己的立场，他将暗地里这样做。这样，巫术——一种秘密的、超自然的力量——对于这种无力感来说就是绝对必要的。在我们的社会变迁时期，巫术的蔓延以及对超自然的神秘力量的依赖，就是一种广为流传的无力状态。

不过，巫术不是唯一的症状。梅塞德丝还将自己的家丑外扬，她的暴力指向的对象是她自己。这在第二个关于狗的梦中得到了清晰的说明，在这个梦中——她承认自己就是那条狗——狗在地板上到处留下了粪便。确实，这可以暗示对他人的敌意（因为粪便通常是一种原始的象征），暗示一种攻击性的报复：在你的地毯、你的地板上排空我体内的废物。但是——这个"但是"内具有大量受到压迫的少数族裔的悲惨遭遇——粪便是在"她的"地板上的。攻击的冲动、受到压抑的愤怒，都转向内部并面对她自己爆发出来。这种报复的冲动、激增的敌对，绕过理性，在肌肉运动中找到发泄的出口。在这个意义上说，它是非理性的。如果在这里没有一个人接近它，它就对自我爆发。在这一刻，暴力的方向和目的是次要的，只有爆发本身才是重要的。就在这一点上，受到压抑的攻击倾向被转变为暴力。严格来说，暴力的对象与此无关。

梅塞德丝的案例特别阐明了这种奇怪并如此具有潜在自我毁灭性的现象。在她儿子出生后大约十个月，她做了以下两个梦：

> 我当时被每一个人追赶着。我不得不杀死他们，伤害他们，以某种方式阻止他们。甚至在房间内，我的儿子也是其中的一个。我不得不针对每一个人做一些事情，否则他们就会伤害我。我压紧我的儿子，这对他就足够了。但是我却不得不用拳头猛击其他任何一个人。一次一个，这样他们就不会突袭我。我被撕成

了碎片，由于这种可怕的感觉，我醒了。

我与珀西和另一名男子在开车。一名男子想要进入汽车。之后，我们在某地的一个办公室里，那里有一个护士和一张桌子。我躲在桌子底下，我选了一把刀。那名男子向里面看了看，他看到我躲在护士的桌子底下。我找我的刀，但找不到了。然后，我有了另外一把刀。现在，我在同我的儿子和祖母战斗。这并没有让我困惑。我正在躲避他们的刀子。然后，跟我打架的人变成了一个女人，她试图伤害我。

她与她的儿子以及祖母打架，她祖母就是她从小予以照顾并具有真正感情的那个人。从各个方面看，这种野蛮打斗似乎是一种非理性的暴力行为的范式。在这里，对黑人集中区的暴力进行的解释中很重要的一部分在于，很矛盾的是，放火、抢劫、杀害这些行为，它们指向的是与那些暴徒最亲密和最亲近的人。

那么，梅塞德丝和那些与之打架的人有什么共同点呢？他们都是她要使自己服从的那些人。无论是出于良好的理由，正如在祖母和儿子的案例中那样，还是出于不好的理由，就像在她的母亲的那个明显的案例中那样，他们都代表了梅塞德丝使自己屈服于他们的那些人。从这方面讲，梅塞德丝应该为自己的自主权而与他们斗争。这与阿诺德·L. 格塞尔（Arnold L. Gesell）所呼吁的"反意志"是一致的，儿童的自我主张针对的正是那些他最依靠的人。这样，毁灭生命的暴力，也成为给予生命的暴力。它们相互交织，作为个人的自力更生、责任和自由的来源。

梦中有一个男人在向里面看，这个男人可能是我——治疗师。当她宣称自己的自由时，她为什么不会与我战斗呢？其实，这是治疗中所有个体都无法避免的模糊状态。虽然治疗师在表面上看来是在提供帮助，但更深刻的考察发现，来访者正是为了治疗师试图提供帮助这一理由，而必须在这个过程中、在某个地方与治疗师斗争。出现这种情况的部分原因是，为了获得就要得到的帮助，他们不得不暂时放弃一些他们确实具有的自主权。部分原因是来访者请求帮助的屈辱感，部分地也由于以此作为一种力量，来制衡过度地将治疗师变成神的做法。

因此，正是在自我毁灭的暴力行为中存在着自我肯定。最终，这种肯定主要体现在，如果他选择的话，他就证明他有权利自行选择死亡。如果就像我们在这个国家所表现出来的这种趋势，我们谴责所有的暴力行为失控，同时设法消除人类可能的暴力，那么，我们就从他身上拿走了他的全部人性之基础的一个成分。对自我尊重的人类来说，暴力总是一种终极的可能性——如果加以承认，而不是加以打压，那么对暴力的诉求将会较少。对自由的人来说，当所有其他出路都被否认，认为它们是对身体以及精神难以承受的暴政或独裁，那么，暴力就是存在于想象中的最终出口。

对存在－整合案例的系统阐述

（均由科克·施奈德撰写）

下面是一种想象之旅。通过几个简洁的段落，我将尝试回答以下问题：我们怎样根据前几章的存在－整合指导方针来理解这个案例（以及后文所述的每一个案例）？主要的诊断问题看起来是怎样的，以及关键干预措施是如何制订的？

我不妨明确表示，这项工作是为了补充——而不是取代——对原案例的系统阐述，并进一步阐明我们的指导方针的效用。

对存在－整合案例的系统阐述——梅塞德丝

关于梅塞德丝案例，它触动我的第一个主题是她的高度限制。她是"温顺"的，梅博士如此写道，长期包容别人，人很好。这种恭顺的根源是显而易见的：作为有色人种的妇女，她一直受到贬低，并作为性剥削的对象。然而，尚未清晰可见的以及梅博士通过自己的存在——通过梅塞德丝的身体状况和梦——所揭示的是这些低级状态得到潜意识表述的方式。梅博士明确表示：她的举止很呆板；她的梦与生命受到威胁有关；她一直很容易与人相处，但她似乎丧失了站出来的活力或者对抗的能力；她回避扩展性。可以肯定的是，她确实有一段时期进行了斗争，针对的是她不能再忍受的对其存在的不公正。但是，这些爆发在本质上主要是反应性的，它们并不培育真正的权力。

虽然梅塞德丝（像许多暴力受害者一样）害怕人身报复，但我相信，这不是她不愿意站出来的关键所在。似乎真正让梅塞德丝害怕的，并不是她的继父外显的愤怒，而是她母亲要遗弃她的隐性威胁。因此，对抗她的继父，反抗成为妓女，不仅面对被殴打的可能性，还可能失去母亲的爱——而这一点恰是支撑梅塞德丝存在的基石。要面对这种基石——甚至和梅博士在一起——就需要面对这种缺乏母爱的噩梦，此处有太多的可能情况和责任，这是令人目眩的自由的剩余。

因此，对梅塞德丝来说，阻力最小的途径是，把自己融入这种背景中，将自己嵌入在别人的议程中，结果，切断了她自己的抱负和希望。

梅博士并不是通过话语本身来帮助她纠正这种状况的，而是通过反复邀请她面对自己。例如，在他对梅塞德丝梦境的探索中，他帮助她认识到在她身上涌现出来的愤怒、权力、能量以及这些东西对她的生活所具有的转换的潜力。

梅博士试图唤起梅塞德丝的真实感，但是，这些尝试却没能提供充裕的时间。他猜测说，除非他加速这个过程，否则，她对她母亲的依赖（和极端避免自己的扩展潜力）可能会促使她失去她的婴儿。因此，针对她的情况，梅博士决定采取行动，表现出他自己的愤慨，为她提供及时的医疗，因为这样可以促使她的资源发生变化。以存在－整合指导方针的语言来说，梅博士的愤怒帮助梅塞德丝发现，她能够在针对其照料者的爆发性指责中存活下来（survive），她能够面对这些指责所导致的混乱和失去方向的可能性，她能够将这些现实的东西转化为具体的行动。

梅塞德丝的突破所产生的意义是有形的：一个新生的婴儿和扩展了的生活。梅塞德丝不再接受作为其父母的被动受害者角色。相反，她尽可能地进行战斗，保持与父母适当的界限，以她认为合适的方式来确定其生活。就像是《浮士德》中的魔鬼一样，梅博士可以帮助梅塞德丝了解她的苦难中可以挽回的几个方面，举例来说，她的愤怒中包含的生命力，在她反抗中潜在的自由。而且，就像但丁《神曲》中的维吉尔一样，梅博士提供了一条途径，她在其中能够体验到这些改变，而同时梅博士一直坚定不移地陪伴她走过这段旅程。

郁闷的艺术家：阿曼达的案例

（克里斯·阿姆斯特朗　詹姆斯·布根塔尔）

克里斯·阿姆斯特朗（Chris Armstrong），一名婚姻、家庭和儿童咨询师（M.F.C.C.）[①]，过去十七年一直私人执业。她认为，有意义生活的基础是，一个人怎样就其存在做出有意识的选择。通过与詹姆斯·布根塔尔以及最近与欧文·雅洛姆一起做的广泛研究，她在存在取向中找到了一个理论和哲学的家园。

詹姆斯·布根塔尔博士是美国存在心理学的领头人之一，人本主义心理学会第一任主席。布根塔尔目前是塞布鲁克学院的名誉退休教授以及斯坦福医学院名誉临床退休医生。他的著作包括《心理治疗和过程》《心理治疗师的艺术》《亲密的行程》。

这个阿曼达案例是一个体验解放的说明模型。阿曼达是一个典型的 YAVIS［年轻（young）、有吸引力（attractive）、能说会道（verbal）、聪明（intelligent）、成功（successful）］患者。然而，支撑她的这些素质，恰恰就是使她无法充实地生活的素质。在这个简洁的说明中，阿姆斯特朗和布根塔尔向我们显示，在一些案例中，存在治疗怎样才可以矫正这种当代的弊病，并且在这样做的时候，有助于阐明在场、激惹现实、激活和面对抵抗以及意义创生。

我（克里斯·阿姆斯特朗）选择了这项为期四年的治疗的五个

---

① M.F.C.C. 表示 Marriage，Family and Child Counselor。——译者注

片段。[2] 在这个案例中，我将说明某种心理治疗类型，其目的是帮助患者变得更活跃、更有生气（Bugental, J. F. T. & Bugental, E. K., 1984）、更有生机活力、更能在当下存在。我将说明，在每次访谈中，意识到自己存在的主题是多么重要，并且这种觉知将怎样帮助患者确定自己一直回避真正"活力"（aliveness）的方式。

1988 年 11 月

"妈妈怎么能这样对我呢？我搬了 3 000 英里来摆脱她。她怎么敢！"阿曼达是有吸引力的，把自己打扮得很好，她 35 岁，离异。她快乐并且见闻广博。然而，房间里却弥漫着一种不情愿。"我不想在这里仍然处理我母亲的事情。"她说。她说话速度极快——说话速度作为她和她的内心经验之间的一个缓冲区——她解释说："我的母亲，她是那么抑郁和无助，正要从这里搬到佛罗里达州，恐怕照顾她将会成为我的工作。"

阿曼达告诉我，她是如何始终白费心机地希望接近她的母亲。她继续说："我的母亲是如此自恋。我就是不能亲近她呀！我是如此怨恨这种方式，她竟然忽略了我是一个孩子。"

"当我 4 岁时，妈妈找了一个管家，然后，她每天都不在家。妈妈非常吓人，冷漠和孤傲，她能用她的话语把我撕成碎片。我们的房子就像一个墓地，又冷又暗，不是一个能把朋友带来的地方。妈妈每天下午都睡觉，我回到家从未得到过用曲奇饼干和牛奶对我表示的温暖欢迎。"

当我在倾听对阿曼达来说显然是痛苦的童年记忆时，我深切地觉察到，她打算让它们整齐地藏在一个理性的盒子中。我要承认，我认识到她在理性上理解了她的问题；同时，我也希望开始提醒她注意她的语言表达，这使她能与她的内心体验保持一个安全的距离。

"我注意到你说话非常快，也许如此之快，使你无法从内心以及从情绪上体验到你说话的意义。"我说。

"我从来没有想过这一点。你认为这很重要吗？"

"现在，阿曼达，你有机会自己来考虑这个问题。"

"好吧，既然您是专业人士。"她很谨慎，不暴露自己。

"是的，这是真的，但你的想法也很重要。你不认为讲这么快，可能使你很难充分体会自己说的话吗？"

"这对我是一种新的思路。"

"慢慢来，考虑一下我说的话。"

她的语速加快了，话似乎从她的舌头上滚落下来："我从来没有想过这一点。我猜这可能有所差异。"

"阿曼达，这里有一个机会。现在你的语速这么快，你能感受到你的言语的节奏吗？"

"是的。"（有些犹豫，在思考）

"好。请倾听你的声音。"

"我有点急。"

"有点急吗？"

"就好像我得不停地走。"

"听起来很重要。"

"你认为它很重要吗？"她再次将焦点转移到我这里。

"阿曼达，你是否觉察到，你是在问我，而不是问自己？"

"这对我非常新鲜，"长时间停顿后，她很快平静地说，"我猜我并不习惯于考虑我自己。"

在这里，为了强调她所说的话的重要性，我重复了她的话："我并不习惯于考虑我自己。"

"这对我确实是很新鲜的。"她的语气暗示，她正在尝试这种想法，反复考虑它，看看这是否适合她。

这令我感到鼓舞。显然，阿曼达真正在这里找到了她的内在自我，她似乎有情绪上的必要能力来应付当前的任务。她决定，她会每星期来一次。

在以后的面询中，我继续将阿曼达的注意力放在她的话及其表达上。我感觉到话语这个屏障的必要性。它为什么会存在？她在保护什么？在数次面询之后，阿曼达准备好让我进一步面对她对快速说话的依赖。有了这种新的认识，无论对于她怎样呈现自己，还是对于她避免内在主体性的问题，她都开始变得更加合作。这使得我们一起将这项工作进一步推进。

1989 年 3 月

"我不堪重负。妈妈希望我帮她找到一所房子。她的行为让我觉得，她认为我在这个世界上总是有时间。"

"你听起来很难过。"

"也许有点。我只是有太多事情要做。"她的语气很微弱、迟疑。

"阿曼达，你在对自己进行猜测。"

她很愤怒，将感受表现出来，她声明："这对我来说太过分了！

我不可能处理这一切。"

"这一切吗？"

"有什么用呢？我为什么要设法帮助她？"

在我的声音中带有一种轻微的富有挑战性的意味，我说："听起来你要准备放弃。"这引起了她的注意。

"不，你知道我不想这样做。"

"是吗？"

"我只是不堪重负，不知道应该怎么办。"

"我知道现在你感受到的是不堪重负。看看你是否可以让自己慢下来，听听你自己说话的语气。你的内心还有些什么呢？"在这里我暗示着，对阿曼达来说，除了她的焦虑，还有许多其他东西。"你可能会想闭上眼睛，在你的椅子上放松下来。"在以前几次面询中，闭上眼睛这一行为增强了她更成功地在其内心深处探索的能力。

阿曼达做了几次深呼吸，呼了一口气，闭上眼睛。几分钟后，她的脸上淌下了泪水。她开始慢慢地说，小心地选择词汇。她正在倾听自我。"她希望我为她做这些事情，然后，当我要求她帮我照顾我的女儿们时，她告诉我她不可能做到。"

"我在你的声音中听到了气愤和失望。"

"我想与她之间有一种不同于从前的关系，为什么她不能感激我为她做的事情呢？"

"好，你现在正在倾听自己。"

"我一直希望，我们能更亲密一些。然后发生了一些事情，提醒我不能依靠她。有一段时间，她的爱似乎会将我吞没，我感觉和她很亲近，然后，当我去依靠她的时候，她就退缩了。"阿曼达已经开始不带个人感受地传递熟悉的信息。

"再慢一点，阿曼达。你正开始告诉我你已经知道的事情。让你自己用新的耳朵、新的感受来倾听。那里有什么？"

她试图认真地听。然后她沉浸到自己的心灵深处，更多的眼泪流下来，她沉默着。过了一会儿，她说："感到被她耍弄了，信任她，然后她又退缩，这特别令人痛苦。"

我默默地坐着，专心地倾听着，并不想打断她的讲述。阿曼达一直使用不同的镜头，让自己在熟悉的领域内不断深入。

1989 年 5 月

"我的女儿们总是拉着我，要我做这做那。然后，当我请她们帮助我时，她们却不愿意。我觉得要被她们吸光了，疲于奔命。这时，我就会生气，变成泼妇。当我变成这样时，我很恨我自己。"她平淡地说这件事，口气像是在谈论晚间新闻。

"阿曼达，你能听到你是怎样解决这件事的吗？"

"哦。"她用这种说话的语气加以反省，"我觉得……我并不喜欢我这么愤怒。"

"你觉得吗？你并不确定吗？"

"我很难去知道，去感受……"

我打断了她，说："我觉得你正在迈向'这有什么用，我不能'。"

"也许这就是我正在做的事情。"

"也许吗？"我继续对她以回避的方式谈论她自己施加压力。

"也许我可以。……"她停下来，"哦，这是你的意思吗？"

"很好——你已经理解你自己了。"

"可我并不知道为什么我要这样做？"

"嗯。"

"我认为这很熟悉。"

"又是'我认为'。这几乎就像你正在抹掉自己一样。"在这里，我提醒她注意她的"我认为"这句话，并提出她这样做的理由。

接下来是一段长时间的沉默，她在考虑我的话。我感觉到阿曼达的意图中有什么可能在发生转变：现在，她似乎更愿意看看自己的内心。然后，慢慢地，显然在尝试不将自己抹掉，她开始说："当我还是一个孩子的时候，看不见比看见更加安全，今天仍然是这种情况。"

"如果我不知道我有什么感受，那我就不会冒犯任何人。"

"不要冒犯任何人一定是非常重要的。"

她从更深层的含义中离开，非常强调地指出："对我来说，更重要的是我不要冒犯任何人，而不是知道我自己的感受！"

"你听到自己说的话了吗？"

"有几分。哦，我又来了！很难让它们^①都进来。"

"是的。今天你迈出了重要的一步，跟我就在这个房间内一起体会你怎样忽视自我。"

在夏季的那几个月里，阿曼达体验到了把自己抹掉的复杂之处："好像是我用电影胶片将自己的感受掩盖起来，所以，我只能瞥一眼我的情绪感受。以那种方式同其他人或者我自己来交流我的感受，就没有危险性。我很安全。"有了这种新的觉知，阿曼达开始质疑

---

① 指那些感受。——译者注

她"安全"的有效性。她是真的安全,还是通过抛弃她的体验来伤害自己?

1989 年 10 月

阿曼达进来了,宣布她要终止治疗。"我与妈妈的关系好多了。我对于自己作为一个母亲也感觉更好了。我知道我想成为一个艺术家。因此,现在应该是退出治疗的时候了。"

"请注意,你正在考虑一项重要决定——退出治疗——而你似乎并不确定。"

"我与妈妈的关系好多了,而且大部分时间,我觉得自己是女儿们的好妈妈。"

"在这一点上你似乎很确定,但我在你的声音中听出一些迟疑。"

"那么,它只是……你知道什么时候应退出治疗吗?"

"阿曼达,你把话题转移到'你'身上了。阿曼达什么时候才知道呢?"

"哦,我生活中的事情好多了。"

"听起来像是进行演绎推理。你的内在经验告诉你什么?"

现在,她变得很安静:"我被搞糊涂了。"

"这是一个从头开始的好地方。"

她与她现存的迷惑不解所导致的不适进行着斗争。很显然,她致力于寻找她的真理:"我不想变得对你产生依赖。"

"在这一点上你的声音听起来很肯定。离开是克服你的恐惧的唯一途径吗?"

眼泪开始从她的眼中涌出："让你看清我是谁，这对我是如此困难。"

"因此，最好离开吗？"

"哦……"（长时间停顿）她看起来有点困，将背向后靠了靠，"我真的不想离开，但是我担心。"

"担心？"

"我担心跟不上我很擅长的这种字谜游戏。"

"因此，最好是离开。"

"这是没有希望的。"她用这种以前用过的不予考虑的熟悉方式，往后靠了靠。

"你需要保持距离。"

"我不想让任何人接近我。"我觉得她把焦点转回到她的主观体验上了。

"你不想让我接近你吗？"我把她的焦点拉回到现在——以及我们的关系上。

"这只会对我产生更多的伤害。"

"如果你让自己来与我接触呢？"

大坝崩溃，眼泪流下来。"我不想这么孤立，但与任何人接触都是很可怕的。因为当你看到我是多么无能的时候，你就会离开，这将会超出我能够承受的痛苦。"

怪不得她想离开。当她长期作为秘密一直保持着的恐惧倾泻出来的时候，我对她充满了钦佩。

"你采取了一个重大的措施。你打破了你的孤立。"

"这样确实感觉好多了。我可以感受到你的关怀。我认为，当我的女儿们想要依偎在我身边时，我把她们推开，这是同一件事。"现在她哭泣着，重新回忆她曾经把女孩子们推开的那些时候，"我并不想这么对她们，但如果她们身上发生了什么事情，我会无法活下去。"

"慢一点，阿曼达。如果你说得太快，你会在这一刻迷失的。"她有了一个重要发现。她体验到了自己如何制造了自己的孤立。她已经允许自己与她想要中止治疗、将我推开的愿望进行斗争。她渴望被人看清并接受她究竟是谁。此外，她直接体验到了其孤立所造成的情绪成本。这种觉知正在赋予她力量。

"所以你选择与她们保持一定距离。"

"我不能再这么做了。将她们推开实在太痛苦了。"

今天的访谈是治疗中的那些十字路口中的一个，这是一个转折点，在这一点上，来访者可能会选择继续进行自我探索并且更加深入地探索主体，或者选择离开，因为原来提出的问题已经解决了。阿曼达选择留下来。

1990 年 2 月

当阿曼达 22 岁时，她的父亲强迫她退出艺术学校，因为她没有足够的创作才能。从那以后，她就与在她耳边低语的魔鬼进行斗争："你一无是处""你创作作品不够快""没有人会买你的作品"。

"我知道父亲让我离开艺术学校，但我能自己把它找回来。"

说这些话时，她的脸上都是恐惧。她屏住呼吸，准备让我反驳，让我说她的想法是愚蠢的。我可以感觉到，她准备让我决定她是否应该去艺术学校。然后她心中的某些东西发生了转变，她说："刚才我正要打算让你决定，就像我对待父亲的方式那样。"

这是一个意义深远的时刻。我深受感动。那一刻，她与她的父亲重新制定规则，但这一次她却打算自己做出决定！

两个月内，她已报名参加艺术学校。"我又一次成为艺术家了。"喜悦的泪水涌出来，"我从没想过我又可以感受到它。"

对阿曼达来说，这是一个重大的胜利，因为她母亲曾告诉她："有什么用呢？不要尝试了。"她的父亲曾告诉她："你不具备成功的素质。"她决定返回艺术学校，她重新进行自我投资，告诉自己她能成功，这种尝试是值得的。她正走出阴影，走进光明，走进自己的生活。

对阿曼达的案例的评论

（詹姆斯·布根塔尔）

这个案例对证明我们存在 - 人本主义心理治疗取向的三个重要特点是很有帮助的（Bugental, J.F.T., 1978, 1987；May, 1958）：（1）关注的中心是来访者即时的主观体验（即在场）；（2）工作过程中克服来访者对这种在场的层层阻力（从而对个人的生命负责）；（3）具有这种信念，即治愈/成长过程的重点存在于来访者之中（而不是在治疗师之中）。

在场是心理治疗最深刻或者能改变生活的必要条件（Bugental, 1983）。在场要求来访者觉知到他对生活所负的责任，并且认识到其存在的内在方式是被扭曲的（例如，阿曼达通过没有明确或确定来产生的"安全"），并能够面对生活选择的责任（就像阿曼达在决定继续治疗以及再次选择回到艺术学校时所做的那样）。

为生活选择负责任与那些来访者被敦促和教导接受新模式的治疗相比大不相同。后者的这些变化往往是短暂的、不完整的，而且来访者不会产生像阿曼达在自己决定回到艺术学校时所体验到的那种满足感。

抵抗对各种类型的咨询师和治疗师来说都是一种熟悉的现象。正如我们所认为的，抵抗具有两面性：它源自使一个人的生活成为可能的结构（例如，对自我的定义和世界观），因此也是至关重要的；同时，这些结构倾向于拖延变化，也因此对抗治疗过程。例如，阿曼达讲话如此迅速、不加留心，这是她企图掩盖她的信念的表现，基本上她没有也不能有恰当表现，与此同时，它阻止阿曼达发生改变。

这种方式的力量很重要：在咨询室内，生命的扭曲模式被带入行为中，而不是被抽象地讨论、发现。在与咨询师的互动中，阿曼达跛足的自我意象（self-image）一直待在外面，直到它得到确认和命名，这样，在比语言更深的水平上才使阿曼达发生变化成为可能。

关于我们的存在－人本主义取向可以用几句话概括：存在意味着以存在本身的原始事实——我们存在的事实——为基础。那么，问题就变成我们每个人将如何面对和处理这一事实。阿曼达案例的首要的两个方面——在场和抵抗——尤其体现了存在的观点。第三方面——每一个体本质上都具有愈合/成长的潜能的信念——表达了这种取向的人本主义的价值系统。我们相信，改变是每个人与生俱来的权利。治疗师可以提供一个有帮助的中介点或容器，一种有辨别力的、鼓励性的同伴关系以及对来访者潜能的持久信念，但治疗师不能强迫来访者发生改变。虽然这样，但是他们能够做的事情还是至关重要的，并构成一个不断有挑战性的且有回报的行业。

参考文献

Bugental, J. F. T. (1978). *Psychotherapy and process.* Reading, MA: Addison-Wesley.
Bugental, J. F. T. (1983). The one absolute necessity in psychotherapy. *The Script, 13*(8), 1–2.
Bugental, J. F. T. (1987). *The art of the psychotherapist.* New York: Norton.
Bugental, J. F. T., & Bugental, E. K. (1984). Dispiritedness: A new perspective on a familiar state. *Journal of Humanistic Psychology, 24,* 49–67.
May, R., Angel, E., & Ellenberger, H. (Eds.). (1958). *Existence: A new dimension in psychiatry and psychology.* New York: Basic Books.

对存在－整合案例的详细阐述——阿曼达

这个案例是一个典型的例证，它能证明在场、激惹现实、激活和面对抵抗以及意义创生怎样才能不断地使一个有限的来访者利用她的"伟大"——她的能力和价值。我们被告知，阿曼达深陷各种要求的泥泞之中。她的女儿是个负担，她的母亲控制她，她的父亲贬低她的潜能。

从很小的时候开始，阿曼达就已经确认了她的无力感（或者如她所言，"看不到"），总是为了他人的目的而做准备。她感觉自己就像一件东西，体验不到自己的"活力"。然而，阿曼达生命的机械本性正是使这种"活力"被保存起来的东西，使她避开对她具有如此威胁的"活力"的东西。对她大声发布的这个信息是很明晰的：追求你的欲望、你的抱负和幽默的方面，就相当于愚蠢和死亡。她被警告："你必须记得自己的位置"，"你的位置就是成为温顺的人"。

为了帮助阿曼达确认她体内的活力和坚强力量，阿姆斯特朗夫人对她发出了一系列邀请。有时这些邀请向阿曼达提出挑战，要她直接参与其扩展的可能性，但大多数情况下这些邀请向阿曼达直接提出的挑战是，要求她通过唤醒她对这些可能性的抵抗来间接地面对它们。最后，这两种策略都有助于阿曼达做出关于她自己的意识层面的决定并加深她通向活力的途径。

阿姆斯特朗夫人的大多数干预针对的是获得语言能力前的动觉水平。她提供给阿曼达的不仅是对话，也是一种体验。例如，她非常有技巧地帮助阿曼达关注她说话的语速——她怎样在某些特定时刻加快了语速以及她使用的冷淡语气。她注意到，对阿曼达来说，真正倾听自己以及在说话中停顿是多么困难。她也同样指出，阿曼达是怎样放弃对她自己的地位所负的责任，持续不断地诉诸他人（例如阿姆斯特朗夫人）来为其回答难题的。

经过一段持续的时间，阿曼达逐渐开始倾听她自己的自我贬低，开始充分看到她重获新生的可能。她留心自己内部的阻碍，这种练习推动她仔细留心它们的逆转——考虑自己并允许自己变得重要。阿曼达在阿姆斯特朗夫人面前似乎无能，但她进行冒险并重获新生的那次重要面询，却是这种发展的足够的证明。

到了治疗的最后，阿曼达能够将自己的扩展性（expansiveness）转变为艺术途径，并承担起她以前放弃了的权力。

一个非洲裔美国人的观点：达林的案例

（唐·赖斯）

唐·赖斯（Don Rice）博士是位于卡罗尔顿的西佐治亚学院心理学系的主任。赖斯博士毕业于旧金山的塞布鲁克学院，曾在伦敦的费城临床协会接受过莱茵的培训，是一名有执照的婚姻与家庭治疗专家。

对非洲裔美国人使用存在治疗的报道很少，除了少数例外，如罗洛·梅关于梅塞德丝的案例。在这个透彻并敏感的领域，唐·赖斯想要证明，作为儿童的非洲裔美国人，是如何在"与白人世界的最微妙的接触中变得异常的"（Fanon，1967，p.143）。怀揣着这一毁灭性的现实，赖斯把他的论点延伸到了一位名叫达林（Darrin）的 32 岁的伤员对存在－整合所提出的挑战。

提出这个案例的目的是向读者介绍我对非洲裔美国人的存在心理治疗的赏识和应用。更重要的是，我认为，存在主义的概念，如自由、存在、意义、同一性、选择和责任，与如今非洲裔美国人面临的处境有关。虽然这些概念对其他群体也非常重要，但我发现，考虑到我们特别的历史经历，这些概念对非洲裔美国人来说更为适当。

在讨论这个话题的时候，人们可能会提出这样一个问题：非洲裔美国人和任何其他群体的心理原则是否完全不一样？答案是，我认为临床文献没有任何证据表明，非洲裔美国人心理上有什么不一样的功能。与心理疾病有关的社会人口变量研究几乎没有发现或根本就不支持下述观点：美国的少数族群比白人患有更多的心理疾病（Cockerham，1985）。然而，即使以上研究结果可能是真的，与非洲裔美国人的治疗相关的真正问题也必须加以说明。

非洲裔美国人的经历不同于其他少数族群和其他被压迫的群体，主要在于奴隶制度这个历史事实。虽然其他群体也曾遭受歧视、虐待，被美国的主流隔离，但大家从未认为他们在人类这个大家庭之外。很多族群，例如中国人、意大利人、爱尔兰人、德国人、欧洲的犹太人等，都能讲述一些这个国家刚刚成立时，他们与反对者做斗争的故事。也许除了遭受过不同苦难的美国原住民之外，所有以上提到的族群都能被同化到美国社会中去，并找到社会与个人的自由。

在特定历史背景下的非洲裔美国人，其经历的独特之处在于，他们是唯一一个被系统剥夺了国家、文化、语言、家庭、个人同一性以及人性的少数族群。正如格雷和考伯斯（Grier & Cobbs，1969）所述：

> 在这个国家，黑人的经历不同寻常。他始于奴隶制度，其延续感被剥夺，其过去的历史被毁灭。即使在现在，每一代人都独自成长，许多黑人个体都感受到一种难以言喻的极度孤独……其他非黑人群体世世代代承载着引以为荣的传统……而黑人却孤独地忍耐着。（pp.22-23）

这段由两名杰出的非洲裔美国精神病学家所做的说明清楚地阐述了非洲裔美国人的独特经历以及这样一种历史背景关系是怎样形成的。当格雷和考伯斯提到"其延续感被剥夺，其过去的历史被毁灭"时，我要补充一句，这已经导致了非洲裔美国人的存在的连续感（the continuity of being）的破碎。人们的同一性感、存在感、自由感和责任感与一个人对于过去的觉知有不可分割的联系。不是为过去的觉知而觉知，而是说，觉知的目的是把过去结合到有意义的现在之中。许多非洲裔美国人之所以遭受被疏远的痛苦，主要是因为，从他们的过去来看，他们的现状是毫无意义的。

把关注的焦点只集中在源于早期童年的家庭经历的内在动力与

行为偏差上，这些心理学理论和治疗技术做出了一种可能对大多数非洲裔美国人来说没什么效用的假设。非洲裔欧洲精神病学家范农（Fanon）认为，虽然心理障碍的许多案例都可以追溯到家庭环境，但这个过程在非洲人后裔身上似乎相反。正如他所说，"在一个正常家庭中成长起来的正常的黑人小孩在与白人世界的最微妙接触中可能会变得异常"（p.143）。

如今，除了满足基本的需求之外，任何一个社会的任何家庭的主要功能就是保证该社会的操作规则的传递。如果我们假设，在"正常的"非洲裔美国人的家里，父母是社会系统的文化承载者，那么，范农的那种说法究竟意味着什么呢？首先，范农认识到非洲人后裔在欧洲和美洲社会中发现他们自己的这种社会历史背景关系的重要性。其次，也许更重要的是，他意识到对最终的超越至关重要的本体论（存在）上的障碍。

在试图阐明欧洲殖民统治对非洲国家产生的心理上的影响时，范农写道：

> 在一个被殖民化的民族的世界观中，存在着杂质，即禁止任何本体论阐释的缺点。有人反对说，每个人都是一样的，但这一反对只不过暴露出了一个基本问题。本体论一旦被外界认作最终将离去的存在，就使我们无法理解黑人的存在。要成为黑人，他就必须成为与白人有关的黑人。（Fanon, 1967, pp.109-110）

范农继续解释说，虽然听起来似乎要成为白人也得与成为黑人有联系，但他否认了这一观点，认为这种观点是错误的。在范农看来，在白人眼中，黑人天生懒惰。人们不能在别人没有什么基本力量的时候界定另一个人的存在。这种无力感源自社会结构。因此，一个人或群体总是被当作人类大家庭的一个边缘的成员来对待，并被剥夺了自主权，都将会以某种方式做出反应。这些反应都只会被心理健康专家看作其失调的进一步的证据。

这种独特的本体论惰性的体验向治疗非洲裔美国患者的治疗师提出了挑战。治疗师倾向于要么仅仅根据他们的遗传、内心失调，要么仅仅根据其行为失调来看待非洲裔美国人的问题。这种倾向强调，需要有一种以存在为根据的治疗所提供的理解。存在主义的方法有助于解释范农的观点，那就是，一个在正常家庭中成长的非洲裔美国小孩在与白人世界产生了最轻微的接触后，将会变得异常。这种"异常性"（abnormality）可以用社会历史背景造成的存在的持续感的破碎作为预测依据。因此，存在、意义、自由、同一性、选择和责任的问题在治疗过程中是作为基本主题出现的。

心理治疗师和其他心理健康专业人员必须考虑到可能造成患者症状的社会历史背景。我这么讲并不意味着他们要忽略生物化学的失衡、内在失调和环境影响。非洲裔美国人与其他群体的人一样，有着同样的导致精神疾病或精神健康问题的心理因素或生物因素。然而，治疗师必须在受到困扰的个体与受到困扰的社会之间做出区分——受到困扰的社会就是有意或无意地为其任何成员的个人自由制造障碍的社会。

在一篇描写罗德尼·金（Rodney King）判决余波的文章中，约翰逊（Johnson，1992）写道：

美国仍然存在着白人特权的体系，一个"平等活动的领域"以前从未出现过，现在也没有。我们受到了双重压迫。首先，是受到了无休止的美国历史传统的外部力量、诋毁与种族歧视的压迫。但更重要的是，受到了我们自己内心的压迫者的压迫——我们在非洲裔美国人共同体中对我们自己所持有的那些意象。（p.6）

我们所持有的我们自己是天生懒惰、有社会性约束和没有什么能力的那些意象，源于受到压迫的社会历史事实。这些意象已被内化，并且被一种针对非洲裔美国人的消极态度的残余压抑着，并在代际传递着。由于这个原因，自由、权力、存在与责任的问题，必须在治疗的背景关系中得到阐述。对非洲裔美国人来说，这是最根本的。之所以说这是最根本的，是因为，正如梅（1981）所说：

我们选择与别人打交道的方式，这些人构成了我们的自由在其中得以发展的背景关系。只有当一个人负起责任的时候，他才会得到自由，这种悖论在自由的每一点上都很重要。但反过来说也是正确的：只有当一个人自由时，他才会承担责任……你得意识到，你的决定对于他们承担责任真的很重要。（p.64）

有存在倾向的治疗师的工作，正如梅所说，就是"帮助病人发现，能够建立和使用他的自由"（p.64）。换句话说，治疗师能使患者过一种有意义的生活。用当前流行的话语来说，我们可以说治疗师授权（empower）给病人。我们不应当把这种授权同许多指导书上的简单化的用法相混淆，而应在存在的意义上，逐渐认识到，无论周围的环境如何，都要认识到其自由与责任。

著名的非洲裔美国作家谢尔比·斯蒂尔（Shelby Steele，1990）在描写美国种族关系现阶段状况的系列论文中叙述了对非洲裔美国人的存在关注。在责任与权力的问题上，他写道：

> 个人的责任是权力的砖瓦与大炮。有责任心的人知道，他生活的质量是他将不得不在其命运的限度之内制造出来的。……有了这种他很负责的理解与认识，一个人就可以看到他选择的余地。……他可以创造他自己并使自己在这个世界上被人们感受到。这样一个人是有力量的。（Steele，1990，pp.33-34）

实现来访者对个人责任和自由选择的这种觉知，是存在心理治疗的一部分。存在的问题、意义、自由、责任和它们所表现出来的症状（即焦虑、抑郁、恐惧、疑虑）等问题只有在这个人的经历被理解为治疗过程的基础的背景下，才能加以探讨。

直到现在，我一直试图提出一个普遍的框架来理解非洲裔美国人的经历。在这个过程中，我曾暗示了一个我认为与存在治疗师有关的特定的先决条件，那就是对社会事件、政治事件和历史事件对来访者产生影响的觉知和敏感性。这并不是说，治疗师必须在治疗一个病人之前使自己努力钻研这些领域的复杂性，而是要意识到，社会历史背景有助于为理解病人现阶段的经历建立一个框架。当然，如果一个病人经历了发生在波斯尼亚和塞尔维亚的恶行，或是经历了战火纷飞的索马里数千人的饥荒，那么，治疗这个病人的治疗师当然要考虑这样的经历所带来的毁灭性影响。任何一个种族的存在治疗师都应表现出社会和文化能力。

达林案例

有个心理健康诊所把一个 32 岁的非洲裔美国人达林（Darrin）介绍给我治疗。这个机构说，依据其判断，达林可能会从一个"黑人治疗师"那儿受益。我最初与达林交谈时，他看起来既焦虑又沮丧。他也表现出了体重下降和失眠等身体上的迹象。

达林最初与心理健康诊所的联系是通过他公司的员工帮助计划进行的，他在这个计划中做了咨询，因为他感到抑郁和无法"睡个安稳觉"。作为心理健康诊所对他进行治疗的一部分，诊所给他的处方是，到一个睡眠机构去，每周进行治疗面询。

达林的治疗师给我的报告表明，他以前并没有情绪上的问题，在面询开始后，他的抑郁与失眠的状况有所改善。这份报告把他的情绪状态归因于他的工作过度，并且建议他从工作中抽出时间来休息。然而，在两个星期的休息之后，他的症状又出现了，随之而来的是达林和他治疗师之间友好关系的破裂。在对达林又进行了三个星期的面询之后，这个白人治疗师确定，一个黑人治疗师对他可能更有用。

我让达林给我讲讲他自己和使他达到人生这种状态的一些事件。他很坦率，并且不慌不忙地叙说起来。他描述了他的童年，对于一个在（20 世纪）60 年代长大的孩子来说，他的童年很正常。他是兄弟姐妹四个中最大的，在他成长过程中，他的父母都在家。他的父亲是个全职电工，在一家建筑公司工作，周末经常干兼职，帮人在家里安装电线。他的母亲是一个学区的食品服务协调员。他把他的父母描述为很热情、很体贴，但同时也很严厉和苛刻。他详细地解释说，在孩提时代，父母总是跟他们讲，要努力奋斗，过上比他们当时更好的生活。他说他总是觉得父母的话很奇怪，因为他觉得他们的生活已经很好了。

虽然他把童年生活描述得很正常、很快乐，但他指出，在进入初中后，他开始产生一些抑郁的感受。他进入初中这件事意义重大，因为他的父母要求他上当时的一所主要是白人上的学校。这个特殊的学区当时正在实验一个"自愿废止种族歧视"的计划，就是说，黑人儿童可以自愿上主要是白人就读的学校，白人儿童继续留在他们原来待的地方。达林的父母坚决认为，进"白人"学校就读对他比较有益，因为他们觉得白人学校"优于"黑人学校。事实上，由于经费不一致，这种观点的真实性是很有限的。

不管怎样，达林把这个事件描述为他当时的平凡生活的转折点。在他上初中和高中的时候，他的父母总是告诉他要如何证明自己，并成为比白人还要优秀的学生。而且，他的父母还告诉他，他必须一直"竭力循规蹈矩"，因为他的老师和同学会根据他的行为是否规矩来判断他的种族，这导致他感到"绝不可能做真正的自己"。

中学毕业后，达林获得了上大学的部分奖学金。他完成了两年的学业，并决定不再继续上学。经过一年的努力，他最终在一家运输公司找到了一份工作。他父母对他的决定很不满意，并且在这一点上认为他是在"浪费他自己的生命"。五年内，他被层层提拔，并成为一个地区经理，负责东南部的很大一部分工作。在这个职位上干了三年后，他的症状开始出现了。刚开始表现为对其工作普遍的、不是很明确的不感兴趣，而后变成焦虑和抑郁交替出现。

他还透露说，在这段时间他负债累累，并经常收到催收机构的信件，接到他们的电话。他把自己描述为有"很高的品位"，包括拥有一辆新款的豪华汽车、奢侈的公寓单元以及设计师亲自设计的衣服。而且，他认为他的下属并不尊敬他，认为他没什么能力，他之所以在这个职位上是因为他是个黑人。他对他的债主和下属、他的家人和他自己说了一些憎恶的话，他把他的处境概括为无法让任何人满意，同时，他又努力做每个人想让他做的事，成为每个人都想要他成为的人。

从存在主义的角度看，可以把达林的焦虑感和抑郁感理解为，这是他的存在的持续性中断所致。当他的父母重新定义他在生活中的地位以及在别人面前他应该怎样"表现"时，他的同一性感、意义感、自由感和个人力量感就都被篡夺了。

然而，切记，达林父母的行为应该以社会历史背景为框架。对于一个要在白人世界中获得"成功"的黑人来说，他不得不在其职位上做得比预期的"更优秀"。杰姬·鲁宾逊（Jackie Robinson）不得不成为一名更优秀的棒球选手，威尔玛·伦道夫（Wilma Randolph）不得不成为一名优秀的赛跑运动员。即使是在小说《猜猜谁要来参加晚宴》中，西德尼·波特（Sidney Poiter）的角色也不得不是一个享有盛誉的大学教授，这样才能使他与一个白人女性的订婚变得合理。达林的父母是在遵守一种社会历史的情境，这种情境给任何想要在白人世界中获得最低限度认同感的非洲裔美国人的行为做出了规定。

对于达林来说，当一个黑人并不是件容易的事，这当然是说，他的"黑"与别人的"白"有关。这样的体验是受限于自己社会环境的非洲裔美国人所没有的。但是，当和更宽广的社会接触时，他是一个黑人这个现实就有了不同的意义。达林对于自我的定义被允许他不做本体论抵抗的那种定义取代了。

我对达林最初的治疗开始于我努力消除他那如潮水般涌来的债主电话与信件。我告诉他们，达林在接受我的治疗，我们正在制定他的还债计划。有了债主的合作，达林的主要焦虑症状，即与收回他的抵押物、丧失抵押品赎回权以及财务破产相关的症状都消失了。他报告说，他不再那么焦虑了，睡眠也得到了改善，然而，我知道，让他的债主暂时消失只是缓解问题的权宜之计，必须有附加的治疗干预才能使他的行为在这一方面得到更有效的转变。

现在，我想暂停下来指出一点，存在治疗可能包含许多细节技术，不仅是针对不同的来访者的治疗，而且是针对同一个病人在不同时期的治疗。对于达林最近的问题（例如，他的花钱习惯和债主），我发现行为干预和理性的重新调整是最有效的（Elliis，1962；Goldfried & Davison，1976；Meichenbaum，1977）。

他的一些行为上的明显改变包括做一个预算，这个预算包括定期向债主还款以及卖掉一些给他的财务带来拖累的东西。同时，采用认知的或理性的重新调整，帮助他把理智和情感水平上的行为内化。学会对他以前感到无能为力的情境做出不同的反应，对他来说，这代表着一种新的自由。我作为治疗师的角色是帮助来访者建立他的自由（参见 May，1981）。对治疗师来说，理解这种角色才是杰出的存在主义者。

与自由相称的是责任（responsibility），这是一种做出反应的能力。虽然，从某种意义上说，正如梅（1981）所指出的，责任对自由有所限制，但是当责任被看成一种反应能力的时候，选择余地就扩大了（Emery & Campbell，1986）。认知行为技术就像一个工具，帮助达林对其选择的存在权有更强的觉知。认识到他能够以某种使他有力量的方式对他的处境做出反应，这帮助他消除了其焦虑中无能的一面。在这里应该明确的是，不要把认知－行为技术看作具有理论上包罗万象的地位，它只是帮助达林完成他想要自己完成的事情的一种方法。

从心理动力学的观点来说，可以把达林的自由消费模式看作是由一种过分满足的前俄狄浦斯情结所导致的。这一情况我们不应该忽视，而且要能够对以获得顿悟为导向的治疗师提供一些重要的理解。然而，完全诉诸内部动力学只能使来访者感到比较舒服，并且提升来访者作为受害者的状态。存在、意义、自由和责任的首要问题并不能在这种背景关系中得到解决。再者，已经没有理解这种社会历史背景关系的空间了。

我发现在我提出的对达林的整合理解中有关的一种独特的心理动力学就是阿德勒的自卑和优越情结的理论（Ansbacher & Ansbachers，1956）。简要地说明一下，这是指当每个人向他选定的目标前进时，同时他也会感觉到自己从一种相对自卑感向优越感前进，这包括他想要成为一个有价值的人。达林从没有自我价值、没有力量、没有意义以及缺少自由的"自卑"感，向具有自我价值、力量、意义以及自由的优越感转移的努力，可以根据阿德勒的个体心理学进行总结。从这一观点来讲，达林的情感和行为显然是神经症的。

然而，如果停止这样的分析，就会忽视很重要的一点。对阿德勒来说，这些情结是在个体内部产生的，这是一种我并不想质疑的观点。但是，对于作为非洲裔美国人的达林来说，自卑感并不是源于阿德勒所谓想象中的"器官"自卑，或出生顺序的自卑，而是相反，来源于深深扎根在社会历史背景关系中的自卑。在这个国家作为主权国家建立之前，非洲裔美国人就被视为自卑的存在。正如斯蒂尔（1990）所说：

> 在美国，作为一个黑人就意味着他可能将比别人忍受更多的自尊上的创伤，并且从这些创伤而来的自我怀疑能力，将与黑人种族自卑感的名声相混合，并得到扩展。

事实上，达林并没有觉察到自己是个很活跃的人，能够指导自己的生活，并且使自己的存在充满可能性，这个事实具有超越家庭和环境的历史性意义。虽然我认为这是一个至关重要的观点，但我并不认为，达林，或者其他非洲裔美国人是被历史"固定下来的"。我只是认为，治疗师应该扩大他的理论倾向的范围，以便把握住来访者的存在处境的全部内涵。

在帮助达林获得了对其经济问题进行控制的某种方法之后，更重要的任务是要帮助他认识到，他自己在实现其自我价值和力量感。从根本上说，这是每个人的任务，也是由每个人决定的，因为治疗师并不能为来访者确定这种自我价值和力量感是怎样得到实现的。然而，治疗师可以通过细心地优先考虑来访者所关注的事情来促进这种觉知。

达林的第一个关注是他对其生活方向的不满。从他的观点来说，当他从大学辍学时，他已经做了"一切"努力去弥补他导致其父母失望的事情。他的第二个关注是，虽然他被认为极其有能力胜任工作并且应该得到同事的尊重，但他却感觉到被他们冷落和蔑视。因此，他所有的想要满足期望和取悦所有人的努力只是导致了他感到没有成为他自己。

为了抵消他对自己的负面总结，我让达林列出一张他认为是其长处的单子。让我惊讶的是，尽管他已经很失望了，但他仍然能够列举出相当多的优点，其中包括良好的人际关系技能、智力、毅力以及忠诚。他认为自己能够在大多数时候建设性地应对不幸事件，并且能够感受到对别人的深刻移情。之后我让他关注他所列出的每一种长处是如何在他所做的一些生活选择中发挥某种作用的。

这一举动使他认识到，他从大学辍学的决定是基于他渴望宣称他是自由的，并摆脱那时强行规定其存在的环境、家庭和社会的约束。我指出，正是那些优点使他在没有大学学位的情况下在自己的社会经济领域获得了成功。他能够认识到，甚至在他现在的工作中，他的优点是如何成为他进步的源泉的。

这一举措所完成的是一种对达林依附于其选择的意义的"框架重构"（reframing）（参见 Dilts et al.，1980）。一旦他开始从一个不同的观点看待他的选择，我就把责任问题引进来——对自由加以限制的责任（May，1981），扩展一个人选择范围的回应能力（Emery & Campbell，1986）。我让达林思考一下，他认为什么是他生活中主要的转变性的选择，并叙述一下他对每一种这样的选择所负的责任是如何接受或拒绝的。同时，我问他，他以怎样一种赋予他力量的方式应付他现在情境中的任何困难。

这些问题是催化剂，不仅有助于达林理解其存在的自由，而且有助于理解他在行使这种自由中的责任。顺便说一句，上述措施可以在任何一种治疗倾向中使用，但这些问题的本质是存在主义的。这种措施给了达林一个机会，使他体验到自己是与其环境相分离的一个实体，能够根据自己的主动权做出应答，而不仅仅是做出反应。

最后，我向达林讲述了种族主义及其相伴随的影响（例如，自卑感、自我怀疑、自我价值的缺乏感等）这个压倒性的问题。他提到的这些具体体验——他相信他必须比白人更优秀才能被平等地接受，或者他在事业中取得的任何进步都是由于他的种族而不是能力，从某种社会历史背景来看，都有某种真理的成分。用心理代言人的解释使这种体验（例如，自卑情结、偏执狂等）无效的做法，只会有助于将体验"神秘化"(Laing, 1967)，并对这种体验造成进一步的伤害（Laing & Cooper，1971）。换句话说，对达林来说，理解他现在对之屈服的社会历史背景是很重要的。从客观的意义上讲，他的体验是否有效是无关紧要的。之所以无关紧要，是因为社会历史背景已经为这些种族主义态度的普遍性提供了可能性。然而，对达林来说，认识到自己在行使其自由权时的责任，以超越社会历史背景关系的消极束缚，是同样重要的。达林最终要面对的不是来自无中生有的自卑和自我怀疑，而是当要做出放弃的选择时，来自内心的自卑，这不仅是责任，还是一种做出反应的能力。

对达林来说，当他开始体验到自己是一个不同于其种族的人时，自卑与自我怀疑的面纱就揭开了，就是说，成为一个自由选择、自由行为、自由存在（be）的人。虽然种族可能是同一性的来源，但无效的种族文化遗产（即非存在、自卑）和有效的即时体验（即自由、意义与存在），在一个包括社会历史背景关系的存在交会中得到了调和。要想消除过去或现在社会历史背景的影响，是骗人的。然而，自由是伴随着这种觉知而产生的，一个人的个人历史和集体历史并不决定现在的选择，而是要承认过去，目的是人们可以有所收获地超越过去，促进自由的循环（Fanon，1967）。

当达林认识到自己对这些选择的责任时，他在过去所做出的选择在现在也可以变得有意义，他朝向自由的旅程便开始了。此外，他个人认识到他能够做出反应，这使他把迄今为止尚未认识到的潜力开发出来了。

最后，我想说的是，治疗师的种族／民族遗传并不重要。重要的是治疗师要有广泛的知识，使他对病人的社会历史背景影响有必要的敏感度。存在框架能给那种理解提供一些无价的观点。

参考文献

Ansbacher, H, & Ansbacher, R. (1956). *The individual psychology of Alfred Adler: A systematic presentation in selections from his writings.* New York: Basic Books.

Cockerham, W. C. (1985). Sociology and psychiatry. In Kaplin, H. I., Sadock, B. (Eds.), *Comprehensive textbook of psychiatry IV.* Baltimore: Williams and Wilkins.

Dilts, R., Grinder, J., Bandler, R., & Delozier, J. (1980). *Neurolinguistic programming: The study of the structure of subjective experience.* Cupertino, CA: Meta Publications.

Ellis, A. (1962). *Reason and emotion in psychotherapy.* New York: Lyle Stuart.

Emery, G., & Campbell, J. (1986). *Rapid relief from emotional distress.* New York: Rawson Associates.

Fanon, F. (1967). *Black skin white masks.* New York: Grove Press.

Goldfried, M. R., & Davison, G. C. (1976). *Clinical behavior therapy.* New York: Holt, Rinehart and Winston.

Grier, W., and Cobbs, P. (1969). *Black rage.* New York: Bantam Books.

Johnson, J. (1992). D.C. Counselors speak out on King verdict and its underlying problems. *The Advocate, 16*(1), 6–7.

Laing, R. D. (1967). *The politics of experience.* New York: Pantheon Books.

Laing, R. D., & Cooper, D. G. (1971). *Reason and violence.* New York: Vintage.

May, R. (1981). *Freedom and destiny.* New York: Delta.

Meichenbaum, D. (1977). *Cognitive-behavior modification.* New York: Plenum.

Steele, S. (1990). *The content of our character.* New York: St. Martin's Press.

对存在－整合案例的系统阐述——达林

没有什么人比非洲裔美国人更强烈地感受到被高度限制、被忽视和被驱赶，而达林就是一个典型的受害者。

据我们所知，从达林在一个几乎全是白人的初中上学的前几天起，他就开始贬低他自己。由于缺乏自己的文化标准，他便挤入大多数人的标准，让自己的内在动力远离自己。由于越来越失去个性，达林便在上大学两年后辍学，放弃了攻读学位的想法。然而，令人惊奇的是（考虑到驱动他的是过于补偿性的需要，或许这并不那么令人惊奇），他居然能够按照他自己的方式工作，一直做到经理的职位。然而，这一职位在达林的生活中并没有解决多少问题——特别是对他那沮丧的内心世界。

赖斯博士告诉我们，达林既喜欢又讨厌这个内心世界。这使他感到安全，能够在成功的风险中使他得到缓冲；但这也同样使他感到窒息，阻碍了他的发展希望。因此，虽然达林在大多数情况下是"沮丧的"，但他也同样有周期性的沾沾自喜——与其空虚的灵魂做斗争。

据此，达林的治疗师的任务就是帮助他打破这种使他变得虚弱的周期性循环，帮助他在其日益膨胀的和受到抑制的恐惧面前暂停一下，对它们进行清理，学会对它们"做出反应"，把它们转变为对自己有利的事物。

可是，在达林能够面对这一艰难的任务之前，他必须处理一些更紧急的事情——例如向他的债主还债。这些，正如赖斯博士所述，可以通过在他的职责范围内，在社会支持的水平上有形地帮助达林来解决。应该指出，这种帮助在存在－整合的框架中是极其重要的。像达林这样的病人除非做好准备，并且能够发生转变，否则，体验式的探究是毫无结果的。因此，通过对阻碍它的危机加以说明来为这样的体验式探究腾出空间是十分重要的。一旦达林的债务减轻，赖斯博士就帮助达林扩展他的自尊。他在认知－行为水平上对此产生了促进作用——强化了适当的消费习惯，对其工作的世界观做了理性的重新建构，等等。这种修复帮助达林感到更有成就感，并且增强了选择的能力。赖斯博士发现，阿德勒式的自卑－优越概念十分有帮助，但其适用范围有一定的局限性。

达林很快就愿意接受体验式探究了，而这正是赖斯博士最具有创新性之处，因为太直接地引出事实对达林来说简直是压倒性的，所以赖斯博士第一次提出的练习是一种列举表格的练习。这个练习有两个目的：（1）使达林沉浸在可扩展的恐惧之中（例如，杰出的风险）；（2）同时使他得到缓冲，以免他突然面对治疗而不能发生改变，或者被压倒。

赖斯博士提出的第二个练习是对达林的抵抗的一种生动的唤醒。这向达林揭示了他是怎样使自己避免完全在场，从而使他自己产生这种功能失调的。把这两种练习结合起来，再加上赖斯博士对种族主义的敏感的非神秘化，就帮助达林弄清楚了，他怎样才能赋予自己的生活以权力，他怎样才能建设性地对不利条件做出反应。再者，他使他从极端主义的圈子中走出来，——在这种循环中，他的作用要么太小，要么太大——向他透露了他的解放的复杂性（既有自由也有限制）。

总之，达林成功了吗？是的，我们确信——但是，更多的人是以西西弗斯的方式，能够最终对自己的命运做出反应并为此承担责任。

一个强迫症男性：罗恩的案例

（爱德华·孟德尔洛维茨）

爱德华·孟德尔洛维茨（Edward Mendelowitz）博士是马萨诸塞州列克星敦的一位私人执业的心理学家。他毕业于加利福尼亚职业心理学学院，曾在罗洛·梅的门下学习。孟德尔洛维茨评价道："这个强迫症案例困扰我已久，这篇论文我写得很努力，使心理的左脑都感到挫败。同样，你将会在这篇论文中发现戏剧性的对存在的唤起，这也适合于那些与人类的故事失去联系，并且也许感到他们对这些事情没什么用的心理学家。"

当然，对强迫症的治疗有各种各样已经建立的体制，包括刺激控制和行为方法以及最近的药物治疗，然而，在这篇短文里，孟德尔洛维茨却精心阐明了一种体验式的方法，这种方法直接向在病情中挣扎的患者提出了挑战。通过病人的移情和非强迫的自发性，孟德尔洛维茨帮助他的病人把自己内部这些素质动员起来，并创造性地超越了他的刻板性。虽然罗恩的转变效果显著，但孟德尔洛维茨觉得，这既不是奇迹也不包罗万象，他提醒我们，解放的代价是终生致力于重新肯定它。

耶稣的门徒们询问他并对他说："你希望我们斋戒吗？我们应怎样祈祷？我们要发放救济品吗？我们应遵循什么样的饮食？"耶稣答道："不要说谎，不要做你们讨厌的事情。"

——《多马福音》（*The Gospel of Thomas*）

> 生活本质上就是一部戏剧，因为它是一种绝望的斗争——与事物，甚至是与自己的人格做斗争——以成功地实现我们实际上所设计的那种存在。
>
> ——《从内心寻找歌德》(*In Search of Goethe from Within*)

罕奇拉比讲过一个（犹太教）哈西德派的故事，后来马丁·布伯（1948）又对此进行了复述。这是一个关于傻瓜的故事，他没有清单和规则就活不下去。事实上，这个人自己进行思考都很困难，以至于他连晚上睡觉都犹豫不决，害怕他早上醒来时找不到衣服。一天，他又要列一份清单——手里拿着纸和笔，他准确地记下了他要穿的衣服放在哪儿了。第二天早晨，这个人非常高兴地查阅了清单，在前一天晚上放的地方找到了帽子、短裤、衬衫等。"非常不错，"他穿上衣服时心想，"但我现在在哪儿呢？我在世界的哪儿呢？"他看了又看，但只是徒劳，他不知道自己在哪儿。"这就是我们的状况所使然。"拉比说道。(p.314)

我把这个小故事作为当前这个案例研究的序言，这是因为，我觉得我们心理学家也常常很愚蠢，脑子里全是清单和表格、理论和技术，和拉比故事中的傻瓜一样不了解自己。我们的清单和表格、理论和技术是对强迫症患者的一种指导。我们忙忙碌碌地在无数学术圈子中穿梭，在通往职业声望的道路上克服无数障碍。当返回到起点，只剩我们自己的仪器设备和方法时，我们就和可怜的（犹太教）哈西德派教徒一样很少有什么好的进展。奥托·兰克（1936）称这种过程为一种偏袒（partialization），所有的人都试图在能掌握的情况下与这个世界交会，结果必然是存在本身和人类的意象减少、水平下降。确实，罗洛·梅（1967）在《心理学与人类困境》中提出了相同的看法，在这本书中，他无意地以自己的方式复述了哈西德派教徒的这个故事，这次是关于一个过于自信、一直很努力的心理学家（我们在这儿就不放声大笑了），他因为这种过于简单化的罪恶，被剥夺了永恒。"你花费了一生的时间做一些没有意义的事情。"满腹狐疑的圣彼得（p.4）对他说，"我们把你送到世上做了七十二年的关于但丁的研究，你却日复一日地像在表演杂耍！"（p.4）这位心理学家很快做出了反驳，并交出了他的许多出版物和无数个奖项以供圣人考虑，但圣彼得打断道："对不起！请不要喋喋不休。我们需要一些新的东西……新的东西。"（p.6）

在这样威风扫地之后，我们不妨开始讲述手头的这个故事。

罗恩的案例

我第一次见到罗恩是在 1990 年的初夏。他那时 24 岁，他的未婚妻向他透露，她 16 岁时曾堕过胎，在这件事之后，他从一个员工帮助计划的法律顾问那儿听说了我的名字。罗恩有典型的强迫症，他有很强的道德规范，对于他的未婚妻所透露的事，他表现出了愤怒、焦虑、报复心和嫉妒感。事实上，他甚至打过他的未婚妻。第二天，他与员工帮助计划的法律顾问谈了谈，并从那儿很快就找到了我的办公室。

现在，我给人的特殊印象不是正规的心理学家姿态，我相信治疗师不是通过某种习得的、常常是不真诚的专家姿态来工作的，而是通过他自己这个人来达到理想工作目标的。（我相信正是阿德勒教会了我，治疗师最重要的财富就是他自己。听起来也许很简单，但是许多心理学家似乎并不具备这种财富。）我仍然能够清晰地记得罗恩第一次来时的外表：穿着笔挺的职业套装，手里拿着公文包。罗恩自己似乎直觉地注意到，在这种情况下这样的着装是不协调的，于是他自己详细地描述了一下他多么有条理，甚至还打开他那有条理的公文包来证明他的观点。我立刻喜欢上了这个年轻人：他对自己有幽默感，还没有极端到无法嘲笑自己的地步，对于强迫症人格来说，这确实正在说明什么！

接下来的几小时，我只是努力地去听罗恩讲话，问问题，没有强制性地使用书本上学来的评价过程，而是让病人逐步叙述他的故事。在这样做的时候，我得知了如下信息：罗恩出生在新英格兰的农村，在他上学的第一学期结束时，他与他的家人搬到了工业化的新汉普郡的南部。他孩提时被诊断为阅读困难患者，而且在少年时期的所有暑假，他都待在为有学习障碍的孩子设立的特殊营地里。其他孩子也有身体上的疾病，例如脚需要支架，散光眼，等等，令人想起阿德勒（Ansbacher & Ansbacher，1956）的器官自卑和权力奋斗的思想。当然，这位病人未能完全意识到，令他最痛苦失望的是作为青少年不能参加大学生运动会，甚至是现在，他还在努力地为此做些补偿。

罗恩描述他的父亲"非常成功"但不容易接近，母亲比较随和，却没有赢得罗恩的尊重。因为正如罗恩所说，他母亲的世界"太小了"。罗恩的母亲在十几岁时曾结过一次婚，那次短暂的婚姻使她有了两个孩子。所以罗恩有一个同母异父的姐姐，29 岁。罗恩描述他的姐姐是个正在戒酒的酒鬼，她依赖性地与一个正在戒酒的酒鬼结了婚。他还有一个同母异父的哥哥，27岁，在中西部的某个地方攻读英语博士。

尽管罗恩同他的兄弟姐妹并不亲近，但很显然，他曾与关于其父母的那些既不安又矛盾的感受做斗争。他的父亲是个白手起家的人，既是个独裁者，又是个慷慨的帮助者。他帮助罗恩完成了学业，不仅如此，实际上还为他提供了很多帮助。虽然罗恩无疑有一个神奇的帮助者（Fromm，1941）并因此有一种特殊感（Yalom，1980），但是他从未真正获得过这种感受，即自己随心所欲地完成任何一件重要的事情。罗恩在意识上很钦佩他的父亲并竭力效仿他，努力赶超父亲的高标准。在下意识里，他却有着极大的憎恨。他的父亲作为报纸加工机构的独立销售员是那么成功，罗恩那时自己也在销售——正如我们完全可以预料的那样——文具用品。

罗恩对其母亲的情感同样很混乱。正如他所说的，他与母亲的交流更容易些：他母亲更热情，更容易接近。然而，他感到她的生活过于局限，以至于她过分依赖她的丈夫。（罗恩的母亲在十几岁时怀过孕，这种处境迫使她与罗恩的父亲——他总是英雄——结了婚，最终"解救"了她。）确实，他经常认为女性是"懦弱的"，他觉得他的未婚妻经常令他失望，因为她"没有属于自己的生活"。

当罗恩开始接受我的治疗时，这些就是罗恩面临的一些处境。从表面上看，很明显，罗恩有着所有强迫症人格的特点：完美主义，过分关注细节与规则，过分注重工作与效率，在与道德和伦理有关的事情上一点也不灵活，抑制自己的感情表达，等等。一般来说，对病人的诊断与了解病史旨在为治疗方法与目标提供某种基调。治疗师非常急于使数据客观化为一种清晰确定的评价以及相对应的治疗方案。所有这些都有其相关之处，但首先让我们暂停一下。

我常常在生活与作品中思考罗洛·梅（1981）的"自由"这个概念，这个概念是"刺激与反应之间的暂停"。这实在是个很深奥的观点。确实，如果我们匆忙进出，没有丝毫的暂停，那么，我们就只是一连串因果关系的工具，而我们自己就几乎无法使病人发挥潜能。我们的确可以把强迫症简单地定义为"没有能够在刺激与反应之间暂停"，但我想要强调这一点，因为我们已经注意到有一种专业的（这和社会毫无关系）对强迫症的偏见，很显然，当医生与病人同样都被错误引导时，就得不到什么好的结果。东方的先哲们早就以某种西方人未能理解的方式理解了这一点。

使道而可以告人，则人莫不告其兄弟。[①]
知不知，上。[②]

波兰诗人切斯洛·米洛茨（Czeslaw Milosz，1951/1981）解释道：

东方人无法严肃地看待美国人，因为他们从未有过这样的经历，即教导人们其判断与思维习惯有多大的相关。其结果是他们极其缺乏想象力。（p.29）

对于理性的、表达力强的专业人士来说，即使没有正确和深刻的

---

① 这是《庄子·外篇·天运第十四》中的一句话。——译者注
② 这是老子《道德经》第七十一章的第一句话，原话为"知不知，上；不知知，病"。这里的英文译成"Not knowing that one knows is best"，汉语就要译成"不知知，上"，显然是错误的。——译者注

理解，他们也能无休止地进行理论推理与讨论，这对他们来说太容易了，而且，梅博士已经警告过，说有"千锤百炼的善谈者"的危险。庄子说："狗不以善吠为良，人不以善言为贤。"[①]因此，我们不妨放慢脚步，暂停一下。

捷克小说家米兰·昆德拉（Milan Kundera，1986/1988）认为，自我领悟的途径是把握住"［那个自我的］存在问题的精华"：抓住一个人的"存在规范"（p.29）。渐渐地，我发现这正是我在临床工作中要努力做到的。这不仅仅是确定这种或那种《精神疾病诊断与统计手册》（DSM）的诊断和影响这种或那种治疗技术的问题，更确切地说，它是一种理解的取向。我之所以说取向（approach）这个词，是因为我意在强调，自我是永远不可能确定地理解的。我们可以了解到我们的主题和我们病人的主题——确实，我们可以依据这些主题做出行为，但主题绝不是静止的或固定的，绝不可能以任何绝对的方式得到解决。再者——根据昆德拉（1991）的观点，这是很重要的一点——一个人不可能逃出他们的生活主题。罗洛·梅（1981）曾相当简洁地称之为命运（destiny）。

那么，对罗恩的存在规则我们还能说些什么呢？首先，罗恩在自由和命运之间的紧张关系中奋力地挣扎。他是一个有雄心的、志在必得的、有行动的年轻人。表面上看，人们可能会说，他就是这样的一个人。然而，事情并不是这样的。他仍然住在家里，即使不住在家里，他的自由也会遭受严重损害。他把一个好意的、大方的父亲理想化了，是父亲暗中伤害了罗恩的自尊。他父亲是通过为罗恩承担同时

---

① 这是《庄子·杂篇·徐无鬼》中的一段话。——译者注

保持一个"最终的解救者"的身份做到这一点的（Yalom，1980），这样一来，罗恩并没有学会信任他自己。罗恩在其父亲的领域内不情愿地工作，但他坚定不移地相信，如果坚持这条道路，他就会获得满足。事实上，他不会的。如果一个人走错了路，他是找不到满足的。也许会有来自外部的酬劳与认可，但没有满足。

> 你——真实的你——仅仅只是堕落吗？……你为什么不检查一下你自己的自我，看到你已经站起来了？（Pagels，1989，p.12）
> 主神闪（the Baal-Shem）说过："每个人的行为表现都应当符合其'等级'。"如果不是这样，如果他抓住同伴的"等级"，然后舍弃他自己的，他就既不会实现他自己，也不会实现别人。
> （Martin Buber，*The Way of Man*，in Kaufmam，1964，p.430）

"我努力工作，为了生计，为了到达另一个阶段。"罗恩在其面询的第一个小时内这样说。然而问题是，这些阶段遵循的是谁的途径？

由于不知道这个答案，罗恩在陈述这种事态时十分恼火。后果呈现在表现为攻击行为的重要病史上：几次酗酒，周期性地与权威和法律发生冲突，甚至——在治疗开始后不久——一个被故意破坏的自动对讲机不能用了。有人会说，这样的行为是强迫症人格的一种很坏的表现，然而，我认为它是一种好的征兆，因为它显现了一个人正在与其恶魔般的力量接触（事实上，暴力地接触）。其任务是在个人自己生活的意愿中，控制这种恶魔般的力量。

自由与命运之间的这种紧张关系，在这位病人与其未婚妻之间的关系上表现出来，也在他对女人的一般态度上表现出来。他的未婚妻本身就是一对酗酒父母的女儿，根本就是焦虑家庭网的一个产物。这位病人受到基于这种关系的局限性的挫折，他和她彼此都缺乏安全感，双方都害怕成长（fear of becoming）；然而他却缺乏勇气走出这种关系，追求更加令人满意的关系。在罗恩眼中，处于这个水平的女人被贬低为懦弱的、有依赖性的，她们受到憎恶，然而他也极其需要她们把注意力从神经衰弱中转移开来。他更需要的是自己世界里不那么有限的更强势、更自信的妇女。罗恩并不感到她们值得关注，而是宁愿否认她们的存在：她们揭穿了罗恩的自主性表现。正如克尔凯郭尔（1944，p.55）所说，焦虑是"自由的头晕目眩"。确实，尽管这位病人很少觉察到，但这种紧张感在罗恩的人际生活的其他方面也表现了出来，这样一来，现存的关系就无法缓和他长期存在的孤独感。他一直害怕进一步走向生活，但如果他走进去的话，会发现那儿的环境更有价值。

然而，最终和这些主题有关的，是这位病人的精神空虚，一种彻底的现代两难困境。从最初开始面询时，罗恩就提到"需要在生活中寻找意义"，一种"生活应该不是无关紧要"的渴望。尽管在一个新教家庭长大，这位患者却考虑试图改信天主教来减轻他在宗教上的不满。当然，我们可以沿着人类常年存在的有意义与无意义之间的斗争看待这种观点，但它绝不是与自由和命运之间的基本对立毫不相关。如果一个人到了避免为自己的生活负责的程度，这个人便真正丧失了过本真生活的满足感。

> 从成为一个人的角度来看，谁也不应被排除在外，除非他通过成为一个胆小鬼，自己排除自己。（Kierkegaard，1939，p.121）

你的良心说了什么？——"你将成为你自己。"（Nietzsche，1974，p.219）

不论可能增多的外部酬劳有多少，患者在拒绝自己时，都无法体验到关于他自己或世界的真正安宁感。

因此，这就是一些我拿来组成罗恩的存在规范的更重要的主题。确实，这些主题在更大或更小的程度上解释了所有作为本体论主题的人类存在，尤其是生活在其中受到限制或降低水准的强迫性人格。然而，我们关心的是，不是把罗恩看成这种或那种诊断类型的一个成员，而是要把他看作独一无二的个体。在我看来，这就是存在主义在心理治疗中所强调的显著特点。理论、技术、对诊断的详细阐述都是我们工作的一些重要方面，但对于我们面前活生生的人来说，它们总是起到辅助性的作用。我们首先要试图去"理解、发现、揭露人的存在"（May，1958a，p.24）。如果这些概念看起来与治疗师的日常工作职责没有什么太大关系，我就会认为，它们代表的是一个起点，事实上，是基础，如果没有这个基础，就不可能有创造性的工作。

治疗的存在取向伴随着对治疗师与病人之间的真实关系的强调而继续进行。如果没有某种真正的交会，说治疗过程一点也不停留在表面是值得怀疑的。正如福瑞达·弗洛姆-赖克曼经常说的那样，"病人需要的是某种体验，而不是某种解释"（May，1958b，p.81）。此外，这种交会只有在治疗师自己达到某种程度的本真时才会得到实现。这一点很重要，但我担心这种特质在当今时代只是一种口号，尤其是在那些花费了数年时间接受培训计划的专家当中，他们无意识地学会了从外部（用克尔凯郭尔的术语——externals）来定义他们自己。

> 在基督教世界中，他也是一个基督徒，每个周日都去教堂，倾听并理解教区牧师，是啊，他们相互理解。他死了；牧师将他介绍给永恒，用了10美元的代价——但这是一个与他过去不同的自我，一个他不想成为的自我。……因为这种即刻的人并没有认识到他的自我，他只是通过他的穿着来认识他自己……他认识到他有一个只有凭借外部标准才能认识的自我。没有比这更可笑的事了，因为自我与外表完全不同。（Kierkegaard, 1954, pp.180-187）

事实上，我们能很容易看到梅的"熟练的心理学家"的原型，不仅是克尔凯郭尔基督教模型中的那个我们的病人。

在治疗早期，我曾试图真实地理解罗恩并仔细地倾听他的故事。看上去似乎很明显，这对我们大多数人来说很罕见：被人倾听却没有事先构成的判断与理论。通过这种方法，巧妙地鼓励罗恩看待那些他比较严肃地带进治疗中的主题，并对这些主题承担责任。在罗恩的生活和过去中，这是与他者对立的，那些他者并不鼓励他勇敢地面对他的焦虑〔确实，我们可以说，这是一种彻底的现代哲学：拙劣品（kitsch），或对本体论维度的否认〕。

罗恩不习惯这种接待。而且，当他想要任何似乎权威的关系时，他就会对此进行测试。在治疗初期，他有一次预约没有来。几天后，我收到了如下文字：

孟德尔洛维茨医生：

很抱歉上次预约没有来。我完全忘记了，我脑子里的事太多了，你可以为上次预约给我寄账单，因为这是我的过失。

我相信这个治疗很有用，但我有很多事要做。多谢你的帮助，我认为我们已经建立了很好的关系。

我这个星期的某个时间会给你打电话的。在那之前过美好的一周吧。下次预约我不会再忘记了。

保重

罗恩

当罗恩下次来的时候，他又道歉了。我非常大方地接受了他的道歉，只是评论道，赶不上见面时，预先通知一下会比较有帮助。我并没有把这种"遗忘"解释为抵抗，确实，这是在一个特定水平上的抵抗。然而，抵抗具有多维度性，在最深的水平上，指的是朝向自我背叛的完全人性化的倾向，这是一个人借以回避自己的策略。

也许人类境况中最悲惨的事就是，一个人可能努力地代替他自己，就是说，伪造他的生活。（Ortega y Gasset，1991，p.119）

或者，正如尼采在某处所述："最常见的谎言是我们对自己撒的谎。"因此，我从不严格地从精神分析或者自我参考的角度解释抵抗，而是相反，用存在主义的观点解释为"对自我的回避"。这是十分重要的一点，因为它再次强调了自由与命运之间的紧张关系和一个人对自己的终极责任。

许多人去看精神病医生就像是去看心理外科医生一样。当这样一位病人去看这样的治疗师时，可能会产生相当长一段时间的关系，但没什么其他的了。因为这种工作，如果算工作的话，只能由病人来做。但是，如果把这项任务分配给其他任何人来做，无论这个人多么有洞察力或有魅力，都是拒绝改变的一种来源。在人格变化的过程中，精神病医生的角色起到了催化剂的作用。作为导致发生的一个原因，他有时是必不可少的，永远不够用的。（Wheelis，1973，p.7）

一旦病人了解了这一点，治疗就会进行得十分顺利：病人选择改变——受到治疗室内的治疗关系的支持，这种支持时而温柔，时而比较有强迫性。

然后，本质上讲，治疗师需要让他自己的强迫性（compulsivity）随心所欲，就是说，让行为或解决问题的强迫性随心所欲地表现出来。这比听起来要难，但它有助于强调一种基本的紧张，这是在病人强迫性地寻找答案与清楚地刻画出改变的技巧和最终认识到一个人归根结底要为自己负责之间的紧张。

当有人询问禅宗的百丈怀大师 [1] 如何寻找佛性时，他回答道："很像骑在牛上找牛。"（Capra，1975，p.124）

像威利斯一样，这位禅宗大师认为寻找魔水（magic fluid）是在

---

① 百丈怀（Po-chang，749—814），俗姓王，名怀海，唐朝著名禅师，人称百丈怀。——译者注

做无用功。

带着这些想法，我们不妨回顾一下罗恩的心理治疗过程中的某些重要方面。罗恩每周进行心理治疗，由我治疗了两年多，现在正在减少对他的面询。在他治疗的早期，罗恩就能够认识到，他对未婚妻所透露的事情（她曾堕过胎）的夸张反应，显示了他的反社会行为的巨大冲动，这种冲动——正如我们所注意到的——是周期性地表现出来的。有了这种认识，他很快就进入真正的治疗斗争中：面对他自己，他逐渐认识到，在他逞能的掩饰下面，他隐匿着根深蒂固的缺乏安全感和伴随的对权威的憎恶。他与法律及其实施者产生冲突，与遗传下来的而不是选择的刻板的道德规范存在着矛盾心理和冲突，对未婚妻——事实上，对一般意义上的女性——存在经常性的评判和傲慢的态度。所有这些都与一个以过于压缩的世界为中心的、没有解决的主题有关。

强调这一点很重要，因为这位病人具有不安全感，他的反应性的自私自利和对成功的不断需求，都根源于他过去的关系。只有通过一种正确的关系，一种基于在场和真实移情（genuine empathy）的关系，他才能本真地面对这些主题。一旦病人检验了这种新的关系并让他满足（这是一个远比我在这里详尽阐述的剧烈得多的过程），他就能够进入真正的治疗之中。（虽然存在主义的改变方法与所谓东方的"解放方法"之间存在某些相似之处，但这两种观点有一个重要的区别：对存在主义者来说，关系是最重要的。）

渐渐地，病人把治疗师当作支持者与向导，从而能够开始把存在的自由包括在内。认识到他的工作在任何一个基本领域方面都不令人满意，并且进一步认识到，他真正感兴趣的是教书和与青少年一起工作，罗恩就开始更多地关注对自我与现状的不满，在治疗中练习改变的可能性。在数月内，罗恩放弃了他的销售经理的职位，他在申请教师资格证时找到了不固定的临时工作。此外，他做的这些事情，父亲在最初都没有支持他，在教师前景不被看好的经济环境中，他的未来面临着相当大的不确定的风险。终于（在这里，治疗师和任何其他人一样惊奇），这位病人的付出得到了回报，他在他的家乡获得了一个教师的职位。这项工作总是使人沮丧，有挑战性，但最终还是很有意义的。但是，这不再是一个终点。这位病人再也不会沿着仔细制定的职业计划前进了。他更乐意活在当下，承受不可避免的生与死的焦虑之痛，但这将再次导致进一步的改变。当他已经预料到他对教师这份职业不再那么感兴趣的时候，他正打算从事行政管理的研究生学业。他不再回避焦虑，并且把它作为一种生活方式来接受——的确，把它看得很正常。

和青少年在一起工作引发了一种定期的道德上的刻板回归，这种回归不时地限制了罗恩与学生建立关系并最终帮助其学生的能力。然而，随着每一次新的"压抑的回归"，罗恩能很快地看到其内心世界并认识到这种斗争明显是内在的。他这样做的程度恰当，这使他变得更加能够接受自我（接受疑惑、激情和自身的魔力），并且更加能够接受别人。有趣的是，在罗恩教书的两年中，他受到了无数次的嘉奖，但当病人"努力工作，为了生计，为了到达另一个阶段"时，这些嘉奖似乎承受不起它们所拥有的分量。此时的重点是自我与本真的关系，而非外部的认可。

面对人际交往，我的感觉是，罗恩进展得不是很好。大约开始治疗一年后，这位病人和他的未婚妻结婚了，罗恩和我都认为，在这里有某种程度的妥协，因为他对于妻子的感觉再也不是他对于以前的女朋友那样的感觉了。这些被感受到的妥协在婚前就被治疗师轻微地提出过。没有任何假设能使他认识到，对病人来说什么是最好的。尊重自主性对有效的心理治疗绝对是必要的。如果有变化的话，病人就会按照他们自己的方向，以他们自己的节奏进行改变。

这场婚姻对罗恩有支持性，然而又有局限性，因为他的妻子也在不断的缺乏安全感中挣扎着，罗恩于此也意识到了妥协——在某些情况下比在其他情况下更使他烦恼的妥协，但这在使其妻子严肃地追寻自己的治疗过程方面并没有获得成功。"她是个好人。"他常常叹气道。充分意识到这一点，对他来说已经远远不够了。在此，正如在其他方面一样，我坚持一种非评价的立场。我十分理解在寻找一个人的"灵魂意象"（Jung，1921/1961）中所包含的困难。我发现很少有人因为单纯的理由选择关系。[伍迪·艾伦在他的电影《丈夫与妻子》中研究了这种妥协的普遍性，正如英格玛·伯格曼在他之前如此有说服力的做法一样。]同样，妥协——如果是有意识的妥协的话——仍在解决中，而且不必把它看成失败，在未来某个时刻可能对它进行改变。

但是至少，罗恩似乎在很大程度上改变了他对女士的性别歧视态度。他现在已经欣然接受，他妻子的缺乏安全感是他自己缺乏安全感的镜像反应。他父亲完全依赖于他自己的英雄同一性，正如他母亲依赖于她的辅助角色一样。在这一点上，他与母亲和妻子的关系都得到了改善，他也能够更加洞察出父亲的缺点，于是这位病人原先的那个专制主义的世界渐渐变成了人类进取心的相对性和模棱两可的世界。

罗恩逐渐结束了他现在的治疗过程，我仔细考虑了一下改变的关系与过程。罗恩无疑比以前工作、生活得更充实了。他已经"找到了自己的位置"，无论现在接踵而至的是什么挫折，这至少是他自己选择的生活的结果，而不是弗洛伊德所谓的"灵魂谋杀"，这是真正的自由，是包含了命运的自由。在人际关系中，罗恩仍然在与不安和不一致的感受斗争。然而，当病人不再像以前那么有防御性，而是更能够接受别人时，这暗示着病人的真正成长。心理治疗的过程把病人与来路不明的和日常的关系进一步分离开，同时，在他寻求那些他能够与之建立深刻关系的他人时，也提高了存在的孤独感。这或许就是一个人为证明"个人存在的本真"而付出的代价。这位患者现在寻找的是本真的关系，但不是一件可以随意安排的事情。而且罗恩才 26 岁，我预测他的未来是开放的并充满了可能性。

尽管罗恩的进步在许多方面令人印象深刻，但我必须指出，我并没有把这一战果归于自己。正如这位患者最终能为自己负责一样，他最终也获得了成长所需要的最大荣誉。治疗师的作用，正如罗洛·梅经常观察到的，就像但丁《神曲》中的维吉尔一样：治疗师是一个向导。（我很清楚有许多我没有提供过治疗帮助的人，所以我并不选择要为所有已经完成和未完成的治疗承担责任。）这位患者的青春和骚乱，或许还有我自己的真实性，都在现有的情况下做了很好的预言，但是，最后要应战的是罗恩自己。同样，我不再试图过分地反对在治疗中导致改变发生的确切手段。聪明的奥托·兰克曾治疗过一位患者，在他对这位患者进行精神分析治疗之前，这位患者对突然爆发的不典型的自我主张的时刻非常好奇，之后这位患者回忆说：

> 于是兰克说："好吧，我将告诉你一些你可能为之相当快乐的事情。我不明白发生了什么。你不明白，我也不明白。"他只

是简单地知道，从他的经验来说，如果某些事情能得到正确的处理，如果这个人的精神和人格可以沿着某些更好的路线发展而受到影响，那么，就可以期待某些事情会发生。但是他不能伪装自己去试着跟我说，为什么这会发生，因为他说："我不知道。"（Lieberman，1985，p.272）

就连古老的先哲也比不上兰克。

最后，罗恩的强迫性特质在许多方面仍然存在，但是它们当然也得到了缓解。很明显，他此刻的许多悲痛和渴望使人联想到面询初期的表现，使我们想起了荣格那睿智的评论：生活中的基本问题绝不是以任何最终的方式解决的。但我和罗恩仍然体验到在这一关系中有某种真实的快乐，这种快乐使患者以迄今为止无法想象的方式进一步向生活开放。如果兰克关于人类倾向于世界"不完全"是正确的话，那么，罗恩现在的视野至少会更宽广：由于他抓住了快乐，获得了很大的自由，他对生活有了更深刻的看法。他不再是匹辕马了。我相信，这种结果是一种更加圆满的存在，一种使他不再退避生死，也不会退避其独特方式的存在。

这就是生活：它不再像是一章又一章的以流浪冒险为题材的小说，其中的英雄继续对没有共同特点的新事件感到惊讶。这就像是一份音乐家所称的有变奏主题的乐谱。（Kundera，1991，p.275）

谁还能对此再说些什么呢？

参考文献

Ansbacher, H. L., & Ansbacher, R. R. (Eds.) (1956). *The individual psychology of Alfred Adler*. New York: Basic Books.

Buber, M. (1948). *Tales of the Hasidim: Later masters* (O. Marx, trans.). New York: Schocken Books.

Buber, M. (1965). The way of man according to the teachings of Hasidism. In W. Kaufmann (Ed.), *Religion from Tolstoy to Camus*. New York: Harper Torchbooks.

Capra, F. (1975). *The Tao of physics*. Boulder, CO: Shambala Publications.

Fromm, E. (1941). *Escape from freedom*. New York: Holt.

Jung, C. G. (1921/1961). *Psychological types* (R. F. C. Hull, trans.). New York: Bollingen Foundation.

Kaufmann, W. (Ed.). (1964). *Religion from Tolstoy to Camus*. New York: Harper Torchbooks.

Kierkegaard, S. (1939). *The point of view* (W. Lowrie, trans.). London: Oxford.

Kierkegaard, S. (1944). *The concept of dread* (W. Lowrie, trans.). Princeton University Press.

Kierkegaard, S. (1954). *Fear and trembling* and *The sickness unto death* (W. Lowrie, trans.). New York: Anchor Books.

Kundera, M. (1986/1988). *The art of the novel* (L. Asher, trans.). New York: Harper & Row.

Kundera, M. (1991). *Immortality* (P. Kussi, trans.). New York: Grove Wiedenfeld.

Lieberman, J. (1985). *Acts of will: The life and work of Otto Rank*. New York: Free Press.

May, R. (1958a). The origins and significance of the existential movement in psychology. In R. May, E. Angel, & H. Ellenberger (Eds.), *Existence: A new dimension in psychology and psychiatry*. New York: Basic Books.

May, R. (1958b). Contributions of existential psychotherapy. In R. May, E. Angel, & H. Ellenberger (Eds.), *Existence: A new dimension in psychology and psychiatry*. New York: Basic Books.

May, R. (1967). *Psychology and the human dilemma*. New York: Norton.

May, R. (1981). *Freedom and destiny*. New York: Norton.

Milosz, C. (1981). *The captive mind*. (J. Zielonko, trans.). New York: Vintage Books.

Nietzsche, F. (1974). *The gay science* (W. Kaufmann, trans.). New York: Vintage Books.

Ortega y Gasset, J. (1991). In search of Goethe from within (W. R. Trask, trans.). In M. Friedman (Ed.), *The worlds of existentialism*. Atlantic Highlands, NJ: Humanities Press.

Pagels, E. (1989). *The gnostic gospels*. New York: Vintage Books.

Rank, O. (1936). *Will therapy* and *truth and reality* (J. Taft, trans.). New York: Knopf.

Wheelis, A. (1973). *How people change*. New York: Harper & Row.

Yalom, I. (1980). *Existential psychotherapy*. New York: Basic Books.

对存在－整合案例的详细阐述——罗恩

疾病、虚弱和依赖，这些状况是罗恩患有机能障碍的基本事实。

虽然他周期性地与这些倾向发生冲突，但他基本上还是在这些倾向中进行操作。

罗恩有一个强势的父亲和一个柔弱多病的母亲，这似乎已经告诉我们，他太脆弱了，不适合这个危险的世界，他的生活必须得到最大的保护。孟德尔洛维茨博士告诉我们，这样的保护有很多表现形式——尽善尽美、道德严谨、妥协的爱以及职业兴趣。

就像孟德尔洛维茨博士警告我们的，有时罗恩会脱离这些复杂的制约因素。正如孟德尔洛维茨博士所说，他变得具有攻击性，就像他之前的情况是压缩的那样，现在他得到了扩展。但是，孟德尔洛维茨博士对这些短暂的改变并不悲观，因为在他看来，这是罗恩"有生机活力"的标志。

为了培养这种生机活力，孟德尔洛维茨博士给罗恩提供了一种真实的关系。他想要以尽量少的伪装出现在罗恩的面前。在这种关系中甚至存在着些许的幽默和某些公平分享的情绪。早先，当罗恩错过了他的一次预约时，这种关系就受到过检验。孟德尔洛维茨博士并没有警告罗恩这是毁约（就像他父亲可能会做的那样），而是把它反馈给了罗恩，让他仔细地思考其中的内涵。

孟德尔洛维茨博士及时帮助罗恩发现，这个世界是怎样建构的以及用可能的重新安排进行实验。例如，通过生动地表现罗恩对治疗自发性的逃避，孟德尔洛维茨博士帮助他认识到在他的治疗关系之外也存在类似的逃避并考虑其他的反应。但是，除了只是对这些反应加以理智化之外，孟德尔洛维茨博士还鼓励罗恩在治疗的限度之内对此进行复述并且体验到它们。

在治疗的最后，罗恩看上去真的活跃了许多，他不再生活在他父亲的阴影下了，并且更完全地浸润到当下的生活之中。与以前相反，罗恩已经很少让自己生气了——很少对女人屈尊了，很少有自我夸大的欲望了，我们可以假定——也很少驱使自己自我陶醉了。

虽然罗恩仍然用一些重要的方式封闭自己——例如在他的爱情关系中，但他已经能更多地觉察到这些封闭，并且变得更有能力，从而予以矫正。

既然罗恩将不会像以前那样向自己妥协，那么他的解放的代价就是孤独。但是，孟德尔洛维茨博士声称，这样的代价已经被预见到了，因为这是自相矛盾的生活所必须付出的代价。但是，有一个适合像罗恩这样的"幸存者"的社会，罗洛·梅在对神话的评论中曾提到过。这是一个那些能够爱的人的社会。

一种同性恋的观点：玛西娅的案例

（琼·蒙海特）

琼·蒙海特（Joan Monheit），持有执照的临床社会工作者（L.C.S.W）[①]，是个在临床社会工作方面公认的老练的人，她是加利福尼亚州伯克利的私人执业的心理治疗师和咨询师。她是约翰·F.肯尼迪大学的兼职教员，并且跟随詹姆斯·布根塔尔一起接受过大量的训练。

一个人在心灵深处想要成为什么样的人，这种自由在同性恋群体中引起一种特殊的共鸣，然而，具有讽刺意味的是，存在治疗直到现在才对这件事情阐述了自己的一点看法。在她清楚而具

[①] L.C.S.W. 表示 Licensed Clinical Social Worker。——译者注

体的讨论中，琼·蒙海特强调了自由、限制和性同一性（sexual identity），并概述了它们对治疗的影响。

存在心理治疗最关注的是自由、有限性和选择之间的关系。对于同性恋者来说，他们的选择并不是要成为这样的人；这是上天赋予的。相反，这种选择既体现了一个人的情感和性的欲望，也允许他们能够成为想要成为的人，或者通过模仿他们感知到的文化规范来对自己加以限制，从而不仅限制一个人的性倾向的表达，还限制自我的许多其他方面的表达。

在这种关注中内在固有的问题是自我接受：表达自我的自由完全会涉及自己、其他人和整个世界。由于同性恋恐怖（别人害怕或不喜欢同性恋者）和内化的同性恋恐怖（自我痛恨），对同性恋者来说，这种特殊的人类斗争便得到了加强。同性恋者必须回答这样的问题："和谁在一起我才能成为我自己呢？"这是一些很真实的危险。生理的安全、经济的安全以及对别人的接受性都受到了威胁。隐藏自我的某一方面也会影响自我的其他维度，如自尊、创造性和爱的能力。

即使对于那些与同性恋者在一起感到舒服的人来说，这个问题也会越来越深刻地发生。一个被我称为加里的患者"外表"看来是一名男同性恋者。他戴着标志同性恋者的圆形小徽章，毫无顾虑地告诉别人他是同性恋者，持有强烈的政治信念，显示出他对成为同性恋者的一种良好的理智理解。加里的父母和兄弟姐妹都知道他是同性恋，尽管没人乐意和他谈论这件事。对于他来说，不能和自己的母亲谈论他的生活，包括他与他朋友的关系和他的社交活动，是很悲伤和恼火的。在一次面询时，他告诉我："我不能改变这个事实，这就是我的生活。"

虽然加里看起来对自己的同性恋者身份很满意，但实际上并非如此。在和第一个情人分手之后，加里已经有六年没有性生活了，并且采纳了同性恋者通常所用的一种对策："只要没有性，做一个同性恋者没什么大不了的。"但是既然他已经没有性生活了，他就不可以充分表现他作为一个同性恋者想要成为的人，也不能因而表达他的完整的人性。

治疗工作关注的是表达自己思想的自由，治疗工作也会涉及同性恋者的同一性，这种治疗工作是相互加强的。当患者获得了更大的自我感和可能性时，他们也学会了把自己作为一个同性恋者去接受。由于他们学会了把自己作为一个同性恋者来接受，他们就可以越来越多地表达他们想要成为什么样的人，并且体验到一种扩展的可能性感受。

马西娅的案例

在我对一个我将称之为马西娅的病人进行治疗的过程中，对于自由、有限性、选择和性同一性的交叉关注可以得到更深刻的例证。虽然女同性恋者和男同性恋者之间有区别，其中有一部分和性别有关，但他们的基本问题是一样的。

马西娅是一个 28 岁的犹太妇女，她是另一位同性恋患者推荐给我的。"我很痛苦，想得到你的帮助。"她第一次见到我就哭着对我说。我们在一起咨询了四年。

马西娅与一个已婚但正分居的女人有着秘密的性关系，在接受我的治疗后不久，她就结束了这种关系。马西娅经常与她的妈妈争执，她妈妈就住在这个地区，几乎每天都与她通话。她体验到自己是一个非常喜欢批评和评判别人的人，她说这导致她在所有的人际关系方面都出现了很多矛盾冲突。她同时也把自己描述为"非常需要帮助"的人。

　　自童年早期以来，马西娅就患有银屑病，一旦有压力，她的病就会复发。十年以前，在离开大学的第一年，她第一次和一个年轻的男人发生了关系，随之患了精神病，并且住了院。当时她被诊断为躁狂抑郁症，并从那时起一直依赖锂药物。

　　马西娅是三个孩子中最大的，也是唯一的女孩。她的家人都是虔诚的宗教遵奉者，并强烈认同犹太文化。家人希望她在犹太教范围内约会和结婚。她的家人中没有人知道她与女性发生过性关系。事实上，马西娅向家人隐瞒了她所有的亲密的性关系，包括她与一个非犹太男人保持了五年的时断时续的关系。马西娅很恐惧，她担心她的母亲会在某一天的凌晨叫她，发现她不在家，并猜测她与一个情人在一起过夜了。马西娅的症状（如银屑病）似乎就是这种压迫幻想的无意识表达。

　　她希望治疗集中在她的生命的两个方面：性倾向和她的人际关系。虽然她承认她对女性具有情绪和性方面的吸引力，但她几乎不能用"L"这个字母［即女同性恋者（lesbian）的首字母］。尽管她想探讨成为一个女同性恋者以及她对女人的吸引力，但近两年来，我们却几乎无法触及这个话题。当我们想要触及它时，她就会换个话题。

　　马西娅的经历告诉她，她的生活已很少有选择：她不得不成为一个善良的、细心的女儿，否则她的行为可能确实会杀死她的父母。她相信她没有选择，反叛是她唯一的方式，使她可以保持其生活的秘密，并且与她的母亲大声而愤怒地打架，这种打架最终以双方痛哭而告结束。

我们的治疗工作的一个重要的方面是，马西娅应该学习如何让她与她的主观自我沟通。我会鼓励马西娅坐着或者静静地躺在沙发上，与她的身体建立联系，然后与和她的生活有关的任何想法或情绪建立联系。她过去总是把关注的焦点集中在"外面"，集中在别人身上，想象别人的生活故事，她不知道怎样去注意她自己。她也把关注的焦点集中在我身上，想要知道我开什么车、我在想什么以及我的生活可能是什么样的。后来她学会如我所说，"停下来审视自己"，同时我倾听她的话并且让她知道她是被接受的。这些方法混合在一起，对于她开始接受她自己以及她的性取向，都是有用的。

我不知道我怎样才能帮助马西娅对她自己拥有更清晰的认识，把她的需要与别人对她的需要区分开来，特别是与她的父母的需要区分开来。难道我可以帮助她根据她对自己的感受而采取行动，而不是要么对她的父母让步，要么与他们对着干吗？难道我能让她发现，作为一个性存在（sexual being），她是一个什么样的人吗？

首先，我们观察了她的自由的两种象征和她正在形成的同一性感：为她自己的钱和她自己的身体负责。为了达到这一目的，我们就马西娅开一个她自己的活期存款账户的事进行交谈。在这个时候，她只有一个和她母亲的共同账户，一个她父母有时会往里存钱的账户。表面上看，她认为，她父母的理由就是可以确认他们能够记录下她的消费，以免她再发生躁狂的情况。我们谈论过，她害怕经济独立，对她来说，这也就意味着自己管理自己的资金。不久，她为自己开了一个新的活期存款账户，不再接受她父母的钱，而是依赖于她从自己的小生意中赚来的收入。

接下来，我们观察了她的自由的第二种象征：对她自己的身体负责。马西娅已经告诉我，她想减少她的锂药物用量，看是否可以最终彻底地停药。马西娅的父亲是个内科医生，不仅她的父亲监督着她的锂药物水平并且给她提供锂药物，而且她还去看了另一个医生，是她家的朋友，她从小就一直去看那位医生。

首先，我告诉她去看一个精神病医生。医生做了一个评估，并且开始了一个减少她身上锂药物的非常缓慢的过程。马西娅开始自己买锂药物并且让那位精神病医生，而不是她的父亲，监督她的周期性血压测量。其次，马西娅选择了一个女内科医生去监督她的一般的身体需要，这个医生的医学哲学包括一种整体的观点，这和马西娅自己对健康关怀的信念有更多的一致性。

当马西娅开始管理自己的金钱和身体时，她觉得有点焦虑，但是最后，她能够相当轻松地完成这两个重大的转变。她的行为使她在为自己负责方面获得了第一手的经验，这又进一步强化了她的自由感，使她能够表达她究竟是个什么样的人。

我们的面询始终围绕着她的性观念这个主题，在两年多的时间里，马西娅没有结婚，选择把关注的焦点集中在建构与其他女性尽管越来越亲密但没有性行为的关系上。过独身生活也能使她和自己建立更深刻的关系并且依赖自己，使她有时间能温和地讨论"同性恋"问题。重要的是，她花费了她所需要的所有的时间去探索她的性行为和成为一个同性恋者的意义。

当马西娅开始体现自己的意识时，她开始更多地参与到社会活动中，这些活动一般是和女人，在特殊情况下是与同性恋者一起进行的。她开始试探性地和女人约会。随着我们的工作的进展，她开始意识到，她需要把她自己作为同性恋者和作为犹太人的同一性整合在一起。她开始参加在同性恋者的犹太教堂的宗教服务，并且加入了犹太妇女的宗教群体。在我们更早期的工作中，马西娅是不可能让自己参加那些活动的；但是现在，对她来说很重要的是，减少她的孤独感，得到和她一样的人们的支持和接纳。

在我们进行心理治疗一年半以后，马西娅和我第一次发生了关键的冲突。就像她对抗其父母而不是选择她自己的方式一样，马西娅不再是一个"好的"来访者，并且开始拒绝我在面询时向她提供的帮助，对此她毫无觉察。虽然她一直试图按照我的建议去做，以便探索她所关注的事情，但她现在却径直地坐在沙发上，就像她刚开始时那样，谈论着其他人。当我指出这一点时，她就会说："治疗究竟有什么好处呢？我花了太多的钱。或许我应该停止了。"马西娅正试图以她所知道的唯一的方式来维护自己的权利，于是，带着她的主观体验，我们开始对此进行交谈。

"马西娅，"我问道，"你现在想要做什么？"

"什么也不做。"她固执地回答。

"你说话听起来如此年轻，你觉得你有多大？"

"7岁，"她回答道，"你希望我做的我就不做！"

"你可以不做，你可以做你想要做的任何事情。你可以在这里，你可以离开，你可以谈话，也可以不谈，一切随你的便。"

有时我会问她7岁的感觉和保护她自己的感觉是怎样的。"你坚持不按我的建议去做的感觉是什么？"当我们对此进行探索时，我可以预料到她只会对我说"不"，就像和她的家人在一起一样，她又一次地按照一套有限的可能性，表现出她知道怎样维护她自己的权利。我认为她可能想要安静下来，自己去检查一下，看看她能觉察到什么——尽管这是我建议她做的。她可以自己做出选择。也许有更有意义的方法让她可以去阐述自己的观点？

"我不是你母亲，而且你也并不是 7 岁，尽管你觉得你是那样。"我对她说道。通过使马西娅能够明白并且体验到她通过说"不"而不是按照她自己内心的想法行事这种反应过程，她开始意识到她是怎样限制自己的，因此，她开始在她怎样回答中感受到一种真正的选择感。

在我们治疗工作的第三年，马西娅开始和一个亲密的女朋友有性交往。虽然这种关系是彼此接受的，但另一个女人基本上是一个异性恋者。这似乎反映了马西娅自己对其同性恋性关系的矛盾情感。尽管这种关系是短暂的，但马西娅能够用她的自我觉知去探索许多重要的问题。她可以认同她自己的恐惧或内化的对同性恋的恐惧。如果她的父母知道了会怎样认为呢？（完全惊慌失措！）其余的人会怎样对待她？在可以接受的关系中放弃意味着什么？怎样和另一个女人相爱？抚摸和被抚摸会使她产生什么样的感受？

在维持这种关系的过程中，马西娅确实对她的一个兄弟"公开了"她的同性恋取向。尽管她很害怕，但他的反应却是相当支持的。随后便产生了一个家庭危机：马西娅的兄弟对她说，他们的母亲已经推断马西娅是另一个女人的情人。马西娅变得很害怕，她不能直接地和她父母讲同性恋，他们也没有和她进行对话。重要的是，马西娅得自己选择何时和怎样告诉她的父母。在治疗中，她表示还没有准备好进行这样的对话。

我们在第三年快要结束时又出现了另一个重大的分歧。尽管对我们两人来说，这种冲突极其困难，但是对于帮助马西娅理解她能够与别人产生严重的分歧，会生气，留下来而不是离开，能真正地解决分歧，这是至关重要的。在一次面询中，马西娅曾经告诉我，一个本地的叫基督教青年会（YMCA）的健康俱乐部，给她提供了一个特殊的成员身份，她打算参加。我曾一直鼓励她多锻炼，这样，她也可以通过更关注她的身体来支持她自己。她知道我自己就是这个健康俱乐部的长期会员。我觉得我开始关心此事，认识到在同一个体育馆锻炼对我们的工作可能会产生影响。我们怎样在更衣室外面和里面时相互走进对方心中呢？如果我在场的话，她怎样才能把关注的焦点集中在她自己身上呢？我们花了两周的时间去探讨这些问题，她最终决定放弃这项体育锻炼。之后她就去休假了一个月。在她回来后的第一次面询中，在告诉我旅行的情况后，她告诉我："琼，我还是决定要参加这个锻炼，如果你不同意的话，我想我会停止这个治疗！"

"马西娅，"我说道，"我知道对于你来说谈论此事确实让你很害怕，但是我很感谢你能告诉我，我认为你并不需要停止治疗。让我们暂时搁置在这里，看看我们能不能处理这种情境，你愿意吗？"

一次次面询过去了，她变得很生气、惊慌，我们也谈论了这个问题。我非常确定我们应该在同一个体育馆里，虽然我们没有一个人知道应该怎样解决这个问题。"马西娅，我们都在同一锅汤里，我不知道我们应该怎样解决这个问题，但是我知道我们所做的是非常有意义的，"我说道，"我们所要做的就是留在这里一起聊天，就算是一起生气也是非常重要的。你不必离去。你可以留在这里，告诉我你的想法，我也非常信任我们之间的关系。"

最终，我们之间确实做出了妥协，包括确定某些时段，我们两人可以在不同的时段去体育馆，这样我们就不会相互撞见。我知道也有别的办法可以解决这个问题——比如，我可以换一个体育馆——但重要的是我们可以在一起，就算是意见不一致或者不确定，我们仍然可以一起解决问题。对于冲突的这种解决使马西娅的经验有了增进——她能够表达她自己的看法和她的需要以及保持与他人的关系，也使她信服了她以前不相信的自由。

我们渐渐地进入了治疗的最后阶段——终止阶段。马西娅在爱达荷州的一个旅游胜地找了一份为期五周的工作，在那里，她通过读书、写信、骑自行车来消磨不工作独自一人的业余时间。她通常很享受孤独，这对她是一种新的体验。在五个星期的工作结束后，她在约塞米蒂国家公园参加了一个为期一周的妇女节日。在这里，她和其他女同性恋者在一起，体验到她自己很受大家的欢迎和喜欢。她开始与住在海岸对面的一名女性有了新的性关系。这一次，对方是一位女同性恋者。几个月以来，这两名女性通过互访、写信和长达数小时的打电话变得越来越亲密了。当她们决定同居时，马西娅选择了去她的新伙伴那里住。

马西娅和我商定最后一次面询的日期是未来的三个月以后。假定这是一种使她在情感上和性上都感到满意的支持关系，在这种关系中她对自己的同性恋的同一性具有积极的感受，马西娅现在感觉到她已经准备好向父母"摊牌"了。

马西娅和她的母亲能够在一起生活，进行不同意见的争论，但不会发生曾经发生过的那种破坏性的吵架了。他们进入了家庭治疗，她的父母也正在进行持续的夫妻治疗。马西娅甚至在一次拜访中把她的新伴侣带到了父母家一起吃饭。

在马西娅32岁时，我们结束了治疗，认识到马西娅为了达到这种状况做了所有困难的事情：她和她的家人建立了一种成人的关系并且和一个女人建立了一种积极的、互相支持的关系。她现在有更大的能力去面对她的银屑病了。由于马西娅形成了表达她自己的自由，她开始对其同性恋的同一性感到更加安全；而且随着她更充分地体验到作为同性恋者意味着什么，她开始对自己更满足、更接受自己了。在对马西娅的治疗中，自由、有限性和选择之间的动力相互作用提供了一种背景关系，使马西娅能够在这种背景关系中发现和体验自己的以下能力：对她自己的本性做出反应，做出表达自我意识的决定。

对存在－整合案例的详细阐述——马西娅

承认成人具有与其他成人在性生活上的自由是我们所享受的基本自由的一部分。确实，我们很少有人会再次去想这件事情；许多人认为这是上天给我们的权利。但是，对于同性恋者来说，情况却大相径庭。每天，他们都会受到对其性自由的限制，每天，他们都面临着保护性自由的挑战。

马西娅是这一激烈斗争的受害者。好几年来，蒙海特女士告诉我们，马西娅一直压抑着自己的性同一性，为此付出了昂贵的生理、情绪和理智方面的代价。但是，如果她从阁楼式的存在中走出来，她将面临着付出同样沉重代价的风险：双亲和社会的排斥。

因此，这些就是马西娅带入心理治疗中的痛苦，就是要求蒙海特女士予以解答的痛苦。但是，在所有的事情还没有弄清楚之前，蒙海特女士最初只是倾听了她的故事，并且耐心地关注她的体验。这样的倾听和关注是非常关键的，蒙海特女士告诉我们，因为这是她们使其工作保持平衡的基础。之后，蒙海特女士帮助马西娅对她自己做了"检查"——不只是思考那些特殊的问题——而是与此产生共鸣，并在动觉层面上体验到它们。

渐渐地，蒙海特女士帮助马西娅越来越多地觉察到她的困境，并且不加任何判断地面对其后果。当马西娅在这个阶段受到限制时，她越来越多地觉察到，她怎样才能反抗这种限制并且建设性地重新开始她的生活。比如说，她不再去找其父母的医生看病，并且拒绝她父母的经济支持。另外，她减少了锂药物的摄入量，并且开始感受到了她自己的潜能。

一般地说，这种自由的增长使马西娅把她的注意力转移到了性的问题上，例如，是否"公开"的问题。在单身了一段时间并且感觉到她有强烈的需要后，马西娅开始重新使自己接触性问题。当蒙海特女士仍继续引导她在面询中唤起现实感时，她也加入了一些可以给她提供支持和接受的社团。

忽然间——这是在突破阶段在来访者身上经常发生的一些事——马西娅与蒙海特女士开始对抗。她拒绝蒙海特女士的治疗邀请，蔑视她的权威。通过激活这些抵抗，蒙海特女士和马西娅发现，她们两个服务于两种截然不同的功能。一方面，她们要改变马西娅并且阻止她参与到内心世界中去；另一方面，具有讥讽意味的是，她们又通过证明马西娅新发现的力量来使她将内部感受到的东西展现出来。

在对她们的治疗关系的最后的挑战中，马西娅决定加入蒙海特女士所在的当地基督教青年会。这导致了蒙海特女士和马西娅之间多次的紧张关系——甚至是愤怒。但是，这也加深了她们的关系。为了邀请马西娅真实地面对她，蒙海特女士向马西娅提出了两个挑战：（1）将蒙海特作为一个人来信任；（2）在对蒙海特女士做出反应时信任她自己。她面临着这些挑战。

到治疗结束时，马西娅获得了足够的解放，开始去追求其生活的意义。可以肯定地说，这些使她确定了自己的性取向，但它们也在更一般的意义上扩展了她的敏感性，激励她变得在个人层面、社会层面以及精神层面上——"能够负起责任"（response-able）。

精神错乱的来访者、莱茵的治疗哲学以及存在精神分析中体验的精确性

（迈克尔·盖伊·汤普森）

迈克尔·盖伊·汤普森（Michael Guy Thompson）在伦敦的费城协会接受过莱茵（R. D. Laing）及其助手的培训，并且在加利福尼亚大学伯克利分校的赖特指导下获得心理学博士学位。他是旧金山"自由协会"的创始人和指导者，这是精神分析的一个培训项目。他还是《欲望的死亡》和《弗洛伊德技术真相》的作者。

对大多数人来说，数到100万再回头数，通常不会成为一种业余爱好；但对于有些人来说，这可能是感到自由的唯一方式。

在这个重要而又感人的报告中，迈克尔·汤普森详细描述了他和杰罗姆在一起的体验，杰罗姆是 R. D. 莱茵著名的费城协会诊所中最难治疗的病人之一。汤普森博士认为，尽管杰罗姆是不可救药的，但他也像其他类似的人一样——他有自己的逻辑思维方式，并深切希望得到验证。咨询工作面临的挑战是破译杰罗姆的逻辑和帮助他解决他的"真相"问题。汤普森博士从回应这个挑战的经验资源中吸取的，既是本研究的主题，也是本研究所获得的教训。

"什么是存在分析？"现在人们对这个问题的追问比以前更加急迫，很可能是因为当与该领域其他心理治疗进行对比时，它的魅力正在逐渐消失。甚至在 20 世纪 60 年代，美国的每一位心理学系的学生的嘴里都在说"存在分析""存在精神分析""存在治疗"，但没人知道这是什么意思。每个人都以相同的方式谈论它。为什么？不能否认的是，这个词本身听起来不错。"存在"（existential）这个术语有一个不错的特性：它充满了深刻性，具有共鸣和意义。它立刻就使人听出欧洲的、个人的意味，是人本主义的但更明智，是理智的但并不专业。对那些声称"我知道"、具有在大城市生存的能力并有学问的任何人来说，这是一个绝佳的词汇。"存在"和机灵、时髦、处在前沿有类似的意思。存在治疗似乎是自我定义的，可以概括为自发的、在咖啡馆里的交会。如果它不令人讨厌，这当然就与专业的"训练"无关。存在主义本身是一种哲学思想流派，和存在治疗技术多少都有点关系，但一个人不应该在二者之间创造出太多的关系。如果你这么做了，人们会谴责你混淆了哲学和治疗。然而，存在分析——不管"它"是什么——以一些存在主义哲学家的著作为基础。难怪人们很难彻底了解临床干预所属学派的意义，因为它的根源常常是受到压抑的。

今天，"什么是存在分析"这个问题仍然被人们追问着。但不再因为同一个原因。今天我们之所以还询问这个问题，是因为它"过时了"。使存在分析和存在治疗闻名于世的许多人当中，有的去世了，有的在变老。路德维希·宾斯万格、梅达德·鲍斯、维克托·弗兰克尔、R. D. 莱茵、戴维·库珀（David Cooper）、罗洛·梅、路德维希·利夫布勒（Ludwig Lefebre）和尤金·明科夫斯基，这些只是其中一些临床医生的名字，他们在促进存在心理治疗和——在某些情况下——精神分析这项事业。他们的转变对于支撑它的这个运动和基本原理来说是一个近乎致命的打击。这就是"什么是存在分析"这一问题在今天应该被追问以及对它的回答比以前更重要的原因。

存在和体验

通过说明我对临床实践的存在取向之看法的一个重要方面，我会对以上问题做出回答。回答涉及的或许是"经验"这个日常用语的未被预料的意义以及这个词是怎样在"存在"意义上被人们理解的。我希望你们原谅我，因为虽然这篇论文在性质上是一篇临床论文，但我计划在对这个术语进行探索的过程中，稍微谈一谈哲学上的一些东西。然而，我将表达我在和 R. D. 莱茵联系的临床实践背景中的观点，以免难以被人理解。莱茵死于 1989 年，自从他去世，他的临床研究已经唤起了相当多的好奇心，因为他对此几乎什么也没有写。[3]与大多数存在心理治疗师相比，莱茵更多地用这样一种方法把存在的思想和体验联系在一起，以至于人们几乎把它们视为同义词。我愿意通过和你们一起分享对一位年轻的精神病男性的治疗，展示存在和体验是怎样相互联系的，他曾在莱茵的后金斯利大楼治疗中心接受治疗。我将试着解释莱茵对精神病人的非正规疗法是如何进行的，以及他对很多有过精神病经历的人进行非正规治疗的哲学基础。我相信这是第一次正式发表尝试对莱茵在后金斯利大楼工作中理解体验固有的转变特性的治疗哲学进行定位的文章。尽管在他的作品中经常提及这种联系，但是在他治疗精神分裂症的背景关系中却从来没有对此加以探索。

但是，应该指出，莱茵的作品不是简单地建立在解读存在哲学著作基础上的。他从精神分析那里收获良多，特别是从弗洛伊德的早期作品及其技术论文中。弗洛伊德的"自由联想"概念是他的技术核心。莱茵因为在伦敦接受过分析训练，因此受到过这种方法的彻底训练。自由联想的规则是，大声地说出在治疗面询过程中出现在脑海里的任何事物，不管这些事物让人觉得多么涉及个人隐私的方面或多么令人尴尬，任何特殊的想法都不要保留在自己的脑海里。这条规则是逐渐引进的，因为弗洛伊德在早年的临床调查中就得出结论认为，神经症是极其隐私的个人秘密的结果，我们都在一定程度上隐藏着这些秘密，使我们自己都不知道。这些秘密之所以受到我们意识的压抑，是因为它们与我们在早期发展过程中所体验到的可怕的失望有关。通过暂时忘记来压抑我们对这些经历的认识，就可以减轻最初引发它们时遇到的痛苦和挫折。弗洛伊德相信，对这些痛苦经历的压抑引起了心灵的冲突，反过来又引起了精神变态，对痛苦的症状表达被否定了。这就引出了弗洛伊德关于心理症状治疗的概念：精神分析。它的基石就是这条"基本规则"，即在精神分析时对其治疗师完全真诚坦率的保证。如果得到真诚地实行，这种坦诚的活动就可以改变压抑引起的冲突。换句话说，精神分析的这条基本规则，实际上就是通过同意"与他建立自由联系"与其分析师坦诚相见的承诺（Freud，1913/1958，pp.143-136）。很多人并没有注意到，弗洛伊德的"心理"治疗概念在更深刻的水平上植根于某种形式的道德治疗，因为医疗的力量在于一个人对坦诚的保证，假如心理疾病的原因就是自我欺骗的话，那么诚实就是我们乐意而为之的事情。

莱茵接受了弗洛伊德的这个基本假设，并且进一步加以研究。他相信，我们倾向于把我们自己的痛苦经历隐藏起来，这种倾向可以通过家庭成员互相保密被混合起来：我知道你在想什么，但是你否定了它，假装在思考相反的事情；或者，我知道我是怎样感受的，但是你坚持认为我真的相信的是相反的方面。这种故弄玄虚可能会变得非常极端，以至于一个小孩不知道他想的究竟是什么（Laing，1965）。他的现实感变得如此受到损害，以至于他要在精神病中寻找避难所——而不仅是神经症中——从无法容忍的环境中撤离。

遵循弗洛伊德的教导，莱茵得出结论，认为精神病治疗术的治疗应该用来转变发病的过程，这个过程的最初引发旨在逃避某种并不存在的体验。莱茵认定，这可以在家庭情境中得到最好的认识，在家庭中的这条"基本规则"能够适合更多受到困扰的人。每个人和其他人的关系都有坦诚这个特性，无论在行为上还是在口头上都是如此。为什么要把植根于自由联想的关系限制在一天就一个小时，只面对一个人呢？为什么不把它应用到一个人生活的情境中，在那里，彼此之间坦诚相待是唯一的规则？既然每个人都致力于自我表露，这在共同体的日常存在中是普遍现象，那么，这种方法就不可避免地具有更多存在特点。

为了使这种转变成为可能——从治疗神经症的体验丧失转向治疗精神病的体验丧失，以及从个人的（事实上是一对一的）治疗转变为群体动力学的治疗——莱茵就需要有一种比弗洛伊德所阐述的更激进的体验概念。他转向了一些已经将体验作为其思想基石的哲学家。他转向了黑格尔和海德格尔，他在格拉斯哥大学作为医学院的学生时曾研究过他们。我将试着以最简洁的术语概括黑格尔和海德格尔各自的体验概念，特别是那些影响了莱茵的临床理论的方面。

黑格尔相信，体验不可能简单地还原为一个人对某一事件的主观觉知或对某一事件的卷入。从这个意义上说，我有一种写这个句子的体验。按照黑格尔的观点，当我真的体验到某一事物时，我就会受到它的影响。它的出现是一种震撼。它改变了一切。我对某一事物的体验让我面对着没有预料到的事情。通过强制某种新事物进入我的意识之中，破坏了我所熟悉的对事物的看法。一方面，由于其本质上的不稳定性，黑格尔得出结论认为，体验会引起绝望，因为它扰乱了我在现实中的舒适生活。另一方面，绝望会引出新事物，因为体验总是会引起某种想法的转变，换句话说，既然体验取代了我熟悉的观点，它就不能只是简单地引起变化：它本身就是变化。黑格尔第一个认识到体验不仅仅是主观的。它也是先验的，因为它把我从我自己中带出来，并且把我安排在改变我的观点的某种处境之中。我的体验对我的影响在某种程度上改变了我对我是谁的看法。黑格尔关于我与那些通过我对它们的体验来影响我的事物的关系的说法是辩证的。

意识是自己执行的——根据它的知识以及它的对象——在这个意义上说，新的和真实的客体就是由此产生出来的，这个辩证过程就是被称为体验的东西。（Hegel，1949，p.142）[4][5]

在探索意识的本质及其与变化和历史的关系时，黑格尔得出了这种关于体验的不同寻常的概念。它对于哲学家看待思维和行动之间的关系有巨大的影响。海德格尔受到黑格尔的研究的影响，但是更进一步。他强调体验的启示性以及变化性。换句话说，体验不仅是改变我居住的世界，也可以揭示我还不知道的事物。因此，体验引出真理。虽然如此，但海德格尔比黑格尔对体验的"易于操作的"、实践的方面更感兴趣。他认识到，只要个体对此有所准备，一个人的体验就可以为了一个特殊的目的而朝某一方向推进。换句话说，通过有目的地、深思熟虑地、有思想地预期我的体验，我就可以利用体验获得关于我自己的知识。我对事物的体验有程度上的不同，它并不是全或无。体验并不只是无论我是否需要它们都会在我身上产生。我有能力抵抗体验。反过来，我能体验某事的程度取决于对于我想要体验的任何事物我在多大程度上愿意服从。按照海德格尔的观点：

想要经历对某一事物的体验——无论它是一件事，一个人，还是一个神——这意味着这件事发生在我们身上、打击我们、穿越我们、压倒我们、改变我们。当我们谈论"经历"某种体验时，我们的意思是专指，体验并不是我们自己制造的。这里"经历"的意义是我们忍受它、受它的痛苦煎熬，当它打击我们时接受它、服从它。所出现的、经过的、发生的就是这件事本身。（Heidegger，1971，p.57）

关于体验的这种观点与弗洛伊德精神分析的"基本规则"概念非常相近，即遵从与一个人的分析师坦诚相见这种指令的有意识意愿。我能够且愿意倾听我的体验告诉我的东西，其程度将取决于我对自己做的事情有多充分的体验：我是否要吃一顿饭，解决一个问题，或者进行精神分析。海德格尔认识到，因为体验是变化的，所以我害怕它，通过退缩予以抵抗。我完全能够压抑我的体验（如果它碰巧是痛苦的话），为了忘记它，我甚至能够压抑我所产生的体验的意义和对它的记忆。换句话说，我能够通过压抑体验来抵制变化，正如我能够通过对体验开放来引发变化一样。

在格拉斯哥作为一个学生时，莱茵接受过黑格尔和海德格尔关于体验观点的正式训练。他设想金斯利大楼是这样一个地方，在那里，人们可以自由地以黑格尔和海德格尔所描述的方式来经历体验。它是这样一个地方，在那里允许人们——实际上就是批准人们——忍受人们通常警告我们的那些不同类型的体验，例如精神错乱的体验。换句话说，如果给定那些环境，他就会把精神病想象为一种过程，有些人会觉得这是强迫他们去忍受的过程。

他对这个过程的看法很复杂，但简单地说，他把精神病想象为一种绝望的努力，当一个人所处的环境与这种体验有强烈抵触时，他想要与这种现实的体验保持联系。之所以说这是自相矛盾的，是因为莱茵理解的精神病既想逃避对某种无法生活的情境的体验，又想——

通过一次"精神崩溃"——坚守他想要逃避的东西。换句话说，患有精神病的个体只不过是想要真实地面对其体验。因为他在其环境中遇到这种反抗，为了保护体验所告诉他的东西，他就被迫从他所处的现实中撤退。这种"妥协"便形成了他的精神病。莱茵关于精神病本质的理论，听起来是非正规的，但实际上却符合弗洛伊德的观点，即精神病的症状是不顾一切地去治愈与现实的裂隙——那是在精神病发病之前所引起的（Freud，1924/1961，pp.185-186）。这种策略的问题是，它通常以失败告终。精神病患者在其精神病中受到打击，无法找到其解决之道。

莱茵和体验

莱茵相信，我们所能够体验到的东西，无论是在内心体验到的还是关于它自己的体验，都不可能导致心理疾病。相反，对体验的压抑（suppression）引起了意识的扭曲，我们将它和精神病理联系在一起。因此，我们回忆起来的任何与体验有关的事情都必定具有一个目的。追随海德格尔的观点，莱茵确定，只要有足够的时间，对体验的忠诚就是导致变化的一种工具。

莱茵强调体验的转化本质，认为这是一种治疗的工具，可以把这种强调概括为，他的临床工作特别具有存在的成分。存在治疗应该以这种方式进行建构，使之能够通过发出其声音导致体验的产生，不管它可能有多么恐怖和引起焦虑。然而，重要的是不要犯以下错误，即一些存在治疗师把存在治疗等同于简单地产生"体验"，这是在黑格尔学说出现之前的意义上简单地将事物带入意识觉知，例如，将体验和一个人的感受"建立联系"。为了发挥治疗作用，为了促进变化，一个人关于体验的看法就应该在本质上具有启示性。它应该通过产生对我们所产生的那种影响，来开发意识欲望与事件齐头并进的方式。这就是为什么弗洛伊德开创性的自由联想方法体现的是对经验的一种存在观念——因为它的有效性是建立在自愿服从我们在分析时间内的体验基础上的，通过言语表达那些体验是什么样的。

在转向我的临床材料之前，我应该对莱茵关于群体及其转变力量的观念做最后一点说明。从在泰维斯托克诊疗所①从事家庭研究开始，莱茵就开始受到威尔弗雷德·拜昂（Wilfried Bion）著名的团体动力学实验的影响，特别是"无领导"团体的使用（Bion，1961）。莱茵设想这是精神病患者可以在此生活的一个地方，建立在该团体的相同原则基础上，其领导者有意地回避要假设一种领导的功能。为了引起某种相似的感受，莱茵决定，不应该让成员或参与者获得报酬来使它"运作"。治疗师要和居住在那里的人们生活在一起，但是，像精神分析治疗的分析师一样，他们要拒绝假设对任何一个人的体验负责。他们也不是企图让任何人的行为"正常化"，不管其行为多么疯狂。莱茵需要一个与家相似的环境而不是一个机构，一个摒除强制规则的地方，人们相互之间形成的关系更个人化，较少具有刻板性。一个人通常在机构中——甚至在分析机构中——遇到的权力差距，如果没有完全去除，至少也可以在这个地方被消除。最后，"团体治疗"本身——在正规面询的意义上的那种——为了有利于自然引发的对话，如在餐

_____

① 泰维斯托克诊疗所（Tavistock Clinic），这是位于英国伦敦大学附近的一家精神病诊疗所，因为莱茵在这里工作过而享有盛誉。——译者注

桌旁边或者在热闹的那一刻，就可以避免使用了。换句话说，弗洛伊德关于分析面询的观点（就像拜昂关于团体的观点一样）可以被移植到一种活的情境中来，在那里它就会变成一种"真正的生活"。弗洛伊德关于坦诚相见的模型，可用作重要的心理治疗力量，而不是在精神分析中强调对体验的解释，这种强调会引发出体验并且承受它。

金斯利大楼是莱茵创立的第一个家庭共同体，既可以作为一个住所，使病人能在那里度过他们的疯狂时期，以达到更切实可行的存在，又可以作为治疗——精神病人或其他人——的避难所，有些人相信这是精神错乱的工具（而不是对其精神错乱的解答）。莱茵及其当时的同事——包括戴维·库珀和阿伦·埃斯特森（Aaron Esterson）（Cooper，1967；Laing & Esterson，1971），在伦敦的慈善团体处租了一栋楼，并且从 1965 年到 1971 年一直租用它。那套房子具有重要的历史价值，是圣雄甘地（Mahatma Gandhi）为了使英国殖民统治下的印度获得独立而与英国政府进行谈判时居住的地方。显然，金斯利大楼的托管人对莱茵及其对该建筑物的使用计划有深刻的印象。该建筑物租给了莱茵的组织——费城协会，每年总租金是 1 英镑。

1970 年，当租约到期时，莱茵将他的工作室搬到另一个地方。这时，埃斯特森和库珀已经离开了，被其他的同事代替。他们一起分享莱茵的非正规的——到现在为止，已经越来越名声大振的——精神分裂症治疗的观点。他们包括美国人利昂·雷德勒（Leon Redler）；休·克劳福德（Hugh Crawford），一个苏格兰小伙子和精神分析师；约翰·希顿（John Heaton），一个现象学家和英国贵族成员；弗朗西斯·赫胥黎（Francis Huxley），一位人类学家和奥尔德斯·赫胥黎（Aldous Huxley）的外甥。另外，还有几位是接受过莱茵和他的同事培训的第二代心理治疗师。许多后金斯利大楼的建筑物开始出现，每一个都坚持第一个金斯利大楼的基本哲学——"居住和让他居住"（live and let live）——作为其临床哲学的范式。每个地方都反映了那些碰巧居住在那里的人和那些认为自己是其合格居民的治疗师（们）的人格。

在我于1973年到达伦敦和费城协会成员一起做研究时，有四五个这样的地方，主要是在利昂·雷德勒和休·克劳福德的管理下。我选择了克劳福德在波特兰德路上的那套房子。尽管这套房子和其他房子基本一样，但是我特别受克劳福德本人吸引，并被他与居住在他的房子里的人共同分享的那种超乎寻常的参与吸引。当房子里的一些人尽力采取不干预的倾向来应对其共同体中那些更疯狂的成员时，克劳福德却使用一种非常深刻细致的甚至"家庭式的"亲密，使人觉得受到了邀请，感受到温暖和安慰。加入进来并不是很容易。没有人来"主管"，所以没有可以向他申请并获得允许的人。既然我自己并不是精神病患者，我显然没有最充分的理由要求参加。我遇到的其他一些学生告诉我，他们是怎样到波特兰德路进行访问，并且在小口品茶时，提出要求获得"帮助"的。他们被询问："你怎么了？"当他们回答因为他们是学生，想直接了解精神病，他们相信这种体验会证明是有益的时候，他们马上就遭到了拒绝，而且再也不会被邀请回来。

在我看来，要想加入是需要时间的，就像建立任何其他关系一样。他们会不得不认识我，反过来，我也应该认识他们。我参加了克劳福德关于海德格尔和梅洛－庞蒂（Merleau-Ponty）的研讨会，并且去了临时的"开放屋"，它允许好奇的人们来观看。最终，我被邀请参加一次守夜（vigil），一种连续一整夜和团体在一起熬夜——目的是和某个正经历精神病发作的人在一起。一般来说，这些事情要持续两个星期。我志愿参加了从午夜到早上 8 点的两个不同的晚上。在其中一次守夜中，一个二十几岁的男子，处在类似于一种超乎寻常的服用致幻剂（LSD）产生幻觉的痛苦之中，他一直没有解除这种痛苦。在这次守夜中，通过设法保持我的冷静并小心留意我的举止，我猜想，我证明了我是一个可以让他们满意的人，我是一个可以指望的人，是一种资产而不是一个负担。我及时被那个机构接受了。

我有六个月应邀居住在波特兰德路。越是疯的人，过得越好。通常，一个人会宣布，说他将经历一些可怕的事情，于是被邀请去串门。到了那里时，住在房子里的每个人——大约 12 个人——和休·克劳福德都在那里。访问者可以在傍晚的时间来说自己的案例。他们正在寻找什么呢？允许一些人搬进来有什么标准呢？很难说。精神分析师使用什么标准来允许一些人进行分析呢？要阐述清楚也有点困难。在波特兰德路，这就更困难，因为没有一个申请者在这个术语的传统意义上是可以分析的。虽然这样，但他们也有相同点。

实际上，弗洛伊德当时在寻找一些患者，不管他们的精神病有多严重，都能够对他真诚。这条分析的"基本规则"需要有一种坦诚相见的能力。同样，在波特兰德路，不管一个人有多么疯，人们还是期望他和向其提供案例的人坦诚相见。他们正在寻找真诚、真心和善意的迹象，在所有这些症状的掩盖下，他们会不可避免地感觉有负担。正如威尔弗雷德·拜昂自己可能说过的那样，他们正寻求与人格的健全部分建立联系，不管其他部分有多么疯狂。

由于需要通过一致表决才被承认——仅仅有一个反对的人也足以拒绝一个申请人，一旦进入其中，你恰好就是能够指望得到每个人都同意收容的那个人。这种共同体的感受是很特别的。所以，每个人都野蛮地坦言他们通常对另一个人的看法。效果是令人吃惊的，就像卸掉了一个人为了得到社会认可而小心形成的自我（ego）[①]一样。我开始认识到，尽管我们经常抱怨缺乏坦诚相见，但实际上坦诚相见却是我们大多数人都想逃避的东西。再说一遍，与这种分析体验的相似性即其明显性。只有现在，不是不得不与那些作为潜意识镜像反映的分析师去争取一天一小时的接触，在波特兰德路，一个人面对着的是整个的一面镜子，所有的人都要产生移情的关系，一个人不得不一天24小时、一周7天地与之斗争。

杰尔姆的案例

将这些具体细节牢记在心里，我要介绍一下杰尔姆：他是一个20岁的男人，具有讽刺意味的是，他是由当地医院的一位精神病医生推荐给莱茵治疗的患者。当时，波特兰德路倾向于接收较困难的案例，由于某种原因，莱茵特别关注这个特殊小伙子的前景。杰尔姆是一个黑头发的、特别瘦小和害羞的男人。他用温和轻微的声音叙述着他的故事。

不知道为什么，但是，杰尔姆已经养成了一个与他家人——妈妈、爸爸和妹妹——分开的不可抗拒的习惯，他进入他的卧室并且把自己关在里面。当他拒绝出门时，他的父母一开始试图哄骗他，之

[①] 这是弗洛伊德精神分析的一个概念，意思是指在意识层面与社会或外部要求相一致的自我。——译者注

后就变得很恼火并威胁他。最后，过了几天，他们请了一位精神病医生。他被强行带出房间，被救护车带到医院，被监禁起来。在医院里，他依然坚持自己的行为。他拒绝说话，也不以任何方式与人合作。他始终都说，他不知道为什么他会有这样的举止。他只是觉得他不得不这样。

那位精神病医生诊断出，他患有具有抑郁症特征的紧张型精神分裂症。在对他实施了电休克治疗之后，他很快就恢复了，变成正常、友好和合作的样子。可是他回家六个月后，又出现了那种情况。他退缩—住院—电击—然后康复。杰尔姆还是不明白为什么他会有那样的举止，但是每次更加延长时间的"治疗"过程都对他有某种作用。在杰尔姆去波特兰德路之前，他和他的家人在两年内已经经过了三次往复。

那位精神病医生打电话给莱茵，因为他在这家医院的同事已经受够了杰尔姆，并且发誓，一旦他第四次住院的话，"他就不能离开了"。现在，这是第四个这样的时期了，还处在最早期阶段。这次，当他的父母恳求杰尔姆走出房间时，他回答说他同意这样做，但只有一个条件，莱茵肯见他。因为他曾读过莱茵的著作《分裂的自我》，他觉得莱茵是他唯一信任的精神病医生。因此这位医院的精神病医生——他是少数非常赞同莱茵的治疗哲学的人之——决定代表杰尔姆进行干预。现在，我们已经认识到，为什么莱茵如此关注杰尔姆人生旅程的结果。他一方面设法把杰尔姆的家人和传统的精神病学之间的某种竞争协调好，另一方面把他和他的非传统方法之间的关系协调好。每个人都在拭目以待。似乎可以肯定的是，要是我们让步的话，杰尔姆的未来必定是惨淡的。但是，一旦我们失败了，通过扩散，莱茵的声誉乃至我们的声誉，尽管微不足道，也会受到打击。

事情变得更糟糕：杰尔姆坚持严格按照他口授的、他相信应该遵循的治疗进程去办。他在这个词语最真实的意义上寻求避难（asylum）。他提出要回到他的房间，并留在那里直到他觉得自己可以出去为止，而且反过来要求我们同意这个计划。我们很不情愿地决定同意他的要求。

我在波特兰德路度过的四年多的时间中，在我认识的人中，我把杰尔姆挑了出来，因为在很多方面他对我们来说很可能是一个最大的挑战。由于他的条件的性质，他有效地剥夺了我们最有效的治疗工具：住在这儿的人共同分享的交流。他的计划对莱茵和克劳福德煞费苦心阐述和提出的治疗哲学是个挑战：不管他看起来多么疯狂和荒谬，都要忠诚于体验。杰尔姆要求莱茵和他的同事要对他们说的话守信。我们不能让我们自己说不。

果然，杰尔姆一搬到波特兰德路，就去了他的房间并留在那儿了。他有一个属于自己的房间，所以没有人看得见他。对于这里的人来说，拒食和拒绝结交朋友并不是不正常的，但是像杰尔姆这样把自己隔绝起来却是非常极端的。甚至也没有人看到他因为半夜想要吃东西而溜下楼，也没有人看到他去卫生间。我们开始变得警觉了。很明显，他没有吃任何东西，他只是把床当成卫生间——他拒绝离开这张床。

我们试着和他讲话。我们说："这不是我们协议中的一部分。""哦！这是的！"他反击道。看起来杰尔姆并没有什么病痛。他似乎并没有抑郁症，没有焦虑，也没有远离型"精神分裂症"。他只是很固执！他坚持这样做。他只需要做他需要做的事情，即使他不能告诉我们也不愿意告诉我们为什么要这样。他很愤恨我们要求他合作。另外，我们觉得我们已经向他伸出了援助之手。但是，我们从哪里得到感谢和善意的回报呢？

杰尔姆不愿意讲他的行为潜在动机，也不承认他的退缩是一种需要被理解的症状。他只是服从他的体验，我们也被迫服从我们的体验——关于他的体验。只要我们给他拿来谷类食品，他就同意吃，以免挨饿。他大小便失禁引起的恶臭并没有困扰到他，如果这影响到我们的话，那就是我们的问题了。他成为每晚餐桌上谈论的话题。"我们打算对他做些什么呢？"具有讽刺意味的是，他反而把我们这里变成了医院。我们关注他的健康、他的饮食以及他可能会有的褥疮。他的体重也急速下降。我们要么不得不告诉他出去走走——实际上，是让他多动动，要么尊重他的异乎寻常的要求。莱茵关注的是，如果他有了褥疮，他不管怎样都得去医院治疗了。对他来说，营养品是绝对不可缺少的。雪上加霜的是，他甚至连麦片粥都吃不下，而且通常会将任何其他食物都呕吐出来。这加重了他大小便的恶臭味。

我们不是医院的工作人员。从他搬进去到现在已经有两个月了，我们中的大多数人都讨厌他，也不在乎他是否挨饿。谁打算帮他擦身、洗澡和做那些他生存所必需的事情呢？我们中有几个——只有两三个吧——情愿当护工并且让他这样坚持下去，很可能他们只是出于某种误导的神经症的内疚感。但是至少他还在这里，毕竟还活着。要多久才能让他走出那样的困境呢？

两个多月过去了。现在杰尔姆的家人坚持要去看他，如果我们不让的话，他们就威胁要采取法律行动。我们不打算这样做。克劳福德坚持认为我们能够控制这个过程。莱茵很担心，但又想保护我们，随时准备对我们提供支持，不管这将带来什么结果。杰尔姆的体重继续下降。他已经处于生病的边缘了。现在都六个月了，我们正处于危机的边缘。在整个过程中，杰尔姆都拒绝与任何人以有意义的方式进行对话。他极度讨厌我们帮他清洗和吃东西。

我们确定，做某种改变是至关重要的。不管怎么说，杰尔姆需要与和他住在一起的人更加贴近。除了影响其健康的身体威胁之外，他缺少与人联系也很值得警惕。如果他不能加入我们之中，或许我们可以加入他的活动之中。他们把他搬到了我的房间。作为交换，每个人都同意定期帮他洗澡，喂他吃东西，每天更换床上用品，和他一起的时间也多了，即使他不愿意回话，我们也跟他讲话。为了避免他的肌肉松弛，我们找借口给他按摩，也是为了找个亲近的借口。我们相信情况会好起来的。也许在不知不觉间，杰尔姆将会自行恢复健康，甚至他会告诉我们这一切究竟是怎么回事。

他的情况很稳定，但这也只是大概的情况。我已经习惯了这种恶臭、安静和狭窄的住所，但是杰尔姆并不是一个很合适的室友。和一个老是纠缠在我们的空间里但又不占据它的人住在一起，我也变得很抑郁。我需要做一些事情去改变这种一直围绕在我们身边的死亡感。我邀请住在这个房子里的精神分裂最严重的人——一个自认为是米克·贾格尔（Mick Jagger）①的帅气小伙子，让他和我们住在一起。他每天都唱歌给杰尔姆听，把他看作弟弟。至少这是一种更具活力，尽管是"更疯狂"的安排，我的抑郁状况得到了改善。

一年过去了，没有发生任何改变。同时，由于没有人支持那些

---

① 米克·贾格尔，滚石乐队的主唱。——译者注

偶然产生的难以控制的想要把他踢出去的想法，杰尔姆的家人和莱茵之间、莱茵和我们之间、我们和杰尔姆之间以及我们自己和克劳福德之间发生了许多危机。我不需要说明细节。你可以想象这种情境变得多么令人难堪。我们准备承认失败，通过放弃来承认我们失败了。杰尔姆仍然不肯走出远离生活的自我强迫。对于他来说，这已经成为生活，这显然就是他想要从中得到的一切。

我不知道怎么回事，也不知道为什么，但是随着时间的流逝，杰尔姆的情况及其解决办法变得不那么急迫了。顺其自然地，其他事情也一直都发生着。很可能是因为杰尔姆住在我的房间，我比大多数人更关心这样的日子什么时候是尽头。我很渴望收回我的房间。但是一个月又一个月过去了，连我也记不清时间了。甚至也没有人注意到一年半（18个月）已经过去了。我们已经习惯了他对同居生活（cohabitation）的古怪定义，也习惯了惯常的洗澡、换亚麻布的床单以及碗中的谷类食物和小曲调，以至于我们几乎没有注意到，那天晚上，那个第18个月的夜晚，杰尔姆下楼去使用卫生间。他冲了抽水马桶后，从门缝里说了声"嗨"，又回到了楼上。我们一开始并没有注意到，但是当我意识到发生的事情时，我差点窒息。

一小时过后，杰尔姆回到楼下说他饿了，开始结束他的异常的禁食行为——这让他瘦到了90磅。这是我们从未见过的杰尔姆：健谈、自然、害羞但又老练。我们在自己身上拧了一下，不知道他会这样持续多久。但是第二天，杰尔姆穿好衣服，也打扫了他的（我们的）房间。他显然开始了一种新的转变。他不再做他曾经需要做的任何事情，不再待在他的床上、远离世界，不再致力于上帝才知道究竟是什么样的静修。诚然，我们想要知道的是："杰尔姆，那段时间你自己究竟在做什么？是什么让你最后走出了你的系统呢？"

我们并不真正期待他的回答。我们不相信杰尔姆自己会知道。当他告诉我们答案时，当他告诉我们，那段时间他不得不一直独自躺在床上，就是为了让自己感到健全时，你可以想象我们是多么震惊。可能你不相信，但这毕竟是真的。杰尔姆说他不得不数到100万，然后再回到1，其目的只是为了"自由"。这就是他四年来一直想要做的，每次他都退缩。没有人允许他这样做。

但是为什么呢，我们问他，不是曾经花了很长时间才搬到波特兰德路吗？毕竟，我们曾允许他退缩，不是吗？根据杰尔姆的说法，"是，也不是"。我们坚持闯入和干扰他的世界、和他讲话、分散他的注意力。每次他数到几千甚至几十万的时候，有些人总会打断他的注意力，然后他又不得不重新开始数。他说，最糟的是他搬进我的房间和那个吉他手住在一起的时候！我们说，但是为什么你不告诉我们你在做什么呢？我们会帮助你的。"这并不重要，"他说，"重要的是你相信我，你只是让我做我想做的事情。"

很明显，直到此时，我们对杰尔姆行为的集体焦虑才消退了，到最后，当我们实际上"让步了"的时候，他就可以完成他的任务了。我们最终顺从了我们对他的体验以及他的在场，这样他就可以顺从他的体验了，就是促使他不受干扰地数到100万，然后再回到1。他说，许多次他都几乎成功。最后他做到了，他也自由了。

我知道你有很多问题要问。我们很难把杰尔姆去了波特兰德路后接受的非正统治疗与较正统的治疗方式进行比较。最明显的问题是，这是否有用呢？杰尔姆没有再体验到精神病的困扰。他重新开始了他作为一个基本正常、普通常人的生活。当然，我们也疑虑，为什么杰尔姆一开始觉得必须远离他的家人呢？促使他解决这种严重症状的动力和潜意识的驱动力是什么呢？这些是杰尔姆自己都不能回答的问题。在他恢复健康，也恢复体重后，他决定进行个体治疗，以便发现他能发现的线索。他及时地找到了答案。

根据他在波特兰德路的行为，也许不难猜测杰尔姆对其家人的某些抱怨不满。比如，他一定觉得，作为一个人，他的完整性在某种程度上被他的家人伤害了或贬低了。当他把自己关在家中的卧室时，他正在那里保护着与其体验有关的某种东西。他正在坚持要获得某种独立性。这并不是青少年通过反抗想要得到的那种不同寻常的形式，但是杰尔姆一定感觉到，他应该用极端的方式让别人听到他的声音。按照他的看法，他正在要求得到别人的认同。很显然，他已经准备为此而死。结果便发生了一场意志之战，一方是杰尔姆，另一方是他的母亲和父亲，他们针对这个难以管教的孩子，动用了众所周知的不可动摇的力量。

这场发生在波特兰德路，我们可以从它的康复——它的移情——中推测出来的戏剧，就是所谓患有精神分裂症的个体所陷入的那种典型的绝境。一方面，当它出现时，我们与这种绝境做斗争的方式，毫无疑问地被全世界几乎所有的心理医院的工作人员视为草率、放纵，更不用说是危险的，甚至是怪异的。他的那种行为——不让步、倔强、阻抗的态度——通常会与甚至更强烈的意志、决心和权力进行碰撞。当然，药物治疗对于那种倾向来说是有用的，电击也是如此。或者说，如果它们失败了，甚至做手术也是可以的。另一方面，许多精神分析学家觉得可以通过分析解决这些绝境。或许你会说，我们对杰尔姆的治疗是一种改良了的精神分析。既然杰尔姆拒绝说话，我们就被迫让他的体验来"说话"。温妮科特（D. W. Winnicott）、沙利文、弗洛姆 - 赖克曼、奥托·威尔（Otto Will）以及其他人已经描述过，他们花费了许多小时与沉默的病人待在一起，允许他们有自己需要的时间去做事，做任何事情，打破那种似乎阻止进展的僵局。即便不是全部的话，也会有些分析师将杰尔姆的行为描述为对治疗的无理抵抗。他的行为特征是一种"表现出来"的形式。他们认为他是不可分析的。

在我看来，严格地说，"表现出来"并不一定，也不总是一种病态的防御。在某种程度上以及在某些情况下，这可能是病人的一种请求。我们不可能永远肯定，我们能理解另一个人的行为意味着什么，或者他可能正在体验的东西。对于精神病患者，我们也很少这样做。或许典型的精神分析和存在分析之间最重要的不同点是，前者依赖于来访者的语言能力，后者虽也重视言语，但有时我们都会用某些神秘的方式说话。有时，当我们的耳朵背叛我们的时候，我们用来倾听的唯一的工具就是用心。我们被迫让我们的良心作为我们的向导。就像我们和杰尔姆在一起时所做的那样，除了"让自己活，也让他活"，并看一看这会带我们到哪里去之外，我们或许已没有别的依靠。

存在分析和精神分析并不冲突。这是精神分析最原始的核心。它认为讲话是为了强调，或者恰当地说，是为了做出假定。或许这是一种更个人化的分析视角，它可能会打破某些惯常的规则。但是，可以把它用于同样的前提。大多数分析的惯常形式是：倾听是有转换作用的。这似乎很奇怪，当把一切都说完和做完之后，杰尔姆终于开始表达任何一个能倾听的人所能听到的东西了——也许就是话语本身所无法表述的东西。

我很关注这种方法在其他非精神分析情景中的应用，想以这些关注来结束这个问题。你可能已经猜到了，我相信，在每一种成功的治疗努力中，无论使用的是什么治疗学派，其成功的技术是什么，忠诚于体验都会是变化的动因。莱茵治疗方案的根源在弗洛伊德那里。不知何故，自从弗洛伊德以来，精神分析理论和实践中的一些倾向已经远离了与他的声音的联系。每当两个人为了剥开对方的心灵而相互观看时，体验都在等待着它的话语权。无论我们称此体验为存在的还是其他什么东西，体验的心声不得不被某个人听到，无论他可能变得多么有挫折感，但都愿意让体验发出自己的话语。

参考文献

Bion, W. R. (1961). *Experiences in groups and other papers.* New York: Basic Books.

Cooper, D. (1967). *Psychiatry and anti-psychiatry.* New York: Ballantine Books.

Freud, S. (1913/1958). *On beginning the treatment (further recommendations on the technique of psycho-analysis I).* Vol. 12, pp. 121–144. London: Hogarth.

Freud, S. (1924/1961). *The loss of reality in neurosis and psychosis.* Vol. 19, pp. 182–187. London: Hogarth.

Hegel, G. W. F. (1949). *The phenomenology of mind,* 2d ed. (J. B. Baillie, trans.). London: Allen & Unwin.

Heidegger, M. (1950/1970). *Hegel's concept of experience* (orig. *Hegels Begriff der Erfahrung*). New York: Harper & Row.

Heidegger, M. (1959/1971). *On the way to language* (P. Hertz, trans.). New York: Harper & Row.

Laing, R. D. (1965). Mystification, confusion and conflict. In I. Boszormengi-Nagy and J. Framo (Eds.), *Intensive family therapy* (pp. 343–363). New York: Harper & Row.

Laing, R. D. (1972). Metanoia: Some experiences at Kingsley Hall, London. In H. M. Ruitenbeek (Ed.), *Going crazy: The radical therapy of R. D. Laing and others* (pp. 11–21). New York: Bantam.

Laing, R. D., & Esterson, A. (1971). *Sanity, madness and the family,* 2d ed. New York: Basic Books.

Thompson, M. (1985). *The death of desire: A study in psychopathology.* New York: New York University Press.

对存在－整合案例的详细阐述——杰尔姆

无论是遗传力量还是环境力量导致了精神分裂症，我们都不应忘记那些受这些力量影响的人，即曾体验过它们的人。虽然存在治疗或许不是解决这个人的问题唯一的甚至最好的手段，但有几个理由可以说明为什么应该严肃地对待这件事情。首先，传统的治疗趋向于产生有危害的副作用，如（药物引起的）迟发性运动障碍、记忆缺失和嗜睡症。其次，虽然传统的治疗能掌控（或者维持）患者的状态，但它们都倾向于不培养也不支持他们。最后，虽然传统的治疗促进行为的改变，却忽视了内在感知觉的改变——而这对于患者来说有重要的康复意义。

自 20 世纪 70 年代以来，像金斯利大楼那样的治疗环境出现了持续下降的趋势。这样的下降是由于使用抗精神病药物（以及其他有利医疗手段），这破坏了对这些多变环境提供资助的资源。然而，这也部分地归咎于可供选择的社会本身，这些社会环境没能有条理地说明他们的体验，其中虽然有许多与这些共同体有关的令人高兴的奇闻逸事，但很少有人对此加以组织和出版。

杰尔姆的案例是对这种情境的一种值得欢迎的例外。杰尔姆倔强、沉默和退缩，他是一个对存在探究有挑战性的人。

从存在整合的立场来说，杰尔姆有点反常。他不仅对压缩的和扩展的无理不以为然，而且变得那样无理，并且在其他方面也变得很少能让人理解。他退缩到不动的状态，把自己隔离起来以至于达到了将自己封闭起来的程度，杰尔姆身上一定发生了某件让他痛苦的事情。但是如同汤普森博士认识到的，杰尔姆身上发生的一切，相对于他的体验来说并不重要，而这就是治疗的起点。

通过很敏感地出现在杰尔姆面前，并且保证使他有一种安全的氛围，汤普森博士开始了解杰尔姆，并且不用话语就可以感觉到怎样接近他。汤普森博士在杰尔姆身上发现的第一件事是，他是多么强烈地反抗以及他是多么彻底地闭锁在他的立场之中。看起来杰尔姆的抵抗有两个重要的功能：（1）它们使他远离了与外界的接触冒险，远离了使自己冒险的行为，也远离了建立挑战性的关系；（2）它们使他远离了这种令人窒息的静止不动的状况和无意义的毁灭。与此同时，杰罗姆退缩了，因此，他也开始进行过分的反叛；同时他仍然静止不动，他可能已精神恍惚了。

当努力去改变这些极端的心理对抗（因为他们剥夺了杰尔姆的避难所）时，有一种做法确实会给人带来希望。汤普森博士认识到：应使杰尔姆能够抵抗。这种做法迫使杰尔姆去评价他的抵抗，并且向他提出挑战，要他为阐明这些抵抗树立榜样。在此我不妨澄清一下，汤普森博士（和他的员工）在这个过程中并没有简单地放弃杰尔姆。恰恰相反，他们坚定不移地支持他，向他提供帮助。但是，他们所做的实际上就是承认杰尔姆有抵抗的需求以及相应地让他自己走出来。

杰尔姆开始缓慢而又痛苦地认识到，他在这种照顾的气氛中进行抵抗是多么不必要，他的抵抗多么残酷地使他的生活发生了分裂。例如，他发现自己已经没有必要隐藏自己了，也没有必要为了生存而自命不凡。可供选择的是，他开始接受更多的意识束缚和扩展的潜能，这使他的精神得到了抚慰和恢复。

等到杰尔姆在那个决定命运的夜晚走出他的房间，不再数数时，他确信他能够成为克尔凯郭尔意义上的"自我"了。他能够消除某些行为（例如，不再做出过分的行为），或者不再进行扩展（例如，扩展到同房间的人），这或多或少地是因为他选择这么做，并且他能够放松下来。归根结底，这是因为他已经非常慷慨地允许自己生活下去。

人格主义的存在主义：一个美国原住民的观点

（罗亚尔·阿尔苏普）

罗亚尔·阿尔苏普（Royal Alsup）博士是一名治疗师，也是旧金山的塞布鲁克学院的辅助教学人员。他是加利福尼亚州的阿卡达超个人与存在心理治疗中心的合作主任，在加利福尼亚州北部已经与各种不同文化的患者生活、接触和咨询超过二十五年了。他特别感兴趣的领域是心理健康专业方面的社会意识。

罗亚尔·阿尔苏普认为，对美国原住民的存在治疗是一个范围宽广、整体性的计划。自由是由复杂的现实来定义的——个人、社会和原型的现实。在他与这个美国印第安女孩进行接触的工作中，阿尔苏普描绘了在使她获得自由中使用的丰富而又有唤起能力的工具。这些工具包括对其社会文化背景的深层移情和体验、合法公共的辩护以及与她的祖先神话的体验性接触。

人格主义的存在主义把人类的人格视为不可侵犯的，并且强调内在和外在生活的不可侵犯性。"我和你"（I-and-Thou）与造物主的最高人格的交会是通过在人类生活的三个方面的对话而发生的：（1）人际关系；（2）物质的自然世界；（3）内在的精神现象。人格主义的存在主义把相互联系的美学意识、神圣意识与社会和政治意识包含在内。超个人现实和存在现实在神圣和不可亵渎的生活琐事中反映出来。我和你与最高人格的那种迷人的、令人难以置信的交会可以在任何时间、任何地方以及通过任何客体、任何人或事件被体验到。这既不局限于某种内部、个体主义的神秘性，也不是社区礼拜和仪式中所特有的。个人与最高人格的关系会创造一种"存在感"（sense of being）和"成长"（becoming），这就是自发形成的毫无休止地与自我、他人和自然持续对话。它包含在形式中，在存在着的、具体的日常生活中被体验到。

弗洛拉·琼斯（Flora Jones）是一位文图（Wintu）女医生，当她谈到精神（spirits）时，就好像它们是与人类存在处于某种伙伴关系中的人格。以下是引用努森（Knudtson）的证词：

> 这就是精神告诉我的——把我的人聚集在一起。……无论是谁，只要拥有神圣的地位就必须把他们唤醒，正如我现在所做的——将我原来的世界埋藏在心里甚至刻在灵魂深处。使它们来帮助我，也使我来帮助我的人民。（p.14）

弗洛拉·琼斯所表述的人格主义是大部分非洲裔美国人和美洲印第安人传统的基础。这两种传统拥有双重主题——在这个世界中的存在（Being-in-the-world）和超出于这个世界的存在（Being-beyond-the-world）。最高人格被体验为一种整合的智慧和爱，这是通过神话故事、仪式、崇拜、梦和幻想的原型表现出来的。

位于两者交汇点的原型精神性确认，最高人格就位于人类的人格中，在交会中作为存在的基础（the Ground of Being）。作为生活人格，最高人格在与人类个体的关系中提供爱、知识、神秘、礼物和分享。这种"我和你"的交会可以使人"觉察到"魅力与恐惧、命运与自由、死亡与生存、焦虑与欢乐、兴趣与惊喜、爱与羞耻，还有内疚与兴奋的群集。

人格主义的存在主义源自我的实践和理论，是在通过与美洲印第安人和非洲裔美国人的对话来反复理解和解释的过程中产生的。亚历克斯·黑利（Alex Haley）在他的著作《根》中描述了昆塔·肯特的爸爸是如何将他的还是婴儿的儿子赠送给宇宙的。他写道："他将小昆塔抱在他强有力的臂膀里，他走到村子的尽头，将他的儿子举起来，抬起他的脸面对上天，柔声说道：'……瞧，这就是比你自己更伟大的唯一的事情。'"（p.13）黑利表达的意思是，活的宇宙就是昆塔·肯特的父亲和母亲，这个孩子的人格是神圣的。在纳瓦霍[①]传统中，如果有人将自己的婴儿高高地举起面对着太阳，并且说"太阳神父，这就是你的孩子"（J. Rivers & J. Norton，个人交流，1992 年 6 月 1 日），这就是在表达宇宙是有人性的，有爱的。纳瓦霍人的婴孩是活的宇宙直系的子孙后代，所以，他的人格是神圣。非洲裔美国人和美洲印第安人的传统证明，在人类人格与最高人格之间会发生持续的

---

① 纳瓦霍（Navajo），北美印第安人的一支。——译者注

对话，这揭示了神圣与世俗之间并没有完全分开，而是在形成一种有内在联系的形而上学的现实，这在日常的"我与你"的交会中被重新神化了。

美洲印第安人的仪式强调人类人格的神圣，胡帕划船舞（Hupa Boat Dance）仪式为社会神秘主义造就了一片神圣的空间，使社会恢复生气，使部落成员在感知到造物主之后感到自己成为上帝的特殊子民。这就是部落成员"认识到"他们得到造物主承认时的一种精神性。划船舞给死者以荣耀，帮助他们的灵魂到达"伟大的神迹"。它也是一种给人以生活提醒的仪式，在这个集体的世界观中，他们是神圣的，每一位个体都是重要的。来自舞蹈的原型的声音与观察者和参与者的原型体验，使死亡这种严肃的本体论的实施成为一种美的体验。

以下提供的案例是为了证明以人格主义的存在主义为基础的有效的心理治疗及其对美洲印第安人患者的应用。心理健康专家对美洲印第安人患者的治疗需要练习内在精神的永存，它可以将治疗师与来访者在某种文化背景中结合起来，做出诊断，并使用适合这种文化的治疗。内在精神的永存要求专业人员加入集会和仪式，例如，跳划船舞，出席部落成员的葬礼，到邻近和远处的家庭去做家访式的心理治疗，与印第安人的巫师们一起工作，治疗师还需要练习交际性社会行为，也就是用文化知识来教育县、州和联邦机构的工作人员与生活方面有关的文化价值观和态度，例如，在他们对美洲印第安来访者进行专业治疗时涉及的死亡、寂静、有限性和自由。

这个案例是涉及美洲印第安人，特别是那些家里有人死亡的典型例子。尽管不会谈到死亡，但这种文化传统却规定，对这个逝者和幸存者来说，死亡的体验是在礼仪和仪式中确定下来的。在与美洲印第安青少年有关的案例中，经常涉及青少年司法系统。美洲印第安文化严禁谈论死亡，一个对美洲印第安文化不熟悉的非印第安裔的治疗师可能会在法庭报告中做出假设，认为印第安青少年来访者不配合治疗。例如，这个年轻人可能不会透露，他最近滥用药物的问题是由于某种死亡而引起的情绪创伤所导致的。不熟悉这种文化的治疗师就很容易给这个不透露信息、不说话的印第安年轻人贴上不可治疗的（untreatable）标签。在这种情况下，地区的律师经常会建议将那个年轻人安放在一个适合居住治疗的场所或是送到州少管所里，这些地方通常远离这位年轻人的家，将他与有家庭、部落、景色和巫师的那种治愈的文化基质分离开。这种分离将进一步加剧这种悲痛过程，并且对大多数美洲印第安年轻人来说，会把创伤后的应激症状强加在这种死亡和悲痛的创伤之上。

美洲印第安人的心理学和世界观都认为，只有当心灵和心脏处在寂静无声的孤独中，并使用仪式的方式，一个人才能理解人的"有限性和自由"。当一个美洲印第安年轻人听到主流文化的心理健康专业人员谈到家庭中的死亡时，就会感受到很大的压力，以至于他痛苦地处在与文化价值观相冲突的境地。这种对怎样加工死亡体验的文化冲突会产生畏惧、失望、焦虑、孤独和有限性的感受。美洲印第安文化规范规定，一个人只能怀着尊重的心情来谈论死亡，最好是根本不谈，而不愿意冒险把死者的精神拉回到这个世界上来。治疗师无视安静、话语、仪式和祖先的重要性，会在当事人与治疗师会面时使对话治疗过程瓦解。与法庭的威胁相比，这种部落传统是这个年轻人与心理治疗师进行分享的一种更强烈的决定因素。

一个美国印第安女孩的案例

这个案例研究关注的是一个抵制接受治疗的美国印第安女孩，她因失去家中亲人，无法从悲痛中走出来而存在物质滥用（substance abuse）的问题。她大概已经被青少年司法系统给她推荐的五个对于文化反应较迟钝的治疗师治疗过。这些治疗师的报告一致描述她沉默、抵抗，并得出结论认为，治疗对她是无效的，因此认为将她送去少管所是唯一的途径。

第一次面询

这个美国印第安女孩在第一次治疗面询时就说，她在一个部落仪式和葬礼上见过我，她信任我。接着她陷入了大约十分钟的沉默之中。然后，我给她讲了一个丛林狼与水牛的故事，这个故事讲的是怎样处理传统以及人在传统中的角色和功能。在传统的印第安故事中，丛林狼和水牛被看作超个人的和存在主义的，这些故事的教义是促进道德发展，在神圣与世俗之间保持平衡。丛林狼和水牛的故事成为使她与现实联系而不是与治疗师联系的试金石。这个故事使她从沉默中走出来，使她觉得受到了关怀，引起了她的兴奋和灵感，这有助于她将自己的个人经历与充满神秘色彩的故事联系起来。在我的建议下，她很热心地运用艺术材料做了一幅拼贴画，象征性地表现了她自己。

通过将她的这些熟悉的感受和对部落传统的关注投射到拼贴画的象征之中，她就能够——就像在这个故事中表现的那样——将其部落传统在认知和情感上很好地整合在一起了。讲述这个故事使她觉察到，她做出的选择使她远离了她原来的"生活道路"，使她在心理上和精神上都失去了平衡。她用酗酒和毒品来掩盖其不和谐、不舒服和痛苦的感受。

通过讲故事和艺术创作，她对个人神话以及它是如何在更大的部落神话中展现出来的，产生了一种体验。她在平凡又神圣的角色（丛林狼）身上，在与整个超个人的伟大精神（水牛）的斗争中，看到了其中所反映出来的她的个人生活。通过这个丛林狼与水牛的故事，她的学习与道德发展的认知和情感领域被唤醒了，并使她产生了自我觉知。

第七次面询

在这次面询中，我交给这个印第安女孩一项任务，让她用美术贴画的形式描述她是如何看待她的部落的以及这个部落在她的生活中代表什么。在制作贴画的过程中，她的部落故事展现出来，她表达了她从被造物主认识的那种体验中感受到的安全感、保障感、归属感和爱。被造物主认识使她在制作这幅美术贴画的创造中产生了一种整体意识和高峰体验。她的美术贴画展现了一幅象征着在一定范围内她的部落土地的风景画。这些仪式、风景和造物主的象征表达的意思是，这些现实的试金石和她进行了个人谈话，在其部落土地的神圣的大教堂里重新保证了她的印第安人身份。美术贴画的象征使她的态度产生了一种心理上的转换，从抑郁、压缩和局限性向欢乐、扩展和自由的态度转换。

在这次面询快结束时，这个女孩有了更多的"自我肯定"，似乎有了更多关于她如何在其日常生活限度内适应生活的感觉，因为她感受到更多的"中心性"。她开始谈论她是怎样丧失其存在感及其同一性感觉的。现在她能够认识到自己在这个神化世界里的有限性，但是，她也为争取自由而深受鼓舞并感到兴奋，因为她不觉得有必要迎合她所在中学的那些非印第安年轻人。现在她看到，遵循她的部落方式和严谨生活的道德规范，可以把她从甲基苯丙胺成瘾中解救出来。这使她产生了一种体验，其印第安传统的有限性是怎样同时给了她意义、目的和自由。

第十二次面询

在这次面询中，我建议她做一幅关于她的家庭及家庭成员在部落社区中所扮演的角色或发挥的功能的美术拼图。我又给她讲述了另一个丛林狼的故事。在这个故事中，丛林狼彻底改变了由于伐木工人的贪婪而引起的所有的破坏性。身穿蓝衣衫的伐木工人巫师把树种回到地上，把主干和树枝重新连接起来，从而重新建立了所有动物的自然栖息地，由此所有的树木都重新回到了森林里。美洲印第安人的故事把意识与无意识结合起来，从而给印第安人提供了一种深刻的方向感和目的感。在这种心理过程中提供了意义的这个结构就是存在主义者称为意向性（intentionality）的东西（May，1969）。

这个女孩很感兴趣地开始拼一幅新的贴画，来表现她的家庭成员，他们是伐木工人和舞蹈者。她的家庭成员按照传统都穿着舞服，带着舞伴，借助这种部落更新仪式使地球重新回到平衡状态。从字面上看，这种艺术创造的时刻是对其人格的一种更新，在这一点上使她产生一种作为印第安人的真正的同一性感。她的家庭成员既是伐木者也是舞蹈者，都是为保持地球的平衡而工作，这种感情觉知使她产生了一种深刻的与我进行"我和你"交会的感受。这个对话的出现才是真正的愈合期的事件，因为这使她觉得她和那些对她的家庭神话和她的部落社区感兴趣的治疗师联系起来了。她为自己是其家庭和部落的一员而感到骄傲。她的自由感通过欢乐和兴奋溢于言表。

此后还进行了几次面询，使这个女孩进一步加强了她的印第安同一性感。她开始根据她的传统生活，她接受了自己在部落社区作为一名舞者和服装制作者的家庭角色，这种自豪感帮助她戒除了毒瘾。一年后，她解除了缓刑并且成为一名好学生。她作为一名部落成员的那种强烈的新同一性感，帮助她面对在她失去那些吸毒朋友时所引起的孤独，这给她提供了具有更大自由和潜能的背景关系。

在心理治疗中，死亡和悲痛的问题是通过讲故事、艺术创作和梦的工作这些非直接的、象征过程表现出来的，这是对她需要沉默寡言和存在感的一种尊重。在治疗过程中，她做过一个使她感到宽慰的梦，她的家庭成员仍然生活在人生旅程中，只不过从普通人的生活转到精神世界中去了。这个梦减轻了她的抑郁和悲痛，并且使她回到了其部落生活的道路上。

结　论

心理健康专业人员需要对以下与美洲印第安病人之间的治疗对话保持警惕：

（1）神话的世界观基于日常生活的那些具体的、存在的事件，反映了超个人的和无所不在的造物主的人格主义。

（2）所有的人类人格的神圣不可侵犯性。

（3）最高人格的社会存在，它通过各种现实的试金石——仪式、故事、歌曲、神话、梦、幻想、服装和更具有全球性而非地域性的景色，向美洲印第安人讲话。

（4）美洲印第安来访者的独立性、独特性和完整性是对源于最高人格的说明所做的反应。

（5）美洲印第安人的个性化的进程通过参与交流有助于维持和发展一种"我们"的心理学，并导致个性化的最终形成。

（6）确定美洲印第安人的同一性或存在感的重要性，他们的部落家庭和他们的神话是那些在治疗环境下"我和你"交会时刻的展开。

（7）通过和部落医治者一起参加仪式、家访和参加社交活动来实践内心存在的需要。

正如罗洛·梅（1981）所说，存在心理治疗师通过讲故事、艺术创作和梦的解析来促进来访者进行创造性的暂停。

> 暂停是创造的本质，更不用说是原创性和自发性的本质了。除非一个人能够让自己周期性地放松，使紧张得到解除，否则，他就不能使自己在丰富的前意识或潜意识中获益。正是在这种情况下，这个人才让沉默说话的。（p.176）

最后，在对美洲印第安患者进行心理治疗时，利用沉默或创造性的暂停以及通过讲故事和艺术创作运用部落的象征系统，是具有本体论的必要性的。在治疗环境中的沉默可以创造一种环境，在这种环境中，一些内在的对立冲突——死和生、无意义和有意义、有限性和自由——能得到创造性的解决。沉默使象征得以呈现，使烦心的精神得以整合起来。通过在心理面询中使用部落象征，治疗师便可以目睹并确定印第安人的整体性。用这种方式，"我和你"的交会就被创造出来，并导致病人面对他的自由。这种态度的转变也会带来存在的功效。

参考文献

Haley, A. (1976). *Roots*. New York: Doubleday.
Knudtson, P. N. (1975). Flora, Shaman of the Wintu. *Natural History,* May, 6–18.
May, R. (1969). *Love and will*. New York: Doubleday.
May, R. (1981). *Freedom and destiny*. New York: Doubleday.

对存在－整合案例的详细阐述——一个美国原住民女孩

这个女孩在这个案例中承受着双重负担。她不仅失去了一个最爱的人，还被剥夺了某种文化，一种来自过去的遗产。

阿尔苏普医生认识到，这样的剥夺是很残酷的，因为这使她失去了尊严和自豪，并且使她任由那些她不信任的人摆布。

通过他那富有同情心的世界观和对其传统的理解，阿尔苏普医生试图纠正这种情境，例如，他尊重她所选择的沉默，并且不使用传统的治疗。他与她交流，但很巧妙，带有隐喻的性质——没有强迫性的议程。

阿尔苏普医生很快就通过讲故事和其他有经验的手段了解了实

情。比如，丛林狼的故事帮助这个女孩感受到从阿尔苏普医生那里得到了关爱，指导她的注意力转向内部。而这也激励她用拼贴画去进一步描述她的探究。

这幅拼贴画帮助她认识到，她的生活变得多么黯淡，离她的根源又是多么遥远。例如，她认识到，她觉得自己是多么渺小，当她试图去克服那种渺小时又显得多么无能。但是，她却越来越感受到她的祖先在她心中的回声和脉动。她感受到了充满活力的仪式舞蹈和色彩鲜艳的盛装。她与社会生活和这个流光溢彩的世界重新联系起来。

经过一段时间之后，她觉得实际上已经减少了她的药物摄入量，并阻止了想变得大众化的强迫性冲动。她变得很安心，使自己以某些方式来限制（constraint）自己——例如，通过坚持部落传统，通过使自己在学校里遵守纪律。她允许自己接受别人的关爱，也甘愿在大自然面前谦卑。而在觉得自己被驱使着去收缩或扩展、抑制或突出之前，她对这些能力感到能更灵活地驾驭了——更深思熟虑。

然而，当她开始参与其部落的仪式时，她也认识到生命的当代现实和要求，阿尔苏普医生关于巫师和伐木工人的故事就是这种整合的一种反映，通过邀请她把伐木工人（例如，她的家庭成员）看作部落的角色榜样，他便帮助她把这些经历、背景和未来的可能性联系起来。

综上所述，阿尔苏普医生对他的患者使用了与文化相关的解放策略。他促使她做好了文化准备，他对处在个人和文化背景中的她予以关注，他用具有文化敏感性的联系向她提出挑战。这些形式的结合帮助他的患者体验到——不仅是报告或分析——她的困境。这样她就能在她的困境面前暂停一下（例如，压缩，对差别的恐惧），认识到什么是有价值的，找到应对的措施，提升了她生命的意义。

与中国来访者的简短交会：彼得的案例

（约翰·高尔文）

约翰·高尔文（John Galvin）博士，是一位持证的心理学家，香港大学商学院的管理顾问和教员。旧金山塞布鲁克学院的毕业生，他有二十多年在亚洲社区进行心理治疗的经验。

尽管在存在主义学术圈里，短期治疗通常受到轻视，但是也有一些时候，短期治疗可能是适当的。约翰·高尔文表明，短期的或者他所称的"突然的"存在交会对华人（以及其他民族或适宜人口）患者来说具有特别突出的作用。当与移情、在场、对来访者进展的步伐的敏感性相结合时，这样的"遭遇"就能促进对优先权的至关重要的重新评估。

遵循高尔文博士的案例，为了对其进行补充，我们提供了詹姆斯·布根塔尔博士对短期存在－人本治疗的"一些概述"。

历代的很多作家都发现，人生旅程是反映和描述生活体验的一种强有力的隐喻：荷马的尤利西斯从特洛伊回来的旅程、乔叟（Chaucer）的清教徒从客栈到客栈的旅行、马克·吐温的哈克·费恩从密西西比河漂流而下的旅行以及梅尔维尔的伊什梅尔同亚哈船长和"佩阔德"号[①] 全体船员的航行。

---

① "佩阔德"号（Pequod），梅尔维尔小说《白鲸》里的一条捕鲸船。——译者注

所有这些游历书籍中一个共同的事件是英雄和某个奇怪的人或奇怪的事情交会。随着这种交会的展开，我们发现，这位旅行者冒着与人类状况的某些方面进行真正对抗的风险，或者以某种方式揭示他最深刻的思想和感受。

存在治疗师形成了一种对这些交会时刻的亲和力。它们是心理治疗"旅程"中的一些要点，如果能够治愈的话，治愈就是在那些要点中发生的。它们就是那些做出选择以及需要做出选择的时刻。尽管有对它们予以否认的力量，但它们就是生活能够得到肯定的时刻。这些交会就是当意识肯定或否认意志想要获得的东西时，当来访者开始介入对他自己的创造时的那些时刻。

作为一名存在治疗师，我将我自己视为按照为这些交会所做的生活准备而进行游历的旅行者。存在主义的文献突出了存在交会的重要性，我作为一名治疗师的体验也经常确定，它是极其重要的。

治疗师的很多训练指向发展那些充分利用这些交会所要求的知识和技能。治疗师学会了识别来访者的那些通常模糊、非直接交会的邀请，学会了理解并克服来访者提出要避免交会的藩篱，学会了倾听和理解而不是干预来访者体验的展开。但最基本的是，在这些交会的时刻，治疗师能真正用来进行分享的献身精神。

甚至当应对精神错乱的病人时，我也学会了不要取消交会的可能性。邀请交会的在场、本真、尊重和谦卑甚至可以刺破精神病的面纱。当我对精神病患者进行治疗时，我坚持以对待其他来访者的态度来对待他们。我礼貌地敲他们医院病房的门，问他们我是否可以进来。我注意倾听他们精神错乱的会话，而且我尽可能让我自己在感情上受到触动。

在有些情况下，我很奇怪地发现，确实发生了一种交会。我在医院评估过一个处在严重精神错乱时期的中国年轻人，几个月后，当我们在繁忙的菜市场偶然相遇时，他还能够最生动地记得我。他告诉我，在我们会面的那个时刻，他曾经感到多么害怕和孤独，而我给了他一种希望的感觉。

如同它们在心理治疗文献中所称的，存在的交会（existential encounter）几乎能在任何时刻发生。有些在治疗的背景关系中发生，有些则在某个简短、偶然的会面时刻发生。

几年来，我对华人做的咨询工作使我特别重视简短、突然的存在交会的力量和重要性。与美国人不同，美国人已经开始欣赏治疗师的专业角色，通常会参与扩展了的心理治疗时刻，华人则不太可能从一名治疗师那里寻求帮助。我开始欣赏的是与这些人进行简短的、通常只有一次的交会。他们通常是那些我已经通过其他活动建立了某种关系的人。尽管这种交会很简短，但我认为其中大部分治疗都发生了。

彼得的案例

当我做了一场关于孤独和新移民者的演讲之后，又一个这样的交会发生了。当观众散场时，一个刚移民到美国的中国年轻小伙子——彼得走了过来，并且开始和我交谈。一开始，他问了一些理论上的问题。我们在房间的一个角落坐了下来。房间里没有其他人后，我问彼得，当他刚移民到美国的时候是否体验过孤独的感觉。他不加考虑就说："不，我没有。"他的否认非常强烈。一个有经验的治疗师会形成关于自我欺骗的第六感，这些谎言都针对他本人，并且旨在保护自己。彼得强烈而又不自然的否认，事实上也是告诉我，他很想谈一下关于孤独的体验。我为某种快速的扭转做好了准备。我把关注都放在他身上了，并且静静地等待着。

彼得在予以否认之后便陷入了短暂的沉默，当他在座位上向后靠时，他的身子很僵硬，屏住呼吸，他的语言也显得很苍白。之后，突然之间，他又恢复了活力，身子向前倾着说道："是的，我确实体验过孤独。"

我回应道："请给我讲述一下吧。"

彼得想打开话匣子。这是个至关重要的时刻。我的态度、我的话语能够像开门那样迅速地把门重重地关上。社会化的进程可以对我们都做出评价。治疗师必须学会脱掉他的法衣，并且不再担任只允许在合适的时间和符合逻辑的情况下才能进入他的意识的守门人。他人在场和移情（empathy）是打开交会之门的钥匙。

他的选择是继续交谈。我与他沟通，更多的是通过我的态度而不是语言，我很乐意去倾听和理解。他也可以随意地选择交谈或不交谈。

个人生活就像一幅充满了体验的织锦挂毯。有些是用我们自己的双手亲自编织的，有些是命运之手为我们编织的。

彼得的叙述开始了。

他是一个出生于越南西贡的中国人，是离开自己的国土在外国文化中寻求机遇的中国移民社区中的一员。在越南，他们仍选择保持自己的中国同一性，而越南人则选择把他们视为外国人。

在越南战争结束之时，北越军队 ① 占领了西贡。这些"解放者"强迫许多中国人离开越南，而其中大多数都是从事贸易和经商的人。生活的这些不测事件结束了彼得一家人原本舒适的中产阶级生活方式，使他们分离到了三个国家。几个兄弟去了加拿大，他的大哥和父母都去了英国，彼得和他的姐姐去了美国。

彼得解释道，他是家里最小的孩子，在他的成长过程中，他和他已经年老、退休的父亲的关系是最好的，因为他父亲也有足够的时间享受养育一个年幼孩子的乐趣。

彼得的父亲在他的记忆中留下了深刻的印象。在一个动荡的世界中，他给了彼得安全感，尽管所有的孩子中他最小，经验也是最少的，但是在他父亲的关注之下，他的自尊感也随之得到了提升。

在倾听中，我了解到，彼得的父亲在他的世界里是个核心人物，是彼得关于意义、自尊和安全的最初来源，即存在治疗师所谓存在的基石（existential ground），这也是一个人心理存在的支撑点。

作为一个难民，彼得被迫离开了他的父亲，但是他们的关系仍然很密切。他父亲写信给他，偶尔也会打几个电话交谈。他们经常谈论将来全家再次团聚的话题，这给彼得带来了希望和目标。

在生活中，我们的力量可能会轻而易举地变得虚弱。彼得和他父亲的关系促进了他心理上的生机活力的产生，但是，一旦破裂，这也可能使他垮掉，使他陷入危机之中。这样的事情发生在英国一个寒冷的冬天。

他的父亲在伦敦的街上散步时，被一块冰滑倒了，头部受到了致

---

① 这是指在胡志明主席领导下的越南共产党的军队，主要活动在越南北方。而西贡是越南南部的一个城市。——译者注

命伤，他再也没有恢复意识，在到达一家伦敦的医院时，医生宣布他已经死亡。

迈出错误的一步竟然结束了一条生命。已经没有时间说永别了，就这样迅速地切断了给彼得带来安全感的父子联系，也没有时间让他自己形成一种成熟的独立感。他的父亲去世了，作为自己命运的一个不情愿的主人，彼得只能独自面对这个世界。

"我深深地感到孤独，无论是白天还是黑夜，关于父亲和我们在一起的所有回忆都涌现在了我的脑海中。我想见我的父亲，可是我知道这再也不可能了。"

在我们的交会中，彼得重温了在他父亲去世之后所有的孤独和沮丧。我通过把他用以下语句表达的感受和意思反馈给他，对他进行鼓励和支持：

"你知道他再也回不来了，但是你仍然不能接受这个事实。"

"他走得太突然了。"

"当你不能参加他在伦敦的葬礼时，你感到多么孤立无援。"

"他使你觉得他很重要。"

彼得对他父亲的思念和他的父亲去世这一不可否认的事实让我想起了一行诗："我们渴望曾经的东西，乞求没有得到的东西。"（在这一刻，我也有了这种感觉，对曾经有过的东西的思念和对失去的东西的思念，对我的年轻而已去世的弟弟的思念。）我把注意力又放回到了彼得身上，他解释道：

"我白天工作，晚上上夜校，但这一切都显得没有意义。每天早上起床，穿衣服，上班，上学。平时我都不和别人说话，除非他们先和我说话。我无法先和别人交谈。我不想和任何人交谈。下课之后，我回到家，独自坐在屋子里，关上所有的灯并蜷缩在凳子上。我在那里坐上好几个小时，直到我精疲力竭地睡着了。"

独自在屋子里，被夜色笼罩，他的内心充满了忧郁。脑海里全是关于他父亲的记忆。虽然这些记忆使他陷入了痛苦，但也给他带来了一丝慰藉。人类的体验是这么自相矛盾。我们可以同时体验到快乐和悲伤，而且两者又可以相互唤起。

彼得房间的黑暗代表着他对如今生活的体验。他身边所有的人和事物都离他而去，只剩下他自己和关于他父亲的记忆，渐渐地，他的求生意志也越来越弱了。

彼得感觉自己就像个只抓着岩石边缘，身子晃荡在悬崖边的人，脚下是空旷无边的深渊。他累了，感到非常孤独和痛苦。唯有那些回忆起他父亲使他觉得有价值的短暂时刻才使他继续坚持走下去。

我评论道："死就是对痛苦的一种逃避。"

彼得注视着我，我突然感觉自己像和他一起在那间黑暗的屋子里。他说："我知道不能这样继续下去，我必须做些什么来结束这一切。"

"生存还是毁灭"——就像哈姆雷特那样，彼得在选择生或死方面显得优柔寡断。多久才能结束这样的挣扎呢？他觉得这很难说。三个星期，四个星期……

"我失去了对时间的知觉，每天都过着同样的生活。唯一剩下的记忆是我坐在黑暗中，身子像是瘫痪了一样，不能做任何事情。"

在之后的一个晚上，他回忆起他父亲说过的话，才打破了生活的平衡。

"我曾记得我父亲说过：'生活充满了机遇，关键在于你必须抓住它们，努力取得成功。'"

这是一个退休的中国商人对他的小儿子所做的简短的忠告。然而，在彼得陷入抑郁的黑暗之中时，这些话在他的记忆中回响。这种顿悟也很简单：他必须做出选择，这是他的选择。生存还是死亡？这取决于他自己。

彼得的意志瘫痪即将结束。

我们很难用言语来描述这种叙述中蕴含的深层次的感受。彼得的脸色的迅速变化反映了他做出选择时充斥在他心中的矛盾挣扎。就在那一刻，他辩称道，这一切是多么无意义，他还用充满积怨的声音描述了这种痛苦的负担，这是生活给他带来的厌倦而不是伸出的援助之手。之后，他又因为对亲人和朋友的回忆而感到开心。这并不是客观的争辩，而是深层次的个人思想斗争。我感到似乎彼得抓住了我的手臂，把我强行拖到了过山车上。车子缓慢地向着希望的高峰冲去，然后我们的车子向下倾斜，随之而来的是一阵强烈的气流，让我们觉得恐怖，然后，一个右急转弯，又向左转，又开始向上。

这次交会的强烈程度给我留下了持久的印象。并不是所有的会见都是这样生动。有些很沉静、很温和，就像是夏天在一个清新、繁星点点的夜空下一阵微风吹过一样让人愉悦。而有些却充满了愤怒和挣扎，有一种无助的威胁感——就像发现自己被拉入了逆流，死亡之手把人往下拉。

作为治疗师，我们自己的恐惧和焦虑会使我们的工作受到限制。我们自己内心的矛盾、没有整理的思绪、对生活的妥协，都使我们无法进行交会。对我来说，弟弟的英年早逝让我仍然感到悲伤，我需要这种勇气，用一种提升了的死亡感去继续我的生活。在交会过程中，我经常对意识觉知的灵巧性感到迷惑不解：它是怎样在我的体验和我对他人的体验之间跳动的呢？

在某种程度上，彼得对生活做出了选择，他的意识理智为他提供了理论基础。他的父亲让他继续坚强地走下去，去做一些他自己的事情。继续生活并永记他的父亲是他的责任。他又追忆起许多他父亲说过的话，并把它们编织到他的生活挂毯中去，这是一种希望和目标的哲学。他会完成他的学业，他要为别人做一些事情，他会让他的父亲觉得骄傲和自豪。

我问道："这段经历对你来说有什么意义呢？"

他沉思了几分钟，然后回答道："人们都需要在生活中做出选择。我们需要别人的帮助，但有些时候我们需要独自一人。我明白了我需要成长。我太依赖我的家人了。"他说的话听起来是那么简洁而有力。

我感到很好奇，或许在某种程度上有点自私。我问他，跟我一起分享这些经历对他来说究竟意味着什么。

他回答道："我从来都不跟谁说发生了什么，我感觉现在想通了点。我也从来没有想过可以这样解决问题。我感觉自己像是重生了一样，但有了更多的自我觉知。在某些方面，我感到很开心，很自豪，我也更多地觉察到了我的力量。"

这次交会到这里就结束了。他说了声再见。在这之后，我和他有过两次短暂的相见，那是在这次交会发生几年之后的事情。像这样的类似经历给我留下了生动的回忆，我发现我自己的生活也因为这些而奇怪地变得充实了。

从传统的角度看，存在心理治疗是一个精细而又长期的过程。同样地，很少有人会认为彼得和我之间的交互作用是存在治疗的一种形式。

我从来没有倾向于把心理治疗限于心理学家办公室的正规背景中。多年以来，我主要致力于医治美国的一些贫困和有问题的青少年、有心理疾病的人、少数族裔，以及中国香港的那些贫困华人。精细而长期的心理治疗要支出大笔的花费，更不用说还要有鼓励和支持这种治疗形式的文化环境了。在大多数情况下，这些就是我的求助者所缺乏的。

即便这些可能支持精细的存在心理治疗的条件很缺乏，我也仍然会经常遇到一些因某些问题而苦苦挣扎的人，而这些问题在存在治疗期间通常都是很表面的：接受一个人对自己生活的责任、把一个人日益增长的个体性与社会文化的强大需求整合起来、面对选择的焦虑、接受局限性、有勇气进行创造、寻找意义、面对人生的悖论等。

专业工作者的正规心理治疗实践与其他心理健康和社会工作活动有重合，这些专业工作者可能会发现，许多人投身于简短而精细的互动，唤醒了具有重大意义的存在解放的潜能。

许多年来，我提出了四条我想要遵循的指导原则，这是当我感觉到一个人想邀请我致力于存在交会时所遵循的原则。或许其他人会发现这些指导原则很有用：

（1）绝对不要在这些简短的交会中低估人们敞开自己心扉的意愿程度。许多人对存在主义这一主题有直觉的理解。他们或许没有读过这类作品或参加过课程培训，或许他们所属的种族和社会群体对于心理学也不是很懂，但是他们却在以某种方式离开传统社会的安全避难所并且沿着存在解放的道路前进。

（2）把关注的焦点集中在具体的生活情境，即个人生活中一种具体而特殊的事件上，避免理智上的争论。存在观点的本质就在于它对存在时刻的欣赏是对一种突出的、独特而具体的生活事件的强烈的意识参与。有人问一位象棋大师，在下象棋时怎么走才算是最好的？当然这个问题是没有绝对答案的，因此，这位象棋大师回答说，怎么走要看个人能力和当时比赛的具体情境。当一个人要面对选择，面对两个同样关注的矛盾——社会和个人、有限性和可能性，或任何其他重大的存在问题——就开始通过更多地沉浸在经验本身之中发现解放。没有绝对的答案。一个人怎么想，怎么感受，怎么做，都取决于他的能力和当时他所理解的背景关系。

（3）倾听、理解和反思一个人所表达的外显和内隐的感受和意思的能力，是唤醒存在时刻的关键。我仍然感到惊异的是，当一个人为了寻求感受和意义而倾听时，交谈要多快才能到达更深层次呢？

（4）接受并理解一个人的防御，他不愿意表达特定情感和面对特定事件的程度。我们很容易感觉到时间紧缺时的压迫感，并且试图推动这个人向前进。一个致力于长期精细的心理治疗的存在治疗师非常欣赏解除来访者防御的重要性。这一原则甚至可以适用于一个只见过一次面的人。这通常是通过帮助一个人面对曾对他有过贡献的某些防御来做到的。各种形式的简短心理治疗越来越受欢迎了，治疗师倾向于扮演一个活跃的指导者的角色，以便在有限的时间内达到目标。在我看来，在这些存在的交会中，治疗师能够通过做得更少来获得更多。

让我以两位疲惫旅客相遇的意象作为结束吧。在一个阴暗客栈角落的火炉旁，两个疲惫的旅客见面了，这个客栈给流浪的朝圣者提供了临时的庇护所。早上，这两位旅客将要分手了，他们都感到已经为还没有走完的旅程做了更好的准备。在我看来，这个简单的意象对成为一个存在治疗师究竟意味着什么做了很多说明。

对存在－整合案例的详细阐述——彼得

由于治疗的经费问题以及越来越多各种不同的求助者，许多治疗师正在变成短期治疗师，或者正在缩小他们雄心勃勃的目标。

虽然存在治疗是这场运动的后来者，但它也在重新思考其假设并且提供一些暂时的替代方法。

高尔文博士的案例是短期存在治疗的一个富有创造性的例子。他以出现在彼得面前和邀请彼得和他在一起作为开始。再者，他克制自己不催促彼得，并且支持性地给他提供了一个空间（高尔文博士的评论结尾处的那个客栈的意象就是对这种情况的例证）。虽然彼得最初是抵制的，但高尔文博士并没有强迫他。取而代之的是，他对彼得的抵制做了镜像反映（或使之生动形象地表现出来），只是为了让他认为自己还是有用的。这有助于使彼得对高尔文博士产生信任和释放他一直努力隐藏的痛苦。

这一案例可以用以下几点来概括：

（1）高尔文博士为彼得提供了一种丰富多彩的背景关系。

（2）他使彼得把关注的焦点放在一种具体的、特殊的体验上（即他的孤独）。

（3）他让彼得亲自体验这一经历并且挑出其中最显著的特点。

（4）他要求彼得概括他的发现并且考虑他们现在和未来的内涵。

虽然彼得在遇到高尔文博士之前已经通过扩展走出了他的孤独，

但他们的交会却巩固了这种扩展，并且阐明了他的人生中某些至关重要的发展。

对短期存在－人本治疗的初步概述

（詹姆斯·布根塔尔）

詹姆斯·布根塔尔（James Bugental）博士是塞布鲁克学院的一位名誉教授，是《心理治疗师的艺术》《亲密的旅行》以及其他许多论著的作者。

虽然高尔文博士的观点强调的是非正式性，但其他存在倾向的治疗师已经开始考虑结构更加复杂的短期治疗方法了。最近，詹姆斯·布根塔尔确定了对有高度结构的短期存在－人本模型至关重要的六个阶段。[6] 由于这些阶段可能使许多读者都很感兴趣，并且由于它们很切合我们的讨论，我们将做如下报告。然而，在这之前，有一个基本的要点我们必须牢记在心：布根塔尔博士的评论只是初步的，需要进一步发展。因此，那些想把他的建议用于来访者的人，应该等待更全面阐述的发表，甚至更加渴望的应该是参与这种方法的培训。

意图参数

在概述心理治疗的短期方法中，我遵循了三条原则：

（1）注重来访者的自主性，即坚持认为改变的动因是来访者自己的自我发现，而不是治疗师的洞见、力量和操纵。

（2）为来访者示范自然探索进程（searching process）[7]的力量，并且帮助他们学会在其治疗后的生活中继续使用这种力量。

（3）如果来访者想要进行更进一步的更深刻的治疗工作，要避免形成与治疗相反的习惯或期望。

治疗的阶段——结构程序

短期治疗需要有一个清晰（通常很明显）的界定和有限的工作计划焦点（治疗目标），这样就会有一个更明显的结构，使之从有限的机会中获得最大的收益。

当把这种结构组织到以下详述的阶段中时，就能更好地掌握这种结构。这并不意味着每个阶段都需要进行一次会谈。推动它们进展的进度将随着每一种医患关系的匹配而变。但是，通常这些阶段需要遵循这里描述的顺序。

第一阶段：评估

● 对问题进行说明就是使它能够在一定程度上分离出来，使之成为明显或客观的吗？

● 来访者迫切要解决的问题（痛苦、焦虑和其他忧伤）就是他们仍然可以把足够的自我功能分离出来，以支持那种显而易见的间接方法吗？

● 自我功能就是支持强烈探索的功能吗？也就是说，来访者对自我的观察能够建立一种真正的治疗联盟吗？

如果对于一个或者更多这些问题的回答是否定的，那么，在转向第二阶段之前，必须对这些条件加以说明吗？如果所有的回答都是肯定的，就可以开始下一阶段了。

第二阶段：确定关注点

• 鼓励来访者以最简明的形式说出他所关注的事情。

• 寻求使问题成为一种明显、客观的形式，而且使之有效。这是一种精致的操作，在这个过程中，治疗师想要使问题明确，就一定不要对来访者实际关注的问题进行人为的扭曲。

• 为了更好地理解和解决问题，要和来访者订立工作合同。这种合同需要尽可能明确和现实可行，也完全可以缩减为书面形式，作为维持其关注效果的一种帮助。

第三阶段：教授探索过程

教授来访者怎样通过以下方式致力于探索过程：

• 使之处在中心（在场）；

• 调动关注点（将确定的问题加上情绪能量）[8]；

• 学习抵抗的意义以及不想把它们完全解决（就是说，使短期的、不太深刻或持久的改变得到解释）的意义；

• 开始探索。

第四阶段：确定抵抗

随着探索的进行，抵抗就会出现，治疗师要把它们的意义作为了解冲突的线索来进行讲授。

鼓励来访者记下这些时刻，然后继续进行探索。再说一遍，这是和长期治疗不同的一个关键要点：这里并没有克服抵抗的努力。结果是变化倾向于更加肤浅并可能不太持久。

来访者认识到这个不同点是很重要的，因为否则他就可能不会意识到短期治疗的局限性，把它们错认为是所有治疗的局限性。

第五阶段：治疗工作

从一开始，治疗师就需要有规律地引导来访者以有意义的方式注意到工作的两个重要参数：

● 这是一种有时间限制的努力，需要承认这种限制，不能忽略它。

● 这是指向已得到确认的关注点的工作。其他问题将一再地出现，但是它们不能取代这个核心的已得到确定的关注。

经常把关注的焦点集中在已得到确定的关注问题上是非常重要的，也是非常困难的。根据搜索程序的根本性质，那个关注的问题将不止一次地被重新定义和重新确认。

在这里，治疗师的敏感性和技能将受到检验，因为当允许的时间用完时，治疗工作会很容易退化为看似随意的治疗（这在长期治疗中可能很有价值）并导致不适当的治疗影响。

另一个危险是，对把焦点集中在外显的关注上的那种夸张、热情的刻板，可能同样会导致肤浅的探索，致使治疗受阻。

第六阶段：终止

处理时间参数是治疗过程本身很重要的一部分。如果面询的次数从一开始就被确定——因为这通常是可取的，那么，这种局限性就必然会被观察到。当然，如果双方都同意，一个新约定是可以议定的。但是最初的计划不要随便放弃。来访者必须认识到，中断治疗是武断的，是他们可能想要说明的东西。同样地，来访者也可以在面对他们的有限性时有所收获，这种有限性是这次治疗终止所证明的，来访者也可以在面对它所反映的生活本身的有限性的方式中有所收获。

当约定时间的最后一次面询出现时，可取的做法是要求来访者评估已取得的成效及尚待完成的工作。[9] 同时，应该关注患者是否开始把搜索过程结合到他的治疗之外的生活中。

当患者和治疗师有可能做进一步协商来签署一份继续治疗的合同时，要避免一个潜在的反治疗的隐患：一系列短期治疗的努力并不等同于长期心理治疗。在一次有限的投入之后，又坚持另一次有限的投入，这种努力就是对投身于自己生活的一种抵抗，是对更深刻的真正需求感的伪装。

一种酒精中毒的观点：P 先生的个案

（芭芭拉·巴林杰　罗伯特·马塔诺　阿德里安娜·阿曼蒂）

芭芭拉·巴林杰（Barbara Ballinger），医学博士，加利福尼亚州斯坦福市斯坦福大学医学院精神病学和行为科学系的精神科医师。

罗伯特·马塔诺（Robert Matano），哲学博士，加利福尼亚州斯坦福市斯坦福大学医学院精神病学和行为科学系分部斯坦福酒精和药物治疗中心主任。

阿德里安娜·阿曼蒂（Adrianne Amantea），外科硕士，斯坦福酒精和药物治疗中心的实习医师。

尽管酒精中毒的治疗方法很多，但它们极少涉及意义、经验，或者简言之，极少涉及症状的存在层面。在这个先驱性的分析中，芭芭拉·巴林杰、罗伯特·马塔诺及阿德里安娜·阿曼蒂明确地注意到存在的问题并且灵活地将它们应用于他们的个案中。

酗酒和酒精依赖是美国社会日益严重的问题，经常导致破坏性的社会后果且危害面极广。一种观点认为，超过 5 900 万的美国人酗酒和抽烟（Witters，Venturelli & Hanson，1992）。另一种说法估计，1 800 万年龄为 18 岁或稍大些的美国人，都有过与酗酒有关的经历（Moos，Finney & Cronkite，1990）。

在美国，因酗酒致死的人占所有死亡人数的 10%。它是导致 15～24 岁的人死于交通事故的直接原因（Cahalan，1987；NIAAA，1987；Saxe et al.，1983）。它实际上能损害人体内的每个器官且极有可能引发慢性疾病甚至死亡。与此同时，它既与酗酒者及其家人的心理悲伤有关，又与诸如离婚、虐待儿童和失业等社会问题息息相关（NIAAA，1987）。酒精滥用的经济代价——直接的和间接的——可能每年高达 1 200 亿美元（Moos，Finney & Cronkite，1990）。

生物心理社会观

当今美国对酒精中毒研究最具影响力的模型是用"生物心理社会"（biopsychosocial）这个词来描述的。它包含遗传学、生理学、心理学、社会文化以及与酒精中毒有关的行为因素的研究。数十年的调查研究已经揭示出一幅越来越复杂、有不同临床子类型的画面（Cloninger, 1987），还有一种内隐的假设，认为酒精中毒是受多种因素影响的（Gilligan, Reich & Cloninger, 1987）。当前，探讨引起酒精中毒的因素的最好范式——生物心理社会观——在解释酗酒的体验方面（它对酒精中毒的意义）是没有用的，或者在说明诸如责任之类概念时是没有用的。而存在心理治疗恰好把关注的焦点集中在这些探究领域。它是建立在需要确定的对酗酒者责任（和特权）的信念基础上的，不只是探索他的酒精中毒的意义，而是探索他的生活本身。当把它和某种已知的生物心理社会的理解一致地使用时，它不只是增加了酗酒治疗的另一个维度，而是给酗酒治疗增加了一个更深刻的维度。

酒精中毒治疗

在美国，每年有100多万人要接受酗酒治疗（Saxe et al., 1983）。当前有许多不同的治疗方法已在使用。霍尔德（Holder, 1991）等人讨论了其中的33种方法，只包括那些至少已经历过一次临床控制试验的治疗方法。这些方法中包括自我控制训练、社会技能训练、心理压力控制训练、催眠、居住环境疗法、冲突干预、婚姻疗法、认知疗法、个体心理治疗、团体心理治疗、厌恶疗法以及酗酒者互戒协会。

大量的和多种多样的治疗法反映了我们对影响酒精中毒的多种因素的不完全理解，缺乏达到成功治疗标准的一致结果，有时也缺乏对结果的文件证明。穆斯（Moos，1990）等人在他们对酒精中毒治疗的长期研究中指出，生活背景关系和处事技巧所发挥的作用（他们认为这是在长期疗效中最具影响力的因素）在大多数酒精中毒治疗活动中都得到了不适当的阐述，甚至那些短期疗效极好的治疗也是如此。

出现这些应对困难的原因很可能是在酗酒者中普遍使用否认的方法。对这种现象的生物心理社会解释认为，由于酗酒者有一种不稳定的唤醒调节倾向，因此他们感知和解释内在线索的能力便受到了损害（Tarter，Alterman & Edwards，1983）。其结果是，他们学会了不去注意自身的内部状态。他们寻求从混乱的情绪中摆脱出来，并且能从他们自身的主观生活中得以解脱。

存在心理治疗与酒精中毒治疗

存在的概念

存在心理治疗关注的全部焦点是主观经验与主体间性的经验。换言之，它关注的是个体在世界上的存在（being），这是我们大家共享的一种状况，在这种状况下，我们每个人对此有着各自不同的体验。存在的概念要求在可能最深刻的意义上觉知到一个人在当前其独特的在场，这也就预测着他的将来。因此，只有通过一个人自身的直接体验才能接近它。它要求个体愿意在当前时刻以其全部的注意力与个人不同层次的伪装和娱乐进行交会，并致力于其中。我们每个人都披上了一层因为心理的繁忙工作而导致的愤怒与快乐的面纱，旨在保护我们不要觉察到我们最深刻的存在关注：死亡、孤独、责任以及我们怎样找到生活的意义。对这类深刻的存在问题的持续觉知会让我们产生可怕的焦虑。我们的娱乐活动，如果它们是有效的话——也就是说，它们是灵活的和成熟的——将允许我们相对没有阻碍地从事我们日常的生活。

酒精中毒与存在

无论怎样保持与这种觉知的分离，无论怎样拒绝"不去深刻地思考一个人是怎样变成现在这个样子的，而是考虑一个人的现状"（Yalom，1980，p.11），都还是要过一种受拘束又脆弱的心理生活。在这种生活中，深刻的自我无法被觉察到。酒精中毒者确实就过着这样一种微妙的生活，长期地远离自我，最终成瘾、僵化和充满了对现状的否认，这并不是对存在焦虑的一种有效防御。

在存在心理治疗中，我们假设，如果一个人想要体验到存在究竟意味着什么，体验到一个人在世界上存在的深刻含义，那么，他就必须接近这个深刻的自我，并且允许它向相对外在的自我进行表达，然后，如果需要，也向人际关系进行表达。就像勤奋能使小提琴手更加熟练或能增强赛跑者的耐力一样，通常，这种接近只有通过有条不紊的追求才能有效保持。当然，如果治疗师希望帮助那些没有能力这样做的人，他们就必须愿意在他们自己的心理生活中打造这些途径。酗酒者出于对不舒适情绪的回避，经常对容忍持久的不舒适这一做法的价值产生怀疑。

酒精中毒与存在的觉知：化学盔甲和一种虚假的将来

长期回避存在的觉知经常会产生一种幻觉的体验，即一个人在"控制着"他的生活。这在酗酒者中是一种极为普遍的态度。既然喝酒能提供一种可以预期的特别的主观体验，那么他们就对无法预知事件的不适感到格外敏感。另外，正如早期所认为的，成为酗酒者的人们可能有着异常不稳定的唤醒调节，因此他们在面对变化时会感到极其不适。

酗酒者们知道，喝酒能给他们自己带来关于某种已知未来的舒适和安慰，并且附加于其上，就像给实际上就在前面的未知世界披上一层伪装。这种化学的未来之所以是虚假的，是因为它被控制在他们所沉迷的虚幻现实的世界中，这个事实最终可能会变得让人烦恼。但是，除非它确实带来烦恼，否则，喝酒就是一种强硬和强大的化学屏障，以此来抵制某种不受欢迎的选择——过着现实的生活。

寻求治疗的决定

有时我们在生活中会体验到欧文·雅洛姆（Irvin Yalom，1980）所谓的临界情境（boundary situation），在这些情境中，我们通常的防御会在面对一些严重的紧张性刺激时失效，我们就会充满焦虑，比通常更多地觉知到我们存在的脆弱性。寻求治疗的酗酒者大多数都是受这些体验激发的，尤其是那些使他们想到死亡的酗酒者。例如，他们的医生可能第一次或第十次告诉过他们：他们正在自杀。又或许他们对隐匿于他们的化学盔甲之下的受到否认的深刻自我有了大概的了解。不管怎样，他们决定改变。

P 先生的案例

P 先生是名 30 岁的男子，最近他因为有 15 年历史的酗酒和酒精依赖而重新开始接受门诊治疗。他第一次寻求治疗是两年前，他在一次车祸中严重受伤，在那场事故中，那位醉酒的司机，即他的朋友死了。P 先生说，他仍清晰地记得他的朋友的死亡给他带来的震惊和伤害，并且他明显地认识到"犹如一个冰锥插在我的胸口上一样"，对他打击很大，他意识到他也会那么轻易地死去。在此之前，死亡对他而言"似乎从来就不是个人的问题"。

依据病人的情况，在对这个事件做出直接反应的过程中，他被及时送入医院并成功地接受了 30 天的酒精中毒住院治疗。虽然他从青少年时代起就已多次参与各种戒酒活动，但大多是在父母的强制之下接受戒酒治疗的，他描述这次戒酒计划是他第一次真正承诺要戒酒。

自那以后，他除了偶尔喝一两瓶啤酒外，已成功地克制自己两年没有喝酒了。他已加入酗酒者互戒协会，虔诚地会面，并发现这些会面很有帮助。然而，他与父母仍处于一种冲突与依存的关系之中；他无法为自己确定有意义的工作或维持某种令人满意的关系；而且他发现在过去的几个月里，喝酒的欲望正难以抑制地上升，竟然达到了他自接受住院治疗后第一次感到他对喝酒的节制"正开始崩溃"的程度。这些就是在治疗中所要关心的问题。

我们早先曾提到过，酗酒者倾向于弥散地使用否认作为一种防御手段。我们把这种倾向与一种习惯的倾向相联系，以避免把关注的焦点集中在他自己的内在状态和情绪上。我们也探讨了在存在治疗中至关重要的交会这个概念。正如似乎有可能发生的那样，酗酒患者（在这里是个男性）有一种习惯的模式，在面对情绪上的不安时会迅速退却，他们发现要维持交会的心态是很困难的，我们反复提到，治疗师（在这里指女性）要保持坚定不移的追求是多么必要。这并不是说，她应该把她的移情或敏感性限制在患者的有限性上，而是相反，要为他做出示范，使他能容忍情绪的不安，这种情绪不安是在自我发现过程中所隐含的。对酒精中毒者来说，这种容忍是极其重要的，因为这是一种能力，对使他保持节制是必不可少的。

治疗师也应——理智地、充满情绪色彩地、直觉地——给予患者高度关注，这样他将尽可能全面地体验到她的在场。再说一遍，这部分地是要给他树立一个榜样，提高他对当前时刻的体验。

这个过程的一个实例如下[10]：

治疗师：P先生，您想从父母那里得到什么？（长时间的停顿，患者在椅子上不安地动来动去，然后把他的胳膊肘放在桌子上，用手撑住头。他眼睛向下看，表情看上去很复杂。他的腿在颤抖）我注意到你的腿在抖。

患者：（笑）是的。（他的眼睛仍然向下看）

治疗师：我想知道您现在感觉如何？

患者：嗯，上次面询我真的很生父母的气，我觉得我受到了限制。（他将手放在心脏处）

治疗师：您生气时身体的哪个部位能体会到？

患者：胸口。（他深深地吸了一口气）

治疗师：您有什么样的感受？

患者：我感到怒火在喷发。

治疗师：当您在陈述时我发现您的声音有点嘶哑。

患者：是的，嗯……（停顿）我猜想我的愤怒的感受正由胸口上升到喉咙。

治疗师：您能否设想一下您正与父母同处一个房间？

患者：噢，好的。

治疗师：您现在可以设想了吗？

患者：（他闭上眼睛）我感到很不舒服。我感觉我正被他们盯着，被审视，看起来他们好像不信任我。（他睁开眼睛，神态僵硬）

治疗师：试一试。如果可以的话，仍旧回到刚才的那些感受中去。

患者：好的。（他再次闭上眼睛）我的身体感到僵硬，就好像在看见他们似的。我正在他们的房间里参加我姐姐的生日宴会。我真的不想待在那儿，我父母却叫我在那儿吃饭。

治疗师：您现在的感受怎样？

患者：牵制、挫折，我觉得我就要爆炸了。（他暂停了一下）

治疗师：继续保持这种感觉。

患者：我能感到我脸红了，血液在我手臂里快速地翻滚。我要向我的父母大喊，告诉他们我厌恶他们对我的牵制。（大声叫喊）我要他们承认我本身的样子，而不是他们心里所想要的我。（沉默，他呼吸沉重，已挺起上身，头正左右摇晃。他紧握拳头，手臂放在椅子的扶手上。他的双眼仍然闭着，牙关紧咬）

治疗师：很显然这个话题对您是很困难的。

患者：（他的眼睛仍闭着）是的，的确如此。（听起来他好像很愤怒）

治疗师：现在您怎么样啦？

患者：我想我需要马上脱离这种愤怒。

治疗师：我想知道是不是我把您推向万丈深渊了？

患者：不，不。（他笑了，似乎有点尴尬）

治疗师：您在想什么？

患者：嗯，不知怎么的，我现在感觉轻多了，此时我好像不能举起任何沉重的东西，有一种不能动的感觉。

治疗师：还有任何其他意象或想法可能是这些感受引起的吗？

患者：很可能是在这里体验到了愤怒。我猜测，正是思考我要从父母那得到什么才使我产生了这些感受。

治疗师：您现在感觉如何？

患者：心情好多了。

治疗专家：您能描述下那种感觉吗？

患者：就是很轻松，真的，我感觉不那么负担沉重了。它帮助我了解我的身体对我的想法的反应。我猜想可以用酒使我避免产生任何这类感受，我不知道该怎么解释。

治疗师：事实上，您已经很清晰地对此做了解释。

此处我们可能注意到，患者所做的事是把关注的焦点着重集中于容忍和交流他的内心状态。看样子他还没有做好与这些问题进行交会的准备，例如，他自己对他与父母关系所负的责任，从存在心理治疗的观点看，这种责任将最终得到说明。尽管在这个简短的描述中没有提到酗酒，但是，正如我们早已讨论过的，体验到仍然有不舒服的情绪，并且发现他能够克服它，这与复原过程是有直接关联的。

概　要

酗酒已成为今天美国的一个很普遍的问题。生物心理社会观点成为我们当前了解和治疗酗酒的方法的基础。虽然这种方法在所研究的群体中是有效的，但它并没有说明酗酒者的主观体验或诸如意义和责任这类质性问题。存在心理治疗聚焦于直接、主观的体验，个人意义以及其他与存在这个事实相关的关注，因而能够增强其他酒精中毒疗法的效果。交会的态度，这个存在心理治疗的核心，对帮助酗酒者打破否认与回避这种典型的循环有特别重要的关联，因此对患者的康复有着直接的作用。

参考文献

Cahalan, D. (1987). *Understanding America's drinking problem: How to combat the hazards of alcohol*. San Francisco: Jossey-Bass.

Cloninger, C. (1987). Neurogenetic adaptive mechanisms in alcoholism. *Science, 336,* 410–416.

Gilligan, S., Reich, T., & Cloninger, C. (1987). Etiologic heterogeneity in alcoholism. *Genet. Epidemiol. 4,* 395–414.

Holder, H., Longabaugh, R., Miller, W., & Rubonis, A. (1991). The cost effectiveness of treatment for alcoholism: A first approximation. *Journal of Studies on Alcohol, 52,* 517–540.

Moos, R., Finney, J., & Cronkite, R. (1990). *Alcoholism treatment: Context, process, and outcome.* New York: Oxford.

National Institute on Alcohol Abuse and Alcoholism (1987). Sixth special report to the U.S. Congress on alcohol and health. Washington, DC: U. S. Department of Health and Human Services.

Saxe, L., Dougherty, D., Esty, K., & Fine, M. (1983). The effectiveness and costs of alcoholism treatment (Health Technology Case Study 22). Washington, DC: Office of Technology Assessment.

Tarter, R., Alterman, A., & Edwards, K. (1983). Alcoholic denial: A biopsychologic interpretation. *Journal of Studies on Alcohol, 45,* 214–218.

Witters, W., Venturelli, P., & Hanson, G. (1992). *Drugs and society,* 3d ed. Boston: Jones and Barlett.

Yalom, I. (1980). *Existential psychotherapy.* New York: Basic Books.

对存在－整合案例的详细阐述——P 先生

传统上，人们不是用经验方法处理物质滥用现象的——要么是用医学方法、行为疗法，要么是用认知疗法。当他们使用经验策略时，也会认为这些策略是存在问题和没有理由的。但是，用传统的治疗方法处理物质滥用却声名狼藉、一败涂地，核心的问题仍未得到有效的解决。

这个案例表明，经验解放策略在对物质滥用者进行治疗方面有其关键地位。若提供的时机恰当，经验策略就会为物质滥用提供前言语的－动觉的基础，促使可供选择的变化的产生。

这项研究中的患者似乎过分拘谨。他依赖其父母，自己不能找到有意义的工作，对他的各种关系感到不自信。酗酒似乎只是他用来掩饰这种孤寂的一个面具，这既可以提升又可以——在必要时——缓解他的心境。通过使她自己完全置身于 P 先生的在场之中，这位治疗师又反过来帮助他进入在场状态，把患者自己深深地置于中心。

因此，这位治疗师能够相当顺利地把 P 先生唤回到现实并引导他进入一个让他很不舒适的境地。例如，她把他的注意力转向其颤抖的腿、转向他感受到的胸口紧缩。她指导他"深呼吸"，这能帮助他"把气放出来"，随后她发觉当他讲话时，他的声音嘶哑，于是她又继续引导他探索这种感觉。

在运用这种方法的每一个环节，治疗师都让 P 先生把关注的焦点集中在他的身体、他的姿势和他的习惯动作中所发生的事情上。虽然这种做法会引起一些患者的抵抗，但 P 先生似乎已能克制他自己的很多抵抗，巧妙地迎接下面的挑战。

P 先生开始感到在他身上产生了强烈的愤怒，在身体上也感到他自己在迅速扩张，此时治疗师建议他产生一种视觉幻想，即和他的父母在同一个房间里，旨在放大他的愤怒。一开始，当看到这种情景时，P 先生身体僵硬；但随后他就感到血液在沸腾，他的脸也变红了，突然间，他说他想要爆发。他说他想要对他的父母"大喊"以此来宣告他的独立。

通过把这些东西反馈给 P 先生，治疗师帮助他认识到，这是多么大的自由和力量，而且他有着多么强的忍耐力。但是，治疗师对 P 先生的局限性很敏感，并没有推动他超越那些局限。事实上，通过询问他的忍耐局限，她已不动声色地鼓励他去超越这些局限了。

到他们的面询快要结束时，P 先生感到"心情轻松多了"，"情绪高涨"，且"负担"明显减少。正如罗洛·梅所说，他已进入了他的地狱，表露出更多的权威。正如一些作者指出的，虽然他最终必将实现这些权威，但我们一定不要低估他已做过的事。特别是，他已经通过拓宽其意识范围为这种实现奠定了根基。他已经更多地成为一个占有者，而不是他自己的囚犯，他已经能够有节制地约束他的扩展的和压缩的恐惧，故此，增强了他有节制地对这些恐惧进行转换的机会。

单身女性日记：安妮·塞克斯顿情结

（艾琳·塞林）

艾琳·塞林（Ilene Serlin），博士，舞蹈治疗师学会会员（A.D.T.R.）[①]，塞布鲁克学院心理学教授，有执照的心理学家，美国心理学会人本主义心理学分会的理事会成员。她曾跟随劳拉·佩尔斯（Laura Perls）和詹姆斯·希尔曼（James Hillman）研究格式塔心理学、存在心理学和原型心理学。

在这个私下的评论中，艾琳·塞林探讨了在她的单身女性患者生活中自由与约束（或者狄俄尼索斯式和阿波罗式的渴望）之间的动态的相互作用。通过把诗人安妮·塞克斯顿（Anne Sexton）的斗争与玛丽亚的斗争进行比较和对照，塞林丰富地激发了一种女性存在的观点。塞林尤其指出，在性欲和精神、野蛮人和贵妇人之间，衰弱的对立怎样才能发生丰富的交会和转换。

有一天，玛丽亚走进来哭着说道："我母亲在45岁时去世了，我的继母也没能活过45岁，安妮·塞克斯顿45岁时就自杀了，而我已

---

① A.D.T.R.，表示 Academy of Dance Therapists Registered。——译者注

经 45 岁了，我担心我过不了 46 岁生日了。"就在那一周，玛丽亚服用了过量的安眠药企图自杀。

她和安妮·塞克斯顿的身份有什么神秘之处？玛丽亚是怎样成为女性传统的一部分的？从安妮·塞克斯顿到西尔维娅·普拉斯（Sylvia Pulas），再到玛丽莲·门罗（Marilyn Monroe），她们都与那些因敢于开创而致死的悲剧女性主角相认同。这几位女性与对自由和有限性这个存在的终极关注进行过斗争，但这种斗争是以她们作为女性的特殊角色所独有的方式进行的。这个评论的目的是想要讨论一下，存在心理治疗怎样才能通过概述对某一个单身女性的治疗进程与这类女性联系起来。

我的女性患者中有相当多的人难以表达她们的创造力，她们都是单身，这是使我深切关注的。这些能干的女性大多都不曾有过孩子，她们使自主性的需要与关系的需要保持平衡，她们感到很容易受到责难且面临老年单身。她们的创造性并非服务于工作和意识，而是服务于无意识；她们将自己沉溺于杂志写作、爱情悲剧和梦想中。和许多女性一样，她们深知痴迷是怎么一回事，她们屈服的表现形式是性爱、神秘与欣喜若狂。黑暗产生了强大的吸引力，死亡是一种浪漫的幻想。死亡常常被想象为一个阴暗的或朦胧的情人。现在上演的一部影片《德拉库拉》（Dracula）讲述的就是死亡、血和天堂的原型结合。代之以对死亡的否认，就像我们的文化中如此常见的那样，这些女性体验到死亡是一种病态的幻想、一种强迫观念、一种成瘾。事实上，这些都是对生活的一种否认。最后，在确定她们自己是一个压抑的社会中的女性——自我时，这些女性常常体验到被人误解，在性欲与精神之间、在娼妓与处女的意象之间、在成为野蛮人和成为贵妇人之间有矛盾冲突。她们很难使自己从创造的阻碍中，从死亡、从受到限制的性欲中解放出来，这似乎与她们难以与她们的母亲分离和长期的独身有关。

我越关注这些问题，就越感到，女性需要一些可以替代这些浪漫的悲剧女主角的角色模型。女性能够创造、独身、分离、爱，并且仍然茁壮成长吗？在治疗上该采取何种措施来帮助她们呢？我们在这个女性情结中能够学到什么？是创造性、精神性、性爱和黑暗的结合吗？这样才能使其他女性得到帮助吗？

在安妮·塞克斯顿的讣告中，诗人丹尼丝·莱佛托夫（Denise Levertov）写道：

> 她没能弄清，但我们这些活着的人必须弄清在创造性与自我毁灭之间的区别。把这两者混淆已导致太多的受害者。（引自 Middlebrook, 1991, p.397）

我把这种浪漫化和使创造性与自我毁灭和死亡相认同的模式称为"安妮·塞克斯顿情结"。女性是怎么既能产生这种情结，却又仍然过着有限的日常生活，并使这些生活与其扩展的自我保持平衡的？这正是本文要评论的主题。这项研究将采用一个女人的案例史的形式，我将用现象学的方法，用她自己的话语把她呈现出来。我将回顾她的生活主题且将之与安妮·塞克斯顿的生活主题相联系。最后，我将得出某些结论，说明对某些女性来说，安妮·塞克斯顿情结是怎样成为维持基本的存在主题的一种特殊方式的，它是怎样与存在理论关联的，心理治疗怎样才能重写这个故事以消除这种悲剧的结局。

玛丽亚的案例

当玛丽亚第一次来面询时，她的优雅和聪明给我留下了深刻的印象。她是娇巧优美的，她将金色的头发盘起，衣着和装扮都很精致。她明确而深有见地地谈论了她的生活，她似乎很认真地希望治疗对自己有帮助。

玛丽亚出生于美国西南部。她有三个姐妹、一个同父异母的哥哥和一个同父异母的姐姐。玛丽亚把她的母亲描述为"就像安妮·塞克斯顿。她从未真正想要过孩子，总是一刻也不闲着"，扮演着20世纪50年代传统的美国家庭主妇的角色。她说，玛丽亚的母亲和姐妹"都是要依靠他人才能生活的人，她们无法独立自主，无法为自己而奋斗"。当玛丽亚19岁时，她的母亲去世了，她的父亲也在同时离开。玛丽亚被送到她的一位叔叔家和他一起生活。玛丽亚经常浮现出成为孤儿的意象。在30或31岁时，她被强暴了，她说，自那件事后，她就无法再回到先前的生活中去了。她去和姐姐一起住，试图"找到家"的感觉，但她发现那已不可能了。故此，她来到波士顿，在那里，她尝试着用一年半的时间来创造一种新生活。她在一家大多数是男员工的法人公司里工作，她仍旧没有任何朋友，感到十分孤独。

自　由

虽然她认识到她已设法摆脱了她母亲先前所扮演的角色，但玛丽亚仍旧没有享受到自由的生活。具有讽刺意味的是，她猜想，那些家庭主妇们妒忌她的独立，并且幻想她通过参加派对和过浪漫生活来打发时光。但实际上，她辛苦地工作，下班后便回到那间空荡荡的公寓，一些可爱的物品高雅地陈设在屋内。她的生活很平静，没人打扰，她拥有了她想要的一切。她失去了什么呢？其他的人、混乱状态、生活、充满意义的焦点。当我问及她如何运用其创造性时，她说那时她正走投无路。她将自己称为"空谈的艺术家"，她明白她不得不"挖掘"且发现她的生活的召唤究竟是什么。她正变得越来越孤独。她难过地说她变得"很害怕"。"我白天工作，晚上哭泣，生活正在失去控制。"喝酒是她找到"精神"的一种努力，或者是建立联系和进行创造的勇气。她说，她的自由只是"一种虚假的自由"，因为她实际上整个周末都待在她的公寓里。我看到的这幅令人心碎的图画是，一个美丽的女人在可怕的独立与渴望交际的需要之间深感苦恼。

梦

朦胧情人　玛丽亚给我讲述的第一个梦对她产生了很大的影响，她中学时代的男朋友丹尼斯出现在梦中，对她说"给我打电话"。对双方而言，他们都是"第一次恋爱"，看似是命中注定的姻缘。此后他们各自成立了家庭且失去了联系（直到最近，他们才再次交往）。玛丽亚说，他娶了位"安全"女性，"而我太过热情"。他与玛丽亚在一起是她的一种幻想，但她感到，她宁愿生活在幻想中，也不愿生活在现实中。她说："我从未真正待在过地球上。（我）犹如空气……（且）从未真正拥有过财产。"这个主题是对幻想的依恋，对被称作"朦胧情人"的东西的依恋，因此，这个主题就是从未有过真正的生活，它一直困扰着玛丽亚，是我们的研究需要继续探索的主题。

女巫的牺牲 接着玛丽亚又给我讲述了一个值得注意的梦："一个男人和一个女人一起去旅游。男人来自拉丁美洲的一个国家，而女人随身带着一个小动物——或许是只小鸟，鸟很小，正好放在她的手上。他们走进一片森林，突然遇到住在森林里的一个部落。为了显示对男性的尊重，他们带走了女人，将她绑在一个十字架上，随后他们把十字架放在火上，将这个女人活活烧死了。"玛丽亚解释道，直到梦醒的时刻，她一直努力将梦境变得更好些，让她自己确信，她并没有死，但她推测她必死无疑，因为她根本就不可能从燃烧着的十字架上幸存下来。

玛丽亚把它称为自己的第一个牺牲的梦，她的联想是，在她自己牺牲之前，她将象征自我的一只动物给了那个男人。她过去确实有一只黑猫，并自我感觉与动物很亲近，但她说："女人因为独身生活和与动物讲话而在火刑柱上被烧死。"对玛丽亚来说，这意味着她与女性的本能是很接近的。她说："我总说自己会像女巫一样被烧死，因为我是一个威胁，但我又对谁构成了威胁呢？对已经确定的秩序，因为我总是过分自信。"在她早期的记忆里，她被称为"单身类型的人"，自己照顾自己，独立生活。当我问她，她可能有什么样的特性对他人构成威胁时，她哭着说："这个问题已超出了我的能力范围，我也不知道是什么原因。"尽管如此，玛丽亚描述她自己在工作中非常有能力，因为对他人的动态工作表现有一种强烈的直觉感，有时使她成为对他人的威胁。她渴望建设性地运用这种能力，成为一位治疗者，但她自己并不知道怎样才能做到。她含着泪把这个牺牲的梦描述为与转变（transformation）有关，这种转变就是在危险或病态情境中发现内在力量的能力。

少女／娼妓　在另一个梦中，玛丽亚一身吉普赛人装扮，正在喝酒。当玛丽亚描述她的母亲如何想要她健康成长和成为贵妇人，并且反对她成为一个舞蹈家时，妓女的意象便在她的心头浮现出来。玛丽亚被妓女的意象强烈地吸引住，她曾袒露胸部跳舞，和一个曾是妓女的女人有友谊关系。

当她向我描述这个意象时，我为玛丽亚纯洁的美而感到震惊。她总穿着白色的衣服。她说工作中她被称为圣母玛丽亚，而且她非常害怕妓女的意象。玛丽亚曾被强暴过，她害怕在被强暴后人们会因此而责备她。她试着让自己看上去"不像一个招惹麻烦的人"，她担心她的过去会给她与男性的关系带来麻烦。她在谈话时，通常以某种镇静自若的贵妇人的姿势坐在那里。然而，当她大笑时以及当她喝酒时，她就表露出截然不同的、下流的和游戏人生的一面。她有着很好的幽默感，过去这种幽默感曾救过她多次。

睡美人

在过去的 13 年里，玛丽亚一直独自生活。她觉得她不得不使自己变得洁净，放弃一些东西，这样她才能准备好迎接新东西。

就在她企图自杀之前，玛丽亚做了个撞车的梦。她说，她被"一些站在我前面的医护人员和一位身穿白褂的人（她的治疗者）"包围着，"我问这个女人，我是活着还是死了。现在我知道那是我的潜意识在突破，让我做好准备迎接一个大变化"。

当玛丽亚服用安眠药时，她一直在喝酒。随后她讲述了喝酒时的感觉犹如在四处飘动。对她而言，药片加快了她飘动的速度，直至让她失去知觉。事后，玛丽亚发现她在昏迷期间胡乱写的一篇日记，上面有她朦胧情人的电话号码。她记起或重新建构说，她梦到他了。她把这种感觉描述为"处在另一种控制之中……就像另一种已被终止的力。我是被强迫的……我也并不畏惧。我愿意去"。她进入一种假死状态，同时又处在完美的身体状态下，唤醒精神情人，这就像是睡美人的故事一样。死亡、遗忘、梦和精神情人全都交织在一起。

具有讽刺意味的是，玛丽亚从昏迷中醒来，看到了站在她面前的真正的身穿白大褂的护理人员。他们把她送进医院。在她打包带走的为数不多的物品中，有一本是安妮·塞克斯顿的传记文学，在住院期间，她仍继续读这本书。正如在《道连·格雷的画像》中那样，生活与艺术平行，艺术与生活平行。

转　变

以下是对玛丽亚进行治疗的记录及促使她康复的一些方法。

在医院里玛丽亚问我，是否有可能逆转这种倾向。我说："可以，如果你乐意一次又一次地使你自己获得生命，重新找到你的纯真。"我问她，对她而言我是谁。她说："梦中我所询问的那个人，就是我问她我是活着还是死了的那个人。"显然，在玛丽亚看来，我是一个养育的母亲的人物形象，一个在她权衡生和死的过程中能给予她力量的母亲，或促使她有力量创造自己生活的母亲。后来她说，在梦中，那个人抓住了她的小动物或者她的"自我"，这使得她感到很安全。我同样也使她感到安全。"你肯定了我的存在……一直将我带在身边直到我能自己承担……因为这是一段很长的往返旅行。（大笑起来）有些东西开始运行……冒险的想法。我记得我在日记中写道：'愿意冒着你自己生命的危险——甚至死亡的危险。'我已经获得了某些东西，但是，只是因为我愿意丢弃它，丢弃我的生命。它让我想起了基督教《圣经·新约》的教义：'将要失去其生命的人才将发现生命的意义。'"她的梦和她的情人是柄双刃剑，与自由和有限性有关，与怎样在生活中将这两者整合在一起有关。愿意冒着自己生命的风险，就像她的梦中那个牺牲的意象一样，使玛丽亚以后能够真正选择自己的生活。

群体是治疗结构中一个重要的组成部分，玛丽亚发现她喜欢同其他人一起生活："周围的人能让我的生活得到改变，我以后再也不会孤独。"她喜欢来自男性的关注，且开始作为一个女性来体验她自己。她开始考虑是否要打电话给丹尼斯（近来她实际接触过的那个"朦胧情人"），并与他彻底结束两人间的关系，她觉得，她之所以需要这么做，是为了获得一个真正的男人并和他生活在一起。

她明白，自从她与丹尼斯联系以来，只有 8 个月的时间，但她已瘦了 20 磅且陷入了某种抑郁状态。考虑到先前她在梦中提到的关于"电话"的信息，我们谈论了生活中所有接到禁止电话、神秘电话及恐吓电话的时刻。对玛丽亚来说，这个电话来自一个地下的世界，丹尼斯也是一个想象的向导："他占据了我内心的一部分。"然而，她现阶段的任务不是滞留在虚构的世界里，而是要解脱且重新整合到现实的社会生活和创造中。

当我问她有什么改变时，她说："它给我带来一种濒死的体验，使我获得了生命。这像是再生一样，从零开始。"当我问她重新回到生活中有何感受时，她说："我感到相当惊奇……太棒了……就是这种感受。之前我并不知道我和我的这些感受发生了割裂。现在我懂了，让我明白这一切的唯一途径便是通过我的梦。我感觉自己愈发年轻，我已做好成长到年老和死亡的准备，为了这一切，我已准备好长时间了。在我的生活中没有性，我就像是个弱小的老妇人。"到此时，她才表达了这样一个愿望，要"敢于联系。而不仅仅是通过读书来了解，我宁愿放弃对自由的体验……自4月份以来我就没看电视了，生活远比看电视更有趣"。

那个月里，玛丽亚每次过来时都穿着金黄色的服饰，戴着金耳环，皮肤晒得很黑。她表达出对饮食和健康的一种新兴趣，注意到了从月光到太阳图像的转变。她说："你知道，我从前喜欢做的事就是和猫待在一起。这是一个来自夜间世界的召唤，与月亮和猫有关，与无意识和梦想有关。"她的新太阳能量使她与白天的世界联系起来，与阳光和开放性联系起来。

回顾她的旅程，玛丽亚感觉到，这次旅行给她指引了希望的航向。"在我重返生活的这些日子里，我感到许多事是那么不可思议。一些东西在运转着，且是我所无法预测的。"她说这些话的语气传达了一种崭新的纯真。"它给人一种新生的感觉，我感到就像是一个小孩在力图表达我自己的观点，我的大脑异常清醒，我要再学习。对长期的单身生活，我有太多的感悟——我认为这的确是件很有益的事，给我提供了一个机会，使我能够认识自己，认识我的身体和作为女人的自己。"

新生活

离开治疗中心后不久，玛丽亚做了一个"男女间杂乱关系"的梦，她准备和另一个人一起把她的"漂亮公寓""搞得乱七八糟"，丢弃她的某些细心的管理控制。她认为自己正在"完成一个循环……正在回到我自己，我又披上了金色的长发，我感受到自己活着"。

接下来的一个月，她遇见了一个男人，并搬去与他及他16岁的儿子一起生活。他有地中海族裔血统，他与他儿子都很黑，但他的前妻是个金发碧眼的白人，黑暗与明亮的主题齐聚而来。她记得在梦中那个黑皮肤的男人保护着她的小动物的安全，她说，与这个男人在一起让她感到很安全。

之所以做出与他在一起的选择主要来自她新发现的勇气。她说这就像她当初在生与死两者间做选择。这是一种信念的跳跃。"你不得不到那个角落走走，看看那儿有什么。我知道这样做很冒险，但我选择过这样的生活。"

玛丽亚讲述了她在追求自由期间的另一个变化。她说："我总是独立和自由的。现在我却不想如此自由了。让他成为我的向导，我真的很高兴，很轻松，我不再需要属于自己的汽车。"玛丽亚正试图在她想要摆脱的依赖型的家庭主妇这种刻板印象和使她保持独立的自由之间找到某种平衡。她正试图找到她自己的办法，以达到相互决定的相互依赖，这意味着要就家务与目标问题进行长时间的谈判。玛丽亚坦言她很享受这种过程："我从未有过照料他人、打扫卫生、为他人购物的经历。"我注意到她在使用"我们"（us）这个词时流露出某种自豪感。她还说："我知道生活的含义就在交往关系中，但我不知道该如何去'获得'某种关系。我也不能再继续单身。"在这里，玛丽亚表达的是在工作的需要与养育的需要之间的一种新的平衡关系，对许多女性来说，这是一种特别难以达到的平衡（Bateson，1989，p.240；Gilligan，1982，pp.62-63）。

当我问及她的故事与安妮·塞克斯顿的故事之间的相似之处与不同之处时，她说："我与安妮·塞克斯顿的相同点是，我们都和母亲有强烈的认同。安妮·塞克斯顿也和我的母亲很相似。在20世纪50年代的政治生活中，我母亲是一个拘谨或被束缚的女性，除了在家庭中和在家人面前之外，不允许在任何场所发表自己的见解。与20世纪50年代的许多女性一样，安妮·塞克斯顿一度把化妆品从家里拿出来销售——我母亲也销售同样品牌的化妆品。我逐渐体会到我生活在我母亲的已经忘却的生活中。"在玛丽亚和安妮·塞克斯顿这两个人的家庭中，最根本的束缚是在"这两个女性"之间，男性则是观察者。来到波士顿，她企图逃脱这种局面。"我总是想要过我自己的生活。甚至我的姐妹们也在控制我。在母亲的子宫里有太多的困扰。我的母亲在我19岁时去世了，实际上我就被抛到了这个世界上。我仍然有很多需要，仍是一个孩子。我深陷在那个小姑娘的穷困潦倒中。虽到了该长大独自生活的时候，但我依然是个青少年。少女时代本应和母亲待在一起，这是依恋母亲并讨她喜欢的一种方式。但我现在比她都老了。她去世时就在她46岁生日的前28天。"像安妮一样，玛丽亚总是体验到一种强烈的被人向下拉的感觉。"一些东西将我拉下来，而我却无法阻止它。确实有一种向下走的感觉。"当玛丽亚回到她姐姐的屋子时，她察觉到她在寻求一种女性的环境，一种更接近于地球又靠近女性价值观的环境。但是，死亡又"开始变得非常强大，来拉我。我的两个姐妹也都有争执。我姐姐认为我不能活过 46 岁"。这里有一个想法："我们中的一个人将成功地把自己杀死……这几乎就像是个诅咒。"至于她们年龄的相似之处，玛丽亚注意到："这或许是个象征性的年龄，越过中年生活给我们设置的门槛，迎接长大后的挑战。"另外，与安妮·塞克斯顿不同的是，玛丽亚有着强烈的与其父亲亲近的感觉。喝酒是他们父女俩共同的爱好，她曾在日记中写她是"父亲的情人"。

玛丽亚努力让自己逃离其家庭且赋予自己类似英雄的旅程。这位英雄必须敢于面对挑战，学会独自一人，征服黑暗且将自己新发现的智慧带回到家庭和社区。在旅程中迷路是这位女英雄旅程中可以比拟的故事，它能给玛丽亚提供一张路线图和一种希望感。她说："虽然我处在中年生活之中，但我并不理解所有这些梦。我觉得发生的一切都是绝对必要的。你知道有些人怎么说吗：'你让我情绪波动。'我说：'你让我得以重生。'"

"是什么拯救了我？我不知道。或许是她们的死亡拯救了我，我能从中考察她们的生活，从她们的生活中学习。我想要弄明白她们为什么会死，或许这样我就不必走她们的老路，但我却丧失了希望。人们总是问我是怎样回到生活中的，我是逐渐回来的。我想，当我面对这个问题时，我把我的'自我'托付给了别人，这样希望便重生了。当我再次思索我究竟是谁时，是他人在带领着我。因为今天的我不是过去的我，或者说不是之前的那个人。之前的那个我已经离我而去——它已被牺牲了。我正处在重新创造个人生活的过程中，但为了找到它，我不得不丢弃它。当然，我并不知道这些都是正在发生的事情。我只是在反省时了解到一些。当问及这个问题——一个人在面临生还是死该做何种决定时，我决定死。也许在能决定生之前，你不得不先决定死。我依然天天都在做决定。晚上在我们进入梦乡之前，我们都花时间讨论我们该如何感谢这一天。我现在有时会说我感谢我的生命。这是要表达的一件大事，我感受到了它。"

接着她做了一个房子烧成灰烬的梦，但是，在梦中有一个意象："一只凤凰从灰烬中飞出。"是什么在燃烧？"我关于安全的所有先入之见。我试图搬回到我的家——我姐姐家，这样她的家就是我的家，但我的这种想法却受到斥责。已没有什么东西要保留了。这是'炼金术的黑化过程（the Alchemical Negrito）[11]，一种变黑，转向其本质的过程'。这次自杀的企图（以及导致自杀的抑郁）是重生的开始。在仪式献祭中，所有的祭品都一次又一次地献祭，直至献祭仪式结束。"现在到了"揭示生命火花本质的时刻了，去找到我自己的心声，去寻找我自己的精神性"。在一个新的梦中，她正"挑选一只鸟来作为宠物"。"有许多只白鸟。一只黄鸟正向下张望，以渴求被选中，一副期待的神情。一个精神的梦。这只鸟就是灵魂。白色的鸟代表了灵魂的纯洁，黄鸟是某种神圣的存在。如此多的白鸟，只有一只黄鸟。事实上，我想要买只黄色的金丝雀，一只会唱歌的鸟。给生活再次带来美。"

玛丽亚和她爱人共同分享一种精神性之感。他们在饭前一起祷告，在睡觉前一起感恩。她说："一起分享这些真好。"她体验到"一种平静、安详、优美之感"。他们一直在谈论婚姻。她说，这是"非常使人害怕的"，但他们在"一起创造仪式"。在经历"灵魂丢失"时，他们体验到互相帮助。她曾试图独自走"女性主义的、精神的"

道路，而现在则要和另一个人共同完成其灵魂和精神上的工作。她注意到："人们把存在浪漫化了，使之变得有点儿疯狂。我认为我过去也常常如此。现在我更关注日常生活，我变得更真实。我并不认为生活的目的就是快乐，我认为人生就是为了生活。"当她恐惧时，玛丽亚认识到，她想丹尼斯了，并且在幻想中找到庇护所，但此时她能"区分出幻想与日常生活之间的区别"。

近来，玛丽亚开始报告说，她与现任爱人间的关系很稳定，双方生活都很愉快。她刚过了 46 岁生日。玛丽亚做了一个梦，在梦中她记起了一行字："你不会活过 9（beyond the 9s）。"在反思时，她明白了，45 是 5 乘以 9，4+5=9。9 这个数字也是怀孕的象征，在某个东西瓜熟蒂落之前的妊娠期。她回想起她单身的那段生活，她的冬眠期："就像我要去睡觉了，把所有的一切全关掉，睡美人，一只裹在茧中的蝴蝶。"现在我是"如此乐意共享、分享我们的生活。那些邪恶的男人被我吸引，而我只是做出了停止的决定。这种改变是不可觉察的，无意识的。假如我有意想要这么做，那我就不会拥有这一切"。当我问她在用这些术语理解其旅程中她体会到什么不同之处时，她说："一些人需要学习元精神病学（metapsychiatry）和精神性方面的一些知识。我想我就是其中的一位，而我的姐妹们则不是。我已经处于这种探索之中，需要认识和理解。"在评价对其重生而言是必要的那种堕落时，她说："其他人没有真正的堕落，或许不同之处在于，我在旅程开始时就做出了要进行探索这种有意识的选择。没有堕落和献祭，就任何改变都不会发生。我不得不结束我生命的一部分。"我的脑海中出现了一只动物的脚深陷陷阱的意象，这只动物为了生存不得不咬断自己的脚。

在评论她的堕落与安妮·塞克斯顿的堕落之间的不同之处时，玛丽亚这样评价道："安妮·塞克斯顿以无意识处事：这是她的'艺术'。我想，我以无意识处事的不同之处在于，在大多数情况下，我是在觉知和精神性基础上信任无意识的。如果你信任无意识，并且与它合为一体，那么，你就是无意识的，且举止行为也是无意识的。但是，如果你信任无意识，并且作为一个目击者，觉知到它在你的生活和梦中的运作，同时你也尊重它所具有的创造和毁灭的力量，那么你就与它分离了，与它不认同了。我想这就是有意识堕落与无意识堕落之间的差别。"通过彻底地深陷其中，通过成为单身且在大多数情况下在日记中记下心灵的历程，而不是（像安妮·塞克斯顿那样）把它自我消解地表现出来，玛丽亚就能够找到提升自己的途径。

玛丽亚刚读完黛安娜·米德尔布鲁克（Dianne Middlebrook）所写的关于安妮·塞克斯顿的传记文学。在快要读完的时候，她感到"真是很悲哀"，但也在这本书中发现了"一些甜蜜的东西，一些需要改善的地方"。

总的来说，玛丽亚与安妮·塞克斯顿的相似之处到底是什么呢？双方都对死亡和黑暗感到困惑，且双方都与她们的母亲及家庭其他女性成员的关系密切，但是，这种根本的依恋却让她们生活在女性未完成的事业中。她们双方都反叛传统的家庭主妇的角色，都体验到在高度的性欲与贵妇人行为之间的某种裂痕、在娼妓与圣母玛丽亚的意象之间的裂痕，以及在自由和安全的需要之间的裂痕。她们双方都表现出强烈的直觉能力、神秘的能量及康复的能力，并且感到对巫婆的意象很亲近。双方都像拯救者一样，转向或返回到精神性之中，寻找优雅和救赎。她们双方都精神饥渴，但她们的精神都充斥着种族、文化及躯体问题，她们都是没有确切的角色榜样的女豪杰，且都有不完善的返回旅程。

玛丽亚说，她与塞克斯顿的不同之处在于，自杀对她的困扰不太大，而且她与父亲的关系更亲近。她也想过要结婚，想去照顾另一半，与另一半相依相靠。

现在让我们回到黛安娜·米德尔布鲁克关于安妮·塞克斯顿的传记，看看安妮·塞克斯顿的生活是怎样例证了一个女英雄堕落的旅程的（Perera，1981）。

安妮·塞克斯顿

安妮·塞克斯顿，第一个被公认为"忏悔诗人"（confessional poet），死于 1974 年，终年 45 岁。她来自一个传统的中产阶级家庭，曾是一个时装模特。但她继续追求，获得了大学教授职位，得到了国际认可且获得了普利策奖。

塞克斯顿的母亲被描述为一个前后矛盾的抚养者，一个严重酗酒者，同时又是一位诗人。塞克斯顿曾祈求能得到她的爱和称赞，并与她竞争，既盼望她死又担心她死。父母都是传统意义上的榜样，尽管塞克斯顿尝试过着传统的生活，但她明白，"一个人是不可能建立小小的白色防护围墙来阻挡噩梦潜入的"。新英格兰的清教徒氛围与狂热性欲的组合弥漫在她的家庭中，经常会引起爆发与冲突。玛丽亚也曾体验到传统的价值观与加强了的几乎是歇斯底里的性欲之间的冲突，它缺乏某种健康的感官出口。

在严格的礼节观念促使下，塞克斯顿在她的《双重意象》这首诗里表达了对母亲愧疚的愤怒。作为一位诗人，塞克斯顿的母亲至少提供了一种创作的角色榜样，而玛丽亚的母亲却没有提供。塞克斯顿与艾德里安娜·里奇（Adrienne Rich）和西尔维娅·普拉斯集聚在一起，专心致志地抒写母亲与写作之间的矛盾冲突。

安妮·塞克斯顿与她的叔祖母娜娜（Nana）的关系极其紧密，她称之为"双胞胎"。叔祖母患有精神崩溃。后来，安妮开始把她的疾病的某个方面理解为对娜娜的某种形式的忠诚，就像玛丽亚把她的贞洁理解为对母亲的某种形式的忠诚一样。

被压抑的以及强烈的性欲采取了巫婆意象这种形式，就像玛丽亚梦中所表现出来的那样。塞克斯顿写道：

> 我已离去，一个疯狂的女巫。
>
> 身为黑暗的守护者，我常出没于黑色的空气中：
>
> 梦想着罪恶，我已然被
>
> 一点一点地，套在简易的房屋上：
>
> 孤单的，有 12 个手指，心不在焉。
>
> 一个如此形象的女人并不是个女人，根本就不是。
>
> 我曾是她那种女人。（Middlebrook，1991，p.114）

在塞克斯顿的诗中，当诗人是一位富有想象力的创作者时，家庭主妇就变成了荡妇和巫婆，这一切都是打破传统的女性角色所得到的结果。然而，巫婆意象又被极端地划分为好巫婆和坏巫婆。和玛丽亚一样，塞克斯顿也曾有过"好巫婆"的能量：她富有同情心、直觉，同时又有"认识事物"的方式。坏巫婆是毁灭性的、歇斯底里的和自私的——《拉德克利夫季刊》把塞克斯顿称为"当代女巫"（Middlebrook，1991，p.356）。无论是在弗洛伊德的维多利亚时代的女性中还是在这些女性中，歇斯底里症都是对社会压抑的某种形式的抵抗。歇斯底里症通常采用的形式是荡妇和小姑娘的分裂人格。

假定习俗与冲动有这种双重的结合，就可以把神经崩溃视为一种逻辑反应。塞克斯顿的神经崩溃使她能以一种日常社会中不被接受或不被理解的方式来本真地表达自己。在 R. D. 莱茵的意义上说，成为"疯狂的"，是她对这些疯狂窘境所做出的创造意义的反应。

> 心理医院 [是] 一个隐喻的空间，在这个空间中可以明确表达中产阶级生活的那种制造疯狂的压力，尤其是对女性来说。家、心理医院、躯体：这些都是在给不同性别分派不同角色的社会秩序中女性的空间，而且女性自己就是这种残缺的根本的生活方式。（Middlebrook，1991，p.274）

塞克斯顿与玛丽亚都通过她们的身体与其家庭中的女性成员建立了牢固的关系。塞克斯顿把上帝重新想象为一名女性，将女性的优雅与乳房联系起来。她自己的母亲名叫玛丽。在《哦，你的舌头》中，塞克斯顿的诗被描述为："就像一个哺乳母亲的脸，上帝的脸转向世界；就像婴儿的舌头紧贴母亲的乳房，诗人的舌头与对这个他者的不可打断的注意相联系，这个他者就是天上的奶。"（Middlebrook，1991，p.355）塞克斯顿把死亡想象为与作为万物之源的母亲重新结合："我希望像梦一样走进她之中……沉浸在我从未有过的伟大母亲的臂弯里。"（Middlebrook，1991，p.395）死亡意味着回家来到母亲身边。

塞克斯顿把她描述的东西称为自杀的"欲望"，并且把它与已经自杀的诗人西尔维娅·普拉斯相认同。塞克斯顿有点妒忌普拉斯的自杀，妒忌把它用喜剧表演出来，妒忌它所受到的注意，并妒忌痛苦的终结。她说："我对西尔维娅的死如此神魂颠倒：死亡得完美这个观念，当然不是肢体残缺不全。……丢弃你的贞洁就意味着肢体残缺不全；贞洁是不开放的，还没有被损害。……睡美人仍保持着完美。"（Middlebrook，1991，p.216）服药保护了她的完美。成为睡美人也表达了她仍然是个孩子，充满幻想且有依靠的对象的欲望。

塞克斯顿和玛丽亚都来自传统的美国家庭，对构成"恰当的贵妇人行为"的东西有强烈的构思。她们都以不同的方式进行反叛，拒绝成为家庭妇女。她们所感受到的愤怒在倾向于独立的渴望中得到了部分的表现，但主要是在消灭她们自己的一部分中表现出来的。她们都体验到在小姑娘、圣母玛丽亚和处女方面与她们的娼妓和荡妇的性欲之间有巨大的裂痕。性欲、认知、力量和愤怒备受挫折的结合，便在"女巫"这个意象中相聚在一起了。她们对母亲都很依恋，且一直在寻找某种体现抚养和优雅的女性精神。她们都很美丽且都需要其生活中的美丽，但她们宁愿像睡美人一样死去，也不愿冒不完美的风险。她们都寻求在自由与安全、意义与空虚、孤独与关系之间保持平衡。她们都将死亡视为温暖的臂弯，视为从生活的挣扎中得到的放松。

在悼念塞克斯顿的纪念日里，她的好友兼同伴诗人艾德里安娜·里奇观察发现：

我们已经见证了足够多自杀的女诗人，足够多自杀的女性，足够多的自我毁灭，这是女性可以采取的唯一的一种暴力形式。

玛丽亚的逃避

玛丽亚是如何逃离死亡的？从她那女英雄般的旅程及陷入死亡的经历中我们能学到什么呢？这有利于帮助其他企图自杀的女性。首先，我们将根据存在理论来观察一下她的案例，然后用她自己的话语对此进行描述，主要描述她的心理治疗历程的一些转折点。

存在理论

这个案例可以根据四位主要存在理论家的观点来加以理解。第一位是雅洛姆（1980），他把面对死亡描述为人们所面对的主要的存在挑战之一。当然，玛丽亚面对死亡既是象征性的，又是真实的。她所面对的最根本的挑战是，她是否该选择生存。具有讽刺意味的是，面对死亡能带来生活和创造的勇气。罗洛·梅（1975）写道："通过创造性行为……我们就能够超越我们自己的死亡。这就是创造性是如此重要的原因，这就是我们需要面对创造性与死亡之间关系问题的原因。"（p.20）尽管玛丽亚有着艺术家的美学敏感性，但她却把她对艺术的洞察力用于她的内心世界与幻想，现在她必须把它转向外部，致力于完成在与他人关系中创造一种真实生活这个任务。梅声称，艺术家的角色就是通过艺术家的象征和勇气来表达主要的文化形态，这是艺术家的勇气中最伟大的一种。玛丽亚和安妮·塞克斯顿表现出艺术家的敏感性，努力通过象征与想象来创造生活，因此她们证实，存在的任务就是在面对死亡时进行的创造。然而，如果她们想要创造她们自己和自己的生活，人们可能就会询问，她们创造的是什么样的"自我"。她们是在构造虚假的自我和角色期待，还是本真的自我和本真的生活呢？布根塔尔（1987）强调，本真和主体性对创造一个世界中的自我是十分重要的："我们的主体性就是我们真实的家，就是我们自然的状态，就是我们需要庇护和更新的地方。它是创造性的源泉，是想象的舞台，是计划生活的设计台，是我们的恐惧与希望、我们的悲伤与满意的最终核心。"（p.4）在这个程度上说，玛丽亚与塞克斯顿双方都是在努力创造，不仅是创造任何自我，而且是创造在经验上一致的本真的自我，主体性是她们创造性的一个必要的方面。最后，可以把生存与死亡之间的对峙，在面对死亡时创造的勇气以及主体自我的本真组织成一个自相矛盾的模型。梅评论道："真正的快乐与创造性来源于自相矛盾。"（Schneider，1990，p.7）在施奈德（1990）的这个自相矛盾的模型中，人类的精神（psyche）被描述为一个具有压缩与扩展可能性的连续统一体。对压缩和扩展的恐惧会导致极端的功能失调，而这两个极端之间的对抗和整合则可以促进最理想的生活。（p.27）鉴于玛丽亚和塞克斯顿在向外扩展进入生活和向内退缩进入抑郁状态与幻想的世界这两个极端（光明和黑暗的想象、生物性及精神性）之间摇摆，可以把这些极端理解为建立在一个连续统一体之上，治疗的任务就是对这两个极端进行命名和整合。

然而，大多数存在理论家强调的趋向独立性的独自旅行，可以成为继朝向意识的英雄旅行后的一个榜样。向无意识的推进以及把养育和独立的需求作为女性旅行的一部分，这可能在存在理论中并没有得到恰当的阐述。这个案例提出了这样一个问题：在存在理论的背景关系中，关系和关爱扮演什么样的角色。

心理治疗的历程

是什么帮助玛丽亚，让她敢于面对黑暗，整合对立面，向下延伸，且找到重生呢？这次旅程对女性来说究竟有什么样的独特之处呢？

开始时，我让玛丽亚保持与她的痛苦、她的扭曲以及她自己被否认和被投射的那些部分在一起。作为治疗师，我保持着对玛丽亚问题的熟悉，用我自己的方式去感受她的痛苦。尽管我并没有暴露出我自己生活的任何事实，但我却让我的移情的情绪共鸣以非言语的形式为自己讲话。当她的痛苦变得太剧烈时，我们就以幽默和她本人的作品来控制局面。当我倾听她的沉默，倾听她的在场（此在，dasien），并且给予她即时的、动觉的和深刻的关注时，在场（presence）是面询期间起决定性作用的因素。对于她使我感受到的这种方式，我相信我自己的身体在对这种方式做出反应，包括我的泪水，在她处于自杀的抑郁期间情绪最低落时，我要握住她的手的那种欲望。当我试图帮助玛丽亚感受其象征材料那种经验成分时，我有一种激惹现实的感觉。只是在这些面询之后，玛丽亚才让我知道，当她感受到有些非常黑暗的东西正摆在她面前时，她在寻找一个既可以容纳她又可以陪伴她的治疗师。我们双方都感到了这种渴望，并允许这种渴望在面询期间流露出来。在面询期间我可能需要做的就是简单提问：为什么会流泪？这样就打开了使她暴露情绪的思路。一旦她能表达自己的情绪，玛丽亚就不仅会让我看到她扩展、独立及能干的一面，而且让我看到她弱小的一面——一个需要被扶持和被容纳的小女孩。我们把表现出来的她自己的这些部分进行了命名，并帮助她接受和整合这些部分。为了包容她，我运用了治疗师与来访者交会的现实来帮助她表达那些难以表达的材料，帮助她体验某种关系中的信任，将我们的工作与我们关系的未来潜力联系起来。最后，我运用了美学观点，使她能将自己的生活视为一个组合体，把她的一些极端倾向带进一个更完整的整体之中，把她的创造性运用于她的现实生活之中。

玛丽亚康复的一个重要因素是在更广阔的文化视野中看到了她个人的故事。在养育与工作之间保持平衡、牺牲的主题、无家可归以及死亡与重生之间的封闭性，这些都与女性精神和心理治疗格外接近。牺牲是早期最基本的生育仪式的基础，而且是再生的原动力。感受到为了占统治地位的父权制文化所做的牺牲，由于世界上一个原始的地方被强占而体验到无家可归的困境，这就把女人们带入一种移情和共享人性的契约关系之中。这种契约关系也能将女性患者与女性治疗师结合在一种强烈的、获得语言能力之前的姐妹关系的移情中。当被问及是什么导致疗效存在差异时，玛丽亚选择根据水神恩基（Enki）是怎样创造了两个仆人——哀悼者人物（他们对女神埃里什基伽尔发出同情的"呻吟"）来描述了她对我的移情的体验（Perera，1981，pp.69-71）。"呻吟"暗示着与患者在一起的一种方式，这种方式不会疏远，而是非认知地"感受到"她的体验，允许她沉降到地下世界，将痛苦转换为想象、象征，再度出现时成为更强者。

在治疗期间，我跟随着玛丽亚一起分享她的进步和意象的改变。最初的一系列意象必然与"清除灌木丛"有关，或与为了即将的改变而清理空间有关，这意味着要放弃她的性欲、汽车、活动和她以前生活的痕迹，抛开她的姐姐能为她提供一个家和她的朦胧情人能确定某种关系的幻想。第二套系列意象与她的堕落有关。这些与她体验到她的孤独、贫穷及脆弱有关，与她在梦境和日记中追溯这些意象有关，与她体验到对火、黑暗、十字架和牺牲的意象有关。在这一时期，玛丽亚把关注的焦点集中在她对创造自己生活的准备上，集中在准备遇见一个与她的过去没有任何"障碍"（baggage）或拖累的人上。当她真的遇到一个男人时，她就自由了，且准备建立某种关系，其明确的意图就是为自己创设一个稳固的家和空间。她的第三套系列意象与再生、光亮及独立有关。与玛丽亚的这一过程相伴随，就意味着要信任她的精神逻辑，帮助她将她的意象和体验放入一个寓意深刻的故事背景中。

具体地讲，玛丽亚是怎样体验我们的工作和治疗关系的呢？这种体验对她有什么影响呢？这里有一段她自己的陈述：

我才刚刚开始明白艾琳和我自己之间的那种关系。如果这只是与任何一个人的利益关系，那么我究竟是在与谁交谈就不会有什么差别。但我曾尝试着与几个人交谈过，从根本上说，我都面临着完全缺乏理解。要么是不想理解我所谈论的事，因为我讲的属于个人隐私且会让人痛苦，要么就是他们不能够理解，因为我所讲的事与他们的经历离得太远或是因为他们完全不能静下心来听他人讲话，故而听不到我究竟在讲什么。不管怎样，世界没有给予我关爱或关心我的体验与感受。对我的遭遇，它毫无办法且也尚未准备好策略来帮助我。我就只能忍受着，让他人来倾听我倾诉，却得不到答复，我的痛苦在不断上升。

不是每个人都能这么做，和艾琳在一起时她确实倾听着，但我认为她除了听还做了其他许多事。她是我生活遭遇的见证者，她感受到了我的感受，并且为我而感受。她没有干预或试图改变我的感受或想法。她允许我在我的梦与体验出现时对它们进行加工。

当我无话可说时，我们就安静地坐着。这些时刻可能是如此地舒适——时间似乎停止了。将体验用文字阐述出来是很困难的。一次，我将其比喻为一种"神圣的时刻"——如此地平和、宁静与封闭。就让这一时刻在此停留吧。

有时我就静静地坐在那儿哭泣，此刻艾琳也静静地坐在旁边。

不知何故，我总是能够明白，她对我的关心很真诚，因为每当我向她讲述我的梦或告诉她我的感受时，我都看见了她眼中的泪水。在我有自杀企图时，我甚至还在"记事本"中提到我应该为她付账单。我相信，这件事需要有一定程度的无私，我非常感激艾琳。

她对我遭遇的见证是与众不同的。别人只是看见和听见，而她在我处于极度悲伤状态时却认真倾听我的诉说并与我一起分担哀伤。我记得我坐在那儿向她讲述我的一些体验和梦境时，我看到她眼里布满了泪水，她的这一反应让我记忆深刻。至今我依旧记得那时的感触。我的痛楚转移到另一个人身上去了，她并没有自己的安排。她没有试图改变我，或教导我，或引领我。她只是听着，默默地与我分担痛苦。

倾听的能力是一种罕见的品质，是爱的诞生。安静地坐着的能力更为珍贵——两者合二为一是一个神圣的时刻。这种感受无须解释——当然也无法解释，无言的体验是在寂静中产生的。

一周一次，每次一小时，我的话都能被人倾听。

参考文献

Bateson, M. (1989). *Composing a life*. New York: Atlantic Monthly.
Bugental, J. (1987). *The art of the psychotherapist*. New York: Norton.
Gilligan, C. (1982). *In a different voice*. Cambridge: Harvard University Press.
Harding, M. (1975). *The way of all women*. New York: Harper & Row.
Heilbrun, C. (1988). *Writing a woman's life*. New York: Ballantine Books.
May, R. (1975). *The courage to create*. New York: Bantam.
Middlebrook, D. (1991). *Anne Sexton*. Boston: Houghton Mifflin.
Perer, S. (1981). *Descent to the goddess: A way of initiation for women*. Toronto: Inner City Books.
Schneider, K. (1990). *The paradoxical self: Toward an understanding of our contradictory nature*. New York: Plenum Press.
Serlin, I. (1977). Portrait of Karen: A gestalt-phenomenological approach to movement therapy. *Journal of Contemporary Psychotherapy, 8*, 145–152.
Serlin, I. (1992). Tribute to Laura Perls. *Journal of Humanistic Psychology, 32*(3), Summer.
Yalom, I. (1980). *Existential psychotherapy*. New York: Basic Books.

对存在－整合的案例的详细阐述——玛丽亚

在我们的社会里，许多女性都感受到过人格分裂。一方面，她们被告知要约束自己——成为好女孩、负责任的母亲、称职但又顺从的商业人员。另一方面，她们又被鼓励要纵情享受——要具有强烈的吸引力和令人着迷的性感、优雅的魅力或直觉，简言之，要像一个女神。

在年龄很小的时候，这种人格分裂甚至就很强烈，女孩被教导要么压抑个性，要么遵守一些极端化的理念。

玛丽亚是那些限制性的［或者用我们的术语讲，就是高度限制性的（hyperconstrictive）] 社会和家庭影响的受害者。正如尼采所说，她举止得体，尽职尽责，是阿波罗式的，且有着被驯化的生活品位。然而，她心中却有一团火在燃烧——就如她母亲曾拥有的，这团火正在威胁着要吞噬她的生命。

因此，她无法集中注意力，无法让自己变得从容和整合，这在玛丽亚心中产生了一种强烈的震动。一方面，她对在世界上冒险的恐惧、对扩展她自己的恐惧，使她把自己牢牢地束缚在家庭生活中。另一方面，她对抹杀自己的恐惧、对不可改变地强制自己放弃做某些事情的恐惧，都推动着她想要爆发，以使她自己的生活具有浪漫色彩。如此循环往复。

到玛丽亚开始接受治疗时，她只看到有两种选择，要么过一种沮丧的生活，要么死亡（一种完全的、毫无阻碍的放松）。当然，后者是玛丽亚的母亲的最终解决方式，也是塞克斯顿的最终解决方式。然而，塞林博士为玛丽亚提出了另外一种可供选择的方法。

通过与她亲密的在场，塞林博士为玛丽亚传达了三种重要的感情：（1）她是安全的；（2）她的话有人在听；（3）她可以被人理解。这反过来又让玛丽亚感到更有安全感，更容易理解自己和愿意冒险与塞林博士有更多的联系。

尽管玛丽亚在清醒的生活中难以祈求现实的保护，但她梦中的生活却恰好相反。塞林博士通过倾听和反思她在玛丽亚梦中听到的那些突出的主题，通过邀请玛丽亚使自己全身心地沉浸于这些主题之中，利用了这种能力，反过来，玛丽亚也能够体验到她梦中的象征意义（例如枯燥乏味/淫猥下流、虚弱无力/神性威力），而不仅仅对此进行报告。

当这些体验对玛丽亚来说变得越来越强烈时，塞林博士采用幽默或写作，或只是和她在一起，或者只是简单地让她重新振作起来。

在她们共同治疗的最后阶段，玛丽亚开始看到她的困境中还有第三种更加整合的选择。她开始看到，她能够使其纵欲的冲动保存下来（survive），也能使她对那些冲动做出的逆反应保存下来。她认识到，她能够很大胆，但她也不必神化；她可以很端庄娴静，而不用害怕无法整合。

因此，和塞林博士的这种关系便为玛丽亚提供了一个实验室，使她能够尝试一些新的角色，并且对她外部生活的那些角色进行检验。最后，她能够变成其生活中的"杂乱者"（messier）——放弃使她不能怀孕的公寓，放弃使她名誉受损的单身生活，并且和一个有魅力的男人结了婚。但是，她同时也能够承担起这个男人的家务，养育他的儿子，使她的生活符合礼节地稳定下来。换句话说，她能够变得与他人相互依赖，使她那女英雄般的辛勤劳动得到补偿。

一个孀妇的体验：埃尔瓦的案例[12]
（欧文·雅洛姆）

欧文·雅洛姆医学博士是美国一位重要的存在治疗师。他是一位精神病专家，且是斯坦福大学的荣誉教授，他的著作有《团体心理疗法》《存在心理治疗》《爱的死刑执行者》《当尼采哭泣时》。他最近写出的大部分书都强调用文学形式来表达存在治疗。

虽然对许多患者来说，解放的道路得到了扩展，正如我们对这个术语所做的界定那样，但对有些患者来说，事情却"截然"相反。这就是欧文·雅洛姆研究的一个案例，埃尔瓦（Elva）的案例。雅洛姆认为，由于她的权力感，埃尔瓦心中充满了幻想破灭感。无论是她的傲慢、地位，还是其放纵的性质，都无法使她习惯于我们迟早都必须面对的各种挫伤，而且对这些挫伤我们都必须付出代价。不过，雅洛姆却表明，埃尔瓦是怎样——有时痛苦，有时幽默地——开始接受这种使她头脑清醒的困境，因而也是死亡的困境的。

我在候诊室向埃尔瓦打招呼，我们一起步行了一小段路走回我的办公室。发生了一些事。她今天与以往不同，她步伐迈得很吃力、很谨慎，失望且沮丧。在过去的几个星期，她走路的步伐轻快，但今天她又像是那个我在八个月前第一次见到的绝望的、步履蹒跚的女人。我还记得当时她说的第一句话是："我想我需要帮助，生活看上去并不值得过下去。现在我丈夫去世一年了，但是事情并没有逐渐变好，也许我是一个学习较慢的人。"

但是她并没有证明她是一个学习缓慢的人。事实上，治疗出现了明显的进步——也许事情的进展太容易了。是什么使她回到现在这种状况的呢？

坐下后，埃尔瓦叹息着说道："我从来没想过这种事会发生在我身上。"

她被抢劫了。从她的描述中可以看出这似乎是一件普通的抢包事件。毫无疑问，这个小偷是在蒙特利的一个海边餐馆抢劫她的，小偷看到她用现金为三个朋友——都是年长的孀妇——付账。他一定是跟踪她到停车场，他的脚步声被海浪声覆盖了，他跳起来，脚步没有停顿地抢过她的手袋，随后跳进停在附近的一辆车里逃跑了。

埃尔瓦顾不上她肿胀的双腿，冲回餐馆求助，但这当然是太晚了，几个小时后，警察发现了悬挂在路边垃圾桶上的她的空手袋。

三百美元对她来说已经是笔很大的数目了，接下来的几天，埃尔瓦的心头一直萦绕着她丢钱的事。几天后，这种不快渐渐消失，但是心里始终有个阴影——一个用"我从来没想过这种事会发生在我身上"这个术语来表达的阴影。伴随着丢失手袋和三百美元，埃尔瓦心头产生了一种幻觉——个人独特性的幻觉。她总是生活在具有特权的社会圈子中，不会产生令人不愉快的感受，也不会产生经常造访普通人的那种令人不快的不便——这些受到侵扰的普通人就是那些经常在小报和新闻广播中报道的遭到抢劫或身体伤残的民众。

这次抢劫改变了一切。她生活中的舒适、柔和与温暖都消失了，安全感也随之消失。从前她总是注意家中的靠垫、花园、舒适的东西和厚地毯。现在她很留意锁、门、警报器和电话。她每天早晨六点都会和她的狗一起去散步。现在早晨的寂静对她而言似乎也是威胁，她便和狗停下来并仔细倾听是否有危险。

这一切没有什么是不同寻常的。埃尔瓦曾经受过创伤，现在也经受着常见的那种创伤后的应激反应。在遇到事故或遭受攻击之后，大多数人都会觉得没有安全感，受惊吓的阈限降低，变得超级警惕。最后，时间会使人对这种事件的记忆衰退，受害者会逐渐回到此前信任他人的状态。

但是，对埃尔瓦来说，这却不是一个简单的攻击事件。她的世界观被击碎了。她过去经常说："只要一个人有眼睛、耳朵和嘴，我就能培养起和他们的友谊。"但时光不再。她失去了她对仁慈的信念，不再相信她个人不容易受到攻击。她感到被剥夺了，成了普通人，得不到保护。那次抢劫的真实影响就是要粉碎幻觉，并以残忍的形式证实她丈夫的死亡。

当然，她知道她丈夫阿尔伯特已经去世了，而且躺在坟墓里已经超过一年半了。她早已通过葬礼仪式，通过癌症诊断，通过可怕的、引起呕吐的短暂的化疗成为孀妇了，他们最后一起参观了卡米尔山，他们最后开车游历埃尔卡米诺里尔，家里的医用床，葬礼，文书工作，越来越少的宴会请柬，孀妇与鳏夫的俱乐部活动，度过漫长而寂寞的黑夜。这一切彻底成为灾难。

不过，尽管有所有这一切灾难，但埃尔瓦继续保持着她对阿尔伯特仍然活着因而仍坚持认为她是安全的和独特的感受。她仍然生活在"仿佛"之中，仿佛这个世界是安全的，仿佛丈夫阿尔伯特还在那儿，像以往一样回到车库隔壁的工厂工作。

请你们注意，我并不是在谈论幻想。从理性上讲，埃尔瓦知道阿尔伯特已经去世了，但她仍每天都躲在幻觉的面纱背后过着常规的日常生活，使痛苦变得麻木，使她所知道的对丈夫的强烈记忆变得淡漠。早在四十多年前，她与生命签订了一份契约，虽然它的起源和语词内容都已经随时间消退了，但其基本性质却是清晰的：阿尔伯特会永远照顾埃尔瓦。在这个无意识的前提基础上，埃尔瓦建立了她所有假设的世界——一个具有安全、仁慈的父亲特征的世界。

阿尔伯特是个修理工。他曾修理屋顶，会修理自动化机械，是一个普通的能做各种杂事的人，做过承包商，会修理一切东西。他会被报纸或杂志上的一件家具或一些小零件的照片吸引，然后在他的车间里把它复制出来。我这个在车间里总是毫无用处的人，只能一直有滋有味地倾听着。和一个修理工生活在一起的四十一年是令人相当舒适的。埃尔瓦坚持阿尔伯特依然活着的感觉，他当时就在车间里一边向外看着她，一边修理东西。这不难理解。她怎么能够放弃呢？她为什么要放弃呢？被四十一年的经历加强了的这种记忆，已经围绕埃尔瓦织成了一个茧，使她避开了现实的生活——直到她的手袋被抢。

八个月前第一次见到埃尔瓦时，我就发现在她身上没有多少让人喜欢的地方。她又矮又胖，是一个毫无吸引力的女人，有点神叨，有点搞怪精灵，皮肤有点疙瘩，而且所有这些方面都无法调和。我被她的面部变形吓坏了：她眨眼、皱眉，要么一只眼睛，要么两只一起睁得很大。她的眉毛看起来就像洗衣板，她的舌头总是能让人看见，随意地变换着大小，快速地收进吐出，或者把她那潮湿而颤动的嘴唇噘成圆形。我记得，当我想到要把她介绍给那些长期服用镇静剂的病人时，就使我自己发笑，几乎是放声大笑，这些病人已经形成了一种迟缓的运动功能失调症（这是一种由药物引起的面部肌肉的变态现象）。这些病人在几秒钟之内就会变得十分生气，因为他们相信埃尔瓦是在嘲笑他们。

但是我真正不喜欢埃尔瓦之处是她的愤怒。她的话里充满了怒火，在我们第一次见面的几个小时里，她对她所认识的每一个人都会说一些恶狠狠的话——当然，除了阿尔伯特之外。她痛恨那些不再邀请她的朋友，她痛恨那些使她不能过舒适生活的人。无论是包含在内还是排除在外，对她来说都一样：她发现在每个人身上都有使她讨厌的东西。她痛恨那些告诉她说阿尔伯特运气不好的医生，她甚至痛恨那些提供了错误希望的人。

那些时光对我来说是艰难的。我在年轻时花了太多的时间来默默地痛恨我母亲严厉的教导。我记得我孩提时代玩过的想象游戏，试着想要发明一个她不会痛恨的人，例如一位慈祥的阿姨、一个给她讲故事的外祖父、一个保护她的年长一点的玩伴。但是我却从未发现有这样一个人。当然，除了我的父亲之外，而且他确实是她生命的一部分，是她的喉舌，她的阿尼姆斯（animus）、她的创造力（根据阿西莫夫的机器人技术第一定律）。我的父亲不可能对他的制造者产生敌对态度，尽管我恳求他做一次——爸爸，求求您，只要一次——对她吹胡子瞪眼。

和埃尔瓦在一起我能做的就是坚持着，倾听她倾诉，或多或少地忍受着这段时光，用我所有的真诚去发现一些能为她提供支持鼓励的事情——通常是做一些索然无味的评论：生那么多的气对她来说是多么不容易。我不时地几乎恶作剧地探询着她的家庭圈子里的其他人。当然，其中一定有一些肯定值得尊敬的人。但是没有一个人不会受到中伤。她的儿子呢？她说他的电梯“不去最高层”。他总是“缺席”：即便他在那里，他也总是“缺席”。她的儿媳妇呢？用埃尔瓦的话讲，是“一个裂缝”——非犹太人的美国公主。每当开车回家时，她的儿子总是用手机打电话给他的妻子，说他想回家后立刻吃晚饭。没问题，她能做好。埃尔瓦提醒我，对于这个“裂缝”来说，她能用九分钟把晚餐准备好——用微波炉“做一顿”美食，苗条的美食家吃的电视晚餐——始终是需要的。

每个人都有绰号。她的外孙女“睡美人”（她使劲地眨眼和点头，轻声地说）有两个浴室——请你注意，两个。她雇用仆人以减少她的孤独感，这个仆人发出“让人发狂的那种音调”，她是那么不愿意说话，以至于她试图把她的烟从下水道中冲走来熄灭它。她自命不凡的桥牌搭档叫“五月白鬼夫人”，与其他人相比，与所有患阿尔茨海默综合征（Alzheimer，老年痴呆症）的人以及那些疲惫不堪的醉鬼相比，"五月白鬼夫人"思维很活跃，按照埃尔瓦的观点，旧金山那些玩桥牌的人就是这些人。

但是，不管怎么说，尽管她很愤怒，而且我也不喜欢她，以及她对我母亲的召唤（evocation），我们还是度过了这些面询。我忍受住了我的烦躁，变得与她更接近，通过解除我母亲和埃尔瓦的"纠纷"来解决了我的反移情，并开始慢慢地，非常缓慢地使她感到温暖。

我认为，这个转折点发生在那天。当时她在我的椅子上示意"哎，我很累"，我扬了扬眉。对此她的反应是，她解释说，她和她20岁的外甥打了18洞高尔夫球。〔埃尔瓦60岁，4英尺11英寸（约合1.5米）高，至少160磅（约合72.6千克）。〕

"你打得怎么样？"我兴高采烈地询问，继续保持着我在谈话中的主导地位。

埃尔瓦身体向前倾，手放到嘴边，好像要把房间里的其他人排除在外，她向我露出了她一大堆巨大的牙齿说："我把他打得屁滚尿流！"

这使我感到吃惊，同时又感到很有趣，故而大笑起来，笑得我眼泪都止不住地流出来了。埃尔瓦喜欢我的笑声，她后来告诉我，这是她在赫尔博士教授（这就是我的绰号）那里治疗以来第一次自发地行动，并和我一起大笑。从那以后，我们的关系变得极好。我开始欣赏埃尔瓦——她那让人难以置信的幽默感、她的理智和她的滑稽。她曾过着丰富多彩的生活。我们在很多方面都很相似。像我一样，她也有个很大的家族。我父母在二十几岁时从贫穷的俄罗斯移民来到美国。她的父母是贫穷的爱尔兰移民者，她跨越了南波士顿的爱尔兰廉价公寓与旧金山的诺布山复式桥牌锦标赛之间的隔阂。

在治疗初期，和埃尔瓦在一起度过一个小时是很艰难的工作。我费了好大的劲才把她从候诊室接来。但是几个月之后，一切都改变了。我期望着我们在一起的时光。每一分每一秒我们都过得很愉快，笑声不断。我的秘书告诉我她总能从我的微笑中判断出我那天看到埃尔瓦了。

几个月以来，我们每周都见面，治疗进展得很顺利，与通常的治疗者和病人相互享受时一样。我们谈到了她的孀居生活，她那改变了的社会角色、她对孤独的担忧、她对不会再有躯体接触的悲哀。但是，我们首先谈论了她的愤怒——谈论了它是怎样使她远离了她的家人和朋友。渐渐地，她开始顺其自然，变得更加柔和与温柔起来。她与"令人发狂的音调"、"睡美人"、"五月白鬼夫人"和患老年痴呆症的桥牌牌友们之间的沟通逐渐多了起来。和睦的关系产生了，比如，她的愤怒逐渐消退了，家人和朋友又重新在其生活中出现了。在手袋被抢之前，所有的一切她都做得很好，我一直在考虑要提出终止治疗的问题。

但是，当她遭到抢劫后，她感觉仿佛所有的一切又回到原点了。最重要的是，这次抢劫行为表明她也是一个平凡之人，她的那种"我从没想过这种事会发生在我身上"的想法反映出她丧失了其个人独特性的信念。当然，在以下方面她依然是独特的：她有独特的天赋和品质，她有独一无二的生活史，没有一个人的生活过得像她那样。那是其独特性的理性方面。但是，我们也有（比其他人更多的）某种独特性的非理性方面。这是我们否认死亡的主要方法之一，而我们头脑中以平息死亡恐惧为任务的那部分，产生了这种非理性信念：我们一点也不脆弱——诸如老年和死亡这些令人不愉快的事情可能是其他人的命运，而不是我们的命运，我们的生存会超越法则、超越人类和生物的命运。

尽管埃尔瓦对手袋被抢这一事件的反应似乎是非理性的（例如，她宣称自己不适合生活在地球上，害怕离开她的家），但显而易见，她实际上遭受着被剥夺非理性的痛苦。那种令人陶醉、成为例外、永远受到保护的独特感受——所有这一切曾使她如此陶醉，却突然失去了说服力。她看透了自己的幻觉，被幻觉掩盖的东西现在就摆在她面前，赤裸而又可怕。

现在，她的悲哀的伤口已经完全显露出来了。我想，是时候把它敞开，加以清理；让它直接而真正地愈合。

我说："当你说你从未想过这样的事情会发生在你身上时，我知道你所表达的意思！对我来说，要承认所有这些痛苦——年老、丧失亲人和死亡——也正发生在我身上，这也是非常困难的。"

埃尔瓦点点头，她皱紧的眉头表明，她对我说的关于我自己的任何个人的事情感到很惊讶。

"你一定会觉得，如果阿尔伯特还活着，这种事就绝不会发生在你身上了。"我忽略了她的这种疯狂的急速反应——如果阿尔伯特还活着，她就不会带着那三个老媚妇去吃午餐了，"所以，这次抢劫表明的事实就是，阿尔伯特真的去世了"。

她的眼睛里充满了泪水，但是我觉得我有权利继续下去："我知道，你以前就知道此事。但是有一部分你却不知道，现在你真的明白他已经去世了。他不在院子里了，不会再回到工厂里来了。除了在你的记忆里之外，他已不存在于任何地方。"

现在埃尔瓦真的哭了，她哽咽着哭泣了几分钟。和我在一起时，她以前从未这样过。我坐在那儿暗自想："现在我该做些什么呢？"幸好此时我的直觉让我想到了一种被证明是鼓舞人心的策略。我的眼睛偶然看到了她的手袋——那个已被扯裂、用烂了的手袋。我说："倒霉透顶是一码事，但是携带那么大的东西，不是自找麻烦吗？"埃尔瓦和往常一样敏锐，没有忽视我那塞得满满的口袋以及我的椅子旁边的桌子上摆着的乱七八糟的物品。她声明她的手袋是"中等大小"的。

"再大点呢，"我回答道，"那你就需要一个行李工人帮你搬运它了。"

她对我的玩笑视若无睹，她说："此外我需要用它来装下一切。"

"你肯定在和我开玩笑！让我们看看吧！"

埃尔瓦沉浸在其中，她把手袋放在我的桌上，把包口开大，开始腾空里面的东西。最初拿出的是 3 个空的小狗手提袋。

我问："还需要另外两个手袋来应对不时之需吗？"

埃尔瓦咯咯地笑了，继续拿出手袋里的东西。我们一起检查，一起讨论每一件东西。埃尔瓦承认说，3 包克里内克丝面巾纸和 12 支钢笔（加上 3 个铅笔头）确实是多余的，但她紧紧地抓住 2 瓶古龙香水和 3 把梳子，专横地拍了一下手，不予考虑我对她的大手电筒、笨重的记事本和一摞照片的质疑。

我们为每一件东西争吵，包括 50 个一角硬币、3 袋糖（当然是低卡路里的）。她对我说的"埃尔瓦，你相信吗？你吃得越多就越瘦"这一观点傻笑不已。此外，还有一大塑料袋旧橘子皮（"埃尔瓦，你从不知道这些什么时候会有用。"）、一束编织针（我想："用 6 根针就能织一件毛衣")、一包发酵汁、半本史蒂芬·金的长篇小说（埃尔瓦读它时撕掉了一些。她解释说："不值得留着它们。"）、一个小锁扣（"埃尔瓦，你简直疯了！"）、3副太阳镜。还有塞到角落里的各种硬币、纸夹子、指甲刀、一些金刚砂的黑板碎片和一些怀疑像是包伤口用的软麻布一样的东西。

当这个大包里的东西最终都拿出来时，埃尔瓦与我开始惊讶地看着成排地摆放在我桌上的所有物品。我们很遗憾这只包是空的以及这种把包倒空的行为结束了。她转身对我微笑，我们很温柔地看着彼此。这是段格外亲密的时光。在某种形式上，以前从未有病人这样做过，而她却给我展示了一切。我接受了这一切且提出了更多的要求。我跟随她来到每个角落和缝隙，敬畏地感叹，一个年长妇女的手袋竟能用作一种适合于孤独和亲密的沟通工具：绝对的孤独是存在这个整体所必需的，如果不是因为孤独这一事实，亲密无间就可以驱散恐惧。

这是个转换的时刻。我们的亲密时光——这叫爱，叫作制造爱——具有补偿作用。在那样一段时光里，埃尔瓦从过去的放弃转向信任。她又恢复了生机活力，再次被说服：她具有与他人产生亲密关系的能力。

我认为这是我所给予的最好的治疗时光了。

对存在－整合案例的详细阐述——埃尔瓦

和我们大多数人一样，埃尔瓦穿着"独特性"、有免疫力和不易受伤害的外衣。然而，与大多数人不同的是，埃尔瓦围绕这种状况创造了一种宗教，而且这些策略是非常显而易见的。她自以为是的心理膨胀，喜欢嘲笑他人，对灾难麻木不仁。她感到孤独但奇迹般地受到她丈夫的保护。

埃尔瓦并不是沉迷于这种强化，绝不是。她对此既恐惧又苦恼。但她却被迫沉迷于此，偏离她正在消失的伤痛。

雅洛姆医生的任务是为埃尔瓦的这种虚弱的境况提供一种可供替代的选择。例如，他要求她和他在一起的时候更加真实，更加脆弱。他能使她为她丈夫感到伤心，并嘲笑她的屈尊负疚的俏皮话。最后，他帮助她更加舒适地接受自己，教她学会抛弃膨胀的欲望。

埃尔瓦被抢劫了，她的世界开始轰然坍塌。她的价值、希望甚至她对治疗的信任都荡然无存。先前她能够借助幻觉来提升自己，现在她看到的全是现实——冰冷的、僵硬的、要灭绝的世界。雅洛姆医生让埃尔瓦和这些现实"坐在一起"，明智地不让她得到抚慰。

但随后一个基本的转变发生了。雅洛姆医生对她打开心扉，并让她看到他自己对生活所流露出的不安全感。他告诉她，实际上他也感觉到他在很多方面都很渺小，他也有死亡的焦虑。这种暴露似乎给埃尔瓦提供了些许支撑的作用。这帮助她感到有人和她在一起，这鼓舞着她继续往前走。

如果雅洛姆医生能够做到，那么她似乎就能感觉到，也许她也能做到。如果他能够冒险对她亲密一些，那么，也许她也值得别人对她亲密。

埃尔瓦自己能够在一定程度上感受到这件事的重要性，她丧失了其不会受伤害的感受，这种感受的程度在最后这件事中得到了清晰的例证。通过向她挑战，让她把手袋里的东西倒出来与他一起分享，雅洛姆医生便帮助她看到了这些内容的荒谬之处，以及相比之下，拥有这些东西的人的重要之处。他询问说，和她作为一个人的价值观相比，钱又算什么？和他们所共享的生活关系相比，观念、照片及破碎的记忆又算什么呢？

简言之，雅洛姆医生给她讲明了人不免一死的命运。这些介绍使她变得有些颓丧，受到伤害，但与此同时她又因此而恢复了生气，最终她认识到，她只要能够成为她自己就行，而不必害怕她将失去她自己。她可能会受到限制，可能会有缺陷，愚蠢无能；但她也能找到放飞心灵、真正地开怀大笑和大胆去爱的空间。

一种存在－宗教精神的观点：萨拉的案例
（保罗·鲍曼）

保罗·鲍曼（Paul Bowman）博士是旧金山有私人开业执照的心理学家，他曾在加利福尼亚州奥林达的约翰·F.肯尼迪大学以及其他地方教过书。他在加利福尼亚整合研究所接受过教育，其临床和研究兴趣集中于存在、精神分析、自我心理和成长与改变的冥想方法。

虽然传统的治疗经常认为关于宗教超越的报道是不合理的，但超个人取向有时夸张了其意义。通过刻画存在现象学的假设，保罗·鲍曼揭示了一条有建设意义的中间道路。这条"道路"向来访者提出挑战，使他们——在其不断成熟的背景中——辩证地认真考虑他们的宗教精神。

任何一种心理学理论的确定领域之一就是它所确定的与一般的宗教传统和特殊的精神体验进行的对话。精神体验（spiritual experience）就是与一个人的"存在基础"进行交会（Tillich，1963）。它是一个人与人生进行搏斗和认识到人生的重要意义、认识到个人在宇宙中的"位置"以及表现一个人生活特点的价值观的自我超越时刻。因为这些问题是自我反思生活的核心，也因为它们是在格外清晰的时刻被认识到的，具有它们自己的紧急性和权威性，因此，在阐述任何明确的心理学体系时需要对它们予以关注。心理学的不同传统部分地可以通过它们表达在超自然的精神与其"基础"之间这种无法用语言表达的关系特征的方式来得到区分。

弗洛伊德心理学是产生于 19 世纪的科学，这种科学基本上是与当时的宗教传统针锋相对的。因为美国心理学家威廉·詹姆斯的作品阐述的基本上属于哲学问题（James，1901-01 /1987），所以在他那里，弗洛伊德是一个从实证主义、生物化学的观点接近灵魂的科学家。在"科学"心理学内部，非理性的宗教体验属于防御性的或病理学范畴。当把宗教视为一种社会组织时，它就成为全社会对俄狄浦斯父亲的一种移情（Freud，1930/1973），一种针对社会压抑的大规模的防御。个体的宗教体验是相似的，最好的情况是还原为服务于自我（ego）的退行，最坏的情况是朝向子宫的精神错乱式的回归。

自我心理学和弗洛伊德的内驱力理论所强调的不同点在于，它强调关系是心理动机和发展的基础（Stolorow，Brandchaft & Atwood，1987）。自我通过其自我－客体联系得到建立并保持，而不是对其本能满足的控制。无论是原始的、病态的，还是与年龄相适当的、成熟的，一个人对自我－客体关系的需求在人的整个一生是不间断的

（Kohut, 1984）。这种精神体验被视为个体对一种理想化自我－客体联系的需要，个体同自己的"存在根基"的一种自我安慰式的关系。尽管科赫特（Kohut）承认，这种对理想化联系的需求可能会有病态的或防御的表现方式，但他的理论也认识到个体与其精神理想建立一种成熟关系的合理性，这能增强和维护心理自我。

荣格也认识到人有一种与超越体验建立成熟的自我提高关系相同的潜能（Jung, 1938），和继他而来的人本主义及超个人运动一起，使之在其心理学图式中占据了重要地位。这些理论丢弃了传统的心理动力学观点，取而代之的是强调一种扩展的发展模式。心理成长与变化始于出生，扩展到不仅只包含心理成熟，也包含超越的体验（Maslow, 1971；Wilber, 1977）。当一个人的本能和关系需要相遇且受到控制时，在对成长的先天强烈欲望的推动下，它们就会让路，把与自我的交会作为精神的存在。因此精神的、自我超越的体验是终点，是心理发展这一非凡进程的自然巅峰。

这些模型的每一种都以其独一无二的方式探究宗教精神体验，在其有限性之内阐述这种人类体验的某一特殊方面。心理动力学理论能熟练地鉴别这种体验的病态性质或自我防御性质。然而，它们倾向于贬低作为整体精神性的价值，未能把退行机制与自我超越区分开来——如果你愿意这样表述的话，它们未能把超个人（transpersonal）、前自我（pre-egoic）区分开来（Wilber, 1980）。另外，这些成长模型经常扩充自我超越的重要性，在发展的程序上，将它置于心理成熟层次之上。这种偏见倾向于模糊防御或病态的、非以自我为基础的体验方面同心理健康方面之间的区别，将"精神成长"替换为心理发展。而且，尽管自我心理学承认成熟的宗教精神与退行的宗教精神之间的区别，但是，它对自我－客体关系的自我提升性质的强调，却最大限度地减少了这种体验的内在固有的非心理的、自我超越的方面。

存在主义传统的思想家们已经以一种独特的尽管具有不同特点的方式探讨了人类体验的这个维度。虽然克尔凯郭尔是坚定的有神论者，把他的存在世界的被给予性详细描述为一种澄清和加强其基督教徒信仰的手段（May，Angel & Ellenberger，1958），但第二次世界大战后的欧洲存在主义者们则从一种坚决的无神论立场对这些相同的关注做了认真的思考。然而，两者也有共同之处，在美国存在心理治疗传统中得到详尽阐述的（May，Angel & Ellenberger，1958；Bugental，1978；Yalom，1980）是强调考察活生生的体验现实，这是一种现象学的观点，它试图把一个人"关于"存在信仰的偏见暂时搁置起来，返回到"物自体"。这种方法论证实，它对与宗教精神体验进行交会是一种理想的方法，因为这种方法论消除了人本主义 / 超个人模型对精神－膨胀的偏见，也消除了心理动力学理论想要还原和病理化的倾向。存在治疗是与患者活生生的体验的一种交会。由于它对过程的强调超过了对理论的强调，因此它特别适合对某种现象的探究，无论用于哪个患者，都具有自我提升、自我超越和自我回避的特点。

萨拉的案例

萨拉是由一个治疗师推荐过来的，他知道我曾致力于佛教徒冥想。萨拉曾学习瑜伽很多年，在最近搬到湾区时，她已进行了一种

（冥想的）静修训练。她来到我们第一次面询的地方，抱怨那种泛化的焦虑和抑郁情绪。焦虑是慢性的而且是逐步上升的，抑郁则是偶然发生的并且很严重。她的家族史也表明她有感情神经错乱的倾向。她现在40岁了，虽然拥有硕士学历并有工作经历，包括担任一些专业职位，但是她现在却成了一位随时面临被解雇的百货商场销售员。她曾冲动地辞去前一份工作，跟随她的同居男友一起去旧金山，但在那儿她找不到合适的工作，并且生活方式对她来说也不熟悉，所以她再一次为成为一个自恋男人的牺牲品而生气。

萨拉出生于一个四口之家，家里有两个女儿，她是大女儿，父亲是一个学究式的天主教教徒，母亲是欧洲犹太人。起初她描述她母亲对家庭的影响不大：除了有一阵偶尔的沮丧之外，她的母亲往往没有任何情绪表现地照看着家庭生活。萨拉的妹妹同样是个闷闷不乐和沉默寡言的人。而她的父亲则是个精于算计的人。他很自恋，经常忘记妻子和孩子们的情感需要，还不时地极力压抑她们的情感表现。他是个干劲十足、喜欢户外活动的人，主张政治进步并参与了很多社会活动。家庭的一切活动和假期都是由他来决定的，在餐桌上，所有的话题都要围着他转。萨拉的朋友们把他的那些有争议的和鲁莽的问题理想化为"很酷"和"思想解放"。家里的三个女人对他爱恨交织而无可非议地着迷于他的吸引力，尤其是萨拉，她是父亲最喜爱的孩子。治疗的最初目标以及她成人生活的第二个目标是，发现并克服把她同这些类型的男人连接起来的联系，辨别和做出她自己对他们自恋的情绪反应。

在第四次面询时，正值我们的合作进行中，萨拉的生活发生了一次戏剧性的未曾预料到的改变。她的母亲被查出癌症晚期，萨拉决定放弃治疗回到家中。两个月以后，她回到了旧金山。她的母亲去世了，她没有工作，她的男友在她不在时也宣布离开了她。毫无疑问，这些打击是致命的，这一系列的迅速的损失完全压倒了让她接受治疗的那些最初的问题。此刻她正处于情感危机中，她需要在克服母亲去世所带来的悲伤和她以前所思考的自恋关系的丧失中寻求支持。她感到自己快要被压垮了，尽管没产生自杀的念头，但她的内心却是空虚且无可奈何的孤独。她之所以待在旧金山，唯一原因就是，她要保持与我之间的治疗关系。她感到更多的是完全的孤独，而不是我们之间关系的力量。在揭示其内心世界的风险中，她选择留下，是希望能在治疗中发现她所需要的重建其生活的帮助。

我开始越来越关心萨拉对她自己伤痛的那些不正常的反应（atypical response），如果有人能在面对这一连串损失时使用这个术语的话。尽管她泪流满面地详细叙述着她母亲最后几周所遭受的痛苦，大声地抱怨她父亲没能做出移情反应，她的男友不合时宜的离开使得她很恼火，但在她悲伤反应的心灵深处却有一个始终固定不变的东西。有时她的身体很僵硬，她的拳头握得紧紧的，双眼紧闭；有时则泣不成声。当她后来睁开眼睛时，她又不能或不愿意重新评述引发这种情况的想法。我们两个都很清楚，在面对某一重大损失时，她将这些伤痛隐藏在心里，这个重大损失比最近发生的那些事件位于更深处。尽管她有关于治疗程序的知识和意愿，从理论上讲可以使她的伤痛反应慢慢散去，但始终有一个使她自己根本无法感受的情感中心：一个她长期感受到但又害怕地予以压抑的"黑暗空间"。

在这个节骨眼上，在她返回治疗的几个月之后，我无法确定该怎样继续治疗。一次接一次的面询后，她开始战胜伤痛和失落的感觉，要哭泣时也很快能止住眼泪。在很多方面，她的生活开始向前迈进。她有了新的男友，有了一个具有挑战性的新工作，并建立起新的社交生活。在治疗中，她认识到在这些关系中一些熟悉的生活方式：她对生活中男人无法满足的需要感到失望，她对他感到愤怒以及有一种被抛弃的痛苦恐惧，这些都迫使她重新顺从和屈服。她对我产生了移情，认为我是一个她必须自恋地满足她的需要的人，她对我的这种移情（transference）也被动员起来。在几次面询中，她常带来食物和花作为礼物，试图想要确保她正在不断依赖的这种支持。但在我们工作的情绪核心，有一个始终固定不变的东西。再多的移情（empathy）、对防御的关注或者是对其内在体验的探索，都不能使她进入其伤痛的核心。在那个"黑暗空间"中，是一种失去联系的体验——这是对自我的迷失，对我或对治疗过程再多的信任也无法使它恢复。

萨拉的宗教精神体验

自从萨拉搬到旧金山之后，她开始练习冥想，并且越来越频繁地参加当地几家中心举办的活动。其中一次活动是，她与她先前一起工作且绝对信任的一位访问教师安排了一次静修计划，在与他一起的超过两天的静修中，在她包含其悲伤体验的能力中，有些东西已经产生了深刻变化。在我们接下来的面询中，她能够清楚地表达出一种极深刻水平的情感和记忆。在那个周末揭示出来的东西以及从中流露出来的材料成为其治疗的转折点。

这份静修计划的议程遵循的是一种相当典型的仪式规定：不能说话，少睡，简单饮食，在教师指导下长达数小时地集中注意力。她的冥想训练也同样很标准：几个小时连续不停地遵循着吸气－呼气的呼吸程序，随着感觉和思想在其意识中进进出出而关注着不断加深的敏感性。她很快就开始面对我们每周面询中频繁出现的材料，这种通向其悲痛的在此之前一直关闭的相同的情绪"路径"。但在这种冥想环境之中，有一个她长期以来一直钦佩的、温暖的、富于同情心的老师的温柔鼓励，这道门永远敞开着。

萨拉没有被悲伤和失去亲人的痛苦压倒，她的注意力融入了一种深刻的专心冥想状态。梵语中称为三昧（Samadhi），在佛教中它是人处于深思状态的标志，是一种注意力集中的体验，它让人心情放松，对内在知觉的上下波动不加抵制，使人的注意力保持泰然自若。她深刻地感受到平静，情绪上感觉安全，然而她却被记忆的溪流和洞见占据着，这些记忆和洞见在随后的治疗中将被"打开"。但在这两天里，关于其记忆的情绪意义，对她而言已经不是很重要了。取而代之的是，她正在体验一种情绪的安全和没有焦虑的开放状态，这是她迄今为止在自我接受方面所取得的最大成绩。在这种"宗教精神的"背景关系中，她已认识到她有能力来见证以前从未见证过的她的心理过程，带着这种新的观点，她又重新回到心理治疗中。

在随后的数周、数月里，她定期回到这间材料储藏室，每次都更多地感受到它的情绪影响。她找回的是对她母亲的许多否认的回忆。从她的早年时代起，她就记得她母亲有间歇性的退缩，不仅退缩到抑郁状态，而且退缩到躁狂状态。作为大屠杀的幸存者，几乎她家庭的每个成员都说，萨拉的母亲在一种脆弱的情绪状态下结了婚。萨拉的父亲忠诚地爱着妻子，并努力让她快乐，但对她疯狂暴躁的情绪却无能为力。她每次生产后，产后抑郁都深深地困扰着她，她被送往医院接受电击治疗。她周期性地进入躁狂症的状态。对她表现出的这种自我毁灭性的幻想，她的丈夫只能无助地看着。在一次躁狂症发作中，萨拉的母亲租用了一个店面，里面放满了在清仓甩卖中购买的杂七杂八的东西。萨拉记得，当她母亲开始意识到她所做的事情的影响时，她脸上所表现出的失望神色。

就是因为面对这种情绪的易变性，萨拉对情绪支持的寻求便从母亲那里转向父亲。萨拉起初试图与她母亲建立联系——这是最早的产后联系，但她的这种想法被她母亲情绪的神不守舍阻挠着。萨拉的"黑暗空间"很可能与这些早期的依赖和分离的经历有关——这是一种彻底的压迫人的空虚，它威胁着要扼杀她的心理生活。在无数次与母亲的联结失败后，她开始转向她的父亲，他是一个稳定的在场（presence），尽管要强迫付出一种自恋的代价，但他却是她被母亲抛弃之后的一个可靠的替代物。

在接下来两年多的时间里，萨拉开始渐渐终止且克服这些早期关系中的情绪困扰。她将她在依赖自恋男士时所感受到的无助与愤怒以及在想到要离开他们时所产生的那种令人窒息的恐惧，都放在背景关系中。她开始了解到，父亲对母亲热情洋溢的控制出于他自己对母亲躁狂症的恐惧，家庭成员协力维持母亲的稳定性，确实通常是以损害他们自己的情绪生活为代价的。她更深刻地认识到，她最初希望建立某种一致且支持性的情感联系是正确的，也是值得信赖的，而且，她已经与一位有能力照顾她的需求和自己需求的男士建立了婚姻关系。

尽管一个详尽的阐述对这个总结而言太笼统了，但公平地说，对萨拉的治疗在这个阶段后就结束了，对她的研究基本完成了。她的悲痛被化解了，她对于亲密关系的潜能也很好地建立起来了，她受到抛弃的创伤被充分记录下来，她同父亲所形成的那种依赖关系方式遭受的挫折也大部分得到解决。

阐述与理论上的思考

那么，关于对萨拉的治疗过程产生了这么大影响的冥想体验，我们能得出什么结论呢？对这种体验，我们可以依赖理论观点以多种不同方式进行反观。例如，从内驱力或冲突的观点看，萨拉的三昧体验可以大部分被解释为防御。至少可以把它视为情感的孤独，是一种服务于自我的退行，自我分裂了萨拉的情绪反应，为了最大限度地减少童年时期的记忆流对自我的威胁性影响。在这种体验产生之后的几个月里，其心理状态的特点足以证实这种解释，因为当她逐渐在治疗中回到她那么舒服地观察到的记忆和洞见时，她时常被它们的情绪影响震惊。

虽然这个内驱力或冲突模型有其临床相关性，但它仍然不能说明她的体验的这些关键特征。最重要的是，萨拉的"防御"机制的自我保存影响是持久的。"服务于自我的退行"是一种状态性的事件，只有当这种材料被降低到潜意识时，防御才能有效地消除对意识的威胁。当情感的孤独失去控制时，自我会再次遭受毁灭性的打击。然而，萨拉在对其童年材料的倾向中体验到一种最基本的改变，这帮助她把她那些先前分裂的情绪体验整合起来。通过随后数月的治疗，她不再害怕她以前来自自我威胁的记忆。她的焦虑基本消失了，她能够体验到一些她之前不能容忍的情绪。在她的心灵中有一些基本的东西被重新组织起来，这是一些超出冥想的特定状态时刻而产生的东西。

这种自我心理学的观点提供了一个类似的看似合理但其实有限的解释。在萨拉的案例中，精神体验是对理想化的自我－客体关系的一种成功内化。在一个理想化的教师面前，受到这个在场男士柔和的抚慰和鼓励，她发现了去寻回她先前否认的那些记忆的力量，后来又内化为她自己独特的冥想的自我－客体。尽管可以指出，萨拉在治疗发生僵局时转向这个理想化的人物——这是一种存在于"好的"抚慰教师和"坏的"让人沮丧的治疗师之间的裂缝，但这种体验对其治疗的影响并不是具有建设性的。在连续几个月的工作中，随着其内部自我结构得以重建，她利用这种新近内化的自我抚慰能力，使继续对未发现的方面进行治疗成为可能。

然而，萨拉的体验也不能极好地适应这个模型。在科赫特看来，自我恢复的"结构建筑"体验是逐渐发生并增加的。无论是通过童年发展岁月的流逝还是心理治疗过程的增加，这种建立自我结构的"变换的内化"只是逐渐内化的。另外，对萨拉来说，一些深刻的改变生活的事情在某一个周末发生了。尽管也可以说，这个时刻是此前已经进行的数月治疗和艰苦冥想的结果，但在任何一种习俗的意义上说，这并不是一个治疗事件。相反，这是一个"宗教精神的"时刻，一个利用其能力把超越其自我资源的体验包含在内的时刻。

从人本主义和超个人的观点来看，萨拉的经历中不缺少某种明确的发展成就。这是一种"高峰体验"，标志着萨拉在超个人水平上对其同一性的认识（Maslow，1971）。尽管萨拉对这种观点感到很舒适，而且她的冥想老师愿意用这样的术语描述她的体验的特点，但这个模型并不能对这种体验的独一无二的心理学结果做出说明。她的发展进程还远远没有达到顶点，这个事件在我们治疗工作中发生得很早。有必要建立一种心理能力来容忍更大范围和更广泛的情绪。她的冥想体验显然是一种"超自我的"事件，因此，确切地说，将它还原为一种"前自我"的病理学解释是不恰当的。但是，在这样一些超个人事件中对个人成分的强调也同样是重要的。对萨拉来说，尽管这是一种"宗教精神的"成就，能够用冥想来见证她自己的内部过程，但是还有很多心理工作有待去做。

从一开始，我对萨拉的治疗工作就具有存在主义风格；就是说，为了让她的体验揭示它自己的特殊意义，它强调进程而不重视理论考虑。在她从母亲去世的危机状态中走出来之后，她通过对其伤痛的移情式表达，开始能够稳定自己的情绪。然后，当她的进程被一些她不能面对的材料终止时，她开始求助于冥想训练，从而自行发现一种新的观点，冥想能提高她的能力，使之容忍那些被否认的情绪。接下来的这种治疗是一种简单的精心阐述，是对她童年体验的分析。然而，当她自己凭直觉寻找一个对她的冥想活动感到敏感的治疗师时，这种精心阐述最初需要对其在与创伤的关系中的自我感进行重新定向。

那么，从后一种形式看，我相信人们能够辨认出探讨宗教精神体验的这种存在取向。核心是强调并阐明患者对具体依靠某种理论和心理学信仰的个人意义。在跳跃到对其宗教精神体验的防御或发展意义做出理论上的结论之前，我们的工作重点保持在萨拉是如何体验它的。我们集中精力去研究，她忍受痛苦情绪的能力是怎样通过冥想来得到提高的，而不是关注冥想体验本身的道德合法性问题。萨拉的冥想体验意义重大，本身就具有改变其生活的力量。尽管宗教文献长期坚持认为这种宗教精神体验最终是难以用言语说出来的，但是我相信，"解释"其心理学意义是一项紧迫和必要的任务。使这种阐述存在的是试图向她的体验在所有水平上的影响保持开放——从病理的到超越的，从平凡的到崇高的。

对萨拉来说，用冥想的方法确定其"存在的基础"，使她能有力量并深受鼓舞地回归她的心理世界。它促进了一个否则就不可能出现的自我恢复和治愈的进程。在这种存在观内部，宗教精神体验可能具有多种功能，从发展功能到回避和防御功能。标志这种倾向之根本特点的东西是，它强调要注意每一个体与他自己的"存在基础"交会的不同意义。

参考文献

Bugental, J. (1978). *Psychotherapy and process: The fundamentals of an existential-humanistic approach.* Menlo Park, CA: Addison-Wesley.

Freud, S. (1930/1973). Civilization and its discontents. In *The standard edition of the complete psychological works of Sigmund Freud, Vol. 21.* New York: International Universities Press.

James, W. (1901–02/1987). *William James: Writings 1902–1910.* New York: Viking.

Jung, C. G. (1938). *Psychology and religion.* New Haven: Yale University Press.

Kohut, H. (1984). *How does analysis cure.* Chicago: University of Chicago Press.

Maslow, A. (1971). *The farther reaches of human nature.* New York: Viking.

May, R., Angel, E., & Ellenberger, H. (Eds.). (1958). *Existence: A new dimension in psychiatry and psychology.* New York: Basic Books.

Stolorow, R., Brandchaft, B., & Atwood, G. (1987). *Psychoanalytic treatment: An intersubjective approach.* Hillsdale, NJ: The Analytic Press.

Tillich, P. (1963). *Morality and beyond.* New York: Harper & Row.

Wilber, K. (1977). *The spectrum of consciousness.* Wheaton IL.: Quest.

Wilber, K. (1980). The pre/trans fallacy, *Revision, 3* (2).

Yalom, I. (1980). *Existential psychotherapy.* New York: Basic Books.

对存在－整合案例的详细阐述——萨拉

这个案例至少在两个方面是整合的——它的宗教精神观和它的治疗观。

关于宗教精神，是从三方面进行考虑的，它们分别是精神分析的、超个人的和存在的。

依据鲍曼博士的观点，虽然精神分析的观点倾向于极力贬低宗教精神的体验，而超个人的观点倾向于夸大之，但存在的观点则走了一条中间道路。换句话说，它是在焦虑状态中拥有宗教精神的，既赏识且容纳这一角色。

当萨拉与鲍曼博士进入治疗时，她处于高度受限制状态。她抑郁、焦虑且依赖于有机能障碍的男性。表面上看，这种限制性来源于她的父亲，他一直支配和控制着她。然而，从更深层角度看，这始于她母亲反复无常的精神病状态。

然而，这个案例的事实并不像萨拉对这些事实的体验那样重要，这是鲍曼博士关注的焦点。例如，他鼓励她进行沉思（冥想、静修）训练，同情地促进她进行表达。他的方法适应她的这种沟通过程且限定对其内容的讨论。另外，他也察觉到什么时候合适的讨论适合于控制她强烈的恐惧。

鲍曼博士逐渐引导萨拉依据体验来进行扩展，去想象她自己超越了她的情人（和父亲）的控制。他鼓励她表达出自己对分离、主张和实现的想法和感受。

但是，后来她母亲死了，处在其心灵最深层的焦虑便赤裸裸地暴露出来。她感受到自己迷失了，游荡着，为一个"黑暗的空间"所笼罩。此前她害怕社会独立，现在她却惧怕宇宙的独立——这是来自结构、边界以及任何一种限制的独立！

通过唤醒萨拉回到现实，鲍曼博士就能够把她带到这些焦虑的边缘，而非将其引入其核心之中。即便是生动地表现出她的抵抗也没有使她改变，尽管最终在经过一段延长期之后可能会做到。只有通过她的冥想静修训练，她才能够面对其混乱的恐惧，并因此加深她承载这些恐惧的能力。

因此，这种静修训练为萨拉开创了一种方法——它清理出一个空间，但这并没有完成对她的治疗。这是要在治疗中花费很长时间才能解决的：不知疲倦地重新体验和深化她的沉思发现，并将之用于她的生活。

总而言之，鲍曼博士提出将萨拉的冥想训练作为她生活和体验的一部分——既不做最低评估也不授予过高的荣耀。他之所以将他自己的观点补充其中，是因为他认识到此种做法对萨拉来说是有用的；但这不能取代他依据自身经验来对她进行的治疗，相反，他将其视为对治疗的补充。这给她提供了更多的时间来展现自我，加强自己的观察力，增强她对痛苦的忍受能力。然而，在冥想训练和治疗之间至少有三种普遍存在的差异：（1）它包含较少的人与人之间的亲密；（2）较少重视将体验付诸行动；（3）不重视个人观察的意义背景或含义。

儿童的内在感：乔伊的案例

（史蒂夫·柯廷）

史蒂夫·柯廷（Steve Curtin）博士，是一位心理学家，以前曾是小学教师。柯廷博士是塞布鲁克学院的毕业生，在那儿他追随詹姆斯·布根塔尔接受训练，是美国加利福尼亚州心理学会的成员。柯廷博士当前正在写一本有关儿童存在治疗的书。

依据史蒂夫·柯廷的观点，帮助儿童做出明智的、适应性的选择的一条途径是提高其主观的自我感，这能帮助他们将分离的、非个人的行为风格转换为投入的和"独特个人的"倾向。柯廷博士说，乔伊的这个富有挑战性的案例是对其观点的一个极具说服力的证明。

什么是"存在治疗的儿童案例"？如果我要在我的笔记中寻找这样一个案例，我是不可能找到的。没有一份笔记是以"他正为找到他的主观自我而挣扎"这一话题作为开始的。然而，当我考虑到我之前所见过的那些单个的儿童来访者时，我发现他们中大多数人所奋争的恰恰就是这个问题。许多受虐待的儿童受害者已经学会对自己的遭遇麻木了。这能帮助他们忘却肉体和情感上的创伤。其他孩子生活在这样的家庭中：每当他们显露出他们的内在感受和体验时，他们就会受到惩罚。家长认为这样才能教导孩子们不要注意自己的内心体验。

每个儿童都与旨在把内在线索与外部线索区分开来的那种辩证关系做斗争。"你真的想要那个玩具吗？或者你想要它是因为你哥哥先拥有了它？"这是父母经常提问的一个极为普遍的问题，对此孩子们最常见的回答是"我不知道"。有时候父母们就会感到很宽慰，认为孩子并没有迫切的需求或愿望。还有些父母则会要求孩子进一步在内心进行探索，更努力地想要弄明白其行为的意义。

儿童存在治疗过程的焦点是提高他们对自己的主观体验。这个过程导致了儿童对行为意义的发现，之前对其行为的意义他们可能只有一些有限的觉知。

在一定程度上，主观体验是在与治疗师的关系中被觉察到的，孩子开始认识到他的"内在感"（Bugental，1978）。随着这种觉知的出现，孩子有了一些选择其行为的经验，这就是布根塔尔（1978）称为"主观自主权"（subjective sovereignty）的东西。对孩子来说，这种对选择的觉知经常导致一种赋权的感觉。例如，一个逃避矛盾冲突的孩子，如果他体验到是自己选择逃离，而不是环境导致他逃离，那么他就会产生一种不同的体验。

并不存在"完美的"案例。每一种治疗上的交会都会带来大量相互依赖的因素，混淆治疗的进展。任何一次面询或面询的任何一个环节都能从多角度来看。在后面这个案例中，治疗师的注意力针对的是促进这个孩子对内在感受和感觉的觉知。存在治疗中使用的技术没有一种是某一治疗流派专用的。正如罗洛·梅（1983）所说，"存在分析是一种理解人类存在的方式，而不是一种'怎样治疗'（how to's）的体系"（p.151）。因此，治疗师运用一些策略来帮助孩子从"分离的、非个人的陈述（或行为）"转向"易动情且独具个人特色的因素"（Bugental，1987，p.13）。

乔伊的案例

这个案例涉及一个 3 岁的小孩，他是由母亲带来的，因为母亲担心他不能很好地适应其父母的离异。[13] 乔伊是个善于表达、聪明且具有艺术才能的孩子。他目前的问题包括在幼儿园里弄脏他的裤子，晚上尿床，一个人玩耍时有手淫现象，对其他孩子有攻击行为，对其他成年人有不适当的不同于父母的感情。

在诸如乔伊的案例中，把焦点集中于对通常由司法系统提出的事实问题做出解答，是一个很自然的趋势。为解决监护权问题而获得信息的需求是推荐该案例的最主要的原因。对父母和法院来说，有很多令人惊愕之处：孩子的发展年龄使大多数实际内容让人怀疑。法院的希望是，治疗师能够把这个案例中的事实和虚构区分开来。

当我见到这个小孩时，他紧紧拉着他母亲的手不愿与她分开。他坐在我办公室的角落里从远处看着我。当我将他的注意力转向周围的游戏、木偶、玩具和艺术材料时，他几乎没有什么回应。他靠近他母亲身边看着我。他母亲鼓励他去玩玩具，但不见效果。

在他的治疗过程的技术手段中，布根塔尔提醒治疗师要采取一些小措施。在儿童治疗的背景关系中这些"小措施"包括让孩子做一些熟悉的事情。在办公室里许多东西（游戏、木偶、玩具、书籍）都是孩子们所熟悉的。孩子们受这些东西的吸引，无须提示就会使用它们。他们天生的好奇心会促使这个玩游戏过程的开始。对乔伊来讲，这些东西给他提供了一种手段，确定了他在这个房间里的在场。当他能够将自己的注意力从回避屋里的东西转向注意屋里的某件东西时，治疗就开始了。对孩子来说，治疗师是一个陌生人，治疗师的在场通常会阻止孩子待在屋里。熟悉的事物能开始把孩子的注意力集中在治疗空间里。

为了认识乔伊，我开始将木偶放在他邻近的沙发上。起初他忽略它们。当我开始移动其中一个木偶，让它点头、挥动手臂时，他开始用眼角的余光注视它们。通常这些孩子的最初反应是将木偶推开，乔伊的反应亦是如此。这种行为能唤起治疗师的多种回应。在这个案例中，我选择发出一种惊讶的声音并将木偶推回去而深化我的在场。推了几次之后，乔伊拿起其中的两个木偶让它们相互打架。两个木偶间的打架是无趣且短暂的。随后的行为是他愈发贴近他的母亲并且躲避我。

沉默片刻之后，我问他是在躲避打架还是躲避其他某种东西。他的反应是将木偶踢到地板上，我的回应则是："噢，就是这样对待木偶的啊。他们就是这样做的吗？或者这样做还有其他什么意思吗？"乔伊转身离我更远了。我找了些白纸和彩色笔。他对这些彩色笔流露出浓厚的兴趣。当他拿过这些纸和笔时，我让他将木偶画出来。他用黑笔和红笔在纸上做了一连串的记号。当我让他谈一谈所画的东西时，他这样描述道："小兔子妈妈（在喂）小兔子宝宝。"然后他把这幅画给他母亲看。我问他："小兔子宝宝感觉如何啊？""很好。""小兔子宝宝觉得木偶怎样啊？""不好！""怎样不好呢？"他的反应是像胎儿一样在沙发上将身体蜷成一团。

到下一次面询时，乔伊就能够自己从等候室走到我的办公室了，不再需要他母亲带领。他经常提出要去看看她，但他总是在没有提示的情况下就从等候室返回了。在这次面询中，他的很多表现是探究性的，他打开所有的橱柜，触碰里面的一切。他把东西拿起来，大多是玩弄一些他熟悉的东西。当他发现一些不熟悉的东西时，他就试图独自发现它们的一些特性。他没有尝试直接让我参与，显然是避免让我帮忙识别那些不熟悉的东西。

在第三次面询时，他自发地将除狼之外的所有木偶都排列在角落里，他自己也躲在那里。当他蜷缩在那儿时，我让他告诉我所发生的一切。他指着玩具狼说："那是只大坏狼！"我问他对狼有何感受。

他明显地颤抖起来。在谈论其他的玩具和他时，我说："你看上去很害怕，有人不害怕狼吗？"他从放玩具的竹篮里拿出一个女士娃娃，将它放在地板上，放在狼与自己藏身之处的中间。他继续颤抖着。我说："你看上去依然很害怕。"他点点头，再次离开房间去见他母亲。这次返回时他将注意力转向玩具小屋。

我对主题材料的全部关注就是追随这位患者的线索，就像是这个孩子一铺好铁路枕木，我们就开始铺设铁路一样。随着一种更强烈的联盟关系的发展，就有可能对这些主题材料做进一步的探索。乔伊处在治疗的这个早期阶段，对分歧或扩展做一些有限的干预是有可能的。

在第三次面询的后期，乔伊玩的是玩具小屋。他只用成年女士娃娃和一个男孩娃娃。除了那两个玩具形影不离外，这种游戏并没有什么值得注意的地方。他静静地玩着，他后来画的画是一些没有说明是什么意思的线条。乔伊在这次面询中的举动表明他需要找到一种方法来面对他的恐惧。存在治疗的方法不是关注他为什么害怕，为什么会尝试着减轻那些恐惧，而是关注他想要控制这些恐惧的内在意图。生活包含着恐惧。我们正是因为需要学习怎样对付恐惧，而不一定要了解究竟害怕什么，才确立了一些终生的模式和习惯。存在治疗把关注的焦点集中在对恐惧的体验上，而不是集中在其内容上。回避这种内容的陷阱使治疗师能把关注的焦点集中在更大的两难困境上，这个孩子或任何其他孩子将怎样应对在任何生活经验中出现的这些恐惧。

在接下来的面询期间，那个"大坏狼"总是出现。洋娃娃、木偶以及乔伊本人都很害怕这只狼。孩子一直处于易受到攻击的情绪状态。治疗的努力是让乔伊把注意力集中在对害怕的体验上，而非害怕的东西是什么上。"人与人之间的压力"（Bugental，1987）过去常影响孩子尝试多种"个人的"解决方法来应对其危机，而不是限制他，使他只探索能给他提供宽慰的首要的解决方法。关键是要让乔伊反思他的人类困境，越来越多地将注意力集中在他尝试容纳其恐惧时所使用的策略上。

对乔伊而言，发展的主题就是，尝试怎样控制他对死亡的恐惧。随着时间的流逝，乔伊从依赖于外力转向发现自己的内在力量。因此在最初的游戏活动中，乔伊力图让各种各样的木偶、洋娃娃和治疗师来控制那只狼。

有时，乔伊对这些外部策略都很满意。在一次面询中，他把一个木偶看作法官，狼退却了。在另一次面询时，一个洋娃娃成了一位警官且将狼杀死了。在接下来的面询中，那只狼又回来了，乔伊被迫要独自面对狼。当他失败时，他就试图寻找那些像母亲一样的玩具，去那里寻求保护，或吮吸着他的大拇指离开面询。

在这种游戏活动中，孩子辨认出其真实世界中的一些人，他期待这些人能保护他。这些人包括他的母亲、爷爷、奶奶、法官、叔叔、伯伯或是孩子日常生活中的其他成年人（或许有父亲的新配偶、邮递员、邻居或他父母的朋友）。对这些外部力量的信赖给他提供了暂时的安慰。

在经历了每周一次、连续四个月的治疗和一系列把焦点集中在飞行游戏（flight，用洋娃娃来演示逃离这种状态）上的面询之后，一种新的策略出现了。乔伊把他的自我分为三种人物：其中一个洋娃娃是"真实的乔伊"，这个洋娃娃是另一个洋娃娃的孪生兄弟，只不过另一个洋娃娃有更多的伤痕而已；他把第二个洋娃娃命名为"另一个乔伊"，当再次来访时，这个洋娃娃总是被派给洋娃娃的爸爸；第三个玩偶是个"女孩洋娃娃"，乔伊是以生活中的一个真实朋友艾米的名字命名她的，艾米不害怕狼，且会对它大叫，敢于面对狼，她与"真实的乔伊"曾是经常在一起的伙伴。

治疗的效果在于提高乔伊对这种自我分裂的体验。每次这种策略都是在游戏中实施的，我与乔伊一起探讨，这种三人组合的每一方面是怎样随着事件的向前发展而在内心被感受到的。为了和乔伊一起澄清这种分裂的利弊，我尝试从他那里发现导致他感到与这个三人组合中的另外两个人分裂的原因。

同时，每当狼要带走"另一个乔伊"时，艾米这个洋娃娃都会向它大叫。当"真实的乔伊"观看着的时候，艾米就试图保护"另一个乔伊"。在每一次面询中，我都强迫乔伊描述一下，让艾米这个洋娃娃来面对狼是什么意思。在他的描述中就会流露出对狼的愤怒和敌视。这些感受的力量常常是用紧握的拳头和愤怒的面部表情来描述的。乔伊能感觉到他的手和脸上表现出来的能量。它使这些身体部位变得僵硬——正如乔伊所说："就像石头一样可以伤人，但不会被击碎。"

"另一个乔伊"常被描述为"承载着"恐惧。他被描述成一个从（外部和内部）危险中逃离出来的逃亡者。除了安全之外，他不想感受到任何东西。这种"安全的感受"是在狼被征服时才感受到的。但与此同时，乔伊把"另一个乔伊"描述为对他的安全性感到紧张，感到很没有安全保证。

那个"真实的乔伊"洋娃娃被描述为一个观看者，他经常敦促那个艾米洋娃娃表达对狼的愤怒。"真实的乔伊"在受到保护，免受狼所象征的威胁时，会在一个遥远的不相关的地方感受到一种愤怒。

在接下来三个多月的时间里，乔伊继续在这个三人组合和成人形象之间做着交替游戏。"真实的乔伊"洋娃娃开始慢慢地融入"艾米"洋娃娃之中，和她一起与狼对抗。然而，总是艾米敢于发动这种对抗。随着时间的流逝，"真实的乔伊"与"艾米"的体验之间的差异消除了。随着"真实的乔伊"与"艾米"融为一体，使用成人人物（"法官"和"母亲"）来遏制狼的做法在频次上不断减少。

我促使乔伊产生做"法官"和"母亲"的体验。对这些人物的角色扮演增加了他对成为这两种人意味着什么的感触。在这种角色扮演中，他感到自己"长高"了，有更多的办法（诸如报警）来应付他对恐惧的感受。乔伊谈到了当他"长大"后他会怎么办（长大代表一种不害怕的状态）。

在接下来的一系列面询中，乔伊运用长大这种体验来尝试让自己控制狼。在一次面询中，他把狼放在他用篱笆制成的监狱里，外面有军队包围着，狼逃脱了。在另一次面询时，乔伊拿起一块石头向狼投掷，把狼放在垃圾桶里，并宣称狼死了，说"这是好事"。当他结束面询离开时，那只狼依旧在那堆垃圾里。这种直接对狼实施控制的努力在几次面询中反复发生。

随着面询的进展，乔伊不用费太大的力气就能把狼杀死并把它扔掉，这样做花费的时间越来越少。他把更多的能量用于玩玩具小屋和其他人物上。他的注意力转向了那些洋娃娃组成的"家庭"，他饰演了日常的家务和事件。他做一些绘画，反映了他对新出现的自我的兴趣。这些画很简单，主要由直线和螺旋形的线条组成，但乔伊能鉴别出他自己，偶尔也能辨认出他的母亲或朋友，在这些画中有时配上一些心形或鲜花。他也创作一些画，他把这些画标记为"坏爸爸"。这些画中只有一个人物。

到这个时候，乔伊的恐惧被投射到那些玩具和绘画上。在接下来的一系列面询中，他开始在一些短剧中表演出包含着恐惧的情节。这些短剧的第一个包括"听到办公室门外的噪音"。起初他藏起来，然后我们慢慢地打开这扇门，在办公大楼里搜索"大坏狼"或"坏爸爸"。这个搜索是很广泛的，当没有找到"大坏狼"时，乔伊就放心了。强调的重点就放在找到"安全"处所的策略上。

随着策略的改变，乔伊开始积极地投入包含其恐惧的活动中。他的整个存在——身体和心灵——都卷入这种斗争中。关注的焦点集中在真正的时间上。威胁无时无处不在。当孩子此刻尝试其策略时，这些面询的时间似乎更长。现在治疗的努力指向乔伊对这些人的体验。使用诠释性且温柔的挑战，便使乔伊用三个有力量的人物来展示他的真实感受和需要究竟是什么样的：爸爸、妈妈和法官。

过程如大家所见，乔伊设计了一系列的动作，包括拿起电话打给法官。一个重要的主题始终表现在这些谈话中：他讲述的是真理。例如，他说："我的爸爸真的很坏。"这种努力旨在确定他的话或感知是有效的。乔伊想要证明他说的话有效，这种内在需要比其他策略更重要。乔伊把那些秘密告诉了法官，他认为这些秘密会让法官把他的父亲关进监狱。这个孩子在使用"讲真话"这种策略来获得权威人物的保护。

在这一系列类似的面询中，一个"魔鬼爸爸"出现在孩子的绘画中，出现在他用玩具小屋所做的游戏中。这个想象的爸爸形象使"家庭"成为可接受的。在孩子的心里,要想有一个"真正的家庭"就必须有一个"爸爸"。在这个过程中,那三个洋娃娃("真实的乔伊""另一个乔伊""艾米")发生了变化。"真实的乔伊"和"艾米"成了与父母一同生活的兄妹。

只有出现了与"坏爸爸"的联系时,"另一个乔伊"才会出现。"另一个乔伊"正在成为一个人工制品。乔伊将其描述为"就是待在那儿"。从乔伊的描述中可见,"坏爸爸"和"另一个乔伊"并不是在身体上被感受到的,而只是像记忆那样在人的脑海中。

用这种新出现的内在力量,乔伊把他的注意力从个人内部世界转向人际关系世界。我们发现,这个孩子开始抱有希望,认为物质世界的一些力量会给他提供保护。随着时间的延长,他转向了自己的个人资源。最初,这些资源与自我是分离的,但是,当他获得自信心时,他便形成了一些反映更多的个人资源的策略。最后,他说出了他对这个世界中的他人的一些想法。他终于发现自己是其世界中一个寻求改变的人,而不是一个无助的人。

虽然乔伊能够以多种积极的方式进行改变,但法庭的实际需要并没有得到满足。当我遇见乔伊时,他正处在难以应对的困境之中。使用一些熟悉的物体来吸引注意,以此来反衬他的行动,我就能锻造出一个联盟者来。当乔伊证明了他处理恐惧的策略时,我促使他继续这个探索过程。他乐意与我一起分享这个过程,这种意愿使人能更深刻地赏识乔伊的体验。在那种体验中包含着乔伊的感受、策略和世界观。在那种深刻感受到的体验中与乔伊或任何一个小孩在一起,使治疗师成为付诸行动的榜样(就是说,尝试这些策略)。乔伊从外部资源到内部资源的旅程以及他新发展起来的勇气,都表现了对治疗师提供的榜样的一种有效应用。在他愿意讲述他的需要时，乔伊的行动显然是具有目的性的（Bugental，1987）。简言之，乔伊的治疗努力导致了对其希望、梦想和愿望的一种扩展了的觉知，连同向法官和他的父母讲述出来的勇气。

参考文献

Bugental, J. F. T. (1978). *Psychotherapy and process.* Reading, MA: Addison-Wesley.
Bugental, J. F. T. (1987). *The art of the psychotherapist.* New York: Norton.
May, R. (1983). *The discovery of being.* New York: Norton.

对存在－整合案例的详细阐述——乔伊

对儿童的治疗常常过于迎合成年人的需求，而忘记了孩子的需要。在这些情况下，对孩子主体性的考虑常常被边缘化，可测量的行为是必不可少的。

在这个案例中，柯廷博士描述了一种以主体为中心的、逐步递进的儿童治疗方法。通过游戏、隐喻和交会这些环节，柯廷博士帮助乔伊来体验他自己，将自己沉浸在自己的创伤中，并寻找克服这些伤害的能力。

我们发现，乔伊感受到过分的受限制，如受虐待、被极度轻视和被暴露。他的父亲似乎是这些感知觉的催化剂，这些感受充满了乔伊的世界。他的扩展性的行为表现——尿床、不爱干净、攻击行为，等等——可能都是应对这些无助感受和获得他需要的支持的一些方式。

柯廷博士给乔伊创设了一种和谐的挑战氛围，他采取的方法、他提供的游戏以及他所鼓励的创造性，都为乔伊的自我更新提供了机会。

通过使乔伊首先进行游戏活动，然后把他的体验反馈给他，柯廷博士便帮助乔伊正视他的恐惧——诸如那只"大坏狼"，并且找到纠正这些恐惧的方法。当他和乔伊的联盟得到加强之后，柯廷博士就与他一起进行了更深入的探索，支持性地吸引他深入其恐惧之中。对于这种方法的每一步骤，柯廷博士都和乔伊一起体验，让他把关注的焦点集中在这种体验上。他避免做那些可能会使乔伊转移其约定的离题的解释。

慢慢地，通过动员他自己内部的各种特点，乔伊能够面对狼了。例如，当"艾米"洋娃娃鼓励他冒险时，"真实的乔伊"逐渐地学会维护自己的权威了。通过"艾米"洋娃娃，乔伊能够面对他之前难以处理的事——向狼大叫——以提升自己在生活的其他领域的能力。"法官"和"母亲"洋娃娃也帮助他体验到他的壮大以及他们给他提供的真实生活的力量。

在他治疗的最后阶段，乔伊已经能够直接谈论他的恐惧了（"我的爸爸真的很坏"），并直接探索他在限制其父亲时的作用。

简言之，柯廷博士已能够有条不紊地激发乔伊面对现实。通过创设彼此信任的氛围，鼓励创造性的游戏，提升乔伊对其体验的意识，柯廷博士为乔伊提供了更多的拓展资源。实践证明这种拓展所产生的意义是关键性的，最终使乔伊得到提升，不再成为受害者。

对话（布伯式的）治疗：唐的案例

（莫里斯·弗里德曼）

莫里斯·弗里德曼（Maurice Friedman）博士，是对话治疗研究所的合作主任，也是圣迭戈大学宗教、哲学和比较文学的名誉教授。他是美国最重要的存在学者之一，《存在主义的世界》（*The World of Existentialism*）、《心理治疗中的康复对话》（*The Healing Dialogue in Psychotherapy*）、《对话与人类意象》（*Dialogue and the Human Image*）、《宗教和心理学》（*Religion and Psychology*）的作者，也是对哲学家马丁·布伯做过许多研究的学者。

莫里斯·弗里德曼关于唐的这个案例研究，证明了马丁·布伯的"我和你"关系的康复性。对布伯来说，"我和你"关系是对另一个人保持开放和呈现，同时也能对自己保持开放和呈现的能力。正如弗里德曼的观点所述，这种"通过会面获得的治愈"会促进真实性、自发性和信任。唐在接受了弗里德曼博士的治疗后，能够证实这些结果。

> 所有的真实生活都是一种面对。
>
> ——马丁·布伯，《我和你》（*I and Thou*）

在我的书《存在主义的世界》（Friedman, 1991）中，我指出了一个很关键但仍然没有被充分认识到的问题，这个问题将存在主义者加以划分：是把自我看作核心，把自我之间的关系作为自我的一个维度，还是把这种关系本身看作核心，自我就是通过这种关系表现出来的。[14]

这同一个问题在存在心理治疗中继续存在。虽然许多存在心理治疗师将自我视为现实的试金石，甚至是在认识主体间性的世界时也是如此，就像萨特所做的（M.S.Friedman，1991，pp.186-200），或者就像海德格尔所说的那句"Dasein ist Mitsein"[15]那样（M.S.Friedman，1991，pp.180-186），对话心理治疗师是从"之间"开始的，把它作为现实的试金石。

关于对话心理治疗，我们[16]的意思是指其治疗重点在于治疗师以与他的来访者及其家庭之间的会面作为核心的治疗方式，无论哪种分析，角色扮演，或其他治疗技术或活动，也都可以运用。如果把心理分析师视为把材料从无意识带到意识中来的不可或缺的助产士，这还不是"通过会面进行的治疗"。只有当人们认识到，在治疗内部发生的一切——自由联想、梦想、沉默、痛苦、苦闷——都是作为对治疗师和来访者之间重要关系的一种反思而发生的时候，我们才可以恰当地把它称为对话心理治疗（dialogical psychotherapy）。

关键并不在于治疗师的技能，而在于治疗师和来访者之间发生的事情以及来访者和其他人之间发生的事情——我的妻子，阿丽妮·弗里德曼称之为康复的伙伴（the healing partnership）（A. M. Friedman，1992）。只有作为一个伙伴，一个人才可以被视为一个存在的整体。觉察到一个人，布伯（1988，p.70）指出，意味着要将他的整体视为由精神界定的人，意味着要去觉察那些动力中心，这些动力中心把所有的言论、行动和态度作为可识别出来的独特标志予以归类。如果，或者只要，另一个人对我来说是一个我观察不到的对象，那么这种觉知就是不可能的，因为这个人不会因此而放弃他的整体性及其核心。只有当他在我看来出现在真正的对话中时，这种情况才有可能出现。

心理仅仅是人与人之间对话的伴随物。重要的并不是在某种关系中双方心里在想些什么，而是在他们之间会发生些什么。基于这一理由，布伯一直反对那种希望将关系这一现实转移到参与者的不同心灵之内的心理主义。布伯写道："自我迅猛的生长并没有像今天人们所预想的那样，通过我们与我们自己的关系发生，而是通过他人使我们在场，并知晓我们是由于他而获得在场的。"（Buber，1988，p.61）作为人而获得在场就是布伯所称的"确认"（confirmation）的核心。

确认在人与人之间存在，但它不是简单地属于社会或人际关系，因为除非一个人确认了他能够成为的那个人的独特性，否则他只能是一种表面上的确认。对他人的确认必须包括对这种关系的另一方面的现实体验——这是一种大胆的、想象的移动，"带着一种对人的存在的最强烈的激动情绪"进入他人的生活，这样，一个人就可以在一定程度上相当具体地想象另一个人在感受什么、思考什么、知道什么，并把自己意志中的一些东西加到由此而担忧的东西之中（Buber，1988，p.60）。这种"包含"或"想象真实"并没有消除一个人自己与他人之间的基本距离。在任何一点上，这并不意味着一个人放弃自己的具体性基础，不再透过自己的眼睛来看现象，或失去自己的"现实试金石"。但与此同时，人转向他所面临的个人生活，通过他自己，人就可以在其整体性、统一性和独特性中呈现他的在场。

必须把包容或想象真实与那种移情区别开，移情到达关系的另一边；也要与认同（identification）区别开，认同仍然在自己这一方，而不能到达另一方。真正的确认恰好意味着，我在你的独特性之中确认你，而这样做的基础是我作为一个真实的"他人"的独特性。只有包容才能确认另一个人，因为只有包容才能真正掌握他人的"不同"（otherness），并将这种不同带入与一个人自己的联系中。只有包容才能产生治疗师的那种确认，它才开始取代患者在家庭和社会中所体验到的那种不确定。这种确认来自从内部对病人的理解以及超越这种理解，也正如汉斯·特鲁布（Hans Trub）所说，当把社会的要求施加到病人身上时便达到第二个阶段（Friedman，1991，pp.497-505），这种要求使病人能够回到他已经与之切断联系的那些人的对话中。

唐的案例

在参加了一个我和他人共同促进的治疗团体之后，一位 40 岁的高加索妇女唐来见我，此后进行了为期四年的个体和夫妇治疗。唐抱怨说，十年来她的丈夫鲍勃宁愿花几小时在家看电视也不愿与她谈话，当她在家时不分担照顾孩子的责任，在她读研究生期间也不愿照顾孩子。她告诉我，有一次她很生气，打碎了家里的电视机，而鲍勃只是换了一台而已。唐对这个紧张的、充满问题的家庭气氛问题的反应显示出抑郁症的迹象：她失去了对性的兴趣和享受，她的精力和睡眠受到打扰，她没有什么精力并且有几段时间感到悲伤。她带着很平淡的感情告诉我，她的孩子是怎样有夜间恐惧症，这清楚地表明她的抑郁症的严重性以及对其家庭的影响。

为了使唐可能获得某种程度的症状缓解，我告诉她应该去看精神病医生，医生会让她服用抗抑郁药。在我们的治疗和抗抑郁药的帮助下，她的症状的严重程度逐渐降低了。一段时间后，我们清楚地看到，她目前紧张的家庭气氛只是使她抑郁的直接促成因素。我们发现其更深的根源在于她原先的家庭，尤其是她与父亲充满问题和矛盾的关系。她父亲生气后就会经常对唐和她母亲进行肉体上的虐待，而她父亲似乎不能停止这种虐待。随着我们治疗对话的展开，唐开始理解，为了保护自己免受父亲对她的潜在的性兴趣带来的伤害，她觉得有必要表现得毫不性感。同时，唐的父亲重男轻女，这是他自己大男子主义的表现，其结果是，唐并不认可作为一个女孩的价值。

唐体验到与其妹妹之间有大量争斗。唐的妹妹女人味十足，喜欢调情，这点与唐的"男孩子气"不同，尽管这丝毫也不是男性化的立场。就是因为妹妹的女性化和喜欢调情，唐的母亲与唐的妹妹有着很好的关系。她的妹妹在女子中学读书期间，唐的母亲曾从唐的抽屉中拿出她以前的论文给她妹妹，并告诉她的妹妹写上自己的名字。唐的妹妹不仅因为这篇论文得到了 A，而且赢得了一个省级奖励。当唐抗议时，她全家都批评她，说她自私。

她的智力优势和她对自我的内在意识之间鲜明的巨大反差，是唐令我感到最强烈震撼之处。唐需要将自己与他人进行比较，这种需要似乎来源于她与他人关系中基本的不信任感。只有这样才能说明以下这种名副其实的分裂：她在外部是一个积极的、各项功能表现良好的人，在内部将自己视为低劣的人而存在。

我的治疗目标产生于唐和我自己之间发生的对话治疗方法。起初，我首先与唐见面，然后与她和她的丈夫一起见面，通过这种方式，我试图帮助唐和鲍勃沟通。同时，我也帮助唐站起来争取自己的权利（entitlement），这个词我引用自伊凡·伯瑟尔梅尼－纳吉的背景关系治疗。当鲍勃走出去后，应唐的要求，我发现我的任务是帮助唐调整并理解她自己现在的情形。这包括努力克服她的抑郁症，帮助她与其生活建立某种更积极的联系，创造性地表达自己的观点。这些都是通过个人、家庭和夫妻治疗实现的，有时治疗也包括唐的妹妹。

我把帮助唐进入充满信任的关系和对话作为我们治疗的基本目标。我的治疗干预措施包括：（1）探索她的原生家庭，指出诸如唐及其兄弟姐妹的那些关系模式就是被委托承担责任的孩子［delegated children，这是赫尔姆·斯蒂林（Helm Stierlin）1974年提出的一个术语］；（2）鼓励她表达她的感受，特别是她愤怒的感受；（3）让她写下自己的梦想；（4）在团体治疗中引入离婚仲裁；（5）让她到精神病医生那里获得药物治疗；（6）与她讨论她的学校计划；（7）给一些支持性群体提出建议；（8）让她去做心理测试；（9）讨论她女儿的青春期行为是怎样使唐想起了与她的妹妹、母亲和丈夫的问题。

但是，分析过去从来就不是我们治疗对话的主要焦点。这样做只是为了重新表征过去，并找到更深层的使她同自我分离的东西，以便获得某种信任关系。

很明显，在对话治疗中还存在着诸如上述我提到的技术和干预措施方面的空间。但技术应始终是现实问题的伴随物。布伯（1958，p.132f）贴切地形容为"萎缩的个人中心的再生"。在反思了我们的关系后，我很清楚，对唐个人中心的治疗是通过我们之间的会面发生的。

对唐进行治疗的目标既不是保持她和鲍勃的关系，也不是在鲍勃离开后帮她建立一种全新的长远关系，也不是任何其他特定问题，如克服她的焦虑和抑郁、让她能够写文章或愈合她的内心分裂。相反，重要的问题在于这四年间我们不断进入对话治疗而形成的一种真正的信任关系。我的支持、促进、对抗、沉默、质疑、强化、解释和榜样示范，始终都是以关系的立场为基础的。

我对唐的治疗方法有时是以洞察力为导向的，有时则以过程为导向，有时甚至以支持为导向。但它始终是从关系发展而来，并返回到我与她的关系。甚至当我尝试传统的格式塔治疗技术时也是如此，如要求唐在她家中扮演不同的角色、从她家庭成员的不同立场来告诉她她自己刚才所说的话。

我并没有简单地把这些行动强加给唐，而是在它们起作用时与她一起探索。这种做法也同样适合我的解释。我并没有为他们提供权威性的言论，而是相反，向她询问他们是否打电话了，并且在与她的对话中对这些言论进行修改。因此，选择治疗的目的和目标就成为唐和我共同承担的一种责任。这不同于许多心理动力学或行为治疗师的技术，他们认为他们的任务就是设置目标；也不同于那些以过程为定向的治疗师，他们认为患者的任务就是设置目标。

同时，重要的是要认识到，这种对话心理治疗同唐在友谊或爱情关系中已经建立的那种信任具有类别而不只是量上的不同。正如布伯坚持认为的，有一种"标准的相互关系限定"（Buber，1958，pp.132-134）。对话疗法也建立在开放、相互性在场和指向性的"我和你"关系基础上，但它绝不可能是完全相互的。对某一共同的问题，有相互联系、相互信任和相互关心，但不存在相互包容。治疗师可以而且必须站在病人那边，也处在某种两极关系中，但治疗师不能指望或要求病人也能和他一起实践包容（M. S. Friedman，1985，pp.169-194）。

唐和我一起分享了一种相互的约定和信任，若没有它们，就不能通过会面来获得治愈。我们还分享了彼此共同关注的问题。我们谈论了唐的问题，但我们共同关注的是社会和家庭生活的疾病和扭曲，她的"问题"只是其中的一个方面。但是，不可能期望有相互的包容，即唐应该体验关系中我这一边，或者关心我的问题，关心治愈我。

同样重要的是要认识到，如果唐的生活和行为得以确立的那种习惯性的不信任能在这种程度上得到治愈，即使她能和我建立某种信任关系，然后扩展到与他人建立信任关系，那么，包容或"想象真实情况"从我这边看就是必要的。

关于这种治疗，使我印象最深刻的是我在治疗的这几年中以及结束六年多以来在唐身上亲眼看见的显著变化（我们一直有充分的联系，这足以使我对此做出判断）。这正是她从事实上的孤独向处在关系中的人——一个随时做好准备并且开放，乐意与他人一起付出和索取的人——的转变。多年来，我目睹了在唐身上发生的一种渐进并明显的变化，变得温暖、开放、娇艳和成熟。

因为我是从康复对话的立场来探索对唐的治疗的，所以，以唐自己对我们关系的评价来结束对其案例的说明似乎是合适和有意义的。

当我想到我们的治疗关系时，在我的记忆中脱颖而出的是这个过程，而不是内容。

在我遇见莫里斯之前，我一直在"挑选"一名男性权威人物（通常是一名教师或心理学家），崇拜他，老是在他身边纠缠——通常不会以浪漫的或性感的方式，虽然有一种性爱的成分。我只是想要他喜欢我和赞同我，并认为我聪明而有趣。建立一种真实的关系对我而言是可怕的——我一直保持距离并很少与他们谈话。吸引力越大，就越恐惧。

当我第一次见到莫里斯时，我可以感受到自己想与他陷入同样的模式。不过，尽管我真的想如此，但我却从来没有感到受他的胁迫。在这一点上，他太有人性了。我从来不觉得我不得不做出有趣或聪明、好或坏、快乐或悲伤的样子——这根本就不是我必须关注的事情。如果治疗师能够人性些、容易犯错，那也将导致我更人性和易犯错。

对我来说，这是一种全新的体验。我很快就发现，我正在使自己卷入与另一个"男性权威人物"的关系中，但比我过去感受到的恐惧和焦虑少了很多。我也开始觉察到，我不再想要我以前寻求的那种优势/劣势、垂直型的关系。我认为这种变化是到目前为止我与莫里斯的治疗关系中最有价值的结果。一般地说，我能够更好地以某种成人对成人的方式与他人建立关系了。我较少受他人地位、头衔和成就的威胁或对此感到畏惧。我相信，如果我再与一个男性建立亲密关系时，这种关系一定是建立在一个更健康的基础上——没有那么多需要应对的神经质的需要。

我认为我与莫里斯的关系与众不同有很多原因。我相信，有时候我会用我强烈的神经症需要来胁迫人，而莫里斯却从来没有被吓倒。谢天谢地，我从来没有能够将他勾引到我的小游戏中。他总是以简单的"我"做出回应，也没有因为我有什么错而把我分类或归类，或试图惩罚我。在我们的关系中，他从来没有将我客观化，他也不容许我将他客观化。有时候，当我看莫里斯写的书或文章时，会留下很深刻的印象；但当我与他在一起时，我却从未对他留下深刻的印象。

在我与我丈夫的关系中，莫里斯使我明白了，不是我或鲍勃一定有不恰当之处——而是我们的关系不适当。在我和莫里斯的接触中，我开始认识到，我要的是一种"关系"，那种持续一生的、重要的关系，而且鲍勃和我都值得和那些我们能够拥有某种"关系"的人在一起。

想要满足我的神经质需求只会导致死亡。虽然关系有其所有的瑕疵，但关系就是生活——现在，我非常清楚地知道这些，而我在这方面的第一位老师就是莫里斯。但是因为他没有必要成为我的老师，所以，现在我能够成为我自己的老师了。而且因为他不要我追随他的路径，我现在可以自由地找到我自己的路了。

参考文献

Boszormenyi-Nagy, I., & Krasner, B. R. (1986). *Between give and take: A clinical guide to contextual therapy.* New York: Brunner/Mazel.

Buber, M. (1958). *I and Thou,* 2d ed., (R. Smith, trans.). New York: Scribner.

Buber, M. (1988). *The knowledge of man: A philosophy of the interhuman,* with an introductory essay (chap. 1) by M. Friedman (Ed.) (M. Friedman & R. Smith, trans.). Atlantic Highlands, NJ: Humanities Press International.

Friedman, A. M. (1992). *Treating chronic pain: The healing partnership.* New York: Insight Books, Plenum.

Friedman, M. S. (1985). *The healing dialogue in psychotherapy.* New York: Jason Aronson.

Friedman, M. S. (1991). *The worlds of existentialism: A critical reader,* 3d ed. Atlantic Highlands, NJ: Humanities Press International.

Friedman, M. S. (1992). *Dialogue and the human image: Beyond humanistic psychology.* Newbury Park, CA: Sage Books.

Friedman, M. S. (1992). *Religion and psychology: A dialogical approach* (chaps 1–3, 12–15). New York: Paragon House.

Friedman, M. S. (1993). Intersubjectivity in Husserl, Sartre, Heidegger, and Buber. *Review of existential psychology and psychiatry.*

Heard, W. G. (1993). *The mystery of the healing between.* With a foreword by M. Friedman. San Francisco: Jossey/Bass.

Hycner, R. C. (1991). *Between person and person: Toward a dialogical psychotherapy.* Highland, NY: Center for Gestalt Development.

Stierlin, H. (1974). *Separating parents and adolescents: A perspective on running away, schizophrenia, and waywardness.* New York: Quadrangle/The New York Times Book Co.

对存在－整合案例的详细阐述——唐

在这个案例中强调的重点是关系，是自然展开的交会。尽管对技术策略也有所涉及，但一致认为它们处于次要地位。相反，关系——及其所有的体验热情——则被视为主要的。

从存在－整合的立场看，唐是高度压缩的。她抑郁、昏睡、懒散而且性反应迟钝。她有时会爆发（例如，砸碎电视机以获得丈夫的注意），但这些过分的行为是暂时的。她基本上是毫无活力的。

她的个人资料表明她过的是一种冷酷无情、非人性化的生活。她的父亲曾对她进行过性虐待，她的母亲贬低她的学习成绩，而她的妹妹却因为她的劳动而获得荣誉。此外，尽管她有可证实的才能，但她却从不可能富有成效地超越这种情况。

弗里德曼博士给唐提供了三种主要的改变其困境的方法：（1）一种真正的关系；（2）有机会用这种关系进行实验；（3）有机会让她自己体验对这种关系所做的实验。但是，在弗里德曼博士能够强调其关系中的那些体验成分之前，他首先必须协调与唐最相关的那些症状——例如，弄清楚她的家庭动力关系，帮助她对她丈夫大胆提出自己的看法，用药物治疗来提升她的状态。这些安排在与弗里德曼博士的对话中得以解决，并且一直存在于他们的关系背景中。

当她准备在经验上拓展时，弗里德曼博士让他自己更多地投身于这种关系之中，用各种练习向她提出挑战。这些包括角色扮演和关注其情感的练习仍然从属于与弗里德曼博士的关系，这是改变的主要背景关系。仿佛是弗里德曼博士在对唐提出默契关系的问题，甚至在她练习的中期也是如此："现在我们之间打算怎么进行呢，唐？这些练习对你有意义吗？你觉得我给你的压力太大，还是不够呢？你是否期待着我能传达更多的东西呢？你期望现在从我这里获取支持，还是沉默？"

这样的询问可能是心照不宣的，却深深地唤醒了唐的现实感，增加了她康复的可能性。唐及时地学会了利用她与弗里德曼博士的这种关系以取得最优的效果。例如，她能够质疑他的权威性，冒着风险申明自己的意见。反过来，他也能够向她展现出自己的弱点和减轻她对权力的焦虑。

到她的治疗快要结束时，她已能够表现自己，更开朗了。另外，她也发现了这些关系中的新意义以及在这些关系中，特别是在与那些权威人物的关系中表达自己的新方法。

通过像这样强调交会——此外还有据以激惹现实的其他手段，弗里德曼博士提醒我们在职业圈子中常被忽视的一种力量——爱。

对抑郁和濒死的反思：卡罗尔的案例

（汤姆·格林宁）

汤姆·格林宁（Tom Greening）博士已当了三十六年的心理治疗师和二十三年《人本主义心理学》杂志的主编。他也是旧金山塞布鲁克学院的一位心理学教授，《存在－人本主义心理学》

的作者，还是一位诗人。

在以下这个关于其工作多少有点讽刺意味的描述中，汤姆·格林宁表明，一个受过传统训练的从业医生这样才能从体验上触动其来访者。通过"存在于那里"（being there）以及"面对病情时不惊慌"，他使来访者得到了有效治疗。

卡罗尔的童年生活、成年生活、与我进行的心理治疗以及濒死的过程都充满了痛苦。对她来说，她的所有痛苦有价值吗？我试图治愈、使之麻木、忽视、分享、面对、超越这些痛苦对她有价值吗？

她是在 1959 年来向我求助的，当时我是刚刚走出学校的毕业生。我被布根塔尔和拉斯科聘用，作为一名心理学家参加他们的洛杉矶团体训练。我没有做好准备来接待一个像卡罗尔这样的来访者。起先，她似乎是一个各方面都表现得相当好的年轻女子，只是有点神经质。她跟我年龄相仿（28 岁），是一个喜欢民族音乐、长相很吸引人、聪明的小学教师。尽管有我的帮助，或者也许正是因为我的帮助，她的病情仍然恶化，成为一个超重、抑郁、企图自杀、容易发生事故的受害者。

她常常打电话向我请求紧急支援。有一次她打电话说，因为她死去母亲的骷髅从她公寓的壁橱里走出来要抓住她，把她带到地狱去，卡罗尔已吞下致死剂量的药丸，并向她母亲投降。她在最后打电话给我，试图求救。我感到愤慨，勃然大怒。我告诉她，她母亲这样做是一件可怕的事情，并命令卡罗尔告诉她的母亲，这是我这样说的，要求她回去，在壁橱里待着。卡罗尔这样做了，她的母亲退缩了，卡罗尔将药丸呕吐出来。

然而，这并不是我希望出现的转折点。我们继续像这样进行了八年多。最后，卡罗尔感到好些了，还得出了结论，我们已经在一起做了我们能做的一切。我从试图要帮助她的负担中解脱出来。此后十二年我没有看到过她。

然后，在1979年，她打电话祝贺我出版了一本书，我们同意见面以回顾和反思一下我们一起做的事情。她仍然超重、心情难过，但她依然坚强和睿智。她感到我们一起合作的心理治疗是"成功"的，并对此表示感激。我告诉她我指导了一些参加训练的心理学家，询问她在我们一起奋斗时是什么"发挥了作用"，这样我可以传授给别人。她立即明确并且深信不疑地回答："告诉他们做三件事：（1）存在于那里；（2）在面对病情时不惊慌；（3）对可能来自痛苦的东西有一种积极的看法。"

我向卡罗尔承认，根据我的成长和在研究生院的经验，当我第一次看到她时，我一点都不知道"存在于那里"的观点是什么意思。我读过罗杰斯关于融合（congruence）的论断，也听过布伯和罗杰斯1957年在密歇根大学的著名对话中讨论的"我和你"关系的交会，但我从未真正有过我自己或任何其他人"存在于那里"的经验。相反，我曾尝试"做"一些事情，包括对卡罗尔进行心理治疗。在这个未能对她成功治疗的过程中，我很不情愿地和无意地学会了在那里与她在一起。

我向卡罗尔承认，在面对她的病情时，我当然感到很恐慌（研究生院没有让我做好与骷髅战斗的准备），但我固执地拒绝让我的恐慌或她死去的母亲来主宰我与她的关系。

我不知道在为卡罗尔治疗期间我曾有过什么样的积极看法。1959

年，我仍采用来自精神分析培训和学术心理病理学课程的还原论的、以病理为导向的模型。罗洛·梅的书《存在》出版于 1958 年，但我直到数年后才看到它。在和卡罗尔一起对抗虚无时，我只能利用从阅读萨特和加缪的小说中获得的关于存在主义的知识。直到我与卡罗尔一起努力数年之后，亚伯拉罕·马斯洛和布根塔尔以及那些促使存在 - 人本主义心理学发展的人提出的积极看法，才吸引了我的注意。

1979 年，卡罗尔强调的治疗师应该做的三件事的规定给我留下了深刻的印象，这让我想起了我花那么长时间学到的东西，也提醒我，我从来访者那里学习到的知识常常比从老师那里学习到的还要多。目前我有一位来访者，我们处在卡罗尔的心理治疗原则下——她给我上了一堂高级的（或补救性的？）课，但卡罗尔可能从来不知道我们对她有多么感激。

这是因为她在 1989 年去世了。过程如下：她得了癌症，做了手术，然后有严重的、处理不当的术后疼痛，在对她的疼痛管理和康复过程进行控制上，她获得其照料者的支持，她同她可爱的狗一起回家康复，但她发现持续的疼痛和每天的挣扎太辛苦，就放弃了。

在这个过程中，她和我最后温习了一次她给我上的那些课。我花时间同她在那里，我们以深刻而平和的方式进行联系，坐坐、谈谈、回忆、分享笑话、跟她的狗一起玩、听音乐、做更多的心理治疗。她从来没有听过小型磁盘播放器（CD）播放的音乐，所以我放蓝调和民族音乐给她听，其中有些她是知道的，有些是她第一次听就喜爱上了的。在生活中，有时贝茜·史密斯（Bessie Smith）就是最好的医生。即使你甚至直到临终才听到加比·帕哈努伊（Gabby Pahanui）的声音，他也是值得期待的。

卡罗尔的侄女和侄子很爱她，照顾她直到她去世。她的侄子是她哥哥的儿子，她曾恨哥哥在她小时候欺辱她。她对侄子的爱以及侄子对她的爱，都有助于医治她那些旧伤疤。她死得很平静，"存在于那里"，在面对最后的病情时并不惊慌，受生活的一种积极看法指导……最终死去。

我写了四首关于卡罗尔的诗，以下便是其中之一。

迟到的怀念

行驶到死神的岸边
一种我不想尝试就来到的记忆
来到我心中；我远离——
我今天不能面对。
一个人死一次，这就够了。
够多了，其实——
就像保险杠－不干胶贴纸说的，
"我宁愿扬帆远航"。

我已经带来了难得的吉他手的曲谱
来愉悦我的朋友。
当我们接近尾声时，
我们的爱好仍很专一。
而且鼓点在继续，
还有一首歌为她而唱，
在黄昏中的节奏

帮助我们双方推迟

最终沉默的到来。

今天的参观结束了，我行驶在

内陆沿线的林荫大道上，

远离沿海的雾和

我的大脑中难以摆脱的思维

它在那里沉没。

我将再次回到这里

直到她的歌曲结束

正在消退的傍晚的潮水

揭示了我想要隐瞒的东西。

对存在－整合案例的详细阐述——卡罗尔

卡罗尔的案例强调了来访者关于治疗有效性的观点。作为治疗师，我们常常变得自鸣得意。我们相信，只有我们才知道什么对我们的来访者是好的，而来访者（因为他们是来访者）的观点根本就是不准确的。然而，关于什么与治疗的后果显著相关，来访者的看法要比治疗师的看法更好（Lambert，Shapiro & Bergin，1986），当然，正是他们的看法，才是最终算数的。

当来访者详细说明什么能真正帮助他们时（正如我们在这一部分中看到的），他们几乎无一例外地重视体验和关系因素的作用。他们提到了一些素质，如治疗师的温情，或他们倾听的能力。他们强调治疗师的移情，或者他在情绪上帮助他们的方式。

格林宁博士对卡罗尔的治疗之所以是成功的，恰恰是因为他与她建立联系的过程取代了他接近她的技术，恰恰是因为——尽管是他自己——他给她提供了一种前言语的-动觉的体验，而不是处方。

卡罗尔所提到的这些因素很重要——"存在于那里"、"在面对病情时不惊慌"以及"持有一个积极的看法"，堪与存在-整合的解放策略相媲美。例如，"存在于那里"和"在面对病情时不惊慌"，可以直接与"在场"相类比。同样，拥有一种积极的看法，与"激惹现实"是同样的。

像许多年轻的天才从业医生一样，格林宁博士拥有类似的特质，尽管他受过复杂的训练，但如他所说，他的"顽固性"和他的坚定决心，都显然有助于照亮卡罗尔的心扉。这表现在他愿意在她最低落的自杀期站在她身边；对她的母亲产生自发的愤慨，这反过来又激励卡罗尔产生自发的愤慨；与她进行友好的分享，这反过来鼓励她与别人分享。

卡罗尔在与格林宁博士的治疗结束时，开始面对死亡，但她内心表现出蓬勃的力量。换句话说，她已经与她的扩展协调一致了，而且一些制约因素如此残酷地施加在她身上。她与格林宁博士在一起时发现了希望和力量；而他反过来也发现了最崇高和最有勇气的典范。

参考文献

Lambert, M., Shapiro, D., & Bergin, A. (1986). The effectiveness of psychotherapy. In A. Bergin & S. Garfield (Eds.), *Handbook of psychotherapy and research* (pp. 157–212). New York: Wiley.

注释

[1] 资料来源：*Power and Innocence*（New York：Norton，1972）．

[2] 原书编者注：此处的心理治疗是由阿姆斯特朗夫人所做的，这是这份报告的重要部分。阿姆斯特朗夫人也是同布根塔尔博士一起定期参与咨询小组的成员，布根塔尔博士也准备了对这份案例的评论。

[3] 参见 Laing（1972），这是唯一的一个例外。

[4] 原书编者注：在这一特殊要点上，克尔凯郭尔同黑格尔意见一致，但是克尔凯郭尔似乎并没有感受到，黑格尔的一般哲学或者使用体验的方式具有深度的生活性和体验性。

[5] 也请参见海德格尔对黑格尔批评体验所做的评论，载海德格尔，1970。

[6] 这些阶段在布根塔尔博士于 1993 年夏天所举办的一个工作坊中做了演示。

[7] 为了更详细了解探索进程，请参阅 J. Bugental. *Psychotherapy and Process*（Reading, MA：Addison-Welsley, 1978）。

[8] 这类似于本书前面所述的激惹现实（invoking the actual）；也请参见布根塔尔在 *The Art of the Psychotherapist*（New York：Norton，1987，pp.207-212.）一书中对这个概念的讨论。

[9] 与本书前述"意义创生"这个短语相似。

[10] 原书编者注：此处所阐述的存在取向可能并不适合某些酗酒的病人（例如，那些处在康复早期阶段的病人）。然而，正如这些作者所暗示的，它可能比人们通常所设想的更适合。

[11] 从炼金术的观点来看，the Alchemical Negrito 是变黑的一个阶段，是金属黑化的阶段，它可以使金属转化为金子。

[12] 资料来源：Irvin Yalom，*Love's Executioner*（New York：Basic Books. 1989）．

[13] 为了保护这个孩子的身份，我们做了一些改编。而且，与这个孩子的治疗联系延续了好几年，所包含的材料比这里呈现的要多。

[14] 这是在我最近的一篇论文"Intersubjectivity in Husserl, Sartre, Heidegger, and Buber"（Friedman, 1993）中得到扩展的一个观点。

[15] 这句话的字面意思是："此在就是与他人在一起。"

[16] 所谓我们，我的意思是指所有那些把自己与对话心理治疗联系在一起的人，特别是圣迭戈对话心理治疗研究所的成员，该研究所是詹姆斯·德利奥、理查德·海克纳、我自己创立并担任合作主任的。该研究所现已成立十年，有一个为期两年的培训项目，现已历时五年。对德利奥和海克纳博士在修订本案例时提出的有益建议，我深表感谢。

总结和结论

在这本书中，我们提出，心理学需要一个新的尺度——超越生理学、环境、认知、心理性欲，甚至个人关系，（以其最没有理性的方式）朝向存在。

存在–整合心理学是朝向这样一个概念迈出的一步。

存在–整合心理学是传统的心理学观点产生的"基础"或背景。存在–整合心理学的基础是现象学——一种研究人类体验的丰富描述性的、质性研究方法。虽然现象学是在 20 世纪初由埃德蒙德·胡塞尔确定其形式的，但它却具有深刻的文学和艺术起源。

核心的存在–整合观点是，人类的经验（或者在这个术语的最全面的意义上说，意识）既是自由的——有意志的、创造性的、有表现力的，又是有限性的——受环境和社会限制的，终有一死的。我们在一定程度上否认或忽视这种辩证逻辑，我们就变得好走极端和功能失调；我们在一定程度上面对（或整合）它，我们就变得强壮有力和富有。

这个自由–有限性的辩证逻辑在临床上的特点是，具有使自己压缩（"退回"，使自己变得"渺小"）、扩展（"向前冲"，使自己变得"伟大"）和"成为中心"的能力。〔换句话说，自由–有限性的辩证逻辑是我们能够在其中使我们自己压缩、扩展和成为中心的范围（range）。］对（跨越许多心理生理维度的）压缩或扩展的恐惧同样会促使对这些极端现象做出的相反反应变得虚弱不堪。而面对（或整合）这些通道会促进动机水平和生机活力的提高。

我们对存在－整合的详尽阐述具有什么含义呢？我们相信，最关键的含义是，存在心理学（在理论上和临床上）比通常所假定的更广泛。例如，虽然我们确实强调发挥作用的那些体验领域（即情感性），但我们也承认我们对我们存在的生物和机械水平的输入——通过化学、营养、强化的可能性和亚里士多德式的逻辑来参与到世界中去。相应地，虽然我们确实强调经验的那些直接和动觉的方面，但我们同时也很赏识导致这些方面的人格关系的前因——例如，童年的分离和依恋问题，或者性和攻击的不平衡导致的创伤。

最后，虽然我们承认我们的范式能兼容传统的有特权的当事人（或被试），但我们也发现它对更广泛多样的人有价值。这些人是学生们和从业医师们正与之有越来越多的交互作用的人；正如我们所看到的，这是一些比通常所认识到的显然更易受我们的观点影响的人。例如，在这些人当中，有谁不会从与前言语的协调一致、对宗教精神的开放和对生活策略的认识中获益呢？他们当中有谁不会从注意他们压缩或扩展的世界中获益，或者在适当的当口培养起"活力"、明显性和现实性呢？

确实，他们当中有谁不能从通过个人，而不只是客观地达到的交会中获益，从创造他们生活中的意义的基本机会中获益呢？

几乎没有，我们相信——不管从哪一方面看。

本书只是一个开端，我们相信，对许多被心理学的深刻性吸引的学生来说，这是一个基本的开端。我们希望唤醒这些学生，使他们能够重新考虑存在心理学，在一定程度上，我们已经圆满地完成了我们的任务。

译后记

　　《存在心理学：一种整合的临床观》一书终于翻译完成，这本书由已故存在主义心理学大师罗洛·梅和当代美国存在主义心理学的领导者之一科克·施奈德合著而成，此外，本书还收录了其他一些重要的存在主义心理学家和治疗师所写的文章，如亚伯拉罕·马斯洛、詹姆斯·布根塔尔、欧文·雅洛姆、保罗·鲍曼等人的相关论述。这本专著追溯了存在－整合心理学的起源，并深入探讨了存在－整合心理学在治疗方面的应用。

　　近些年来，越来越多的中国人对心理治疗感兴趣，这其中有高校心理学专业的学生，也有正在成长的心理治疗师和心理学爱好者，他们学习精神分析、行为主义、认知和人本主义等疗法，这些发端于西方的心理治疗方法令人振奋也带给人疑惑：这些心理治疗方法的适用范围是什么？是否有可能将诸多疗法整合到一个理论框架中呢？

　　其实早在 20 世纪 30 年代，心理治疗整合的思想就开始萌芽，但是，直到 80 年代，这一思想才得到越来越多的心理学家的认可，心理治疗整合的趋势得到迅速的发展。其中比较有影响的整合技术主要有戴蒙德和海温斯的指令疗法、弗兰西斯等的鉴别疗法和拉扎鲁斯的复合疗法。但它们仅限于技术层面的整合，缺乏强有力的理论支持。到了 90 年代，美国存在主义心理学大师罗洛·梅和科克·施奈德以存在心理学为理论支柱，提出了整合各主要心理治疗体系的理论和方法。

这一理论把人的心理体验分为六个层面，即生理、环境、认知、性心理、人际关系以及存在。随着领域的深入，这些层面的自由程度越来越高。每个层面对应采用不同的心理治疗方法。例如：生理层面可以使用药物、食物疗法；环境层面可以使用系统脱敏、正负强化等行为主义治疗方法；认知层面可以使用理性重塑、指导想象等认知疗法；性心理层面可以使用自由联想和释梦等精神分析技术；等等。这种心理整合观的提出为众多心理治疗体系和方法的整合提供了理论支持。

这本《存在心理学：一种整合的临床观》在美国已出版多年，我们发现本书的理论主张一直处在心理治疗实践和研究发展的前沿。就连心理治疗研究的领军人物布鲁斯·万普尔德也对本书的观点大加赞赏，他认为存在－整合心理学可能会成为所有有效治疗的基础。正因为这样，我们希望这本书在国内的出版能够带给心理学工作者和心理学爱好者一些启示和帮助。

本书分为三个部分，第一部分为存在主义的文学、哲学和心理学起源，第二部分为存在－整合心理学的发展及其未来的方向，第三部分则用十多位持存在－整合倾向的心理学家的临床案例，阐述了应用存在－整合心理学的核心概念的方式和手段。

在翻译这本专著的过程中，我们得到了我们的导师杨韶刚教授（现为广东外语外贸大学心理学教授、博士生导师）的无私支持和帮助，作为国内研究存在主义心理学较早的专家，他不仅对译文一一校对，还不辞劳苦亲自翻译了其中的一章内容。

本书共六章，具体分工如下：施奈德教授的中文版序言、序言、前言、目录、导言、第一章，杨韶刚；第二章至第五章，程世英；第六章，刘春琼。全部章节由杨韶刚教授统一审校，并逐字修改。没有杨韶刚教授的支持，本书难以付梓，在此表示由衷的感谢和敬意！

程世英　刘春琼

2009 年 11 月 16 日于南京

罗洛·梅文集

Rollo May

图书在版编目（CIP）数据

存在心理学：一种整合的临床观 /（美）科克·
施奈德,（美）罗洛·梅著；杨韶刚，程世英，刘春琼译.
北京：中国人民大学出版社，2025.4. --（罗洛·梅文
集）. --ISBN 978-7-300-33671-8

Ⅰ. B84-066

中国国家版本馆 CIP 数据核字第 20252JK031 号

罗洛·梅文集

郭本禹　杨韶刚　主编

存在心理学：一种整合的临床观

［美］ 科克·施奈德　著
　　　罗洛·梅

杨韶刚　程世英　刘春琼　译

Cunzai Xinlixue：Yizhong Zhenghe de Linchuangguan

出版发行	中国人民大学出版社		
社　　址	北京中关村大街 31 号	邮政编码	100080
电　　话	010-62511242（总编室）	010-62511770（质管部）	
	010-82501766（邮购部）	010-62514148（门市部）	
	010-62515195（发行公司）	010-62515275（盗版举报）	
网　　址	http://www.crup.com.cn		
经　　销	新华书店		
印　　刷	涿州市星河印刷有限公司		
开　　本	890 mm×1240 mm　1/32	版　　次	2025 年 4 月第 1 版
印　　张	18.875 插页 3	印　　次	2025 年 4 月第 1 次印刷
字　　数	429 000	定　　价	129.00 元